在线分析仪

随着对生产监控要求的不断提高，在线测定可以帮助用户实现实时监控生产线上的情况，及时发现与处理生产过程中出现的异常，优化生产条件，提高产品的优良率和生产安全，降价生产成本。

一次盐水

1.氢氧化钠在线分析仪
2.碳酸钠在线分析仪
3.盐水浓度在线监测仪
4.过滤膜控制器
5.浊度在线监测仪

二次盐水

1.高浓度钙镁（10^{-6}）在线分析仪
2.低浓度钙镁（10^{-9}）在线分析仪
3.硫酸根在线分析仪
4.盐水中微量碘在线分析仪
5.盐水中游离氯在线分析仪
6.磷酸根在线分析仪

电解

1.补膜机
2.槽电压监控

氯氢处理

1.次氯酸钠中游离碱在线分析仪
2.次氯酸钠中有效氯在线分析仪
3.尾气中含氯监测
4.氯气中微量水分分析

氯化氢合成

1.盐酸合成炉自动点火系统
2.盐酸合成炉点火枪
3.盐酸合成炉火焰监测
4.盐酸浓度监测
5.尾气中HCl气体监测
6.氯化氢中游离氯在线监测仪

PVC乙炔清净

配置液中有效氯监控

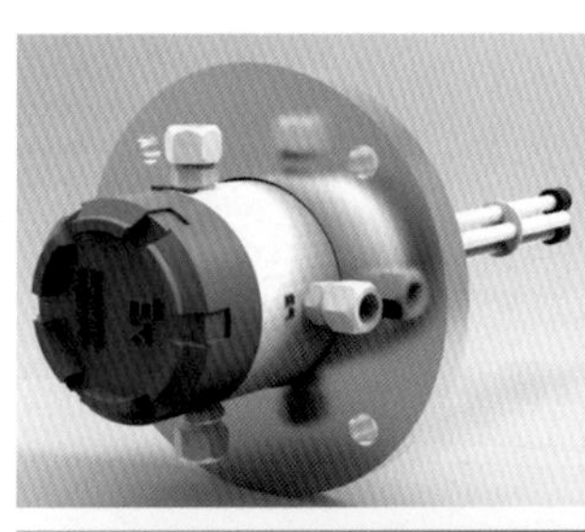

氯碱工业在线分析系统

工业分析智能化的开始

目前我国氯碱行业产能及产量均列世界第一，中国的氯碱工业主要采用离子膜交换法生产工艺。主要产品包括烧碱、聚氯乙烯（PVC）、氯气、氢气等。

现阶段，国内氯碱企业对于产品质量控制主要采用手动取样送达实验室的人工分析手段，其分析结果存在滞后时间，并且需要专业分析人员完成。对于生产过程中工艺监控、产品质量控制，数值准确性及时效性均无法得到保证。在线分析系统可实现全自动取样、样品预处理和自动分析，其分析结果不需人工干预、没有滞后时间，同时多参数分析达成即时监控，并将数据传输到中央控制室，对于工厂安全生产、离子膜保护、氯气质量控制、原物料成本控制，实现了有效监控，实现了工厂智能化的管理。

01 保护离子膜

- 二次精盐水中钙镁分析
- 氯气中不纯物分析（氢、氧、氮、二氧化碳等）

02 安全生产

- 湿氯中测氢
- 氯压机后测水
- 干氯中测三氯化氮
- 二次精盐水中测氨氮

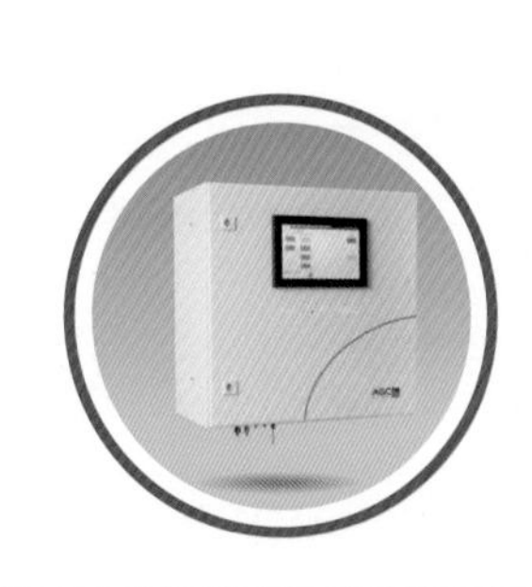

03 产品质量控制

- 氯气纯度分析
- 氢气纯度分析
- 氯气/氯化氢中微量水分析

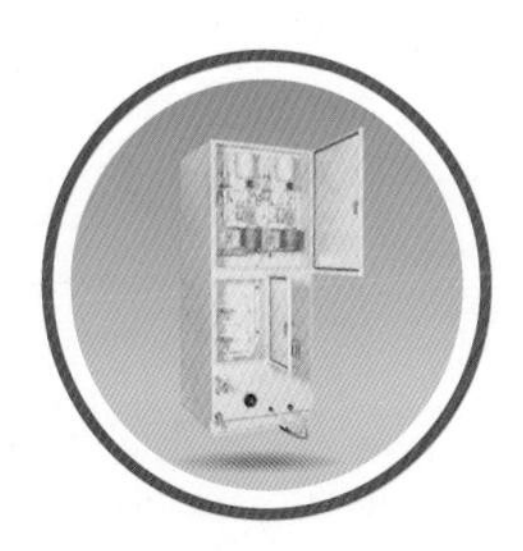

04 原料成本控制

- 自动化监控两碱添加量
- 自动化监控源头预处理器
- 互相搭配收集大数据后，可智能化控制两碱添加量

中国氯碱工业协会　组织编写

现代氯碱分析手册

梁斌　主编

化学工业出版社

·北京·

本书以氯碱行业相关检测分析实践经验和分析方法为核心，主要内容为氯碱和无机氯用原辅材料分析、氯碱和无机氯生产过程控制分析、氯碱和无机氯成品分析、有机氯用原辅材料分析、有机氯生产过程控制分析、有机氯成品分析、安全分析、环保分析、职业安全健康分析、油品分析、水处理剂与工业用水分析、在线检测分析、实验室分析基础、危险化学品安全常识。

本书是一本体现现代氯碱行业检测分析的专业技术书籍，可为从事化工行业特别是氯碱领域的相关技术人员和研究人员提供重要参考。

图书在版编目（CIP）数据

现代氯碱分析手册/梁斌主编；中国氯碱工业协会组织编写. —北京：化学工业出版社，2020.5

ISBN 978-7-122-36204-9

Ⅰ.①现… Ⅱ.①梁… ②中… Ⅲ.①氯碱生产-化学分析-手册 Ⅳ.①TQ114.17-62

中国版本图书馆 CIP 数据核字（2020）第 025295 号

责任编辑：刘 军 张 赛 冉海滢　　装帧设计：王晓宇

责任校对：边 涛

出版发行：化学工业出版社（北京市东城区青年湖南街 13 号 邮政编码 100011）

印 装：北京凯德印刷有限责任公司

787mm×1092mm 1/16 印张 25¼ 字数 643 千字 2020 年 6 月北京第 1 版第 1 次印刷

购书咨询：010-64518888 售后服务：010-64518899

网 址：http://www.cip.com.cn

凡购买本书，如有缺损质量问题，本社销售中心负责调换。

定 价：198.00 元

京化广临字 2020——02

本书编写人员名单

主　编：梁　斌

副主编：张　鑫　幺恩琳　马续娟

编写人员（按姓名汉语拼音排序）：

曹海波　陈太辉　陈艳艳　程治平　崔　妤　代香平

邓德超　丁　昱　范红波　高立滨　高自建　郭海军

郭　萍　何明江　胡　斌　黄文莉　黄永明　金林荣

郎需霞　李红玲　梁　斌　梁国莉　林凤君　刘红秀

刘焕梅　刘　磊　罗小容　马续娟　倪留生　邱素芹

曲秋玲　任希辉　任运奎　单琼华　寿培峰　宋晓玲

孙彩虹　谭　荣　童吉华　王光钰　王　朔　王　翔

王晓强　翁斌杰　翁刚辉　肖　文　邢铁魁　徐国然

许群立　幺恩琳　于文杰　郁　翔　翟英花　张红英

张天兰　张　鑫　赵　阳　郑积林　朱长健　邹铁军

前言

本书由中国氯碱工业协会组织，由行业重点企业长期从事检测分析的专家编写，系统整理和汇集了涉及烧碱、聚氯乙烯及主要氯产品的生产检测分析方法，介绍了当前最先进的检测分析仪器以及分析实验室建设等，是一本体现现代氯碱行业检测分析的专业技术书籍，为从事相关工作的技术人员和研究人员提供了重要参考。

本书以行业检测分析实践经验和分析方法为核心，涵盖了烧碱、无机氯产品、有机氯产品、分析实验室基础、安全、环保等多方面内容，为提高广大氯碱分析检测人员的理论水平和操作技能，加强生产过程控制和完善分析检测手段，提供了翔实的基础资料。为便于查询和使用，全书分为 14 章，分别为氯碱和无机氯用原辅材料分析、氯碱和无机氯生产过程控制分析、氯碱和无机氯成品分析、有机氯用原辅材料分析、有机氯生产过程控制分析、有机氯成品分析、安全分析、环保分析、职业安全健康分析、油品分析、水处理剂与工业用水分析、在线检测分析、实验室分析基础、危险化学品安全常识。

第一章至第三章、第十章至第十三章由梁斌组织编写，由新疆中泰（集团）有限公司、上海氯碱化工股份有限公司提供主要相关资料，新疆天业（集团）有限公司、天津大沽化工股份有限公司、青岛海湾化学有限公司、成都华融化工有限公司、杭州电化集团有限公司、山东昌邑海能化学有限责任公司、江苏一脉科技有限公司、德国斯派克分析仪器公司等企业进行修改补充及相互校核。

第四章至第六章由张鑫组织编写，由新疆中泰（集团）有限公司、新疆天业（集团）有限公司、青岛海湾化学有限公司、天津大沽化工股份有限公司和上海氯碱化工股份有限公司提供聚氯乙烯主要相关资料并相互校核；浙江巨化集团有限公司提供甲烷氯化物、三氯乙烯和四氯乙烯等产品主要相关资料，江苏梅兰化工集团有限公司校核甲烷氯化物、滨化集团股份有限公司和内蒙古达康实业股份有限公司校核三氯乙烯和四氯乙烯；江苏索普化工股份有限公司提供ADC 发泡剂和水合肼主要相关资料，江西世龙实业股份有限公司校核；滨化集团股份有限公司和天津大沽化工股份有限公司提供环氧丙烷主要相关资料并相互校核；江苏扬农化工集团有限公司提供环氧氯丙烷和二氯苯主要相关资料，东营市赫邦化工有限公司校核环氧氯丙烷；开封东大化工有限公司提供氯乙酸主要相关资料；鲁西化工集团股份有限公司提供氯化苄主要相关资料；宁波中宇石化有限公司提供氯化石蜡主要相关资料，沧州兴达化工有限责任公司和句容玉明化工有限公司校核。

第七章至第九章、第十四章由幺恩琳组织编写，由新疆中泰（集团）有限公司、青岛海湾化学有限公司、浙江巨化集团有限公司、天津大沽化工股份有限公司、上海氯碱化工股份有限公司、杭州电化集团有限公司、滨化集团股份有限公司、新疆天业（集团）有限公司、东营市赫邦化工有限公司等企业提供相关资料并进行修改补充及相互校核。

本书统校及修改由新疆中泰（集团）有限公司相关人员完成。本书虽经多次讨论、修改、审校，力求在内容上更加严谨准确，覆盖面更广，更加符合现代氯碱工业分析检测的需要，但随着分析检测方法和手段的不断进步，仍然会存在不足，希望给读者提供有益的帮助和参考。

编者

2019 年 10 月

Ⅰ 编写说明 Ⅰ

本书仅作为氯碱行业检测分析参考用书，在保证分析准确性的前提下，使用者可根据企业实际情况，选择适宜的分析方法。本书中所涉及的内容若与国家法律、法规及其他相关要求不一致时，应按国家法律、法规及其他相关要求执行。

本书中汇编所引用的国家标准、行业标准等，凡是注日期的引用标准，仅适用于本书，凡是不注日期的引用标准，其最新版本（包括所有的修改单）都适用于本书。本书中参考的标准，由于参考标准的出版年代不同，其个别表述不尽相同。

本书中所汇编的原辅材料及水处理剂等指标、检测项目仅作为参考，使用者可根据地域特征、企业实际状况选用，也可制定适用企业的相关检测项目及检测指标。

本书中未识别出或未涉及的其他检测项目及检测方法，企业可根据实际情况自行识别及选择使用。

本书中使用的部分试剂具有毒性或腐蚀性，部分操作具有危险性。本书并未揭示所有可能的安全问题，使用者操作前应对样品、药品、药剂等相关过程进行安全危险辨识；操作时应小心谨慎并有责任采取适当的安全和健康措施。

本书各种试验中所使用的水都应符合 GB/T 6682 中三级以上的水质要求。所有微量元素的测定，以及实验条件要求较高的仪器分析，特别是大型精密仪器（如 ICP）、精密在线分析装置等，均应使用二级及以上的水或相应纯度的水。此外还有一些特殊要求的水，如无二氧化碳水、无氨水等，均已在试验方法中注明。

本书各种试验中所使用的试剂除特殊注明外，均使用分析纯试剂，基准物质均使用基准试剂，均应符合现行国家（或行业）试剂标准规格。

本书各种试验中所使用的标准溶液、杂质标准溶液、制剂及制品，在没有注明其他要求时，均按照国家标准 GB/T 601、GB/T 602、GB/T 603 之规定制备并保存。若有异常情况，应重新进行制备。

本书各试验中使用的仪器设备，除对该试验具有特殊意义的专用仪器、设备、装置外，其他常用仪器、设备、工具不再列出。若执行标准或供应商仪器设备规程中有其他要求的，应按规定使用。

本书各试验中结果表述的数据修约，除有特殊要求的，均应按 GB/T 8170 规定进行修约。

本书所涉及的气相色谱分析项目中，色谱柱及操作条件均为推荐条件，色谱图均为参考图。企业根据实际情况也可使用能满足分离要求的其他色谱方法，色谱过程中的定性试验可由企业根据测定试样实际情况，自行确认选择合适的标准物质。

本书中所涉及不同型号仪器设备操作时，应按照仪器操作说明书或厂家提供的操作方法进行测定。

本书所列入的在线装置分析目前属于较为广泛且相对成熟的方法，其测定范围为推荐范围，企业也可根据实际情况选择其他适宜范围或适宜检测项目的在线装置。

本书中危险化学品安全常识为参考性资料，为氯碱分析过程中所涉及的常用危险化学品，来源于《危险化学品安全技术全书(第三版)》，其他危险化学品企业可根据实际情况自行确认。

| 目录 |

第三章　氯碱和无机氯成品分析

第十三章　实验室分析基础 284

第十四章　危险化学品安全常识 297

第一章 氯碱和无机氯用原辅材料分析

第一节 主要原材料

一、工业原盐

1. 范围

适用于以海水（含海地下卤水）、湖盐中采掘的盐或以盐湖卤水、岩盐或地下卤水为原料制成的工业用盐，主要用于氯碱生产烧碱用原料。

2. 技术要求和检测方法

（1）外观 白色、微黄色或青白色晶体，无与产品有关的明显外来杂物。

（2）理化指标及检测方法应符合表1-1的规定。

表1-1 理化指标及检测方法

序号	项目	参考指标	检测方法
1	氯化钠	≥92.0%	GB/T 5462
2	钙镁离子总量	≤0.60%	GB/T 13025.6
3	硫酸根离子	≤1.0%	GB/T 13025.8
4	水分	≤6.0%	GB/T 5462
5	水不溶物	≤0.60%	GB/T 13025.4
6	铅(以Pb计)	≤1.0mg/kg	GB/T 13025.9
7	总砷(以As计)	≤0.5mg/kg	GB/T 13025.13
8	氟(以F计)	≤5.0mg/kg	GB/T 13025.11
9	钡	≤15mg/kg	GB/T 13025.12
10	亚铁氰化钾(以$[Fe(CN)_6]^{4-}$计)	≤10.0mg/kg	GB/T 13025.10
11	碘	≤0.5mg/kg	GB/T 13025.7或铈量法

（3）碘离子的测定（铈量法）

① 方法提要 在酸性条件下，亚砷酸与硫酸铈发生很缓慢的氧化还原反应，当有碘离子存在时，由于碘的接触作用而使反应加快。碘离子含量高反应速度快，可根据反应剩余的高价铈离子量来测定碘化物的含量。

高价铈离子可将亚铁试剂氧化成高价铁，再用硫氰酸钾使高价铁显色，用分光光度法进行测定，其吸光度与碘化物含量成非线性比例。

本反应与温度和时间有关，所以应按规定严格控制操作条件。

② 仪器和设备

a. 恒温水浴装置 温度应控制（30±0.1）℃。

b. 分光光度计。

c. 秒表。

③ 试剂或材料

a. 亚砷酸溶液　0.1mol/L。称取4.946g三氧化二砷，加500mL水，10滴浓硫酸（GR），加热至三氧化二砷溶解，冷却，移入1000mL容量瓶，稀释至刻度。贮于棕色磨口试剂瓶。

b. 硫酸铈溶液　0.02mol/L。称取0.809g硫酸铈［$Ce(SO_4)_2 \cdot 4H_2O$］溶于50mL水中，加浓硫酸（GR）44mL溶解，冷却，移入100mL容量瓶，稀释至刻度。贮于棕色磨口试剂瓶。

c. 氯化钠溶液　260g/L。

d. 硫酸（GR）溶液　1+3。

e. 硫酸亚铁铵溶液　15g/L。称取1.5g硫酸亚铁铵［$FeSO_4 \cdot (NH_4)_2SO_4 \cdot 6H_2O$］（GR）溶于水，加入2.5mL硫酸溶液，稀释至100mL容量瓶，混匀，贮于棕色磨口试剂瓶。存放于冰箱中，可使用一周。

f. 硫氰酸钾溶液　40g/L。称取4.0g硫氰酸钾，溶于水转移至100mL的容量瓶，稀释至刻度，混匀。棕色磨口试剂瓶贮存。

g. 碘化物标准溶液　$c(I^-)=0.02\mu g/mL$。称取0.1308g无水碘化钾，溶于水转移至1000mL容量瓶，稀释至刻度，混匀。吸取该溶液10.0mL移入1000mL容量瓶，稀释至刻度，混匀，则此溶液碘化物浓度为1.00μg/mL。使用时取此液20.00mL移入1000mL容量瓶，稀释至刻度，混匀。贮于棕色磨口试剂瓶。

④ 测定步骤

a. 试样制备　称取原盐50g，精确至0.01g，用水溶解后，置于250mL的容量瓶中，稀释至刻度，混匀。吸取该溶液0.5mL于25mL比色管中，加水稀释至10mL的刻度。

b. 标准曲线制作　取碘化物标准溶液0.0mL、2.0mL、4.0mL、6.0mL、8.0mL、10.0mL分别置于25mL比色管中，加水稀释至10mL的刻度。可对各比色管依次编号。

c. 向试样管及标准溶液管内依次加入1.00mL氯化钠溶液，混匀，再依次加入0.50mL亚砷酸溶液，混匀。再依次加1.00mL硫酸溶液。将上述各管和硫酸铈试剂瓶放入（30±0.1)℃的恒温水浴中，使温度达到平衡。

d. 用秒表计时，依次向各比色管加0.50mL硫酸铈溶液，每管相隔30s，加入试剂后立即加塞迅速摇匀，放回水浴中保温。

e. 在水浴中放置（15±0.1)min后，依次向各管加1.00mL硫酸亚铁铵溶液，每管相隔30s［即保持每管从加硫酸铈溶液到加硫酸亚铁铵溶液的时间均为（15±0.1）min］，每加一试剂后，立即加塞迅速摇匀，放回水浴中。

f. 最后依次向各管中加1.00mL硫氰酸钾溶液，每管相隔30s，每加一种试剂后，立即加塞摇匀，放回水浴中。

g. 在水浴中放置45min后（从加入硫氰酸钾溶液的第一支试管的时间算起），依次每隔30s自水浴中取出一个试样，在室温中放置15min，测定时按次序，每隔30s测一个试样。

h. 将标准样品和试样分别在分光光度计上用510nm、波长1cm比色皿测定吸光度，以标准样品用量为横坐标，标准样品吸光度为纵坐标，绘制标准曲线。将试样吸光度在标准曲线上查出相对应的标准溶液用量。

⑤ 结果表述　原盐中碘含量（X）按下式计算：

$$X(mg/kg)=\frac{cV_1}{m \times V/250}$$

式中　c——碘化物标准溶液浓度，$\mu g/mL$；

V_1——试样吸光度在标准曲线上查出相对应的标准溶液用量，mL；

V——吸取试样的体积，mL；

m——称取原盐的质量，g。

3. 检验规则

（1）由相同生产工艺、相同资源生产的一次交付产品视为一批。

（2）按 GB/T 8618 规定采样。

（3）入厂时应进行氯化钠、钙镁离子总量、硫酸根离子项目的检验，应逐批检验；其他检验项目企业可根据实际情况进行抽检或以供方提供的质量证明为准；若协议或合同中有其他项目，企业可根据实际情况抽检或以供方提供的质量证明为准。当用于生产食品加工助剂或食品添加剂时，还应对铅、总砷、氟、钡、亚铁氰化钾、碘等进行定期抽检，若国家和地方有其他要求的，应严格按要求执行。

二、氯化钾

1. 范围

适用于各类钾盐卤水和含钾盐矿按各种工艺生产的工业用氯化钾产品，主要用于氯碱生产钾碱用原料。

2. 技术要求和检测方法

（1）外观　白色、灰白色、微红色、浅褐色粉末状、结晶状或颗粒状。

（2）理化指标及检测方法应符合表 1-2 的规定。

表 1-2　理化指标及检测方法

序号	检测项目	参考指标	检测方法
1	氧化钾	≥58.0%	GB/T 6549
2	钙镁合量	≤1.2%	GB/T 6549
3	氯化钠	≤4.0%	GB/T 6549
4	水分	≤2.0%	GB/T 6549
5	水不溶物	≤0.5%	GB/T 6549

注：除水分外，各组分质量分数均以干基计。

3. 检验规则

（1）由相同生产工艺、相同资源生产的一次交付产品视为一批。

（2）采样

① 袋装采样从批量总袋数中按表 1-3 规定的采样单元数进行随机采样。当总袋数≤500 时，按表 1-3 确定；当总袋数＞500 时，以公式 $n=3\times\sqrt[3]{N}$（N 为总袋数）确定，如遇小数进为整数。用采样器沿每袋最长对角线插入到袋的 3/4 处，取出不少于 100g 样品，其总量应不少于 2kg。

表 1-3　选取采样袋数的规定

总袋数	采样袋数	总袋数	采样袋数	总袋数	采样袋数
1～10	全部	50～64	12	82～101	14
11～49	11	65～81	13	102～123	15

续表

总袋数	采样袋数	总袋数	采样袋数	总袋数	采样袋数
124～151	16	217～254	19	344～394	22
152～181	17	255～296	20	395～450	23
182～216	18	297～343	21	451～512	24

② 散装产品采样时，批量小于2.5t，采样为7个单元（或点）；批量在2.5～80t，采样为$\sqrt{批量(t)\times 20}$个单元（或点），计算到整数；批量大于80t，采样为40个单元（或点），随机选定的每个采样单元（或点）上采样，用采样器插入0.3～0.5m的深处，取出不少于100g样品，其总量应不少于2kg。

③ 将采取的样品迅速混匀，用缩分器或四分法缩分至1kg左右。等量分装于两个清洁、干燥的磨口瓶或塑料瓶（袋）中，密封并贴上标签，注明生产企业名称、产品名称、批号、采样日期、采样人等。一瓶（袋）用于检验，另一瓶（袋）留样备查。

（3）入厂时应进行氯化钾、钙镁离子总量项目的检验，应逐批检验；其他检验项目企业可根据实际情况进行抽检或以供方提供的质量证明为准；协议或合同中如有其他项目，企业可根据实际情况抽检或以供方提供的质量证明为准。

三、工业用盐水

1. 范围

适用于制盐和制碱工业（氯碱工业、纯碱工业）原料。

2. 技术要求和检测方法

（1）技术要求及检测方法应符合表1-4的规定。

表1-4 技术要求及检测方法

序号	项目	参考指标	检测方法
1	氯化钠	≥310g/L	QB/T 1879或—
2	钙镁离子合量	≤6.0mg/L	QB/T 1879或—
3	硫酸根离子	≤6.0g/L	QB/T 1879或—
4	无机铵(NH_4^+)	≤1.0mg/L	—
5	总铵(NH_4^+)	≤4.0mg/L	—
6	NaOH	0.2～0.6g/L	—
7	Na_2CO_3	0.3～0.6g/L	—
8	固体悬浮物(SS)	≤5.0mg/L	—
9	氯酸盐(ClO_3)	≤4.0g/L	—
10	游离氯(以ClO计)	≤3mg/L	—
11	铁(Fe^{3+})	≤0.3mg/L	—

（2）氯化钠的测定

① 方法提要　在中性溶液中，硝酸银与氯化钠反应生成白色的硝酸银沉淀，以铬酸钾为指示液，当氯化钠反应完毕后，硝酸银与铬酸钾反应，生成砖红色的铬酸银沉淀为滴定终点。

② 试剂和溶液

a. 硝酸银标准滴定溶液　$c(AgNO_3)=0.1mol/L$。

b. 硫酸溶液　6+994。

c. 铬酸钾指示液　50g/L。称取5g铬酸钾溶于100mL水中，搅拌下滴加硝酸银溶液至呈现红棕色沉淀，过滤后使用。

d. 酚酞指示液　1g/L。

③ 测定步骤　吸取10.0mL试样于500mL容量瓶中，加水稀释至刻度，摇匀。吸取10.0mL于250mL三角瓶中，加入1～2滴酚酞指示液。若溶液显红色，以硫酸溶液中和至红色消失，再加1mL铬酸钾指示液，加水至约50mL，在充分摇动下，用0.1mol/L硝酸银标准溶液滴定至溶液呈现稳定的砖红色悬浊液，经充分摇匀后不消失即为终点。

④ 结果表述　氯化钠含量（X）按下式计算：

$$X(g/L)=\frac{cV_1\times 58.44}{V\times 10/500}=\frac{2922cV_1}{V}$$

式中　c——硝酸银标准滴定溶液的浓度，mol/L；

V_1——滴定试样时消耗硝酸银标准溶液的体积，mL；

V——吸取试样的体积，mL；

58.44——氯化钠的摩尔质量，g/mol。

（3）钙镁含量的测定

① 方法提要　在氨-氯化铵缓冲溶液中，Ca^{2+}、Mg^{2+}与铬黑T形成红色络合物，用乙二胺四乙酸二钠（EDTA）标准溶液进行滴定，当铬黑T指示液被乙二胺四乙酸二钠（EDTA）置换出来，溶液呈蓝色，即为终点。

② 试剂和溶液

a. 乙二胺四乙酸二钠标准滴定溶液　$c(EDTA)=0.01mol/L$。

b. 氨-氯化铵缓冲溶液　pH≈10。

c. 铬黑T指示液　5g/L。

d. 盐酸溶液　1+1。

③ 测定步骤　吸取试样50.0mL于250mL三角瓶中，用盐酸调节pH约为7，加水约50mL，置于水浴锅上加热至50℃，取出后加入氨-氯化铵缓冲溶液10mL，加铬黑T指示液5～7滴，在充分摇动下，用0.01mol/L EDTA标准溶液滴定至溶液由酒红色变为纯蓝色为终点。同时做空白试验。

④ 结果表述　钙镁含量（以Ca^{2+}计）（X）按下式计算：

$$X(mg/L)=\frac{c(V_1-V_0)\times 40.08}{V}\times 1000$$

式中　c——EDTA标准滴定溶液的浓度，mol/L；

V_1——试样测定消耗EDTA标准滴定溶液的体积，mL；

V_0——空白测定消耗EDTA标准滴定溶液的体积，mL；

V——吸取试样的体积，mL；

40.08——钙的摩尔质量，g/mol。

（4）硫酸根的测定

① 方法提要　氯化钡与样品中硫酸根生成难溶的硫酸钡沉淀，过剩的钡离子用乙二胺四乙酸二钠（EDTA）标准溶液滴定，间接测定硫酸根。

② 试剂和溶液

a. 乙二胺四乙酸二钠（EDTA）标准滴定溶液　c(EDTA)＝0.02mol/L。

b. 氯化钡溶液　0.02mol/L。称取2.4g氯化钡溶于500mL水中，室温放置24h，使用前过滤。

c. 乙二胺四乙酸二钠镁溶液　0.04mol/L。称取17.2g乙二胺四乙酸二钠镁（四水盐），溶于1L无二氧化碳水中。

d. 铬黑T指示液　5g/L。称取0.5g铬黑T和2.0g盐酸羟胺，溶于无水乙醇，移入100mL容量瓶中，用无水乙醇稀释至刻度混匀，贮于棕色瓶内。

e. 氨-氯化铵缓冲溶液　pH≈10。

f. 盐酸溶液　1＋1。

g. 无水乙醇。

③ 测定步骤　吸取10.0mL试样，置于500mL容量瓶中，用水稀释至刻度，摇匀后吸取25.0mL溶液，置于250mL三角瓶中，加2滴盐酸溶液，加10.0mL氯化钡溶液，摇匀，放置10min，再移取10.0mL乙二胺四乙酸二钠镁溶液，10mL无水乙醇，10mL的氨-氯化铵缓冲溶液于试样中，再加4滴铬黑T指示液，用0.02mol/L EDTA标准溶液滴定至溶液由酒红色变为亮蓝色。同时做空白试验。

注：若氯化钡溶液加入后，溶液呈蓝色，应减少试样加入量。

④ 结果表述　硫酸根含量（X）按下式计算：

$$X(\mathrm{g/L})=\frac{c(V_2-V_1)\times 96.06}{V\times 25/500}=\frac{1921.2c(V_2-V_1)}{V}$$

式中　c——EDTA标准滴定溶液的浓度，mol/L；

V_2——空白试样消耗EDTA标准溶液的体积，mL；

V_1——测定试样时消耗EDTA标准溶液的体积，mL；

V——吸取试样的体积，mL；

96.06——硫酸根的摩尔质量，g/mol。

（5）无机铵含量的测定

① 方法提要　试样中无机铵在碱性条件下，以氨的形态被蒸出，经硼酸溶液吸收后，加入纳氏试剂，生成黄色的汞氨络合物，采用比色法进行定量。

$$NH_4OH \longrightarrow H_2O + NH_3\uparrow$$

$$3NH_3 + H_3BO_3 \longrightarrow (NH_4)_3BO_3$$

$$2K_2(HgI_4) + 3KOH + NH_4OH \longrightarrow NH_2Hg_2OI + 7KI + 3H_2O$$

② 仪器和试剂

a. 分光光度计。

b. 分析装置　盐水蒸馏装置见图1-1。

c. 铵标准溶液　0.1mg/mL。

d. 硼酸溶液　2%。

e. 氢氧化钠溶液　30%。

f. 纳氏试剂。

g. 无铵蒸馏水。

h. 无铵氢氧化钠。

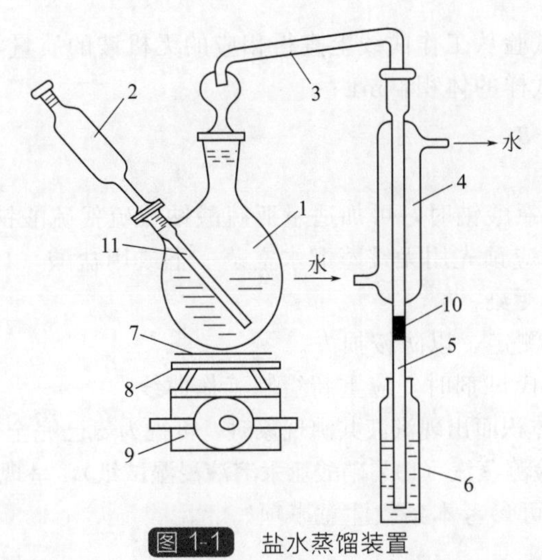

图 1-1　盐水蒸馏装置

1—蒸馏瓶；2—分液漏斗；3—带安全球的蒸馏弯管；4—冷凝管；5—接液管；6—比色管；7—石棉网；8—800W 电炉；9—升降架；10—胶管；11—带玻璃球胶管

③ 测定步骤

a. 工作曲线绘制　分别吸取铵标准溶液 0.0mL、0.2mL、0.4mL、0.6mL、0.8mL、1.0mL 于 6 个 50mL 比色管中，加水稀释至刻度，再分别加入 1mL 氢氧化钠溶液和 1mL 纳氏试剂，摇匀，静置 10min 后，用 2cm 比色皿在波长 420nm 处用分光光度计测定溶液的吸光度，以吸光度为纵坐标，铵含量为横坐标，绘制标准工作曲线。

b. 蒸馏

(a) 盐水　准确吸取试样 50mL 置于蒸馏瓶中，加无铵蒸馏水 100mL，按图 1-1 蒸馏装置将仪器组装好。承接冷凝液的 50mL 比色管内预先加入 5mL 硼酸溶液，接液管的下端通入溶液中。通过分液漏斗加入 2mL 氢氧化钠溶液，摇匀，调节电炉加热蒸馏。蒸馏的流出液近 45mL 时，放低比色管，使接液管口脱离液面，继续蒸馏，以流出液冲洗接液管内壁，同时以少量水冲洗接液管外壁。停止加热。

(b) 原盐　称取试样 15g（精确至 0.1g）于蒸馏瓶中，加无铵蒸馏水 150mL，按图 1-1 蒸馏装置将仪器组装好。承接冷凝液的 50mL 比色管内预先加入 5mL 硼酸溶液，接液管的下端通入溶液中。通过分液漏斗加入 2mL 氢氧化钠溶液，摇匀，调节电炉加热蒸馏。蒸馏的流出液近 45mL 时，放低比色管，使接液管口脱离液面，继续蒸馏，以流出液冲洗接液管内壁，同时以少量水冲洗接液管外壁。停止加热。

c. 试样测定　取下比色管后，加水至刻度，加入 1mL 氢氧化钠溶液和 1mL 纳氏试剂，摇匀，静置 10min 后，用 2cm 比色皿在波长 420nm 处用分光光度计测定溶液的吸光度，用标准工作曲线求得试样的铵含量。同时以 50mL 无铵蒸馏水作空白试验。

④ 结果表述　盐水中无机铵含量（X_1）、原盐中无机铵含量（X_2）按下式计算：

$$X_1(\mathrm{mg/L})=\frac{m_1-m_2}{V}\times 1000$$

$$X_2(\mathrm{mg/g})=\frac{G_1-G_2}{m}$$

式中　m_1——盐水样品从工作曲线上查得相应的无机铵的质量，mg；

m_2——盐水空白试验从工作曲线上查得相应的无机铵的质量，mg；

G_1——原盐样品从工作曲线上查得相应的无机铵的质量，mg；

G_2——原盐空白试验从工作曲线上查得相应的无机铵的质量，mg；

V——吸取盐水试样的体积，mL；

m——样品质量，g。

⑤ 注意事项

a. 当盐水中含氯或次氯酸钠时，可加适量亚硫酸钠或硫代硫酸钠进行处理。

b. 铵检测时所用仪器应预先用无铵蒸馏水空蒸一下或用盐酸（1+1）浸泡12h以上；所用试剂应妥善保管，防止污染。

c. 采取的试样应立即测定，以防铵损失。

d. 当使用新配制的纳氏试剂时，应重新绘制工作曲线。

e. 当蒸馏达不到规定体积而出现汽液共沸现象时，可视为氨已完全蒸出。立即打开冷凝管上端，同时用硝酸亚汞试纸检测蒸汽（10%硝酸亚汞溶液浸湿试纸），呈现黑色，表示有铵存在。

f. 盐水总铵测定时也可参考本条款注意事项。

（6）总铵含量的测定

① 方法提要　在硫酸溶液中，试样中的有机物在催化剂（硫酸铜）的作用下加热消化，其中有机氮转化为硫酸铵，与无机铵一起在碱性条件下，以氨的形式被蒸出，用硼酸溶液吸收后，以纳氏比色定量。

② 仪器和试剂

a. 分光光度计。

b. 分析装置　盐水蒸馏装置见图1-1，盐水消化装置见图1-2。

c. 铵标准溶液　0.1mg/mL。

d. 硼酸溶液　2%。

e. 氢氧化钠溶液　30%。

f. 纳氏试剂。

g. 无铵蒸馏水。

h. 无铵氢氧化钠。

i. 硫酸。

j. 无水硫酸铜。

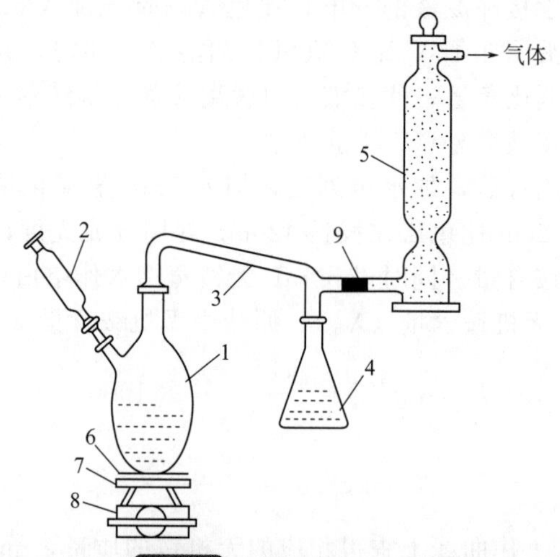

图1-2　盐水消化装置

1-消化瓶；2—分液漏斗；3—消化弯管；4—接液器；5—酸处理瓶（内装生石灰块）；6—带孔石棉网；7—800W电炉；8—通用升降架；9—胶管

③ 测定步骤

a. 标准工作曲线绘制 分别吸取铵标准溶液 0.0mL、0.2mL、0.4mL、0.6mL、0.8mL、1.0mL 于 6 个 50mL 比色管中，加水稀释至刻度，再分别加入 1mL 氢氧化钠溶液和 1mL 纳氏试剂，摇匀，静置 10min 后，在分光光度计上以 420nm 波长、2cm 比色皿测定溶液的吸光度，以溶液的吸光度为纵坐标，铵含量为横坐标，绘制标准工作曲线。

b. 消化 准确吸取试样 10mL 于消化瓶中，再加入 0.2g 硫酸铜。仪器按盐水消化装置图 1-2 组装好后，通过分液漏斗缓慢加入 10mL 浓硫酸，调节电炉加热消化，电炉上放一块带孔石棉网，加热要缓慢进行，使瓶内液体始终保持微沸状态，当溶液颜色呈透明翠绿色，消化瓶内的上部充满白烟，在液面和白烟之间出现高度约 10mm 左右的透明带时，继续加热消化 15min。

c. 蒸馏 在消化的试样瓶（即消化瓶）内慢慢加入 100mL 无铵蒸馏水，摇匀，按图 1-1 盐水蒸馏装置组装。承接冷凝液的比色管内预先加入 5mL 硼酸溶液，接液管的下端插入溶液中。通过分液漏斗加入 50mL 氢氧化钠溶液，摇匀。调节电炉加热蒸馏。蒸馏的流出液近 45mL 时，放低比色管，使接液管口脱离液面，继续蒸馏，以馏出液冲洗接液管内壁，同时以少量水冲洗接液管外壁，停止加热。

d. 试样测定 取下比色管后，加水至刻度，再分别加入 1mL 氢氧化钠溶液和 1mL 纳氏试剂，摇匀，静置 10min 后，用 2cm 比色皿在波长 420nm 处用分光光度计测定溶液的吸光度。同时以 10mL 无铵蒸馏水作空白试验。

④ 结果表述 总铵含量（X）按下式计算：

$$X(\mathrm{mg/L})=\frac{m_1-m_2}{V}\times 1000$$

式中 m_1——样品从工作曲线上查得相应的铵的质量，mg；

m_2——空白试验从工作曲线上查得相应的铵的质量，mg；

V——吸取试样的体积，mL。

(7) 氢氧化钠和碳酸钠的测定

① 方法提要 采用酸碱中和反应，用酸标准溶液滴定，酚酞作为指示液，将氢氧化钠完全中和，另将碳酸钠转化成碳酸氢钠，再以甲基橙作为指示液继续滴定至颜色变为橙红色，使碳酸氢钠完全中和。

② 试剂和溶液

a. 盐酸标准滴定溶液 $c(\mathrm{HCl})=0.05\mathrm{mol/L}$。

b. 酚酞指示液 10g/L。

c. 甲基橙指示液 1g/L。

③ 测定步骤 吸取试样 20mL 于 250mL 三角瓶中，加入适量水，加 4～5 滴酚酞指示液，用 0.5mol/L 盐酸标准溶液滴定至溶液红色刚刚消失为第一个终点，再加甲基橙指示液 2～3 滴，继续滴定溶液变橙红色为第二个终点。

④ 结果表述 氢氧化钠含量（X_1）和碳酸钠含量（X_2）分别按下式计算：

$$X_1(\mathrm{g/L})=\frac{c(V_1-V_2)\times 40.00}{V}$$

$$X_2(\mathrm{g/L})=\frac{2cV_2\times 53.00}{V}$$

式中 c——盐酸标准滴定溶液的浓度，mol/L；

V_1——以酚酞为指示液滴定时，消耗盐酸标准溶液的体积，mL；

V_2——以甲基橙为指示液滴定时，消耗盐酸标准溶液的体积，mL；

V——吸取试样的体积，mL；

40.00——氢氧化钠的摩尔质量，g/mol；

53.00——碳酸钠（$\frac{1}{2}Na_2CO_3$）的摩尔质量，g/mol。

(8) 固体悬浮物（SS）的测定

① 方法提要　样品通过孔径为 0.3μm 的滤膜，将截留在滤膜上不溶于水的固体物质，置于 103～105℃烘箱中恒重后进行称量。

② 试剂与材料

a. 无水乙醇（GR）。

b. 微孔滤膜过滤器。

c. 滤膜　孔径 0.3μm，直径 45～60mm。

d. 镊子　扁嘴无齿。

e. 符合 GB/T 6682 中二级及以上的水或相应纯度的水。

③ 测定步骤

a. 滤膜的准备　用镊子夹取微孔滤膜放于事先恒重的称量瓶中，置于烘箱中于 103～105℃烘干半小时后，取出放入干燥器内冷却至室温，称重。反复烘干、冷却、称量，直至两次称量的质量差≤0.3mg。将恒重的微孔滤膜在无水乙醇中浸泡 5min 后夹出，放在微孔滤膜过滤器的滤膜托板上，加盖配套的漏斗，固定。用水湿润滤膜，并不断抽滤。

b. 试样测定　量取混合均匀的 1000mL 试样（或适宜体积）分次倒入漏斗进行抽滤，使水分全部通过滤膜，以每次 5～10mL 的水进行多次洗涤，抽滤至滤膜上无痕量水分。停止抽滤后，小心取出滤膜放在恒重过的称量瓶中，置于烘箱于 103～105℃烘半小时后，取出放入干燥器内冷却至室温，称重。反复烘干、冷却、称量至恒重。

④ 结果表述　悬浮物含量（S）按下式计算：

$$S(\mathrm{mg/L})=\frac{(m_1-m_2)\times 10^6}{V}$$

式中　m_1——悬浮物＋滤膜＋称量瓶质量，g；

m_2——滤膜＋称量瓶质量，g；

V——量取试样的体积，mL。

(9) 氯酸盐的测定　主要通过分光光度法（仲裁法）和高锰酸钾法测定。分光光度法按 GB/T 11200.1 规定的方法操作。高锰酸钾法如下。

① 方法提要　氯酸钠与硫酸亚铁铵反应，剩余的硫酸亚铁铵用高锰酸钾标准溶液滴定，终点为淡品红色，持续 1min。

② 试剂和溶液

a. 高锰酸钾标准滴定溶液　$c(1/5KMnO_4)=0.1$mol/L。

b. 硫酸亚铁铵溶液　0.15mol/L。将 45mL 硫酸缓慢倒入 300mL 水中，冷却后，加入 60g 硫酸亚铁铵。转移至 1000mL 容量瓶中，稀释至刻度，混匀备用。

c. 硫酸溶液　1＋2。

③ 测定步骤　吸取试样 10.0mL 置于 250mL 三角瓶中，用适量水稀释，分别吸取 25.0mL 硫酸亚铁铵溶液和 10mL 硫酸，加入试样中，然后加热煮沸 10min，冷却至室温后用 0.1mol/L 高锰酸钾标准滴定溶液滴定至淡品红持续 1min 为终点。同时作空白试验。

④ 结果表述　氯酸盐（ClO_3^-）含量（X）按下式计算：

$$X(\text{g/L})=\frac{c(V_2-V_1)\times 17.74}{V}$$

式中　c——高锰酸钾（$1/5KMnO_4$）标准滴定溶液的浓度，mol/L；

V_1——测定试样时消耗高锰酸钾（$1/5KMnO_4$）标准滴定溶液的体积，mL；

V_2——空白试验时消耗高锰酸钾（$1/5KMnO_4$）标准滴定溶液的体积，mL；

V——试样体积，mL；

17.74——氯酸钠（$1/6NaClO_3$）的摩尔质量，g/mol。

（10）游离氯的测定

① 方法提要　在样品中加入邻联甲苯胺后，在酸性条件下，微量的游离氯与其反应生成黄色络合物，采用比色法定量。

$$4ClO^- + 4H^+ \longrightarrow 2Cl_2\uparrow + O_2\uparrow + 2H_2O$$

② 溶液和材料

a. 邻联甲苯胺溶液　1.4g/L。称取 0.14g 邻联甲苯胺，加 14mL 盐酸及少量水溶解，稀释至 100mL。

b. 盐酸溶液　1+1。

c. 标准色板。

③ 测定步骤　吸取 0.5mL 邻联甲苯胺溶液置于纳氏比色管中，加入 10mL 试样，摇匀后放置 5min，用目视比色法与标准色板比较后定量。

（11）铁离子的测定

① 方法提要　用盐酸羟胺将三价铁离子还原成二价铁离子，在 pH 值为 4.5 的条件下，二价铁离子与邻菲啰啉反应生成橘红色络合物，在该络合物最大吸收值处（波长 510nm）用分光光度计测定吸光度定量。

② 试剂和溶液

a. 邻菲啰啉溶液　2g/L。

b. 盐酸羟胺溶液　100g/L。

c. 乙酸-乙酸钠缓冲溶液　pH≈4.5。

d. 铁标准储备液　0.1g/L。

e. 铁标准溶液　0.01g/L，使用前用 0.1g/L 的铁标准储备液配制。

③ 仪器　分光光度计。

④ 测定步骤

a. 标准曲线绘制　分别吸取 0.0mL、2.0mL、4.0mL、6.0mL、8.0mL、10.0mL 铁标准溶液（e）于 50mL 容量瓶中，对应的铁含量分别为 0mg、0.02mg、0.04mg、0.06mg、0.08mg、0.10mg。向每个容量瓶分别加入 1mL 盐酸羟胺溶液，5mL 乙酸-乙酸钠缓冲溶液和 2mL 邻菲啰啉溶液，用水稀释至刻度，混匀，放置 15min。用 1cm 比色皿，在波长 510nm 处，以空白溶液调零，分别测定各溶液的吸光度，以铁的质量为横坐标，对应的吸光度为纵坐标绘制工作曲线。

b. 试样测定　吸取 10.0mL 试样于 50mL 容量瓶中，加入 1mL 盐酸羟胺溶液，5mL 乙酸-乙酸钠缓冲溶液和 2mL 邻菲啰啉溶液，用水稀释至刻度，混匀。静置 15min。用 1cm 比色皿，在波长 510nm，以空白溶液调零，测定试样溶液的吸光度。根据吸光度值在标准曲线上查得相应的铁的质量。

⑤ 结果表述　铁离子含量（X）按下式计算：

$$X(\text{mg/L})=\frac{m}{V}\times 1000$$

式中　m——从标准曲线上查得铁的含量，mg；

V——样品体积，mL。

3. 检验规则

（1）对于放入用户卤池、槽车、槽船等交付情况，以一次全部交付的总体积为一个批量；取样应在放入卤池、槽车、槽船等前的交卤点的管道上，以一次全部交付的总体积的约1/3、2/3、5/6时分三次取样，每次1L，三次样混合均匀为一个综合样，再从综合样中取出不少于500mL为保留样，其余样为供需双方分析样。

（2）对于以输卤管道直接输入到用户，以流量计计量交付用户的情况，应在交卤点，由供需双方共同拟定取样周期（如8h），以拟定取样周期交付的液体盐总量作为一个批量，采用在输卤管道上分流，在取样周期内保持均匀流速，盛样器口应加塞，避免蒸发，每一周期取样量应不少于3L，混合均匀后取不少于500mL为保留样，其余为供需双方分析样。

（3）取样前，取样器与盛样器应清洗干净，用采取的样品洗涤2～3次，方可取样。样品均应蜡封并贴好样品标签，保留样应由供需双方共同封存，保留样时间由供需双方商定。

（4）入厂时应进行氯化钠、钙镁离子合量、硫酸根离子项目的检验，应逐批检验；其他检验项目企业可根据实际情况进行抽检或以供方提供的质量证明为准；若协议或合同中有其他项目，企业可根据实际情况抽检或以供方提供的质量证明为准。

四、石灰石

1. 范围

适用于化工用石灰石。

2. 技术要求和检测方法

（1）外观　白色或青灰色块状颗粒。

（2）理化指标及检测方法应符合表1-5的规定。

表1-5　理化指标及检测方法

序号	项目	参考指标	检测方法
1	氧化钙	≥53.0%	GB/T 15057.2
2	氧化镁	≤1.2%	GB/T 15057.2
3	盐酸不溶物	≤1.5%	GB/T 15057.3
4	三氧化二物	≤1.0%	GB/T 15057.4

3. 检验规则

（1）产品按批检验，以每次同一厂家所供产品为一批。

（2）采制样　按GB/T 15057.1的规定进行采制样。

（3）入厂时应进行氧化钙、氧化镁、盐酸不溶物及三氧化二物的检测，应逐批检验；协议或合同中如有其他项目，企业可根据实际情况抽检或以供方提供的质量证明为准。

第二节　辅助原材料

一、工业硫酸

1. 范围

适用于由硫铁矿、硫黄、冶炼烟气或其他含硫原料制取的工业硫酸，主要用于氯碱生产氯气干燥用原料。

2. 技术要求和检测方法

技术要求及检测方法应符合表 1-6 的规定。

表 1-6 技术要求及检测方法

序号	项目	参考指标	检测方法
1	硫酸	≥98.0%	GB/T 534
2	灰分	≤0.03%	GB/T 534
3	铁	≤0.010%	GB/T 534
4	砷	≤0.001%	GB/T 534
5	铅	≤0.02%	GB/T 534
6	汞	≤0.01%	GB/T 534
7	透明度	≥50mm	GB/T 534
8	色度	不深于标准色度	GB/T 534

3. 检验规则

(1) 产品按批检验，以每次同一厂家所供产品为一批。

(2) 采样

① 用槽车（罐）装时，从每槽车（罐）中选取，用取样器从槽车（罐）的顶部进口按上、中、下部位 1∶3∶1 比例取样。在顶部无法取样而物料比较均匀时，可在槽车（罐）的排料口取样。

② 每批采样量不得少于 500mL，将取得的试样混合均匀后，立即装入两个清洁、干燥具磨口塞的玻璃瓶中，瓶上应贴有标签，注明生产企业名称、产品名称、批号、采样日期、采样人等。一瓶用于检验，另一瓶留样备查。

(3) 入厂时进行硫酸含量、透明度的检测，应逐批检验；其他检验项目企业可根据实际情况进行抽检或以供方提供的质量证明为准；若协议或合同中有其他项目，企业可根据实际情况抽检或以供方提供的质量证明为准。

二、工业碳酸钠

1. 范围

适用于以工业盐或天然碱为原料，由氨碱法、联碱法或其他方法制得的工业碳酸钠，主要用于氯碱生产过程中粗盐水除钙镁杂质用原料。

2. 技术要求和检测方法

(1) 外观 白色细小颗粒。

(2) 理化指标及检测方法应符合表 1-7 的规定。

表 1-7 理化指标及检测方法

序号	项目	参考指标	检测方法
1	总碱量(以湿基的 Na_2CO_3 的质量分数计)	≥97.5%	GB/T 210.2
2	烧失量	≤0.8%	GB/T 210.2
3	铁(干基计)	≤0.010%	GB/T 210.2
4	氯化钠(以干基的 NaCl 的质量分数计)	≤1.20%	GB/T 210.2
5	水不溶物	≤0.15%	GB/T 210.2

3. 检验规则

（1）产品按批检验，以每次同一厂家所供产品为一批。

（2）采样

① 从批量总袋数中按表 1-8 规定的采样单元数进行随机采样。当总袋数≤500 时，按表 1-8 确定；当总袋数≥500 时，以公式 $n=3\times\sqrt[3]{N}$（N 为总袋数）确定，如遇小数进为整数。

表 1-8 选取采样袋数的规定

总袋数	采样袋数	总袋数	采样袋数	总袋数	采样袋数
1～10	全部	102～123	15	255～296	20
11～49	11	124～151	16	297～343	21
50～64	12	152～181	17	344～394	22
65～81	13	182～216	18	395～450	23
82～101	14	217～254	19	451～512	24

② 采样时，将采样器自袋的中心垂直插入至料层深度的 3/4 处采样。将采出的样品混匀，用四分法缩分后不少于 500g。将样品分装于两个清洁、干燥的具塞广口瓶或塑料袋中，密封。注明生产厂家、产品名称、批号、采样日期、采样人等信息。一瓶用于检验，另一瓶留样备查。

（3）入厂时进行总碱量、烧失量的检测，应逐批检验；其他检验项目企业可根据实际情况进行抽检或以供方提供的质量证明为准；若协议或合同中有其他项目，企业可根据实际情况抽检或以供方提供的质量证明为准。

三、工业无水亚硫酸钠

1. 范围

适用于工业无水亚硫酸钠，主要用于氯碱生产过程中粗盐水除游离氯用原料。

2. 技术要求和检测方法

（1）外观　白色结晶粉末。

（2）理化指标及检测方法应符合表 1-9 的规定。

表 1-9 理化指标及检测方法

序号	项目	参考指标	检测方法
1	亚硫酸钠	≥93.0%	HG/T 2967
2	铁	≤0.02%	HG/T 2967
3	水不溶物	≤0.05%	HG/T 2967
4	游离碱（以 Na_2CO_3 计）	≤0.80%	HG/T 2967

3. 检验规则

（1）产品按批检验，以每次同一厂家所供产品为一批。

（2）采样　同本节“二、3、（2）”的规定采样。

（3）入厂时进行亚硫酸钠含量的检测，应逐批检验；其他检验项目企业可根据实际情况进行抽检或以供方提供的质量证明为准；若协议或合同中有其他项目，企业可根据实际情况抽检或以供方提供的质量证明为准。

四、工业氯化铁

1. 范围

适用于以铁屑为原料采用氯化法制得的无水氯化铁，主要用于氯碱生产过程粗盐水除杂质用原料，起吸附和共沉淀杂质的作用。

2. 技术要求和检测方法

（1）外观　褐绿色晶体。

（2）理化指标及检测方法应符合表 1-10 的规定。

表 1-10　理化指标及检测方法

序号	项目	参考指标	检测方法
1	氯化铁	≥93.0%	GB/T 1621
2	氯化亚铁	≤4.0%	GB/T 1621
3	不溶物	≤3.0%	GB/T 1621

3. 检验规则

（1）产品按批检验，以每次同一厂家所供产品为一批。

（2）采样　同本节“二、3、（2）”的规定采样。

（3）入厂时进行氯化铁含量的检测，应逐批检验；其他检验项目企业可根据实际情况进行抽检或以供方提供的质量证明为准；若协议或合同中有其他项目，企业可根据实际情况抽检或以供方提供的质量证明为准。

五、工业硝酸钠

1. 范围

适用于工业硝酸钠，主要用于氯碱生产过程中蒸发用热载体。

2. 技术要求和检测方法

（1）外观　白色粉末结晶或细小结晶，允许带浅灰色、浅黄色或淡粉红色。

（2）理化指标及检测方法应符合表 1-11 的规定。

表 1-11　理化指标及检测方法

序号	项目	参考指标	检测方法
1	硝酸钠	≥99.3%	GB/T 4553
2	亚硝酸钠	≤0.02%	GB/T 4553
3	氯化物(以 NaCl 计)	≤0.30%	GB/T 4553
4	水不溶物	≤0.06%	GB/T 4553
5	水分	≤1.5%	GB/T 4553
6	碳酸钠	≤0.10%	GB/T 4553
7	总硫(以 S 计)	≤0.020%	—

注：除水分、水不溶物外，其他均以干基计。

（3）总硫的测定

① 方法提要　将熔盐中的硫及硫化物氧化成硫酸盐，用比浊法进行硫酸盐测定，计算总硫含量。

② 试剂和溶液

a. 过氧化氢。

b. 无水碳酸钠溶液　5%。称取5g无水碳酸钠溶于95mL水中，摇匀。

c. 盐酸溶液　3mol/L。量取50mL盐酸，加到150mL水中，摇匀。

d. 氯化钡溶液　称取氯化钡50g，溶于150mL水中，摇匀。

e. 乙酸钠-乙酸锌溶液　称取50g乙酸锌（$ZnAc_2 \cdot 2H_2O$）和12.5g乙酸钠（$NaAc \cdot 3H_2O$）溶于1000mL水中，摇匀。

f. 硫酸溶液　1+5。

g. 淀粉溶液　10g/L。

h. 碘标准溶液　$c(1/2I_2)=0.10$mol/L。准确称取6.345g碘（I_2）于烧杯中，加入20g碘化钾（KI）和10mL水，搅拌至完全溶解，用水稀释至500mL，混匀并贮存于棕色瓶中。

i. 硫代硫酸钠标准溶液　$c(Na_2S_2O_3)=0.1$mol/L。

j. 硫标准溶液　1mg/mL。取一定量的结晶状硫化钠（$Na_2S \cdot 9H_2O$）于布氏漏斗或小烧杯中，用水淋洗除去表面杂质，用干滤纸吸去水分后，称取约0.75g溶于少量水中，移入100mL棕色容量瓶，用水稀释至刻度。摇匀后标定其准确浓度。

标定方法：在250mL碘量瓶中，加10mL乙酸-乙酸锌溶液，10.00mL待标定的硫化钠标准溶液和20.00mL碘标准溶液，用水稀释至约60mL，加5mL硫酸溶液，立即密封摇匀。于暗处放置5min后，用0.1mol/L硫代硫酸钠标准溶液滴定至溶液呈淡黄色时，加1mL淀粉溶液，继续滴定至蓝色刚好消失为终点。记录硫代硫酸钠标准溶液的用量，同时以10mL水代替硫化钠标准溶液，做空白试验。

硫化钠标准溶液中硫化物的含量按下式计算：

$$\text{硫化物(mg/mL)}=\frac{V_1-V_2}{10.00}\times c\times 16.03$$

式中　c——硫代硫酸钠标准溶液的浓度，mol/L；

V_1——滴定硫化钠标准溶液消耗硫代硫酸钠标准溶液的体积，mL；

V_2——滴定空白溶液消耗硫代硫酸钠标准溶液的体积，mL；

16.03——硫化物（$1/2S^{2-}$）的摩尔质量，g/mol。

③ 测定步骤

a. 试样的测定　称取5g试样，精确至0.01g，试样置于150mL三角瓶中，溶于50mL水中，加入0.2mL无水碳酸钠溶液。在水浴或低温电炉上蒸发至约40mL。加入1mL过氧化氢，煮沸，冷却。用盐酸溶液中和（用试纸检测），并过量1mL（必要时过滤）。将试样溶液转移至50mL比色管中，定容。于30～50℃水浴中保温10min，加入3mL氯化钡溶液。摇匀，放置30min，对其浊度用目视比色法与标准系列进行比较，选择浊度相同或相近的标准比浊溶液，记录其所含硫（S）的量。

b. 标准浊度的配制　依次吸取硫化物标准溶液0.0mL、0.2mL、0.4mL、0.6mL、0.8mL、1.0mL置于150mL三角瓶中，均加入50mL水后同上述“试样的测定”操作。

④ 结果表述　总硫的质量分数（X）按下式计算：

$$X(\%)=\frac{m_1}{m_2}\times 100$$

式中　m_1——与试料管相当的标准管中硫（S）的质量，g；

m_2——试料的质量，g。

⑤ 允许差　取平行测定结果的算术平均值为测定结果，平行测定结果之差的绝对值不

大于0.01%。

3. 检验规则

（1）产品按批检验，以每次同一厂家所供产品为一批。

（2）采样　同本节“二、3、（2）”的规定采样。

（3）入厂时进行硝酸钠、水分、水不溶物、氯化物、亚硝酸钠、碳酸钠及总硫的检测，应逐批检验；协议或合同中如有其他项目，企业可根据实际情况抽检或以供方提供的质量证明为准。

六、工业亚硝酸钠

1. 范围

适用于工业亚硝酸钠，主要用于氯碱生产过程中蒸发用热载体。

2. 技术要求和检测方法

（1）外观　白色或微带淡黄色结晶。

（2）理化指标及检测方法应符合表1-12的规定。

表1-12　理化指标及检测方法

序号	项目	参考指标	检测方法
1	亚硝酸钠	≥98.5%	GB/T 2367
2	硝酸钠	≤1.0%	GB/T 2367
3	氯化物(以NaCl计)	≤0.15%	GB/T 2367
4	水不溶物	≤0.06%	GB/T 2367
5	水分	≤2.0%	GB/T 2367
6	总硫(以S计)	≤0.020%	—

注：除水分外，其他均以干基计。

（3）总硫的测定　同本节“五、2、（3）”的方法测定。

3. 检验规则

（1）产品按批检验，以每次同一厂家所供产品为一批。

（2）采样　同本节“二、3、（2）”的规定采样。

（3）入厂时进行亚硝酸钠、硝酸钠、氯化物、水不溶物、水分及总硫的检测，应逐批检验；协议或合同中如有其他项目，企业可根据实际情况抽检或以供方提供的质量证明为准。

七、工业硝酸钾

1. 范围

适用于工业硝酸钾，主要用于氯碱生产过程中蒸发用热载体。

2. 技术要求和检测方法

（1）外观　白色结晶或球形颗粒。

（2）理化指标及检测方法应符合表1-13的规定。

表1-13　理化指标及检测方法

序号	项目	参考指标	检测方法
1	硝酸钾	≥99.4%	GB/T 1918

续表

序号	项目	参考指标	检测方法
2	氯化物(以 Cl 计)	≤0.02%	GB/T 1918
3	水不溶物	≤0.02%	GB/T 1918
4	水分	≤0.10%	GB/T 1918
5	硫酸盐(以 SO_4 计)	≤0.01%	GB/T 1918
6	硫及硫化物(以 S 计)	≤0.020%	—

(3) 硫及硫化物的测定

① 同本节“五、2、(3)”的方法测定。

② 结果表述 硫及硫化物（以 S 计）的质量分数（X）按下式计算：

$$X(\%)=\omega-\omega_1\times\frac{32.07}{96.06}$$

式中 ω——试样中总硫（以 S 计）含量，%；

ω_1——试样中硫酸盐（以 SO_4^{2-} 计）含量，%；

32.07——硫的摩尔质量，g/mol；

96.06——硫酸盐（以 SO_4^{2-} 计）摩尔质量，g/mol。

③ 允许差 取平行测定结果的算术平均值为测定结果，平行测定结果之差的绝对值不大于 0.01%。

3. 检验规则

(1) 产品按批检验，以每次同一厂家所供产品为一批。

(2) 采样 同本节“二、3、(2)”的规定采样。

(3) 入厂时进行硝酸钾、水分、氯化物、水不溶物、硫酸盐、硫及硫化物的检测，应逐批检验；协议或合同中如有其他项目，企业可根据实际情况抽检或以供方提供的质量证明为准。

八、工业碳酸钡

1. 范围

适用于钡盐、颜料等工业碳酸钡。

2. 技术要求和检测方法

(1) 外观 白色粉末或颗粒。

(2) 理化指标及检测方法应符合表 1-14 的规定。

表 1-14 理化指标及检测方法

项目	参考指标	检测方法
主含量(以 $BaCO_3$ 计)	≥98.5%	GB/T 1614

3. 检验规则

(1) 产品按批检验，以每次同一厂家所供产品为一批。

(2) 采样 同本节“二、3、(2)”的规定采样。

(3) 入厂时进行碳酸钡的检测，应逐批检验；协议或合同中如有其他项目，企业可根据实际情况抽检或以供方提供的质量证明为准。

九、工业磷酸二氢钾

1. 范围

适用于磷酸法生产的工业磷酸二氢钾。

2. 技术要求和检测方法

（1）外观　白色、浅色结晶或粉末。

（2）理化指标及检测方法应符合表 1-15 的规定。

表 1-15　理化指标及检测方法

项目	参考指标	检测方法
磷酸二氢钾（KH_2PO_4）（以湿基计）	≥98.0%	HG/T 4511

3. 检验规则

（1）产品按批检验，以每次同一厂家所供产品为一批。

（2）采样　同本节“二、3、（2）”的规定采样。

（3）入厂时进行磷酸二氢钾的检测，应逐批检验；协议或合同中如有其他项目，企业可根据实际情况抽检或以供方提供的质量证明为准。

十、消石灰

1. 范围

适用于消石灰，主要用于漂粉精生产用原料。其他类似产品可作参考。

2. 技术要求

技术要求应符合表 1-16 的规定。

表 1-16　技术要求

序号	检测项目		参考指标
1	氢氧化钙（$Ca(OH)_2$）含量		≥95.0%
2	流动性静止角		＜60°
3	粒度	≤0.150mm	≥96.0%
		≤0.075mm	≥80.0%

3. 检测方法

（1）氢氧化钙含量的测定

① 方法提要　在蔗糖溶液的存在下，会大大提高氢氧化钙在水中的溶解度，$Ca(OH)_2$ 在石灰中的含量可用酸碱滴定法简易而准确地测得。

② 试剂或溶液

a. 盐酸标准滴定溶液　$c(HCl)=0.5mol/L$。

b. 蔗糖溶液　300g/L。

c. 酚酞指示液　10g/L。

③ 测定步骤　称取干燥制备好的试样（通过 0.150mm 试验筛）0.5g，精确至 0.0002g，置于 50mL 水的三角瓶中，摇动使之混匀。加入 50mL 的蔗糖溶液，塞住瓶塞摇匀后静置 15min（在反应期间每隔 5min 振摇一次）。拔去塞子，滴加 4～5 滴酚酞指示液，然后用水冲洗瓶塞和瓶的侧壁，用 0.5mol/L 盐酸标准溶液滴定至由粉红色变为无色（滴定

时可用电磁搅拌器)，即为终点，记下读数 V。

④ 结果表述　氢氧化钙（$Ca(OH)_2$）的质量分数（X）按下式计算：

$$X(\%)=\frac{c(V/1000)\times 37.05}{m}\times 100=\frac{3.705cV}{m}$$

式中　V——测定试样时消耗盐酸标准溶液的体积，mL；

c——盐酸标准滴定溶液的浓度，mol/L；

m——试样质量，g；

37.05——氢氧化钙（$1/2Ca(OH)_2$）的摩尔质量，g/mol。

⑤ 允许差　两次平行测定结果之差的绝对值不大于 0.4%，取其算术平均值作为测定结果。

(2) 流动性静止角的测定

① 仪器　流动性静止角的装置（见图 1-3)。

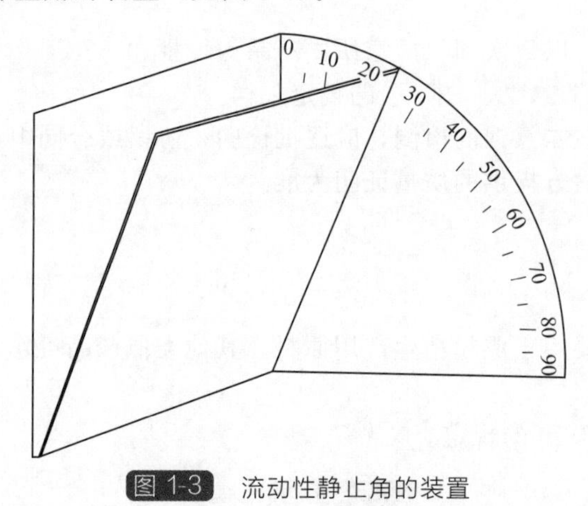

图 1-3　流动性静止角的装置

② 测定步骤　称取 100g 试样，精确至 0.1g，置于干燥的流动性静止角装置板上，将其缓缓提起，当试样全部滑下时的角度即为流动性静止角。

(3) 粒度的测定

① 试验筛　按 GB/T 6003.1 规定选取 0.150mm 和 0.075mm 分样筛。

② 测定步骤　将分样筛上盖，将 0.150mm 分样筛、0.075mm 分样筛及座盘依次组装好，然后称取 100g 试样，精准至 0.1g，置于 0.150mm 分样筛中手工振动并用刷子来回刷，称得 0.150mm 分样筛内的筛余物，倒入 0.075mm 分样筛内再重复振动约 10min 或用刷子来回刷，再称取 0.075mm 分样筛中筛余物的质量。

③ 结果表述　通过 0.150mm 筛孔的过筛率（X_1）、0.075mm 筛孔的过筛率（X_2）按下式计算：

$$X_1(\%)=\frac{m-m_1}{m}\times 100$$

$$X_2(\%)=\frac{m-m_2}{m}\times 100$$

式中　m——试样质量，g；

m_1——0.150mm 分样筛筛余物的质量，g；

m_2——0.075mm 分样筛筛余物的质量，g。

4. 检验规则

（1）产品按批检验，以每次同一厂家所供产品为一批。

（2）采样

① 袋装取样法　采用袋装取样管抽取份样。从每批袋装的消石灰粉中随机抽取10袋（袋应完好无损），将取样管从袋口斜插到袋内适当深度，取出一管芯消石灰。每袋取样量不少于500g。取得的综合试样，应立即装入干燥、密闭、防潮的容器中。

② 散装车（或船）取样法　采用散装取样管抽取份样。在整批散装消石灰粉的不同部位随机选取10个取样点，将取样管插入消石灰适当深度，取出一管芯石灰，每份不少于500g。取得的综合试样，应立即装入干燥、密闭、防潮的容器中。

（3）入厂时进行氢氧化钙、流动性静止角及粒度的检测，应逐批检验；协议或合同中如有其他项目，企业可根据实际情况抽检或以供方提供的质量证明为准。

十一、工业2-乙基蒽醌

1. 范围

适用于工业2-乙基蒽醌。主要用于生产过氧化氢用原料。

2. 技术要求

（1）外观　淡黄色片状固体。

（2）理化指标符合表1-17的规定。

表1-17　理化指标

序号	项目	参考指标
1	熔点	107～109℃
2	苯不溶物	≤0.1%

3. 检测方法

（1）熔点的测定

① 方法提要　利用熔点测试仪，测定蒽醌样品的初始熔化和完全熔化的温度。

② 仪器和材料

a. 熔点测试仪　RD-3型或其他型号。

b. 温度计　精度0.1℃。

c. 毛细管　内径1mm，长40～50mm。

d. 玻璃管　直径10mm，长800mm。

e. 甲基硅油。

③ 测定步骤

a. 毛细管填装方法　将少量干燥的2-乙基蒽醌粉末装入一端密封的毛细管中，此毛细管在玻璃管中投落5～6次，使毛细管内样品紧缩成2～3mm的高度，然后将毛细管固定在毛细管支架上。将毛细管放入传温液体内并用支架部件上的磁铁吸牢，调节支架使样品层与温度传感器处在同一水平位置上。

b. 具体按仪器说明书进行操作。结果由熔点测定仪直接读出。

④ 注意事项

a. 严禁在杯内无传温液的情况下进行开机操作。

b. 禁止使用甲基硅油以外的其他传温液。

(2) 苯中不溶物的测定

① 方法提要 取一定量的样品，计算在苯中溶解前后质量之比。

② 仪器和试剂

a. 玻璃滤杯 4#。

b. 苯。

③ 测定步骤 准确称取10g试样，精确至0.0002g，溶于苯中，将苯溶液通过在110～115℃已恒重的玻璃滤杯中过滤，用苯仔细洗涤滤渣，直至洗出液呈无色透明，将玻璃滤杯和滤渣于110～115℃的烘箱中烘至恒重。

④ 结果表述 不溶物质量分数（X）按下式计算：

$$X(\%)=\frac{G_1}{G}\times 100$$

式中 G_1——不溶物质量，g；

G——样品质量，g。

4. 检验规则

(1) 产品按批检验，以每次同一厂家所供产品为一批。

(2) 采样 同本节“二、3、(2)”的规定采样。

(3) 入厂时进行熔点、苯不溶物的检测，应逐批检验；协议或合同中如有其他项目，企业可根据实际情况抽检或以供方提供的质量证明为准。

十二、重芳烃

1. 范围

适用于重芳烃（主要为 C_9 馏分，即三甲苯异构体，另外还含有少量的二甲苯、四甲苯、萘等）。主要用于生产过氧化氢用原料。

2. 技术要求

(1) 外观 无色透明液体。

(2) 理化指标符合表1-18的规定。

表1-18 理化指标

序号	项目	参考指标
1	不饱和烃含量	≤0.5%
2	界面张力	≥30mN/m
3	油水相分层	迅速分层

3. 检测方法

(1) 不饱和烃含量的测定

① 方法提要 碘乙醇溶液与试样产生作用后，用硫代硫酸钠溶液滴定剩余碘，以100g试样能够吸收碘的克数表示碘值。不饱和烃含量根据试样的碘值和平均分子量计算而得。

② 试剂和溶液

a. 乙醇。

b. 碘乙醇溶液 称取（20±0.5）g碘溶解于1L乙醇中。

c. 碘化钾溶液 20%（化学纯）。

d. 硫代硫酸钠标准滴定溶液 $c(Na_2S_2O_3)=0.1mol/L$。

e. 淀粉指示液　5g/L。

③ 测定步骤　将试样用定性滤纸过滤后，称取 0.3～0.4g 样品（准确至 0.0002g）置于装有 15mL 乙醇的碘量瓶中。用移液管移取 25mL 碘乙醇溶液，注入碘量瓶中，用塞子将碘量瓶盖好，小心摇动碘量瓶，迅速加入 150mL 水，加盖水封，旋转摇动 5min，速度为 120～150r/min，然后静置 5min，摇动和静置时温度应控制在（20±5）℃，然后加入 25mL 碘化钾溶液，立即用水冲洗，用 0.1mol/L 硫代硫酸钠标准溶液滴定，溶液出现浅黄色时，加入淀粉 1～2mL，继续用 0.1mol/L 硫代硫酸钠标准溶液滴定，至蓝色消失为止。同时做空白试验。

④ 结果表述

a. 碘值（I）按下式计算：

$$I(\mathrm{g/100g})=\frac{c(V-V_1)\times 126.90}{10m}=\frac{12.69c(V-V_1)}{m}$$

式中　c——硫代硫酸钠标准滴定溶液的浓度，mol/L；

V——空白试样所消耗硫代硫酸钠标准滴定溶液的体积，mL；

V_1——试样所消耗硫代硫酸钠标准滴定溶液的体积，mL；

m——试样质量，g；

126.90——碘的摩尔质量，g/mol。

b. 试样的不饱和烃质量分数（X）按下式计算：

$$X(\%)=\frac{IM}{254}$$

式中　I——试样碘值，g/100g；

M——试样的平均分子量，由表 1-19 中查出。

表 1-19　不同馏出温度的 M 值

试样的 50%馏出温度/℃	M	试样的 50%馏出温度/℃	M
50	77	175	144
75	87	200	161
100	99	225	180
125	113	250	200
150	128	—	—

（2）界面张力的测定

① 方法提要　当液体形成紧张薄膜时，表面张力与表面相切，当溶液表面被铂环拉得很紧的时候，指针始终保持与红线重合，这两个作用力将持续到薄膜破裂为止，此时刻度盘上的读数指示了液体的表面张力。

② 仪器　界面张力测定仪。

③ 测定步骤　按照仪器使用说明书或供应商提供的操作规程测定。

（3）油水相分层检验

① 方法提要　观察重芳烃与水的分层情况。

② 仪器　500mL 分液漏斗。

③ 测定步骤　取 100mL 试样于分液漏斗中，加入等体积的水，摇动 2min，然后静置分层，观察是否迅速分层，若分层为合格；若水相出现浑浊或油水不易分离即为不合格。

4. 检验规则

(1) 产品按批检验，以每次同一厂家所供产品为一批。

(2) 采样

① 排料口采样　在顶部无法采样且物料较均匀时，可用采样瓶在槽车的排料口采样。

② 顶部进口采样　用采样瓶、罐或金属采样管等从顶部放入，进行上、中、下部位采样，并按一定比例混合成平均样品。采样位置和混合比例可按表 1-20 规定进行，也可全液位采样。

表 1-20　卧式圆柱形储罐采样部位和比例

液体深度(直径百分比)/%	采样液位(离底直径百分比)/%			混合样品相应的比例		
	上	中	下	上	中	下
100	80	50	20	3	4	3
90	75	50	20	3	4	3
80	70	50	20	2	5	3
70	—	50	20	—	6	4
60	—	50	20	—	5	5
50	—	40	20	—	4	6
40	—	—	20	—	—	10
30	—	—	15	—	—	10
20	—	—	10	—	—	10
10	—	—	5	—	—	10

(3) 入厂时进行不饱和烃含量、界面张力及油水相分层检验的检测，应逐批检验；协议或合同中如有其他项目，企业可根据实际情况进行抽检或以供方提供的质量证明为准。

十三、磷酸三辛酯（TOP）

1. 范围

适用于磷酸三辛酯。主要用于生产过氧化氢用原料。

2. 技术要求

(1) 外观　无色透明、无明显可见机械杂质的油状液体。

(2) 理化指标符合表 1-21 的规定。

表 1-21　理化指标

序号	检测项目	参考指标
1	磷酸三辛酯含量	≥99.0%
2	界面张力	≥18mN/m
3	氯含量	≤10^{-6}
4	水相分层	清澈透明

3. 检测方法

(1) 磷酸三辛酯含量的测定

① 方法提要　将试样中的酸性磷酸酯经重氮甲烷-乙醚溶液进行甲酯化，转变成相应的

甲酯。采用面积化法，通过磷酸三辛酯各组分峰面积大小来计算磷酸三辛酯各组分含量。

② 仪器和溶液

a. 气相色谱仪 具备自动进样装置或手动进样装置氢火焰离子化检测器的色谱仪。

b. 色谱柱 Φ0.25mm×0.25μm×30m 毛细管柱，SE-54。

c. 重氮甲烷-乙醚溶液 取 5g 重氮甲烷溶于乙醚 15mL 无水乙醚中，使其完全溶解混匀，备用。该溶液应现用现配。

③ 测定条件

a. 柱温 初始温度 150℃持续 2min，以 10℃/min 的速率升温至 280℃，持续 2min。

b. 汽化室温度 280℃。

c. 检测器温度 280℃。

d. 载气（N_2）流速 20mL/min。

e. 燃气（H_2）流速 50mL/min。

f. 助燃气（空气）流速 500mL/min。

④ 测定步骤

a. 样品预处理 向 2mL 试样的样品瓶中滴入重氮甲烷-乙醚溶液，不断摇动样品瓶，至试样完全反应且无气泡为止。然后将样品置于通风柜中待乙醚完全挥发后，样品经溶剂溶解后，方可注入色谱柱，进样量小于 0.2μL。

b. 试样测定 在上述规定测定条件下，用 1μL 的微量注射器吸取 0.2μL 磷酸三辛酯样品，直接注入汽化室，待色谱峰流出完毕，测量磷酸三辛酯的含量。

⑤ 结果表述 试样中磷酸三辛酯含量（X）按下式计算：

$$X(\%)=\frac{A_{TOP}}{A_a}\times 100$$

式中 A_{TOP}——磷酸三辛酯峰面积，cm^2 或 mV·min；

A_a——各组分总的峰面积，cm^2 或 mV·min（一般出峰顺序为溶剂三氯甲烷、辛醇、磷酸二辛一甲酯、磷酸三辛酯）。

（2）界面张力的测定

同本节“十二、3、（2）”的方法测定。

（3）氯含量的测定

① 方法提要 用蒸馏水将有机相中的氯离子萃取出来，在萃取水中加入硝酸银溶液，与标准浊度对比测定氯含量。

② 试剂与材料

a. 分液漏斗 60mL。

b. 比色管 50mL。

c. 硝酸溶液 5mol/L。量取 346.3mL 浓硝酸与水配制成 1000mL 溶液。

d. 硝酸银标准溶液 $c(AgNO_3)=0.1mol/L$。

e. 氯化物（Cl）标准溶液 0.1mg/mL。称取 0.165g 于 500～600℃灼烧至恒重的氯化钠，溶于水，移入 1000mL 容量瓶中，稀释至刻度，混匀。

③ 测定步骤

a. 浊度标准配制 吸取 10mL 氯化物标准溶液置于 100mL 容量瓶，稀释至刻度，混匀后量取 30mL 置于 50mL 比色管中，加入 2mL 硝酸溶液、1mL 0.1mol/L 硝酸银标准溶液，此溶液测得的浊度值为标准浊度。

b. 试样的测定及结果表述 量取 5mL 试样置于分液漏斗中，以 30mL 水分 5 次萃取，将萃取水溶液置于50mL比色管中，加入2mL硝酸溶液及1mL硝酸银溶液，混匀后放置10min，所测浊度不应大于标准浊度。

注：若萃取水溶液混浊，应放置一定时间至澄清后再加入硝酸溶液及硝酸银溶液测定。

（4）水相分层测定

① 方法提要　试样经等量水洗涤后，观察水层部分在酸性条件下的变化情况。

② 试剂与材料

a. 分液漏斗　500mL。

b. 硫酸溶液　0.4%。

③ 测定步骤及结果表述　量取100mL试样加入分液漏斗中，然后加入等体积蒸馏水，充分摇动，静置3～5min，将下层水放入带有刻度的试管中，向试管内加入3～4滴硫酸溶液，摇动观察试管内水层变化，若为清澈透明，该样品视为合格；出现混浊视为不合格。

4. 检验规则

（1）产品按批检验，以每次同一厂家所供产品为一批。

（2）采样　按GB/T 6680规定的要求采样。

（3）进厂时应进行磷酸三辛酯含量、界面张力、氯含量及水相分层检测为入厂检验项目，应逐批检验。协议或合同中如有其他项目，企业可根据实际情况抽检或以供方提供的质量证明为准。

十四、工业碳酸钾

1. 范围

适用于原料碳酸钾含量的测定。主要用于生产过氧化氢用原料。

2. 技术要求

（1）外观　白色粉末，不含有机颗粒及机械杂质，溶解时溶液允许有轻微浑浊。

（2）理化指标符合表1-22的规定。

表1-22　理化指标

序号	项目	参考指标	检测方法
1	碳酸钾含量	≥99.0%	GB/T 1587
2	溶解性	完全溶解	—

（3）溶解性的测定

① 方法提要　根据不同物质在水中溶解度不同，来确定合格与否。

② 测定步骤　称取40g试样，精确至0.01g，用水溶解，移入100mL容量瓶中，稀释至刻度，观察样品的溶解情况，完全溶解视为合格，若不能完全溶解视为不合格。

3. 检验规则

（1）产品按批检验，以每次同一厂家所供产品为一批。

（2）采样　同本节“二、3、（2）”的规定采样。

（3）入厂时进行碳酸钾含量、溶解性的检测，应逐批检验。协议或合同中如有其他项目，企业可根据实际情况抽检或以供方提供的质量证明为准。

十五、工业磷酸

1. 范围

适用于工业磷酸。主要用于生产过氧化氢用原料。

2. 技术要求和检测方法

（1）外观　无色透明或略带浅黄色的稠状液体。

（2）理化指标和检测方法符合表 1-23 的规定。

表 1-23　理化指标

项目	参考指标	检测方法
磷酸含量	≥85.0%(或≥50.0%)	GB/T 2091

3. 检验规则

（1）产品按批检验，以每次同一厂家所供产品为一批。

（2）采样　同本节“二、3、(2)、①”采样单元数规定。采样时，将采样器自包装桶深度的 3/4 处采样。将采出的样品混匀，样品不少于 500g。将样品分装于两个清洁、干燥的容器中，密封。并粘贴标签，注明生产厂家、产品名称、批号、采样日期和采样人等信息。一瓶用于检验，另一瓶留样备查。

（3）入厂时进行磷酸含量的检测，应逐批检验；协议或合同中如有其他项目，企业可根据实际情况抽检或以供方提供的质量证明为准。

第二章 氯碱和无机氯生产过程控制分析

第一节 氯碱生产过程控制分析

一、一次盐水的分析

（一）氢氧化钠和碳酸钠含量的测定

1. 范围

适用于一次盐水中氢氧化钠和碳酸钠的检测，其他类似溶液可作参考。

2. 方法提要

采用酸碱中和反应，用酸标准溶液滴定，酚酞作为指示剂，将碳酸钠转化成碳酸氢钠，氢氧化钠完全中和。

$$OH^- + H^+ \longrightarrow H_2O$$

$$CO_3^{2-} + H^+ \longrightarrow HCO_3^-$$

再加甲基橙作为指示剂继续滴定时，至颜色变为橙红色，使碳酸氢钠完全中和。

$$HCO_3^- + H^+ \longrightarrow H_2O + CO_2\uparrow$$

3. 试剂和溶液

（1）硫酸标准滴定溶液　$c(1/2H_2SO_4)=0.1mol/L$（或盐酸标准滴定溶液 $c(HCl)=0.5mol/L$）。

（2）酚酞指示液　10g/L。

（3）甲基橙指示液　1g/L。

4. 测定步骤

样品冷却至室温，吸取试样 10mL（或其他适宜体积）于 250mL 三角瓶中，加 2～3 滴酚酞指示液，用 0.1mol/L 硫酸（或 0.5mol/L 盐酸）标准溶液滴定至溶液红色刚刚消失为第一个终点，再加甲基橙指示液 1～2 滴，继续用 0.1mol/L 硫酸（或 0.5mol/L 盐酸）标准滴定溶液滴定至溶液变橙红色为第二个终点。

5. 结果表述

氢氧化钠含量（X_1）和碳酸钠含量（X_2）分别按下式计算：

$$X_1(g/L) = \frac{c(V_1 - V_2) \times 40.00}{V}$$

$$X_2(g/L) = \frac{2cV_2 \times 53.00}{V}$$

式中　c——硫酸（$1/2H_2SO_4$）（或盐酸）标准滴定溶液的浓度，mol/L；

V_1——以酚酞为指示液滴定时，消耗硫酸（$1/2H_2SO_4$）（或盐酸）标准溶液的体积，mL；

V_2——以甲基橙为指示液滴定时，消耗硫酸（$1/2H_2SO_4$）（或盐酸）标准溶液的体积，mL；

V——吸取试样的体积，mL；

40.00——氢氧化钠的摩尔质量，g/mol；

53.00——碳酸钠（$1/2Na_2CO_3$）的摩尔质量，g/mol。

6. 允许差

取平行测定结果的算术平均值为测定结果，平行测定结果之差的绝对值：NaOH 不大于 0.03g/L；Na_2CO_3 不大于 0.06g/L。

7. 注意事项

（1）酚酞指示液的用量对滴定结果影响较大，若用量不足，滴定常常不完全，结果使氢氧化钠含量偏低，碳酸钠含量偏高。若用量过多，因酚酞不溶于水而造成酚酞析出，致使溶液混浊，影响终点的观察。

（2）在滴定时，硫酸溶液要逐滴加入，并不断摇动溶液，以免局部过酸和第二步反应提前进行，致使碳酸钠含量偏低而氢氧化钠含量偏高。

（3）若试样较为浑浊，应进行过滤。

（二）氯化钠含量的测定

1. 范围

适用于一次盐水和精盐水中氯化钠的检测，其他类似溶液可作参考。

2. 方法提要

在中性溶液中，硝酸银与氯化钠反应生成白色的氯化银沉淀，以铬酸钾为指示液，当氯化钠反应完毕后，硝酸银立即与铬酸钾作用，生成砖红色的铬酸银沉淀。其反应式如下：

$$AgNO_3 + NaCl \longrightarrow AgCl\downarrow + NaNO_3$$

$$2AgNO_3 + K_2CrO_4 \longrightarrow Ag_2CrO_4\downarrow + 2KNO_3$$

3. 试剂和溶液

（1）硝酸银标准滴定溶液　$c(AgNO_3)=0.1mol/L$。

（2）硫酸溶液　$c(1/2H_2SO_4)=0.1mol/L$ 或适当浓度。

（3）铬酸钾指示液　50g/L。

称取 5g 铬酸钾溶于 100mL 水中，搅拌下滴加硝酸银溶液至呈现红棕色沉淀，过滤后使用。

（4）酚酞指示液　10g/L。

4. 测定步骤

样品冷却至室温（浑浊时应过滤），用移液管吸取样品 5mL（或其他适宜体积）于 250mL 容量瓶中，加水稀释至刻度，摇匀，吸取 10mL 于 250mL 三角瓶中，滴加 1～2 滴酚酞指示液，若溶液显微红色，以硫酸溶液中和至微红色消失，再加 5～8 滴铬酸钾指示液，用 0.1mol/L 硝酸银标准溶液滴定至溶液中出现砖红色沉淀物，经充分摇匀后不消失即为终点。

5. 结果表述

氯化钠含量（X）按下式计算：

$$X(g/L)=\frac{cV_1\times 58.44}{V\times 10/250}+K=\frac{1461cV_1}{V}+K$$

式中　c——硝酸银标准滴定溶液的浓度，mol/L；

V_1——试样消耗硝酸银标准滴定溶液的体积，mL；

V——吸取试样的体积，mL；

58.44——氯化钠的摩尔质量，g/mol；

K——氯化钠浓度的温度校正值，见表2-1。

6. 允许差

取平行测定结果的算术平均值为测定结果，平行测定结果之差的绝对值不大于1.2g/L。

7. 注意事项

（1）本法应控制在中性或微碱性溶液（pH6.5～10.5）中滴定。在酸性溶液中，铬酸银溶于酸，使滴定结果偏高，而在碱性溶液中，银离子又生成灰黑色氧化银沉淀，影响滴定和终点的判定。

（2）盐水的密度和比容随温度而变化，分析结果应进行温度校正。不同温度时，氯化钠浓度的温度校正值（K），见表2-1。

表2-1 氯化钠浓度的温度校正值（K）

测定温度/℃	K/(g/L)	测定温度/℃	K/(g/L)	测定温度/℃	K/(g/L)	测定温度/℃	K/(g/L)
10	−1.30	19	−0.14	28	+1.22	37	+2.66
11	−1.18	20	0.00	29	+1.36	38	+2.84
12	−1.06	21	+0.16	30	+1.50	39	+3.02
13	−0.94	22	+0.32	31	+1.66	40	+3.20
14	−0.82	23	+0.48	32	+1.82	41	+3.36
15	−0.70	24	+0.64	33	+1.98	42	+3.52
16	−0.56	25	+0.80	34	+2.14	43	+3.68
17	−0.42	26	+0.94	35	+2.30	44	+3.84
18	−0.28	27	+1.08	36	+2.48	45	+4.00

（3）为了防止试样过饱和析出氯化钠结晶而影响分析结果，取样时应采取保温措施。

（4）根据氯化银溶度积（$K_{SP}=1.8\times10^{-10}$）和铬酸银溶度积（$K_{SP}=2.0\times10^{-12}$）进行计算，被测溶液中CrO_4^{2-}浓度为1.1×10^{-2}mol/L时，稍过量硝酸银恰好能生成砖红色铬酸银沉淀。由于铬酸钾本身黄色较深，终点不易观察，所以实际用量要比理论量少一些。一般铬酸根浓度为2.6×10^{-3}～5.2×10^{-3}mol/L，即50～100mL滴定液中需加入5%铬酸钾指示液1mL。

（5）在滴定过程中，生成的氯化银沉淀能吸附氯离子，使铬酸银沉淀过早地出现，因此滴定时应剧烈摇动溶液，使吸附的氯离子完成反应生成氯化银沉淀。

（三）氢氧化钾含量的测定

1. 范围

适用于一次盐水中氢氧化钾的检测，其他类似溶液可作参考。

2. 方法提要

采用酸碱中和反应，以酚酞作为指示剂，用盐酸标准溶液滴定至无色为终点。

3. 试剂和溶液

（1）盐酸标准滴定溶液　c(HCl)=0.1mol/L。

（2）酚酞指示液　10g/L。

4. 测定步骤

样品冷却至室温，吸取试样 25mL（或其他适宜体积）于 250mL 三角瓶中，用水稀释至约 50mL，加 2～3 滴酚酞指示液，用 0.1mol/L 盐酸标准溶液滴定至红色刚消失为终点，记下所消耗盐酸标准滴定溶液的体积。

5. 结果表述

氢氧化钾含量（X）按下式计算：

$$X(\text{g/L})=\frac{cV_1\times 56.11}{V}$$

式中　c——盐酸标准滴定溶液的浓度，mol/L；

V_1——试样消耗盐酸标准滴定溶液的体积，mL；

V——吸取试样的体积，mL；

56.11——氢氧化钾的摩尔质量，g/mol。

（四）氯化钾含量的测定

1. 范围

适用于一次盐水和精盐水中氯化钾的检测，其他类似溶液可作参考。

2. 方法提要

在中性溶液中，硝酸银与氯化钾反应生成白色的氯化银沉淀，以铬酸钾为指示液，过量硝酸银立即与铬酸钾作用，生成砖红色的铬酸银沉淀。其反应式如下：

$$AgNO_3 + KCl \longrightarrow AgCl\downarrow + KNO_3$$

$$2AgNO_3 + K_2CrO_4 \longrightarrow Ag_2CrO_4\downarrow + 2KNO_3$$

3. 试剂和溶液

（1）硫酸溶液　$c(1/2H_2SO_4)=0.05$mol/L 或适当浓度。

（2）氢氧化钠溶液　2g/L。

（3）铬酸钾指示液　50g/L。称取 5g 铬酸钾溶于 100mL 水中，搅拌下滴加硝酸银溶液至呈现红棕色沉淀，过滤后使用。

（4）酚酞指示液　10g/L。

（5）硝酸银标准滴定溶液　$c(AgNO_3)=0.1$mol/L。

4. 测定步骤

样品冷却至室温（浑浊时应过滤），用移液管吸取样品 1mL（或其他适宜体积）于 250mL 三角瓶中，加水稀释至约 50mL，滴加 1～2 滴酚酞指示液，若溶液显无色，以氢氧化钠溶液调至红色，再用硫酸溶液中和至红色消失，再加 4～6 滴铬酸钾指示液，在充分摇动下，用 0.1mol/L 硝酸银标准溶液滴定至溶液出现砖红色沉淀物，经充分摇匀后不消失即为终点。

5. 结果表述

氯化钾含量（X）按下式计算：

$$X(\text{g/L})=\frac{cV_1\times 74.55}{V}$$

式中　c——硝酸银标准滴定溶液的浓度，mol/L；

V_1——消耗硝酸银标准溶液的体积，mL；

V——吸取试样的体积，mL；

74.55——氯化钾的摩尔质量，g/mol。

（五）酸度的测定

1. 范围

适用于电解槽淡盐水的检测，其他类似溶液可作参考。

2. 方法提要

用碘化钾和硫代硫酸钠去除试样中游离氯，酚酞做指示液，然后用氢氧化钠标准溶液进行滴定。

$$Cl_2 + 2KI \longrightarrow 2KCl + I_2$$

$$I_2 + 2Na_2S_2O_3 \longrightarrow 2NaI + Na_2S_4O_6$$

$$HCl + NaOH \longrightarrow NaCl + H_2O$$

3. 试剂和溶液

（1）氢氧化钠标准滴定溶液　$c(NaOH)=0.1mol/L$。

（2）硫代硫酸钠标准滴定溶液　$c(Na_2S_2O_3)=0.1mol/L$。

（3）碘化钾溶液　100g/L。

（4）淀粉指示液　10g/L。

（5）酚酞指示液　10g/L。

4. 测定步骤

准确吸取20mL试样于250mL三角瓶中，加入碘化钾溶液10mL，摇匀，用硫代硫酸钠标准溶液滴定至溶液为淡黄色，再加入2～3滴淀粉指示液，继续滴定至溶液变为无色为止，加2～3滴酚酞指示液，用0.1mol/L氢氧化钠标准溶液滴定至溶液变为红色，不变色为止，即为终点。

5. 结果表述

酸度（X）按下式计算：

$$X(mol/L)=\frac{cV_1}{V}$$

式中　c——氢氧化钠标准滴定溶液的浓度，mol/L；

V_1——滴定时所消耗的氢氧化钠标准溶液的体积，mL；

V——吸取试样的体积，mL。

6. 允许差

取平行测定结果的算术平均值为测定结果，平行测定结果之差的绝对值不大于0.01mol/L。

（六）pH的测定

1. 范围

适用于电解槽淡盐水中pH的检测，其他类似溶液可作参考。

2. 测定步骤

按GB/T 23769规定的方法。

3. 注意事项

（1）玻璃电极测定pH时，玻璃电极球泡应全部浸入溶液中，并使其稍高于甘汞电极的陶瓷芯端，以免搅拌时碰坏。

（2）甘汞电极　测定pH时，电极上端小孔的橡皮塞应拔出，以防止产生扩散电位影响测试结果。电极内氯化钾溶液中不能有气泡，以防止断路。溶液内应保留少许氯化钾晶体存在，以保证氯化钾溶液的饱和，但注意氯化钾晶体不可过多，以防止堵塞与被测溶液的通路。当电极外表附有氯化钾溶液或晶体时，应随时用水冲洗。

(3) 复合电极使用时电极下端的保护帽取下，避免电极的敏感玻璃泡与硬物接触，以防止电极失效。使用完毕，将电极保护帽套上，帽内应放少量外参比补充液（3mol/L 氯化钾溶液），以保持电极球泡的湿润。使用前发现保护帽中补充液干枯，应在 3mol/L 氯化钾溶液中浸泡数小时，以保证电极使用性能。应拔出电极上端小孔橡皮塞或橡皮套，以防产生扩散电位，影响测定结果。电极不使用时应将小孔堵住，以防止补充液干枯。应避免长期浸泡于蒸馏水、蛋白质溶液和酸性氟化物溶液中，避免与有机硅油接触。经长期使用后，如发现斜率有所降低可将电极下端浸泡在氢氟酸溶液（质量分数 4%）中 3～5s。用蒸馏水洗净，在 0.1mol/L 盐酸浸泡，使之活化。

(4) 玻璃电极表面受到污染时，需进行处理。无机盐结垢可用温的低于 1mol/L 稀盐酸溶解，对钙镁难溶性结垢可用乙二胺四乙酸二钠溶液溶解，沾有油污时可用丙酮清洗。电极按上述方法处理后应在蒸馏水中浸泡 24h 再使用。忌用无水乙醇、脱水性洗涤剂处理电极。

(5) 在连续测量 pH 大于 7.5 以上样品后，为防止电极由碱引起的响应迟钝，建议将玻璃电极在 0.1mol/L 盐酸溶液浸泡一下后用水冲洗干净。

(6) 测定 pH 时，为减少空气和水样中二氧化碳的溶入或挥发，在测定之前不应提前打开水样瓶。

（七）游离氯含量的测定

1. 范围

适用于一次盐水和电解槽淡盐水中游离氯的检测，其他类似溶液可作参考。

2. 方法提要

在酸性溶液中，游离氯和次氯酸根能将碘离子氧化为碘，碘用硫代硫酸钠标准溶液滴定，反应式如下：

$$Cl_2 + 2I^- \longrightarrow 2Cl^- + I_2$$

$$ClO^- + 2I^- + 2CH_3COOH \longrightarrow Cl^- + H_2O + 2CH_3COO^- + I_2$$

$$I_2 + 2Na_2S_2O_3 \longrightarrow 2NaI + Na_2S_4O_6$$

3. 试剂和溶液

(1) 硫代硫酸钠标准滴定溶液 $c(Na_2S_2O_3)=0.1$mol/L 或 $c(Na_2S_2O_3)=0.01$mol/L。

(2) 乙酸溶液 30%。

(3) 碘化钾溶液 100g/L。

(4) 淀粉指示液 10g/L。

4. 测定步骤

在 250mL 碘量瓶中加入 10mL 碘化钾溶液、10mL 乙酸溶液，再迅速加入冷却至室温的试样 25mL，加盖水封摇匀，于暗处静置 5min 后，用硫代硫酸钠标准溶液滴定，近终点时溶液呈浅黄色，加入淀粉指示液 2mL，继续滴定至蓝色恰好消失为终点。同时作空白试验。

5. 结果表述

游离氯（X）含量按下式计算：

$$X(\text{g/L}) = \frac{c(V_1 - V_2) \times 35.45}{V}$$

式中 c——硫代硫酸钠标准滴定溶液的浓度，mol/L；

V_1——试样消耗硫代硫酸钠标准溶液的体积，mL；

V_2——空白试验消耗硫代硫酸钠标准溶液的体积，mL；

V——吸取试样的体积，mL；

35.45——氯的摩尔质量，g/mol。

6. 允许差

取平行测定结果的算术平均值为测定结果，平行测定结果之差的绝对值不大于0.03g/L。

7. 注意事项

(1) 淀粉指示液发生混浊时应重新配制。

(2) 在测定时应迅速加入试样，并立即加盖密闭，防止碘逸出，滴定时不应剧烈摇动。

(八) 钙、镁和铁离子含量的测定

1. 范围

适用于一次盐水中钙离子、镁离子和铁离子的检测。其中滴定法只适用于钙离子和镁离子的测定；金属离子含量较低时，可选择ICP法。其他类似溶液可作参考。

2. 滴定法

(1) 方法提要

① 钙离子 在pH12～13的碱性溶液中，以钙-羧酸为指示剂，用EDTA标准溶液滴定样品。钙-羧酸指示剂与钙离子形成稳定性较差的红色络合物，当用EDTA标准溶液滴定时，EDTA即夺取络合物中的钙离子，游离出钙-羧酸指示剂的阴离子。以下用NaH_2T代表指示剂，Na_2H_2Y代表EDTA，其反应式为如下：

$$Ca^{2+} + NaH_2T \longrightarrow Na^+ + 2H^+ + CaT^-$$

$$CaT^- + Na_2H_2Y \longrightarrow CaY^{2-} + 2Na^+ + HT^{2-} + H^+$$

② 镁离子 用氨水-氯化铵缓冲溶液调节试样的pH≈10，以铬黑T为指示液，用EDTA标准溶液滴定样品，测得钙镁离子总量，再从总量中减去钙离子含量即得镁离子含量。其反应式如下：

$$Mg^{2+} + NaH_2T \longrightarrow Na^+ + 2H^+ + MgT^-$$

$$MgT^- + Na_2H_2Y \longrightarrow MgY^{2-} + H^+ + HT^{2-} + 2Na^+$$

(2) 试剂和溶液

① 乙二胺四乙酸二钠标准滴定溶液 c(EDTA)=0.02mol/L。

② 盐酸羟胺溶液 1%。

③ 三乙醇胺溶液 30%。

④ 氨水-氯化铵缓冲溶液 pH≈10。

⑤ 盐酸溶液 1+3。

⑥ 氢氧化钠溶液 2mol/L。将事先配制的氢氧化钠饱和溶液（100g氢氧化钠加100mL水）放置澄清后，取52mL上层清液，用水稀释至500mL，混匀。

⑦ 钙-羧酸指示剂 称取0.20g钙指示剂与10g已于110℃干燥过的氯化钠，研磨混匀，贮存于棕色磨口试剂瓶中，贮存于干燥器内。

⑧ 铬黑T指示液 5g/L。

(3) 测定步骤

① 钙离子的测定 吸取样品50mL于250mL三角瓶中，先用盐酸溶液滴定至pH约为2，按顺序分别加入1～2mL盐酸羟胺溶液，2mL三乙醇胺溶液，2mL氢氧化钠溶液，每次加入试剂后摇匀，再加入约0.1g钙-羧酸指示剂，用EDTA标准溶液滴定至溶液由紫红色

变为纯蓝色即为终点。

② 钙镁离子的测定 吸取同一样品 50mL 于 250mL 三角瓶中，加入 25mL 水，先用盐酸溶液滴定至 pH 约为 2。按顺序分别加入 1～2mL 盐酸羟胺溶液，2mL 三乙醇胺溶液，5mL 氨水-氯化铵缓冲溶液，每次加入试剂后摇匀，再加 4～5 滴铬黑 T 指示液，用 EDTA 标准溶液滴定至溶液由紫红色变为纯蓝色为终点。

(4) 结果表述 钙离子含量（X_1）、镁离子含量（X_2）按下式计算：

$$X_1(\text{mg/L})=\frac{cV_1\times 40.08}{V}\times 1000$$

$$X_2(\text{mg/L})=\frac{c(V_2-V_1)\times 24.31}{V}\times 1000$$

式中 c——EDTA 标准滴定溶液的浓度，mol/L；

V_1——滴定钙时消耗 EDTA 标准溶液的体积，mL；

V_2——滴定钙镁总量时消耗 EDTA 标准溶液的体积，mL；

V——试样的体积，mL；

40.08——钙的摩尔质量，g/mol；

24.31——镁的摩尔质量，g/mol。

(5) 注意事项 加入氢氧化钠溶液时应慢慢滴入，防止沉淀现象的发生。

3. ICP 法

(1) 方法提要 试样物质中气态原子（或离子）被激发以后，其外层电子辐射跃迁所发射的特征辐射能（不同的光谱），此时谱线强度和被测元素浓度的关系符合罗马金公式：

$$I=ac^b$$

式中 I——光谱线强度；

a——与蒸发、激发过程及试样组成有关的参数；

c——被测元素的浓度；

b——经验常数即自吸收系数（$b\leqslant 1$）。

当试液中元素含量不是特别高时，罗马金公式中的自吸收系数接近于 1，此时谱线强度和浓度成直线关系。通过测定待测元素的谱线强度，即可对试样中该元素的浓度进行定量检测。

(2) 仪器和试剂

① 电感耦合等离子体光谱仪（简称 ICP 发射光谱仪）。

② 高纯氩气 纯度≥99.995%。

③ 盐酸（GR）。

④ 杂质标准溶液 Fe(0.1mg/mL)；Ca(0.1mg/mL)；Mg(0.1mg/mL)。

⑤ 符合 GB/T 6682 中二级及以上的水或相应纯度的水。

(3) 测定步骤

① 混合标准溶液的配制 在 100mL 容量瓶中加入 1mL 盐酸，稀释至约 30mL，分别加入 5mL 铁标准溶液、10mL 钙标准溶液、5mL 镁标准溶液，并稀释至刻度，摇匀，得到混合标准溶液。并转移至经预处理过的聚乙烯瓶中保存，有效期两个月。

② 样品测定

a. 将 4 个 50mL 的容量瓶用待测样品进行润洗，依次加入 0.0mL、1.0mL、5.0mL、7.5mL 混合标准溶液，再依次加入 7.5mL、6.5mL、2.5mL、0.0mL 水，用待测样品稀释至刻度，混匀，得到系列标准试样。

b. 进入标准加入法测定模块对系列标准试样进行测定，选择线性好，相关系数高的谱线，读取试样中各元素含量。

(4) 准确度要求　各待测元素回收率应在 80%～110%。

(5) 注意事项

① 采用带盖、聚乙烯材质取样瓶，对首次使用的采样瓶，用水洗净后，用盐酸溶液浸泡 24h，然后用水洗净样品瓶，用水浸泡 72h（每天换一次水）后洗净备用。采样时用样品置换取样口 3～5min 后方可将样品采至聚乙烯材质的取样瓶中，待样品冷却至室温后立即分析。

② 采用 ICP 法测定样品时，常用玻璃器皿应用热盐酸溶液（分析纯）清洗；杂质标准溶液配制所用试剂应为光谱纯或高纯，市售产品无光谱纯或高纯规格时，可按基准、优级纯、分析纯的优先顺序选择使用。

③ ICP 发射光谱仪对实验室环境要求　一般室温控制在 20～25℃之间，相对湿度不超过 85%；室内无强烈电磁场干扰、无腐蚀性气体、灰尘或烟雾；不应受阳光直射，周围不得有震源。

④ ICP 发射光谱仪温度极高（大约 10000K），会辐射危险性射频（RF）和紫外能量（UV），产生的热、臭氧、蒸汽和烟雾对人体健康有危害，现场应保持良好的通风。

（九）硫酸根含量的测定

1. 范围

适用于一次盐水和膜法除硝装置盐水中硫酸根的检测，其他类似溶液可作参考。

2. 方法提要

在试样中加入过量的氯化钡-氯化镁混合溶液，使硫酸根生成沉淀。其反应式如下：

$$Ba^{2+} + SO_4^{2-} \longrightarrow BaSO_4 \downarrow$$

过量的 Ba^{2+} 盐在 Mg^{2+} 盐存在下，以铬黑 T 为指示液，用 EDTA 标准溶液回滴。

$$Mg^{2+} + NaH_2T \longrightarrow MgT^- + Na^+ + 2H^+$$

$$MgT^- + Na_2H_2Y \longrightarrow MgY^{2-} + 2Na^+ + H^+ + HT^{2-}$$

3. 试剂和溶液

(1) 乙二胺四乙酸二钠标准滴定溶液　c(EDTA)=0.02mol/L。

(2) 盐酸溶液　0.02mol/L。量取 2.4mL 浓盐酸，用水稀释至 1000mL。

(3) 氨水-氯化铵缓冲溶液　pH≈10。

(4) 无水乙醇。

(5) 铬黑 T 指示液　5g/L。

(6) 氯化钡溶液　0.02mol/L。准确称取 4.88g 氯化钡，溶于水后转移至 1000mL 的容量瓶，稀释至刻度，混匀。

(7) 氯化镁溶液　0.04mol/L。准确称取 4.06g 氯化镁，溶于水后转移至 1000mL 的容量瓶，稀释至刻度，混匀。

4. 测定步骤

(1) 移取冷却至室温的试样 10mL 于 100mL 容量瓶中，加水稀释至刻度，摇匀后吸取 10mL 于 250mL 三角瓶中，加入 5mL 盐酸溶液进行酸化，准确移取 10mL 氯化钡溶液、10mL 氯化镁溶液，加氨水-氯化铵缓冲溶液 5mL，再加无水乙醇 5mL，每次加入试剂后均需摇匀，静止 5min，加入 3～4 滴铬黑 T 指示液，用 EDTA 标准溶液滴定，溶液由紫红色变为蓝色即为终点，记下体积 V_1，同时作空白试验，记下体积 V_2。

(2) 膜法除硝装置盐水样品 用移液管量取冷却至室温的样品 5mL（或适宜体积）于 250mL 三角瓶中，加入 5mL 盐酸溶液进行酸化，后面操作步骤同本条款（1）操作。

(3) 结果表述 一次盐水硫酸根（X_1）、脱硝盐水硫酸根（X_2）含量按下式计算：

$$X_1(\mathrm{g/L})=\frac{c(V_2-V_1)\times 96.06}{V_3\times 10/100}$$

$$X_2(\mathrm{g/L})=\frac{c(V_2-V_1)\times 96.06}{V_4}$$

式中 c——EDTA 标准滴定溶液的浓度，mol/L；

V_1——一次盐水（或脱硝盐水）试样测定消耗的 EDTA 标准滴定溶液的体积，mL；

V_2——一次盐水（或脱硝盐水）空白试验消耗 EDTA 标准滴定溶液的体积，mL；

V_3——一次盐水试样吸取的体积，mL；

V_4——脱硝盐水试样吸取的体积；mL；

96.06——硫酸根（SO_4^{2-}）的摩尔质量，g/mol。

5. 注意事项

(1) 分析试液中钡和镁离子量应分别超过硫酸根的量 60%～160%（物质的量比），保证测定结果的准确。

(2) 为消除氯化钠的干扰，以及提高终点的识别，50mL 滴定液中氯化钠含量应小于 1.5g。

(3) 重金属离子对测定有干扰，可加入掩蔽剂三乙醇胺、盐酸羟胺、抗坏血酸和氟化钠等。

（十）无机铵含量的测定

1. 范围

适用于原盐和一次盐水中无机铵含量的测定。

2. 测定步骤

同第一章第一节“三、2、(5)”无机铵含量的测定。

（十一）总铵含量的测定

1. 范围

适用于一次盐水中总铵含量的测定。

2. 测定步骤

同第一章第一节“三、2、(6)”总铵含量的测定。

（十二）氯酸盐含量的测定

1. 范围

适用于一次盐水中氯酸盐的检测，其他类似溶液可作参考。

2. 测定步骤

(1) 高锰酸钾法

① 方法提要 在酸性溶液中，氯酸盐将硫酸亚铁铵氧化成硫酸铁，过量的硫酸亚铁铵用高锰酸钾标准溶液滴定，直到出现淡粉色为终点，其反应式为：

$$6(NH_4)_2Fe(SO_4)_2+NaClO_3+3H_2SO_4\longrightarrow 6(NH_4)_2SO_4+3Fe_2(SO_4)_3+NaCl+3H_2O$$

$$8H_2SO_4+10(NH_4)_2Fe(SO_4)_2+2KMnO_4\longrightarrow 10(NH_4)_2SO_4+5Fe_2(SO_4)_3+2MnSO_4+K_2SO_4+8H_2O$$

② 试剂和溶液

a. 硫酸溶液　30%。用750mL水稀释205mL硫酸，冷却稀释至1L。

b. 磷酸溶液　1+1。

c. 硫酸锰溶液　在500mL水中，溶解67g$MnSO_4 \cdot H_2O$，加入130mL硫酸和138mL浓磷酸，用水稀释至1L。

d. 亚砷酸钠溶液　0.1mol/L。

e. 硫酸亚铁铵溶液　0.1mol/L。在500mL水中，溶解39g$Fe(NH_4)_2(SO_4)_2 \cdot 6H_2O$加入100mL硫酸，冷却后稀释至1L。

f. 高锰酸钾标准滴定溶液　$c(1/5KMnO_4)=0.1mol/L$。

g. 淀粉-碘化钾试纸。

③ 测定步骤　准确移取10mL样品于500mL三角瓶中，以淀粉碘化钾试纸测定，用亚砷酸钠溶液中和游离氯，直到试纸变为无色。加入硫酸亚铁铵溶液（如果$NaClO_3$的含量少于2g/L的范围内加入20mL；如果含量在2～3g/L的范围内加30mL；如果含量在5～6g/L的范围内加60mL，按比例类推）。加10～20mL硫酸煮沸10min，冷却，用水稀释至大约40mL，再加10mL磷酸溶液和5mL硫酸锰溶液。用0.1mol/L高锰酸钾标准溶液滴定，直到出现稳定的淡粉色为终点，同时作空白试验。

④ 结果表述　盐水中氯酸盐（X）含量按下式计算：

$$X(g/L)=\frac{c(V_1-V_2)\times 17.74}{V}$$

式中　c——高锰酸钾（$1/5KMnO_4$）标准滴定溶液的浓度，mol/L；

V_2——样品测定消耗高锰酸钾（$1/5KMnO_4$）标准溶液的体积，mL；

V_1——空白试验消耗高锰酸钾（$1/5KMnO_4$）标准溶液的体积，mL；

V——吸取样品体积，mL；

17.74——氯酸钠（$1/6NaClO_3$）的摩尔质量，g/mol。

（2）重铬酸钾法

① 方法提要　试样中次氯酸钠用硫酸亚铁还原氯酸钠。其反应式如下：

$$6FeSO_4+NaClO_3+3H_2SO_4 \longrightarrow 3Fe_2(SO_4)_3+NaCl+3H_2O$$

过量的亚铁离子，以二苯胺磺酸钠为指示剂，用重铬酸钾标准溶液滴定。

$$6FeSO_4+K_2Cr_2O_7+7H_2SO_4 \longrightarrow 3Fe_2(SO_4)_3+Cr_2(SO_4)_3+K_2SO_4+7H_2O$$

② 试剂和溶液

a. 过氧化氢溶液　3%。

b. 饱和碳酸氢钠溶液。

c. 硫酸溶液　6mol/L。

d. 硫酸亚铁标准溶液　$c(Fe_2SO_4)=0.1mol/L$。

e. 磷酸溶液　1+1。

f. 二苯胺磺酸钠指示液　5g/L。

g. 重铬酸钾标准滴定溶液　$c(1/6K_2Cr_2O_7)=0.1mol/L$。

③ 测定步骤　准确吸取试样1mL（或其他适宜的体积）置于盛有50mL水的250mL三角瓶中，加入2mL的双氧水溶液，20mL饱和碳酸钠溶液，加热煮沸5min（去除试样中游离氯，若无游离氯可省略此步骤），冷却至室温后，加入20mL硫酸溶液、25mL 0.1mol/L硫酸亚铁标准溶液，煮沸10min，取下并迅速冷却到室温，加入100mL水，10mL磷酸溶液及6～8滴二苯胺磺酸钠指示液，用0.1mol/L重铬酸钾标准溶液滴定到溶液由浅绿色变成

亮紫色为终点，记录重铬酸钾标准溶液的消耗体积 V_1，同时做空白试验，记下体积 V_2。

④ 结果表述 盐水中氯酸盐（X）含量按下式计算：

$$X(\text{g/L})=\frac{c(V_2-V_1)\times 17.74}{V}$$

式中 c——重铬酸钾（$1/6K_2Cr_2O_7$）标准滴定溶液的浓度，mol/L；

V_1——样品测定消耗重铬酸钾（$1/6K_2Cr_2O_7$）标准溶液的体积，mL；

V_2——空白试验消耗重铬酸钾（$1/6K_2Cr_2O_7$）标准溶液的体积，mL；

V——吸取试样的体积，mL；

17.74——氯酸钠（$1/6NaClO_3$）的摩尔质量，g/mol。

（十三）碘含量的测定

1. 范围

适用于一次盐水中碘含量的测定。

2. 方法提要

在酸性条件下，亚砷酸与硫酸铈发生很缓慢的氧化还原反应，当有碘离子存在时，由于碘的接触作用而使反应加快。碘离子含量高反应速度快，可以从反应剩余的高铈离子量来测定碘化物的含量。

高铈离子可将亚铁试剂氧化成高铁，再用硫氰酸钾使高铁显色用光度法进行测定，其吸光度与碘化物含量成非线性比例。

本反应与温度和时间有关，所以应按规定严格控制操作条件。

3. 测定步骤

同第一章第一节“一、2、(3)”碘离子的测定，其中吸取试样 1.0mL（或适宜体积）于 25mL 比色管中，加水至 10mL。最后将试样吸光度在标准曲线上查出相对应的标准溶液用量。

4. 结果表述

盐水中碘含量（X）按下式计算：

$$X(\text{mg/L})=\frac{cV_1}{V}$$

式中 c——碘化物标准溶液的浓度，μg/mL；

V_1——标准溶液用量，mL；

V——试样吸取体积，mL。

（十四）溴含量的测定

1. 范围

适用于一次盐水中溴含量的测定。

2. 方法提要

在磷酸盐缓冲溶液中，次氯酸钠氧化溶液中的溴离子，过量的次氯酸钠用甲酸还原。在 $pH<0.75$ 时加入 KI，将氧化后的 BrO_3^- 还原成溴离子，同时生成 I_2。用淀粉作指示液，硫代硫酸钠标准溶液进行滴定。反应式如下：

$$Br^- + 3ClO^- \longrightarrow BrO_3^- + 3Cl^-$$

$$BrO_3^- + 6I^- + 6H^+ \longrightarrow 3I_2 + Br^- + 3H_2O$$

$$I_2 + 2S_2O_3^{2-} \longrightarrow 2I^- + S_4O_6^{2-}$$

3. 试剂和溶液

（1）磷酸盐缓冲溶液　将 50g $NaH_2PO_4 \cdot 2H_2O$，50g $Na_2HPO_4 \cdot 12H_2O$，50g $Na_4P_2O_7 \cdot 10H_2O$ 和 150g NaCl 溶于 1L 水中。

（2）次氯酸钠溶液　170g/L。

（3）甲酸钠溶液　500g/L。

（4）甲酸溶液　2mol/L。用水溶解 80mL 甲酸 98%～100%移入 1000mL 容量瓶，稀释至刻度，混匀。

（5）盐酸溶液　1+1。

（6）碘化钾溶液　200g/L。

（7）淀粉指示液　2g/L。

（8）甲基橙指示液　0.5g/L。称取 0.05g 甲基橙，溶于 70℃ 的水中，冷却，稀释至 100mL。

（9）硫代硫酸钠储备液　$c(Na_2S_2O_3)=0.1mol/L$。

（10）硫代硫酸钠标准滴定溶液　$c(Na_2S_2O_3)=0.01mol/L$，由储备液制备得到。

（11）符合 GB/T 6682 中二级及以上水或相应纯度的水。

4. 测定步骤

称取约 100g 试样，精确至 0.01g，置于盛有 20mL 水的 250mL 三角瓶中，加入 3～4 滴甲基橙指示液，用盐酸调节 pH 至刚显酸性。加入 10mL 磷酸盐缓冲溶液，1.0mL 次氯酸钠溶液，约 20 粒玻璃珠。水浴加热煮沸 10min，趁热加入 5mL 甲酸钠，再滴加甲酸溶液至不再产生二氧化碳为止。冷却至室温，加入 1mL 碘化钾溶液和 15mL 盐酸溶液，以淀粉为指示液，用 0.01mol/L 硫代硫酸钠标准溶液滴定至无色。同时做空白试验。

5. 结果表述

溴含量（X）按下式计算：

$$X(\mu g/g)=\frac{c(V-V_0)\times 13.32}{m}\times 1000$$

式中　c——硫代硫酸钠标准滴定溶液的浓度，mol/L；

V——测定试样所消耗的硫代硫酸钠标准溶液的体积，mL；

V_0——空白测定所消耗的硫代硫酸钠标准溶液的体积，mL；

m——试样的质量，g；

13.32——溴（1/6Br）的摩尔质量，g/mol。

（十五）氟含量的测定

1. 范围

适用于一次盐水样品中氟离子含量的测定。

2. 方法提要

当氟电极与含氟的试液接触时，电池的电动势（E）随溶液中氟离子活度的变化而改变（遵守能斯特方程）。根据电动势的变化来测定氟化物的浓度。

3. 试剂和溶液

（1）氯化钠溶液　300g/L。

（2）盐酸溶液　1+5。

（3）总离子强度调节-缓冲溶液（TISAB）　0.2mol/L 柠檬酸钠＋1mol/L 硝酸钠＋0.25mol/L 乙酸＋0.75mol/L 乙酸钠。量取约 500mL 水置于 1000mL 烧杯内，加入 14mL

冰乙酸、100g 三水合乙酸钠、58.8g 二水合柠檬酸钠和 85g 硝酸钠，加水溶解，用盐酸或碱调节 pH 为 5～6，转入 1000mL 容量瓶中，稀释至刻度，摇匀。

(4) 氟化物标准贮备液 $c(F^-)=100\mu g/mL$。预先于 105～110℃干燥 2h（或在 500～650℃干燥约 40mim）的基准氟化钠（NaF），冷却恒重后称取 0.2210g，用水溶解后移入 1000mL 容量瓶中，稀释至刻度，摇匀。贮存在聚乙烯瓶中。

(5) 氟化物标准溶液 $c(F^-)=25\mu g/mL$。用移液管吸取氟化钠标准贮备液 25.0mL，移入 100mL 容量瓶中，稀释至刻度，摇匀。

4. 仪器和设备

(1) 氟离子选择电极。

(2) 饱和甘汞电极或氯化银电极。

(3) 离子活度计、毫伏计或 pH 计，精确到 1mV。

(4) 磁力搅拌器 具聚乙烯或聚四氟乙烯包裹的搅拌子。

(5) 聚乙烯杯 100mL，150mL。

5. 测定步骤

(1) 准备工作 按测量仪器及电极的使用说明书进行。在测定前应使试样达到室温，保持试样和标准溶液的温度相同（温差不得超过±1℃）。

(2) 标准曲线的绘制

① 准确移取 0.0mL、0.2mL、0.4mL、0.8mL、1.2mL、1.6mL 氟化物标准溶液依次置于 50mL 容量瓶中，依次加入 30mL 氯化钠溶液和 10mL 总离子强度调节缓冲溶液，用水稀释到刻度，摇匀。

② 依次移入 100mL 带有搅拌子的聚乙烯杯中，顺序以浓度由低到高排列，依次插入电极，连续搅拌溶液，待电位稳定后在继续搅拌下读取电位值（E）。在半对数坐标纸上以 F^- 含量（mg）和相应的电位值（mV）作标准曲线。

(3) 试样的测定 准确吸取 30.0mL 试样，置于 100mL 聚乙烯杯中，用盐酸调节 pH 为 5～6，加入 10mL 总离子调节缓冲液，用水稀释到刻度，摇匀。后续同上一步“②”操作，读取电位值，由标准曲线查出氟的含量。

6. 结果表述

氟含量（X）按下式计算：

$$X(\mathrm{mg/L})=\frac{m}{V}$$

式中 m——由标准曲线查得氟的含量，μg；

V——试样的体积，mL。

（十六）透光率的测定

1. 范围

适用于粗盐水、一次精盐水透光率的测定。

2. 方法提要

盐水中的悬浮物会影响光的通过，使盐水透光能力降低，通过分光光度计测定一定厚度盐水层的透光率，即得盐水的透光率。

3. 测定步骤

将冷却至室温的试样，置于 1cm 的比色皿，以水做空白，在 440nm 波长的条件下，先测定空白液的透光率，并调至透光率为 100%，然后测定试样的透光率，即为盐水的透光率。

(十七) 磷酸根的测定

1. 范围

适用于粗盐水、一次精盐水磷酸根的测定。

2. 方法提要 (磷钼蓝比色法)

在一定的酸度下，磷酸盐与钼酸铵生成磷钼黄，用氯化亚锡还原成磷钼蓝后，与同时配制的标准样品进行比色测定。

3. 试剂和溶液

(1) 钼酸铵-硫酸溶液　在 300mL 水中缓缓加入 84mL 浓硫酸（密度 $1.84g/cm^3$），冷却至室温。称取 10g 钼酸铵，研细后溶于上述硫酸溶液中，用水稀释至 500mL。

(2) 氯化亚锡（甘油溶液） 1%。称取 1.5g 氯化亚锡于烧杯中，加 20mL 浓盐酸，加热溶解后，再加 80mL 纯甘油（丙三醇），搅匀后将溶液转入塑料瓶中备用。

(3) 氯化钾饱和溶液　在盛有适量水的烧杯中，加入氯化钾，不断搅拌，直到不能再溶解为止，取上清液。

(4) 磷酸盐标准溶液　$c(PO_4^{3-})=0.1mg/mL$。

4. 测定步骤

(1) 工作曲线绘制　在 7 个 50mL 的比色管中分别加入 2mL 氯化钾饱和溶液，再依次加入 0.0mL、0.2mL、0.4mL、0.6mL、0.8mL、1.0mL、1.2mL 磷酸盐标准溶液，加水约至 40mL，加入 5mL 钼酸铵-硫酸溶液，摇匀，静置 20s 后，再加入 5 滴氯化亚锡（甘油溶液），稀释至刻度，摇匀，放置 2min 后，用 3cm 比色皿，于分光光度计 450nm 波长处依次测定吸光度，以吸光度为纵坐标，磷酸盐含量为横坐标，绘制标准工作曲线。

(2) 试样测定　吸取 2mL 过滤后的试样，于 50mL 比色管内，加水约至 40mL，加入 5mL 钼酸铵-硫酸溶液，摇匀，静置 20s 后，再加入 5 滴氯化亚锡（甘油溶液），稀释至刻度，摇匀，放置 2min 后，用 3cm 比色皿，于分光光度计 450nm 波长处测定吸光度，用回归方程式求得试样的磷酸盐含量，同时做空白试验。

5. 结果表述

试样中磷酸盐含量（PO_4^{3-}）（X）按下式计算：

$$X(mg/L)=\frac{m_1-m_2}{V}\times 1000$$

式中　m_1——试样从工作曲线上查得的相应的磷酸盐的质量，mg；

m_2——空白试验从工作曲线上查得的相应的磷酸盐的质量，mg；

V——吸取试样的体积，mL。

二、一次盐水用助剂的分析

(一) 碳酸钠溶液的测定

1. 范围

适用于一次盐水碳酸钠配制罐碳酸钠溶液的测定。

2. 碳酸钠含量的测定

(1) 方法提要　采用酸碱中和反应，用酸标准溶液滴定，酚酞作为指示液，将碳酸钠转化成碳酸氢钠，氢氧化钠完全中和。

$$OH^- + H^+ \longrightarrow H_2O$$

$$CO_3^{2-} + H^+ \longrightarrow HCO_3^-$$

再加甲基橙作为指示液继续滴定时，至颜色变为橙红色，使碳酸氢钠完全中和。

$$HCO_3^- + H^+ \longrightarrow H_2O + CO_2 \uparrow$$

(2) 试剂和溶液

① 盐酸标准滴定溶液　$c(HCl)=0.1mol/L$。

② 酚酞指示液　10g/L。

③ 甲基橙指示液　1g/L。

(3) 测定步骤　吸取50mL冷却至室温的试样于250mL三角瓶中，加2～3滴酚酞指示液，在不断摇动下，用0.1mol/L盐酸标准溶液滴定至溶液红色刚刚消失为终点；再加入1～2滴甲基橙指示液，继续滴定至溶液颜色变为橙红色为终点，记录消耗盐酸标准溶液体积V_1。

(4) 结果表述　碳酸钠含量(X)按下式计算：

$$X(g/L)=\frac{cV_1 \times 105.99}{V}$$

式中　c——盐酸标准滴定溶液的浓度，mol/L；

V_1——以甲基橙为指示液滴定时，消耗盐酸标准溶液的体积，mL；

V——吸取试样的体积，mL；

105.99——碳酸钠的摩尔质量，g/mol。

3. 氢氧化钠、碳酸钠及碳酸氢钠含量的测定

(1) 方法提要

① 氢氧化钠的含量　试样溶液中加入氯化钡，将碳酸钠转化为碳酸钡沉淀，以酚酞为指示液，用盐酸标准溶液滴定至终点。

$$Na_2CO_3 + BaCl_2 \longrightarrow BaCO_3 \downarrow + 2NaCl$$

$$NaOH + HCl \longrightarrow NaCl + H_2O$$

② 碳酸钠、碳酸氢钠的含量　试样溶液以酚酞作指示液，用盐酸标准溶液滴定至终点，测得氢氧化钠和碳酸钠的总和，再减去氢氧化钠含量，测得碳酸钠含量；再加入甲基橙指示液，继续用盐酸标准溶液滴定至终点，测得碳酸钠和碳酸氢钠的总和，再减去碳酸钠含量，测得碳酸氢钠含量。

$$Na_2CO_3 + HCl \longrightarrow NaHCO_3 + NaCl$$

$$NaHCO_3 + HCl \longrightarrow NaCl + H_2O + CO_2 \uparrow$$

(2) 试剂和溶液

① 盐酸标准滴定溶液　$c(HCl)=1.0mol/L$。

② 氯化钡溶液　200g/L。

③ 酚酞指示液　10g/L。

④ 甲基橙指示液　1g/L。

(3) 测定步骤

① 氢氧化钠含量的测定　准确称取(10 ± 0.01)g试样，精确至0.001g，置于250mL三角瓶中，加入25mL氯化钡溶液，2～3滴酚酞指示液，在不断摇动下，用1.0mol/L盐酸标准滴定溶液封闭滴定至微红色为终点。记下滴定所消耗标准滴定溶液的体积V_1。

② 碳酸钠和碳酸氢钠含量的测定　准确称取(10 ± 0.01)g试样，精确至0.001g，置于250mL三角瓶中，加入2～3滴酚酞指示液，在不断摇动下，用1.0mol/L盐酸标准溶液滴定至微红色为终点。记下滴定所消耗标准滴定溶液的体积为V_2。再加入3～4滴甲基橙指示液，在不断摇动下，继续用盐酸标准溶液滴定至橙红色为终点。记下滴定所消耗标准滴定溶

液的总体积为V_3。

(4) 结果表述

① 氢氧化钠的质量分数(X_1)按下式计算:

$$X_1(\%)=\frac{cV_1/1000\times 40.00}{m}\times 100=\frac{4cV_1}{m}$$

式中 c——盐酸标准滴定溶液的浓度,mol/L;

V_1——测定氢氧化钠所消耗盐酸标准滴定溶液的体积,mL;

m——试样的质量,g;

40.00——氢氧化钠的摩尔质量,g/mol。

② 碳酸钠的质量分数(X_2)按下式计算:

$$X_2(\%)=\frac{2c[(V_2-V_1)/1000]\times 53.00}{m}\times 100=\frac{10.6c(V_2-V_1)}{m}$$

式中 c——盐酸标准滴定溶液的浓度,mol/L;

V_1——测定氢氧化钠所消耗盐酸标准滴定溶液的体积,mL;

V_2——测定氢氧化钠和碳酸钠所消耗盐酸标准滴定溶液的体积,mL;

m——试样的质量,g;

53.00——碳酸钠($1/2Na_2CO_3$)的摩尔质量,g/mol。

③ 碳酸氢钠的质量分数(X_3)按下式计算:

$$X_3(\%)=\frac{c[(V_3-V_2)/1000-(V_2-V_1)/1000]\times 84.01}{m}\times 100$$

$$=\frac{8.401c[(V_3-V_2)-(V_2-V_1)]}{m}$$

式中 c——盐酸标准滴定溶液的浓度,mol/L;

V_1——测定氢氧化钠所消耗盐酸标准滴定溶液的体积,mL;

V_2——测定氢氧化钠和碳酸钠所消耗盐酸标准滴定溶液的体积,mL;

V_3——测定试样所消耗盐酸标准滴定溶液的总体积,mL;

m——试样的质量,g;

84.01——碳酸氢钠的摩尔质量,g/mol。

(二) 亚硫酸钠溶液的测定

1. 范围

适用于一次盐水亚硫酸钠配制罐中亚硫酸钠含量的测定。

2. 方法提要

在弱酸性溶液中,加入已知过量的碘标准溶液,将亚硫酸钠氧化成硫酸盐。以淀粉为指示液,用硫代硫酸钠溶液滴定过量的碘。反应式如下:

$$Na_2SO_3+I_2+H_2O\longrightarrow Na_2SO_4+2HI$$

$$I_2+2Na_2S_2O_3\longrightarrow Na_2S_4O_6+2NaI$$

3. 试剂和溶液

(1) 硫代硫酸钠标准滴定溶液 $c(Na_2S_2O_3)=0.1mol/L$。

(2) 碘标准溶液 $c(1/2I_2)=0.1mol/L$。

(3) 盐酸溶液 1+1。

(4) 淀粉指示液 5g/L。

4. 测定步骤

称取约 10g 试样，精确至 0.0001g，迅速置于预先用滴定管加入 40mL 0.1mol/L 碘标准溶液、30mL 水的 250mL 碘量瓶中，加入 2mL 盐酸溶液，立即加盖水封，摇匀，置于暗处放置 5min。用 0.1mol/L 硫代硫酸钠标准溶液滴定至淡黄色时，加入 1～3mL 淀粉指示液，继续滴定至蓝色消失即为滴定终点。同时做空白试验。

5. 结果表述

亚硫酸钠的质量分数（X）按下式计算：

$$X(\%)=\frac{c[(V_0-V)/1000]\times 63.02}{m}\times 100=\frac{6.302c(V_0-V)}{m}$$

式中 c——硫代硫酸钠标准滴定溶液浓度，mol/L；

V——样品消耗硫代硫酸钠标准滴定溶液的体积，mL；

V_0——空白消耗硫代硫酸钠标准滴定溶液的体积，mL；

m——称取试样的质量，g；

63.02——亚硫酸钠（$1/2Na_2SO_3$）的摩尔质量，g/mol。

（三）氯化铁溶液的测定

1. 范围

适用于一次盐水三氯化铁配制罐中三氯化铁含量的测定。

2. 方法提要

在酸性条件下，Fe^{3+} 置换 I^-，生成 I_2，以淀粉为指示液，用 $Na_2S_2O_3$ 标液滴定至蓝色消失为终点。

$$2FeCl_3+2I^-\longrightarrow 2FeCl_2+2Cl^-+I_2$$

$$I_2+2S_2O_3^{2-}\longrightarrow S_4O_6^{2-}+2I^-$$

3. 试剂和溶液

(1) 碘化钾。

(2) 盐酸溶液 1+1。

(3) 淀粉指示液 5g/L。

(4) 硫代硫酸钠标准滴定溶液 $c(Na_2S_2O_3)=0.1mol/L$。

4. 测定步骤

称取约 10g 试样，精确至 0.01g，加入内装有约 3g 碘化钾的 250mL 碘量瓶中，再加入 10mL 盐酸溶液，立即加盖水封，摇匀，置于暗处放置 20min，用 0.1mol/L 的硫代硫酸钠标准溶液滴定至浅黄色，加入 3mL 淀粉指示液，继续滴定至蓝色消失为终点。同时做空白试验。

5. 结果表述

三氯化铁的质量分数（X）按下式计算：

$$X(\%)=\frac{c[(V-V_0)/1000]\times 162.20}{m}\times 100=\frac{16.22c(V-V_0)}{m}$$

式中 c——硫代硫酸钠标准滴定溶液浓度，mol/L；

V——样品消耗硫代硫酸钠标准溶液的体积，mL；

V_0——空白消耗硫代硫酸钠标准溶液的体积，mL；

m——称取试样的质量，g；

162.20——三氯化铁的摩尔质量，g/mol。

三、精盐水的分析

（一）微量金属元素的测定

1. 范围

适用于电感耦合等离子体光谱仪（ICP）测定精盐水中微量金属元素，其他类似溶液可作参考。

2. 方法提要

试样物质中气态原子（或离子）被激发以后，其外层电子辐射跃迁所发射的特征辐射能（不同的光谱），此时谱线强度和被测元素浓度的关系符合罗马金公式：

$$I=ac^b$$

式中 I——光谱线强度；

a——与蒸发、激发过程及试样组成有关的参数；

c——被测元素的浓度；

b——经验常数即自吸收系数（$b \leqslant 1$）。

当试液中元素含量不是特别高时，罗马金公式中的自吸收系数接近于1，此时谱线强度和浓度成直线关系。通过测定待测元素的谱线强度，即可对试样中该元素的浓度进行定量检测。

3. 仪器和试剂

（1）电感耦合等离子体光谱仪（简称ICP发射光谱仪）。

（2）氩气 纯度≥99.995%。

（3）盐酸（GR）。

（4）杂质标准溶液 Fe(0.1mg/mL)；Ca(0.1mg/mL)；Mg(0.1mg/mL)；Si(0.1mg/mL)；Mn(0.1mg/mL)；Al(0.1mg/mL)；Ba(0.1mg/mL)；Sr(0.1mg/mL)；Ni(0.1mg/mL)或其他适宜的浓度。

（5）符合GB/T 6682中二级及以上的水或相应纯度的水。

4. 测定步骤

（1）混合标准溶液的配制

① 在100mL容量瓶中加入1mL盐酸，并稀释至约30mL，分别加入10mL铁标准溶液、10mL钙标准溶液、5mL镁标准溶液、5mL锶标准溶液、5mL锰标准溶液，稀释至刻度，得到混合标准溶液1，转移至经预处理过的聚乙烯瓶中保存，有效期两个月。

② 在100mL容量瓶中加入1mL盐酸，并稀释至约30mL，加入10mL铝标准溶液稀释至刻度得到标准溶液2。

③ 在100mL容量瓶中加入1mL盐酸，并稀释至约30mL，加入5mL钡标准溶液稀释至刻度得到标准溶液3。

④ 在100mL容量瓶中加入1mL盐酸，并稀释至约30mL，加入5mL镍标准溶液稀释至刻度得到标准溶液4。

（2）试样测定

① 将4个50mL的容量瓶用待测样品进行润洗，分别加入5mL水后，依次加入0.0mL、0.1mL、0.2mL、0.4mL各混合标准溶液1、标准溶液2、标准溶液3、标准溶液4及0.0mL、0.5mL、1.0mL、2.0mL Si标准溶液“（4）”，再依次加入3.6mL、2.7mL、1.8mL、0.0mL水，用待测样品稀释至刻度，混匀，得到系列标准试样。

② 进入ICP方法软件，选择标准加入法测定系列标准试样，选择线性好，相关系数高

的谱线，读取试样中各元素含量。

5. 准确度要求

Al 的测定回收率应在 70%～120%，其他各待测元素回收率应在 80%～110%。

（二）总碘量的测定

1. 范围

适用于盐水中总碘量的测定。其他类似溶液可作参考。

2. 分光光度法

（1）方法提要　盐水溶液的碘离子和碘全部被溴水氧化成碘酸根离子，然后在酸性条件下，加入过量的碘化钾，还原生成碘酸根离子析出单质碘，加入淀粉指示液，与碘生成蓝色吸附物。

（2）仪器和试剂

① 分光光度计。

② 溴水。

③ 符合 GB/T 6682 中二级及以上的水或相应纯度的水。

④ 甲酸钠溶液　1%。称取 5g 甲酸钠，稀释至 500mL 容量瓶，混匀。

⑤ 硫酸溶液　3%。量取试剂硫酸 6mL，稀释至 200mL 容量瓶，混匀。

⑥ 碘化钾溶液　3%。称取 15g 碘化钾，稀释至 500mL 容量瓶，混匀。

⑦ 淀粉溶液　5g/L。

⑧ 碘标准储备液　1mg/mL。称取 1.308g 碘化钾，稀释至 1000mL 容量瓶，混匀。

⑨ 碘标准溶液　5μg/mL。准确量取 1mg/mL 碘标准液 5mL，稀释至 1000mL 容量瓶，混匀。

⑩ 氯化钠溶液　300g/L。

⑪ 硫代硫酸钠溶液　15.8%。称取 31.6g 硫代硫酸钠，稀释至 200mL 容量瓶，混匀，贮于棕色瓶中。

⑫ 乙酸乙酸钠缓冲溶液　pH≈4.6。称取 7.5g 乙酸稀释至 500mL，称取 13.6g 乙酸钠溶解并稀释至 500mL，将 408mL 的乙酸溶液和 392mL 的乙酸钠溶液混匀，再用乙酸或乙酸钠调 pH 为 4.6。

⑬ 氢氧化钠溶液　0.1mol/L。

（3）测定步骤

① 标准曲线绘制

a. 取 6 个洁净的 50mL 烧杯，分别加入氯化钠溶液 25mL，再依次加入 0.0mL、1.0mL、2.0mL、3.0mL、4.0mL、5.0mL 的 5μg/mL 碘标准溶液；分别依次加入 2mL 乙酸乙酸钠缓冲溶液，0.3mL 溴水，摇匀后静置 2min，再加入 2mL 甲酸钠溶液，静置 10min，用硫酸溶液调节 pH 为 2.25±0.1（若需要时可用氢氧化钠溶液调节），将其分别转移至 50mL 容量瓶中，稀释至约 40mL；加入 1mL 碘化钾溶液，并振荡，1min 后加入 2mL 淀粉溶液，稀释至 50mL。

b. 以空白作为参比溶液，置于 20mm（或 50mm）的比色皿中，在 570nm 波长处测定一系列标准溶液的吸光度。以碘标准溶液的质量为横坐标，吸光度为纵坐标制作工作曲线。

② 试样测定　准确吸取 25mL 样品置于 50mL 烧杯中，依次加入 2mL 乙酸乙酸钠缓冲溶液，0.3mL 溴水，摇匀后静置 2min，加入 2mL 甲酸钠溶液，静置 10min，用硫酸溶液调节 pH 为 2.25±0.1（需要时可用氢氧化钠溶液调节），转移至 50mL 容量瓶中，稀释至约

40mL；加入1mL碘化钾溶液振荡，1min后加入2mL淀粉溶液，稀释至50mL，摇匀，溶液显紫色。置于两个20mm（或50mm）的比色皿，一个样品加入1滴的硫代硫酸溶液，溶液颜色消失，作为参比溶液；另一个样品直接在570nm波长处测定吸光值。从工作曲线上查得相应的总碘量。

（4）结果表述　碘含量（X）按下式计算：

$$X(\text{mg/L})=\frac{m}{V}$$

式中　m——从标准曲线上查得的总碘量，μg；

V——吸取试样的体积，mL。

3. 滴定法

（1）方法提要　碱性溶液中碘离子经过量的溴氧化为碘酸根，用苯酚除去过剩的溴。酸性溶液中加入过量碘化钾还原生成的碘酸根析出碘，然后用硫代硫酸钠标准溶液滴定所析出的碘，间接测定碘离子的含量。其反应式如下：

$$I^- + 3Br_2 + 6OH^- \longrightarrow IO_3^- + 6Br^- + 3H_2O$$

$$3Br_2 + C_6H_5OH \longrightarrow C_6H_2Br_3OH + 3HBr$$

$$IO_3^- + 5I^- + 6H^+ \longrightarrow 3I_2 + 3H_2O$$

$$I_2 + 2Na_2S_2O_3 \longrightarrow 2NaI + Na_2S_4O_6$$

（2）溶液和试剂

① 磷酸。

② 饱和溴水溶液　3%，约0.2mol/L。

③ 碘化钾溶液　50g/L，保存于棕色瓶，放置于避光处，不宜久置。

④ 苯酚溶液　50g/L。

⑤ 硫酸溶液　0.5mol/L。量取27mL浓硫酸，缓缓注入约400mL水中，冷却后稀释至1000mL。

⑥ 氢氧化钠溶液　0.1mol/L。称取4.0g氢氧化钠，溶于适量水中，冷却至室温后，用水稀释至1000mL。

⑦ 淀粉指示液　10g/L。

⑧ 硫代硫酸钠标准溶液　$c(Na_2S_2O_3)=0.001$mol/L，临用前，可用0.1mol/L的硫代硫酸钠标准溶液稀释配制，当日内使用有效。

（3）测定步骤

① 冷却至室温的试样滴加5～10滴适宜浓度硝酸溶液中和至中性或微酸性，摇匀。

② 量取100mL试样于250mL碘量瓶中，加入4mL氢氧化钠溶液，10滴饱和溴水溶液，充分混匀，放置5min。加入1mL硫酸溶液，不断摇动下逐滴加10滴苯酚溶液，加入1mL磷酸，再加入4mL碘化钾，加盖水封，暗处放置5min。加入1mL淀粉指示液，用0.001mol/L硫代硫酸钠标准溶液滴定溶液蓝色刚消失，记录消耗标准溶液的体积为V_1。

③ 量取100mL水于250mL三角瓶中，作空白试验，记录消耗标准溶液的体积为V_0。

（4）结果表述　碘离子的含量（X）按下式计算：

$$X(\text{mg/L})=\frac{c(V_1-V_0)\times 21.15}{V}\times 1000$$

式中　c——硫代硫酸钠标准溶液浓度，mol/L；

V_1——试样消耗硫代硫酸钠标准滴定溶液的体积，mL；

V_0——空白消耗硫代硫酸钠标准滴定溶液的体积，mL；

V——吸取的试样体积，mL；

21.15——碘离子（$1/6I^-$）的摩尔质量，g/mol。

（三）氯酸盐的测定

1. 范围

适用于精盐水和电解槽淡盐水中氯酸盐的检测，其他类似溶液可作参考。

2. 测定步骤

同本章第一节“一、（十二）”的方法测定。

（四）微量氯酸钾的测定

1. 范围

适用于精盐水中微量氯酸钾的测定，其他类似溶液可作参考。

2. 方法提要

在酸性条件下，氯酸根能将碘离子氧化为碘，加入淀粉指示液，生成的碘用硫代硫酸钠标准溶液滴定至终点。

$$6H^+ + ClO_3^- + 6I^- \longrightarrow 3I_2 + Cl^- + 3H_2O$$

$$2S_2O_3^{2-} + I_2 \longrightarrow 2I^- + S_4O_6^{2-}$$

3. 试剂和溶液

（1）溴化钾。

（2）浓盐酸。

（3）碘化钾　100g/L。

（4）淀粉指示液　10g/L。

（5）硫代硫酸钠标准滴定溶液　$c(Na_2S_2O_3)=0.01mol/L$。

4. 测定步骤

吸取1.0mL试样于250mL碘量瓶中，加2g溴化钾，30mL浓盐酸，迅速盖紧瓶塞后水封，于暗处静置5min，加入10mL碘化钾和70mL水，用0.01mol/L硫代硫酸钠标准溶液滴定至微黄色，加入2mL淀粉指示液继续滴定至蓝色消失即为终点。

5. 结果表述

盐水中微量氯酸钾（X）含量按下式计算：

$$X(g/L)=\frac{cV_1 \times 20.43}{V}$$

式中　c——硫代硫酸钠标准滴定溶液的浓度，mol/L；

V_1——样品测定消耗硫代硫酸钠标准溶液的体积，mL；

V——吸取试样的体积，mL；

20.43——氯酸钾（$1/6KClO_3$）的摩尔质量，g/mol。

（五）悬浮物的测定

1. 范围

适用于一次盐水、精盐水中悬浮物的测定，其他类似溶液可作参考。

2. 重量法

同第一章第一节“三、2、（8）”的方法测定。

3. 标准曲线法

（1）方法提要　饱和盐水溶液的悬浮物（SS）的含量与它的浊度值呈线性关系，用已知悬浮物的溶液为标准来测定不同悬浮物含量相对应的浊度值，经过反复测定得到它的标准工作曲线。然后测定未知悬浮物溶液的浊度值，通过标准工作曲线计算出悬浮物（SS）含量。

（2）仪器

① 浊度计及其配套设备。

② 无水乙醇（GR）。

③ 微孔滤膜过滤器。

④ 扁嘴无齿镊子。

⑤ 符合 GB/T 6682 中二级及以上水或相应纯度的水。

（3）测定步骤

① 标准工作曲线的绘制　用重量法测定出一次盐水的悬浮物，然后分别将重量法中的过滤液和盐水样品进行除泡，再用过滤液把样品分别稀释至 1、1/2、1/4、1/8、1/10、1/20，分别测定它们的浊度值（NTU 值），不断依照此法多次测定不同批次的一次精盐水的悬浮物含量相对应的浊度值，用最小二乘法回归计算其回归曲线为标准工作曲线（样品越多，测定点越多，工作曲线越准确）。

② 试样测定　将 200mL 的试样置于除泡器上除泡或静置一段时间无泡，然后在浊度计上测定它的浊度 NTU 值，用工作曲线方程计算出样品的悬浮物含量。

（六）总有机碳（TOC）的测定

1. 范围

适用于盐水及其他水质中总有机碳（TOC）的测定，测定范围为 4～30000μg/L。其他类似溶液可作参考。

2. 方法提要（差减法）

用已知浓度的 TC（总碳）标准溶液建立 NPOC（不可吹扫有机碳）标准曲线。经酸化和鼓泡从样品中除去 IC（无机碳）和 POC（可吹扫有机碳）。测定样品中的 NPOC 信号，从标准曲线得到 NPOC（TOC≈NPOC）。

3. 仪器和试剂

（1）总有机碳分析仪（带自动稀释溶液功能）。

（2）载气　氧气纯度≥99.9%。

（3）有机碳标准溶液　400mg/L。准确称取邻苯二甲酸氢钾 0.8502g（预先在 110～120℃下干燥至恒重），置于烧杯中，加无二氧化碳水溶解后，转移此溶液于 1000mL 容量瓶中，并稀释至标线，混匀。在 4℃条件下可保存两个月。

（4）盐酸溶液　2mol/L。量取 240mL 浓盐酸，用水稀释至 1000mL。

（5）无二氧化碳水　将蒸馏水在烧杯中煮沸蒸发（蒸发量 10%），冷却后备用。也可使用纯水机制备。无二氧化碳水应临用现制，每次试验前应检验 TOC 浓度，要求不超过 0.5mg/L。

4. 测定步骤

（1）标准曲线的绘制　用无二氧化碳水代替试样（空白试验），测定其响应值。取一定量的 400mg/L 有机碳标准溶液置于容量瓶中，用盐酸溶液酸化至 pH≤2，稀释至刻度，混匀。用总有机碳分析仪测定，设定系列标准溶液浓度为 0.0mg/L、0.1mg/L、0.5mg/L、1.0mg/L、2.0mg/L，经曝气除去无机碳后导入高温氧化炉，记录相应的响应值。以标准系列溶液浓度对应仪器响应值，绘制有机碳校准曲线。

注：校准曲线浓度范围可根据仪器、测定样品种类及含 TOC 浓度的不同进行调整。

(2) 试样测定　取一定样品用盐酸溶液酸化至 pH≤2，用总有机碳分析仪测定，经曝气除去无机碳后导入高温氧化炉，记录相应的响应值。根据所测试样响应值，由校准曲线计算出总有机碳的浓度。

5. 注意事项

(1) 样品应采集在棕色玻璃瓶中并应充满采样瓶，不留顶空，采集后应在 24h 内测定。

(2) 测定水样时，水中常见共存离子超过下列浓度时：SO_4^{2-} 400mg/L、Cl^- 400mg/L、NO_3^- 100mg/L、PO_4^{3-} 100mg/L、S^{2-} 100mg/L，可用无二氧化碳水稀释水样，至上述共存离子浓度低于其干扰允许浓度后，再进行分析。

四、降膜固碱熔盐的分析

(一) 亚硝酸钠含量的测定

1. 范围

适用于降膜固碱装置熔盐中亚硝酸钠含量的测定。

2. 方法提要

用酸性高锰酸钾溶液将亚硝酸钠盐氧化为硝酸盐，为避免亚硝酸盐的损失，采用含硝酸盐酸性高锰酸钾溶液滴定法进行亚硝酸盐的测定。

$$5NaNO_2 + 2KMnO_4 + 3H_2SO_4 \longrightarrow 5NaNO_3 + 2MnSO_4 + K_2SO_4 + 3H_2O$$

3. 试剂和溶液

(1) 高锰酸钾标准溶液　$c(1/5KMnO_4)=0.1mol/L$。

(2) 硫酸溶液　1+5。

(3) 研钵。

4. 测定步骤

(1) 取约 20g 冷却至室温的熔盐，在研钵中研细，准确称取 6～7g (精确至 0.0001g) 研细的熔盐，转移至 500mL 容量瓶中溶解，稀释至刻度。

(2) 准确移取 50mL 高锰酸钾标准溶液于 250mL 三角瓶中，加入 50mL 硫酸溶液，摇匀，在 40℃水浴中加热恒温后，用配制的熔盐溶液滴定高锰酸钾标准溶液至无色即为终点。

5. 结果表述

亚硝酸钠 (X) 的质量分数按下式计算：

$$\frac{50c}{1000}=\frac{mX/100}{34.50}\times\frac{V}{500}\longrightarrow X(\%)=\frac{86250c}{Vm}$$

式中　c——高锰酸钾 ($1/5KMnO_4$) 标准滴定溶液的浓度，mol/L；

V——滴定过程中消耗熔盐的体积，mL；

m——样品的质量，g；

34.50——亚硝酸钠 ($1/2NaNO_2$) 的摩尔质量，g/mol。

6. 允许差

取平行测定结果的算术平均值为测定结果，平行测定结果之差的绝对值不大于 0.4%。

7. 注意事项

若 $NaNO_2$ 的浓度小于 28.8%，则熔盐的试样量应增加。

(二) 熔点的测定

1. 范围

适用于降膜固碱装置熔盐中熔点的测定。

2. 方法提要

根据物理化学的定义，物质的熔点是指该物质由固态变为液态时的温度。物质在结晶状态时反射光线，在熔化状态时透射光线。因此，物质在熔化过程中随着温度的升高会产生透光度的跃变。

3. 仪器及设备

（1）熔点管　通常外径Φ1.4mm，内径Φ1.0mm，长约60～70mm，一端封闭的毛细管作为熔点管。

（2）熔点仪　量程为室温至300℃，精度0.1℃。

4. 测定步骤

（1）样品填装　取0.1～0.2g研磨细的样品，放在干净的表面皿或玻璃片上，聚成小堆，将毛细管的开口插入样品堆中，使样品挤入管内，把开口一端向上竖立，轻敲管子使样品落在管底，也可把装有样品的毛细管，通过一根（长约40cm）直立于玻璃片（或蒸发皿）上的玻璃管，自由地落下，重复几次，直至样品的高度为3mm为止。

（2）试样测定　按照熔点仪的仪器说明书或操作手册规定要求进行测定。

5. 注意事项

（1）同时制备5个样品，至少要有两次重复的数据，每一次测定都必须用新的熔点管新装样品，不能使用已测过熔点的样品管。

（2）在研磨、填装熔盐及操作时应迅速，以免熔盐发生潮解。

（3）毛细管装填熔盐高度应严格执行说明书要求，装填不能过紧或过松，保证填装的均匀性。

（4）在测定熔点的过程中应保持毛细管的洁净，以免将污染物带入基座内。

（5）可准备1.2m的Φ8mm的玻璃管，用于毛细管装填熔盐。

五、蔗糖溶液的分析

1. 范围

适用于氯碱生产过程中蔗糖溶液浓度的测定。

2. 方法提要

采用密度计测定蔗糖的密度，根据蔗糖在不同温度下密度与浓度的关系，查得蔗糖的浓度。

3. 仪器

（1）密度计　最小分度为0.002g/cm^3。

（2）量筒　直径大于400mm，高大于350mm。

（3）温度计　0～50℃。

4. 测定步骤

将冷却至室温的试样置于洁净干燥的量筒内，轻轻搅拌，使溶液及接触筒壁的气泡消失。测定溶液温度后，将密度计浸入溶液内（不应碰壁），等密度计稳定后读出与液面相切的密度值，按表2-2查得蔗糖的浓度。

表2-2　蔗糖浓度与密度的关系

浓度/%	密度/(g/cm^3)					
	20℃	21℃	22℃	23℃	24℃	25℃
0.0	0.99823	0.99801	0.99779	0.99755	0.99731	0.99706

续表

浓度/%	密度/(g/cm³)					
	20℃	21℃	22℃	23℃	24℃	25℃
2.0	1.00598	1.00576	1.00553	1.00529	1.00504	1.00479
4.0	1.01384	1.01362	1.01339	1.01314	1.01289	1.01203
6.0	1.02183	1.02160	1.02136	1.02111	1.02085	1.02058
8.0	1.02993	1.02969	1.02944	1.02919	1.02892	1.02865
10.0	1.03814	1.03789	1.03764	1.03738	1.03711	1.03683
12.0	1.04645	1.04619	1.04593	1.04565	1.04537	1.04508
14.0	1.05488	1.05462	1.05434	1.05406	1.05377	1.05347
16.0	1.06345	1.06317	1.06288	1.06259	1.06229	1.06198
18.0	1.07214	1.07185	1.07156	1.07125	1.07094	1.07062
20.0	1.08096	1.08066	1.08036	1.08004	1.07972	1.07940
22.0	1.08989	1.08958	1.08927	1.08894	1.08862	1.08828
24.0	1.09895	1.09864	1.09831	1.09798	1.09765	1.09730
26.0	1.10816	1.10783	1.10750	1.10716	1.10681	1.10646
28.0	1.11750	1.11716	1.11682	1.11647	1.11612	1.11576
30.0	1.12698	1.12664	1.12629	1.12593	1.12556	1.12520
32.0	1.13658	1.13623	1.13587	1.13551	1.13513	1.13476
34.0	1.14633	1.14597	1.14560	1.14523	1.14485	1.14446
36.0	1.15622	1.15585	1.15548	1.15510	1.15471	1.15431
38.0	1.16626	1.16589	1.16550	1.16511	1.16471	1.16431
40.0	1.17645	1.17606	1.17567	1.17527	1.17486	1.17445
42.0	1.18677	1.18638	1.18597	1.18557	1.18515	1.18473
44.0	1.19725	1.19684	1.19643	1.19601	1.19559	1.19516
46.0	1.20787	1.20745	1.20703	1.20661	1.20618	1.20574
48.0	1.21864	1.21822	1.21779	1.21736	1.21692	1.21647

六、碱液的分析

(一)氢氧化钠含量的测定

1. 范围

适用氯碱离子膜生产过程碱液中氢氧化钠含量的测定。

2. 方法提要

采用酸碱中和反应，用酸标准溶液滴定，酚酞作为指示液，将碳酸钠转化成碳酸氢钠，氢氧化钠完全中和。

$$CO_3^{2-} + H^+ \longrightarrow HCO_3^-$$

$$OH^- + H^+ \longrightarrow H_2O$$

再加甲基橙指示液继续滴定时，至颜色变为橙红色，使碳酸氢钠完全中和。

$$HCO_3^- + H^+ \longrightarrow H_2O + CO_2$$

3. 试剂和溶液

(1) 硫酸标准滴定溶液 $c(1/2H_2SO_4)=0.5mol/L$。或盐酸标准滴定溶液 $c(HCl)=1mol/L$。

(2) 酚酞指示液 10g/L。

(3) 甲基橙指示液 1g/L。

4. 测定步骤

吸取约1mL样品称重（或其他适宜质量），精确至0.0002g，置于内装10mL水的碘量瓶中，向试样中加1～2滴酚酞指示液，用0.5mol/L硫酸（或1mol/L盐酸）标准溶液滴定至溶液由红色变为无色，作为第一终点，然后向试料中加入1～2滴甲基橙指示液，继续用0.5mol/L硫酸（或1mol/L盐酸）标准溶液滴定至溶液由黄色变为橙红色为第二终点。

5. 结果表述

氢氧化钠含量（X）按下式计算：

$$X(\%)=\frac{c[(V_1-V_2)/1000]\times 40.00}{m}\times 100=\frac{4c(V_1-V_2)}{m}$$

式中 c——硫酸（$1/2H_2SO_4$）（或盐酸）标准滴定溶液的浓度，mol/L；

V_1——以酚酞为指示液滴定时，消耗硫酸（$1/2H_2SO_4$）（或盐酸）标准溶液的体积，mL；

V_2——以甲基橙为指示液滴定时，消耗硫酸（$1/2H_2SO_4$）（或盐酸）标准溶液的体积，mL；

m——试料的质量，g；

40.00——氢氧化钠的摩尔质量，g/mol。

6. 允许差

取平行测定结果的算术平均值为测定结果，平行测定结果之差的绝对值不大于0.2%。

（二）氯化钠含量的测定

1. 范围

适用于氯碱离子膜生产过程碱液中氯化钠含量的测定。

2. 试验方法

按GB/T 209规定的方法。

（三）氢氧化钾含量的测定

1. 范围

适用于碱液中氢氧化钾的检测，其他类似溶液可作参考。

2. 方法提要

采用酸碱中和反应，以酚酞作为指示剂，用盐酸标准溶液滴定至无色为终点。

3. 试剂和溶液

(1) 盐酸标准滴定溶液 $c(HCl)=1.0mol/L$。

(2) 酚酞指示液 10g/L。

4. 测定步骤

样品冷却至室温，吸取2.5mL试样称重，精确至0.0002g，置于盛有50mL水的三角瓶中，加2～3滴酚酞指示液，用1.0mol/L盐酸标准溶液滴定至红色刚好消失为终点，记录所消耗盐酸标准滴定溶液的体积。

5. 结果表述

氢氧化钾含量（X）按下式计算：

$$X(\%)=\frac{c(V_1/1000)\times 56.11}{m}\times 100=\frac{5.611cV_1}{m}$$

式中　c——盐酸标准滴定溶液的浓度，mol/L；

V_1——试样消耗盐酸标准滴定溶液的体积，mL；

m——试样的质量，g；

56.11——氢氧化钾的摩尔质量，g/mol。

（四）氯化钾含量的测定

1. 范围

适用于氯碱离子膜生产过程碱液中氯化钾含量的测定。

2. 试验方法

按 GB/T 1919 中氯化物的试验方法。

（五）铁含量的测定

1. 范围

适用于氯碱离子膜生产过程碱液中铁含量的测定。

2. 方法提要

抗坏血酸将试样溶液中 Fe^{3+} 还原成 Fe^{2+}，在 pH 为 4～6 时，同 1,10-菲啰啉生成橙红色络合物，在分光光度计最大吸收波长 510nm 处测定其吸光度。

3. 试验方法

按 GB/T 4348.3 规定的方法。

（六）氯酸盐含量的测定

1. 范围

适用于氯碱离子膜生产过程碱液中氯酸钠含量为 0.00005%～0.01%的样品的测定。

2. 方法提要

在强酸介质中氯酸钠分解为氯气和二氧化氯，在 pH<1.3 条件下氯气和二氧化氯与邻联甲苯胺反应生成稳定的黄色络合物，用分光光度计测定吸光度。

3. 试验方法

按 GB/T 11200.1 规定的方法。

（七）氢氧化钠中镍含量的测定

1. 范围

适用于电感耦合等离子体光谱仪（ICP）测定离子膜电解 32%液碱痕量金属镍元素，其他类似溶液可作参考。

2. 方法提要

采用标准加入法，利用最小二乘法线性回归法测出元素的相应谱线发光强度与浓度的工作曲线，计算出样品中镍元素的总量浓度。

3. 仪器和试剂

（1）电感耦合等离子体光谱仪（简称 ICP 发射光谱仪）。

（2）氩气　纯度≥99.995%。

(3) 盐酸(GR)。

(4) 镍标准溶液 50mg/L或其他适宜的浓度。

(5) 符合GB/T 6682中二级及以上的水或相应纯度的水。

4. 测定步骤

(1) 依次在三个50mL容量瓶中加入7mL试样,加少量水稀释,分别缓慢加入10mL盐酸进行中和,并不断摇动,在冷水浴中冷却至室温。

(2) 依次使用微量移液器移取0μL、100μL、200μL镍标准溶液加入三个容量瓶中,用水稀释至刻度,摇匀,得到系列标准试样。

(3) 按ICP仪器的操作步骤,测定系列标准试样,选择线性好、相关系数高的谱线,读取试样中镍元素的含量。

5. 结果表述

镍含量(X)按下式计算:

$$X(\mathrm{mg/L})=\frac{\rho_0}{7/50}$$

式中 ρ_0——经中和稀释后样品中Ni元素的总量浓度,mg/L。

(八)氢氧化钾中镍含量的测定

1. 范围

适用于比色法测定离子膜电解氢氧化钾中镍含量,其他类似溶液可作参考。

2. 方法提要

镍在强碱性溶液中,以过硫酸钾为氧化剂,镍与丁二酮肟形成红褐色络合物,与标准系列比较定量。

3. 试剂和溶液

(1) 盐酸溶液 1+1。

(2) 丁二酮肟-乙醇溶液 10g/L。

(3) 过硫酸钾溶液 50g/L。

(4) 氢氧化钠溶液 200g/L。

(5) 镍标准溶液 $c(\mathrm{Ni})=0.1\mathrm{mg/mL}$。

4. 测定步骤

(1) 标准比对溶液(0.025mg和0.05mg) 准确移取0.25mL、0.50mL镍标准溶液,分别稀释至25mL后与同体积试液同时同样处理。

(2) 称取5.0g样品于烧杯中,加少量水使其溶解,用盐酸溶液中和,全部转移到50mL比色管中,稀释至25mL,加3mL氢氧化钠溶液、2mL丁二酮肟-乙醇溶液及1mL过硫酸钾溶液,摇匀,10min后溶液呈红褐色与标准溶液比对。

第二节 无机氯生产过程控制分析

一、氯气的分析

(一)氯气含量的测定

1. 范围

适用于氯碱电解装置氯气纯度的测定。其他类似气体可作参考。

2. 方法提要

根据氯气易被硫代硫酸钠溶液吸收的原理,当气体试样通入硫代硫酸钠溶液时,氯气被吸收，气体体积减少，由减少的气体体积可以算出氯气的纯度。

3. 试剂

（1）氢氧化钠溶液　30%。

（2）硫代硫酸钠。

（3）吸收液　硫代硫酸钠 250g 溶于 1L 的 30%氢氧化钠，使用时再加入 1L 的水稀释。

4. 仪器

（1）气体量管（双头）　100mL，具有 0.1mL 分度值（见图 2-1）。

（2）水准瓶　250mL。

（3）吸收瓶　视情况选择大小，内装吸收液。

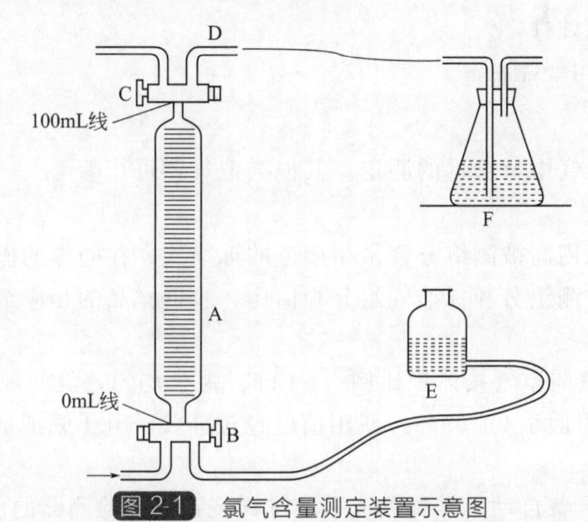

图 2-1　氯气含量测定装置示意图

A—气体量管；B，C—旋塞；D—出气口；E—水准瓶；F—吸收瓶

5. 测定步骤

（1）将洁净气体量管 A 与水准瓶 E 按图 2-1 连接。旋转气体量管 A 的旋塞 C，使气体量管 A 与大气相通，之后旋转旋塞 B，使气体量管 A 与水准瓶 E 相通，调整水准瓶 E 的位置，使水准瓶 E 中的吸收液液面与气体量管 A 下端“0”刻度处相平，关闭旋塞 B。

（2）连接 D 和吸收瓶 F，旋转旋塞 B，使气体量管 A 与取样口相连，缓慢打开取样口阀门，使氯气通入气体量管 A 中 2～3min，以保证把气体量管 A 内的空气置换完全。关闭取样口阀门，同时关闭气体量管 A 的旋塞 C 和旋塞 B，拆下吸收瓶 F 及氯气的连接管，使气体量管 A 内的氯气温度与外界达到平衡。迅速旋转气体量管 A 的旋塞 C 一周。

（3）将水准瓶 E 逐渐升高，旋转旋塞 B 使吸收液缓缓流入气体量管 A 中，轻轻摇动量气管，使氯气被吸收液充分吸收，然后静置冷却 5～15min，调整气体量管 A 和水准瓶 E 的液面相平，读出气体量管 A 吸收氯气的体积。

6. 结果表述

氯气体积分数（φ）按下式计算：

$$\varphi(\%)=\frac{V_2}{V_1}\times 100$$

式中　V_1——取样的体积，mL；

V_2——气体量管 A 吸收氯气的体积，mL。

7. 注意事项

（1）氯是一种强烈的刺激性气体，经呼吸道吸入后会产生局部刺激和腐蚀作用。

(2) 氯气能与许多化学品（如乙炔、燃料气、烃类、氢气、金属粉末等）发生猛烈反应而爆炸或生成爆炸性物质，它几乎对金属和非金属都有腐蚀作用。

(3) 光照射下氢气和氯气易发生光化学反应，取样时应做好避光处置。

(4) 气体量管测量读数时，应关闭旋塞 1min 后再读数。

(5) 氯气属于Ⅱ级（高度危害）物质，即使有经验的工作人员也不得单独操作，应有人监护。

(6) 操作人员应经过专门培训，操作时佩戴相应的防护用具，操作场所应有良好的通风设施。

(7) 采用氯气测定后残余气体作为氯气中氢、氮、氧含量的测定样品，主要是为了减小氯气对气相色谱仪的腐蚀性。

(二) 氯气中氢含量的测定

1. 范围

适用于氯碱生产氯气中氢含量的测定。其他类似气体可作参考。

2. 色谱法

(1) 方法提要　采用与被测组分含量相接近的标准气，在同样的操作条件下，用气相色谱法进行分离，通过被测组分和标准气组分峰值比，求得样品的相应组分含量。

(2) 试剂和材料

① 标准物质　氢气与空气按体积比例（1∶99）混合均匀，氢气纯度不得低于 99.99%。

② 氩气　纯度不得低于 99.99%，使用前应经过硅胶、分子筛或活性炭等净化处理。

(3) 仪器

① 气相色谱仪　具备自动进样装置或手动进样装置热导检测器的色谱仪。

② 色谱柱　Φ4mm×2m 不锈钢柱。

③ 填充物　60～80 目 5A 型分子筛（色谱用）。

④ 注射器　1mL（精度 0.02mL）或其他适宜体积的注射器。

(4) 测定条件

① 色谱柱温度　50～80℃。

② 桥路电流　40～60mA。

③ 载气流速　30～50mL/min。

(5) 测定步骤

① 标准色谱图制作　在上述规定的测定条件下，准确量取 1mL 标准气，每次待组分完全流出后（至少进样 3 次），选择出最佳的标准色谱图（可参考图 2-2）。

② 试样测定

a. 将仪器设备各项参数调整至规定的测定条件。

b. 打开色谱工作站，引入标准色谱图。

c. 将本节“一、(一)”氯气测定后残余气体作为测定样品，准确量取 1mL 进样，待样品峰完全流出后，得到样品色谱图。

d. 根据样品氢组分的峰值和标准气氢组分的峰值之比计算出样品中氢含量，该含量可直接从色谱图定量结果中得出。

(6) 结果表述　氯气中氢的体积分数（φ）按下式计算：

$$\varphi(\%)=\frac{V_1}{V}\times w_{H_2}$$

式中　V_1——测定氯气含量后残余气体体积，mL；

V——测定氯气含量时取样体积，mL；

ω_{H_2}——色谱测定样品中氢含量，%。

（7）氯气中氢含量标准色谱参考图（图 2-2）。

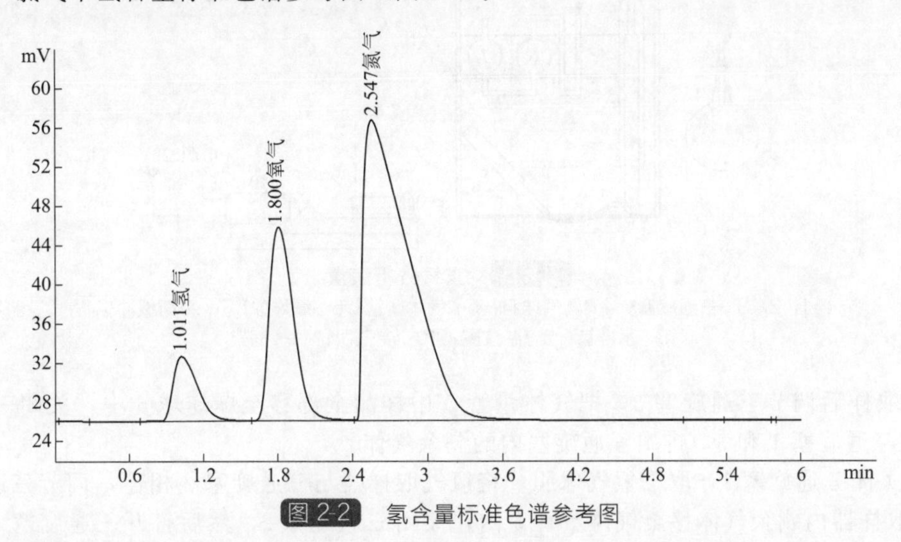

图 2-2　氢含量标准色谱参考图

3. 爆炸法

（1）方法提要　氢气和氧气在适当比例下遇火花爆炸化合，生成水，反应如下：

$$2H_2+O_2 \longrightarrow 2H_2O$$

气体混合物因生成水而体积缩小，从上述反应式来看减少的体积等于参加反应气体体积之和，即 1/3 为氧气，2/3 为氢气，由此可算混合物中氢的含量。

（2）仪器和材料

① 气体量管　50mL，精度 0.1mL。

② 爆炸球　内装水。

③ 平衡缓冲球　内装水。

④ 水准管　容积 50mL，内装水。

⑤ 感应圈　电压 10～12V，电流 1.8～2.2A。

⑥ 变压器　交流电压 220V。

⑦ 球胆　内装纯度 98%以上的氢气。

⑧ 氯气中含氢分析装置（见图 2-3）。

（3）测定步骤

① 将洁净的氢气分析装置固定牢固，用水准管 8 中的蒸馏水将气体量管 5 和爆炸球 6 中的气体排干净，保证氢气分析装置中无气泡。

② 将氢气球胆 4 与三通旋塞 1 相连，三通旋塞 2、3 相通，利用排液取气法取样，取样后保持气体量管 5 内正压，以防空气泄漏。

③ 将三通旋塞 1、2、3 相连，调节三通旋塞 1 与气体量管 5 相通，同时放下水准管 8，量取样品约 20mL，然后调节三通旋塞 1 使气体量管 5 与大气相通，举起水准管 8 将气体量管 5 中气体排出，再调节三通旋塞 1，在取样位置反复操作 3～4 次，冲洗置换气体量管 5 与管路中的空气。然后慢慢放下水准管 8，准确量取样品 6mL，取样时应使气体量管 5 和水准管 8 内液面保持在同一水平。

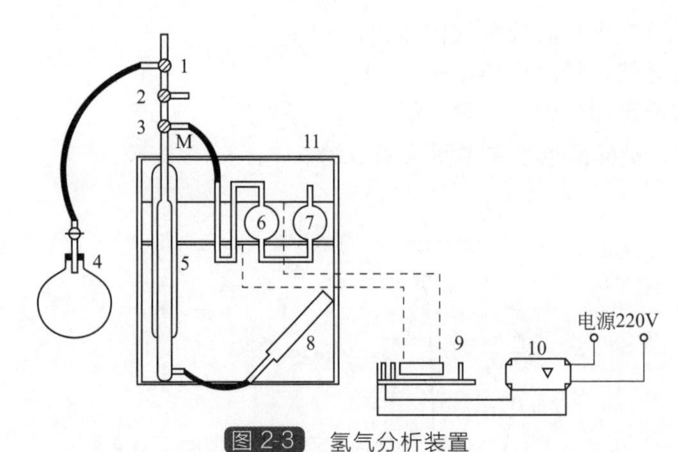

图2-3 氢气分析装置

1，2，3—三通旋塞；4—氢气球胆；5—气体量管；6—爆炸球；7—平衡缓冲球；
8—水准管；9—感应圈；10—变压器；11—框架

④ 取样后调节三通旋塞3，把气体量管5中样品全部移至爆炸球6中，关闭三通旋塞3，调节三通旋塞1和3，排出三通旋塞内的剩余气体。

⑤ 关闭三通旋塞1，取下氢气球胆，将氯气取样器与三通旋塞2相连，调节三通旋塞2将氯气取样器内剩余气体移至气体量管5内，关闭三通旋塞2，然后打开三通旋塞1，慢慢放下水准管8，使水准管8与气体量管5内液面保持同一水平，准确量取空气至20mL，调节三通旋塞3把气体量管5中空气移至爆炸球6中。

⑥ 调节三通旋塞3，使气体量管5中的气体全部移至爆炸球6，然后取下氯气取样器，扭动感应圈9的触点，打火使爆炸球6中的混合气体爆炸。

⑦ 爆炸后，调节三通旋塞3，使气体量管5与爆炸球6相通，放下水准管8把爆炸后的气体移至气体量管5，并控制爆炸球6的液面在M处，保持水准管8与气体量管5内液面在同一水平，读取气体量管中气体体积。

(4) 结果表述　氯气中氢的体积分数（φ）按下式计算：

$$\varphi(\%)=\frac{(V_2-V_3)\times 2/3-AV_1}{V}$$

式中　A——氢气的纯度，%；

V_1——氢气的加入体积，mL；

V_2——爆炸前混合气体的总体积，mL；

V_3——爆炸后混合气体的总体积，mL；

V——试样的体积，mL。

(5) 注意事项

① 由于试样中氯气和二氧化碳占绝大部分，通常用氢氧化钠和硫代硫酸钠混合溶液吸收，残余气体再用“爆炸法”测定。

② 处理后的试样，残余气体很少，为了使气体爆炸完全，向残余气体中加入已知成分的氢气，氢含量在9.5%以下不会引起爆炸，即使爆炸也不完全，在加氢气的同时，还需要补加适量的空气，此时氢气占总体积20%～30%为宜。

③ 氢气分析装置每次换水后，应先用纯度大于98%的氢气至少爆炸三次，才可进行样品的测定及结果计算。

4. 燃烧法

(1) 方法提要　在分析氯气含量后的残余气体中加入过量的空气，使残余气体中所含的氢气通过灼烧铂金丝与空气中的氧燃烧成水，根据燃烧前后的体积差来计算氯气中氢的含量。

（2）仪器和材料

① 带有铂金丝的燃烧器（见图 2-4）。

② 水准瓶 250mL，2 个。

③ 气体量管 100mL，精度 0.1mL。

④ 变压器 可调压。

⑤ 安培计 0.25A。

（3）测定步骤

① 将分析氯气含量后的残余气体送入燃烧器的气体量管中，读取体积后送入燃烧器中。

② 再用气体量管抽取一定量的空气，使二者体积小于 100mL，把燃烧器中样品抽回气体量管，使之与空气混合均匀。静置 2～3min，使气体量管壁上液体全部流下后，读取体积。

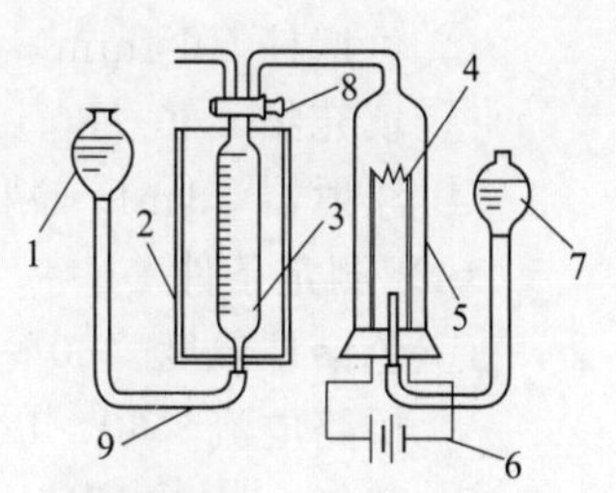

图 2-4 燃烧分析装置

1—水准球；2—夹套；3—气体量管；4—加热铂金丝；5—燃烧器；6—直流电源；7—缓冲平衡器；8—旋塞；9—胶管

③ 把空气和残余气体的混合气全部转送入燃烧管中。当液面下降至燃烧管中铂金丝以下时，打开电钮通电。

④ 利用与气体量管连接的水准瓶，抽送燃烧管中气体 4～5 次，使气体燃烧完全。然后关闭电钮。

⑤ 把燃烧管中的气体全部抽回气体量管中，待气体体积恒定后读取体积。

⑥ 再把气体送入燃烧管中，重新燃烧，再抽回量气管中，待气体体积恒定后读取其体积。两次体积读数恒定后，记下体积数。

（4）结果表述 氯气中氢的体积分数（φ）按下式计算：

$$\varphi(\%)=\frac{(V_1-V_2)\times 2/3}{V}\times 100$$

式中 V_1——燃烧前混合气体的体积，mL；

V_2——燃烧后混合气体的体积，mL；

V——试样的体积，mL。

（5）注意事项

① 在测定时，气体来回抽送的液体不得接触红热的铂金丝。

② 燃烧器要保持清洁，以免杂质积存影响分析结果。

③ 燃烧时要重复两次，若体积相同表示氯气中氢燃烧完全。

（三）氯气中氧、氮含量的测定

1. 范围

适用于氯碱生产中氯气中氧、氮含量的测定，其中吸收法只适用于氧含量的测定。其他类似气体可作参考。

2. 色谱法

（1）方法提要 采用与被测组分含量相接近的标准气，在同样的操作条件下，用气相色谱法进行分离，通过被测组分和标准气组分峰值比，求得样品的相应组分含量。

（2）试剂和材料

① 标准物质 采用与被测组分含量相接近的标准物质。

② 氢气 纯度不得低于 99.99%，使用前应经过硅胶、分子筛或活性炭等净化处理。

(3) 仪器

① 气相色谱仪 具备自动进样装置或手动进样装置热导检测器的色谱仪。

② 色谱柱 Φ4mm×2m 不锈钢柱。

③ 填充物 60～80 目 5A 型分子筛（色谱用）。

④ 注射器 1mL（精度 0.02mL）或其他适宜体积的注射器。

(4) 测定条件

① 色谱柱温度 50～80℃。

② 桥路电流 60～120mA。

③ 载气（H_2）流速 30～50mL/min。

(5) 测定步骤

① 标准色谱图制作 在上述规定的测定条件下，准确量取 1mL 标准气，每次待组分完全流出后（至少进样 3 次），选择出最佳的标准色谱图（可参考图 2-5）。

② 试样测定

a. 将仪器设备各项参数调整至规定的测定条件。

b. 打开色谱工作站，引入标准色谱图。

c. 将本节“一、(一) ”氯气测定后残余气体作为测定样品，准确量取 1mL 进样，待样品峰完全流出后，得到样品色谱图。

d. 根据样品氧、氮组分的峰值和空气氧、氮组分的峰值之比计算出样品中氧、氮含量，该含量可直接从色谱图定量结果中得出。

(6) 结果表述 氯气中氧的体积分数（φ_1）、氮的体积分数（φ_2）按下式计算：

$$\varphi_1(\%)=\frac{V_1}{V}\times\omega_{O_2}$$

$$\varphi_2(\%)=\frac{V_1}{V}\times\omega_{N_2}$$

式中 V_1——测定氯气含量后残余气体体积，mL；

V——测定氯气含量时取样体积，mL；

ω_{O_2}——色谱测定样品中氧含量，%；

ω_{N_2}——色谱测定样品中氮含量，%。

(7) 氯气中氧、氮含量标准色谱参考图（图 2-5）。

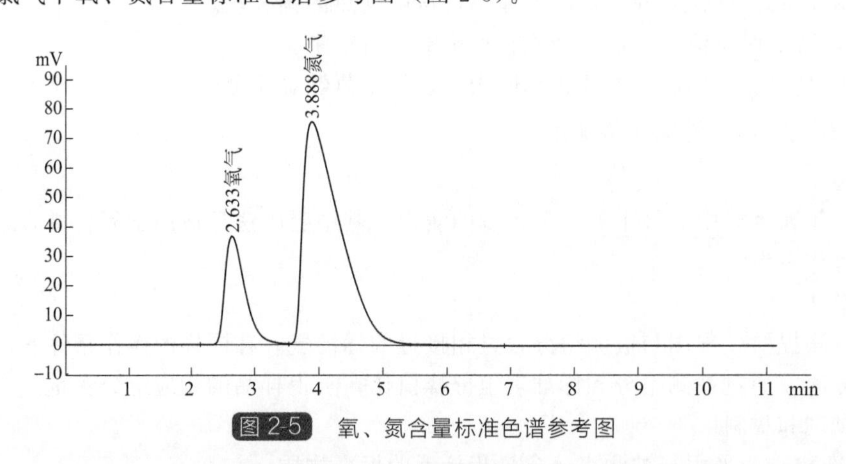

图 2-5 氧、氮含量标准色谱参考图

3. 吸收法

（1）方法提要　在碱性溶液中，焦性没食子酸钾吸收氧气，吸收后气体体积减少，减少的体积即为样品中含氧量，反应式如下：

$$4C_6H_3(OK)_3+O_2 \longrightarrow 2(KO)_3C_6H_2-C_6H_2(OK)_3+2H_2O$$

（2）试剂和溶液　焦性没食子酸钾溶液：称取39g氢氧化钾溶于50mL水中，冷却，称取27.5g焦性没食子酸溶于50mL水中，使用前把这两种溶液混合，保存在密闭的细口瓶中，防止吸收空气中的氧。

（3）仪器和设备

① 双球吸收器　内装硫代硫酸钠饱和溶液，见图2-6。

② 气体量管　容积100mL，0～90mL最小分度5mL，90～100mL最小分度0.1mL，管内装饱和氯化钠溶液，见图2-7。

③ 水准球　内装饱和氯化钠溶液。

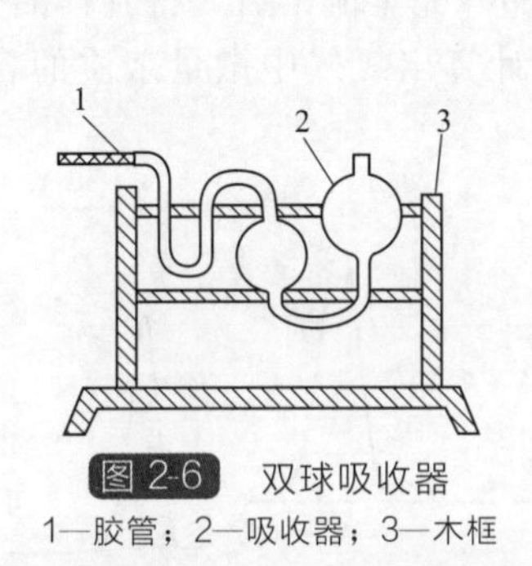

图2-6　双球吸收器

1—胶管；2—吸收器；3—木框

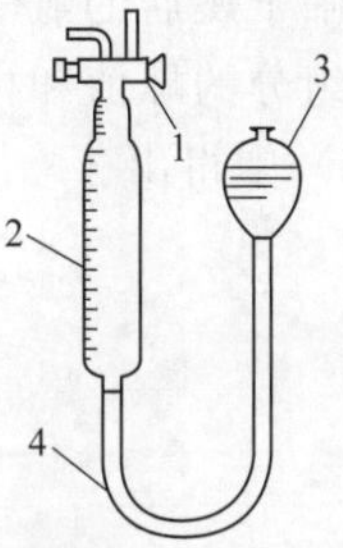

图2-7　气体量管

1—旋塞；2—气体量管；3—水准球；4—胶管

（4）测定步骤　用气体量管取样品100mL，灌入双球吸收器用硫代硫酸钠溶液吸收后，将剩余气体灌入另一装有焦性没食子酸钾溶液的双球吸收器，待气体全部被吸收后，读取气体量管的读数，两次吸收体积之差即为样品中氧含量。

（四）氯气中微量杂质的测定

1. 范围

适用于氯气中微量杂质的测定，可测定氯气中氢气、氧气、氮气、二氧化碳等。其他类似气体可作参考。

2. 方法提要

采用气相色谱仪，用氮气做载体测定氯气中氢含量，用氢气做载体测定氯气中氧、氮及二氧化碳等，通过色谱柱使混合气体各组分分离后，与样品杂质相近的标准物质峰值做比较，从而测得各杂质组分的含量。

3. 试剂和材料

（1）标准物质　采用与样品组分含量相接近的标准物质。

（2）氢气　纯度不得低于99.99%，使用前应经过硅胶、分子筛或活性炭等净化处理。

（3）氮气　纯度不得低于99.99%，使用前应经过硅胶、分子筛或活性炭等净化处理。

（4）空气　不应含有腐蚀性杂质，使用前应经过脱油、脱水净化处理。

4. 仪器

（1）气相色谱仪　具备手动进样或自动进样装置热导检测器的色谱仪。

（2）色谱柱　Φ3mm×2m不锈钢填充色谱柱两根；Φ3mm×1m不锈钢填充色谱柱三根。

(3) 填充物　60～80 目 13X 分子筛，80～100 目 Porapak N。

5. 测定条件

(1) 色谱柱温度　50～80℃。

(2) 桥路电流　100mA。

(3) 载气 (N_2) 流速　15～35mL/min。

(4) 载气 (H_2) 流速　20～50mL/min。

6. 测定步骤

(1) 标准色谱图制作　在上述规定的测定条件下，连接标准气后自动进样，每次待组分完全流出后（至少进样 3 次），选择出最佳的标准色谱图（可参考图 2-8）。

(2) 试样测定

① 将仪器设备各项参数调整至规定的测定条件。

② 打开色谱工作站，引入各杂质组分标准色谱图。

③ 连接经分子筛干燥后的氯气，自动进样，待样品峰完全流出后，得到样品色谱图。

④ 根据各杂质组分的峰值和标准组分的峰值之比计算出氯气中微量杂质的含量，可直接从色谱图（图 2-8）中得出。

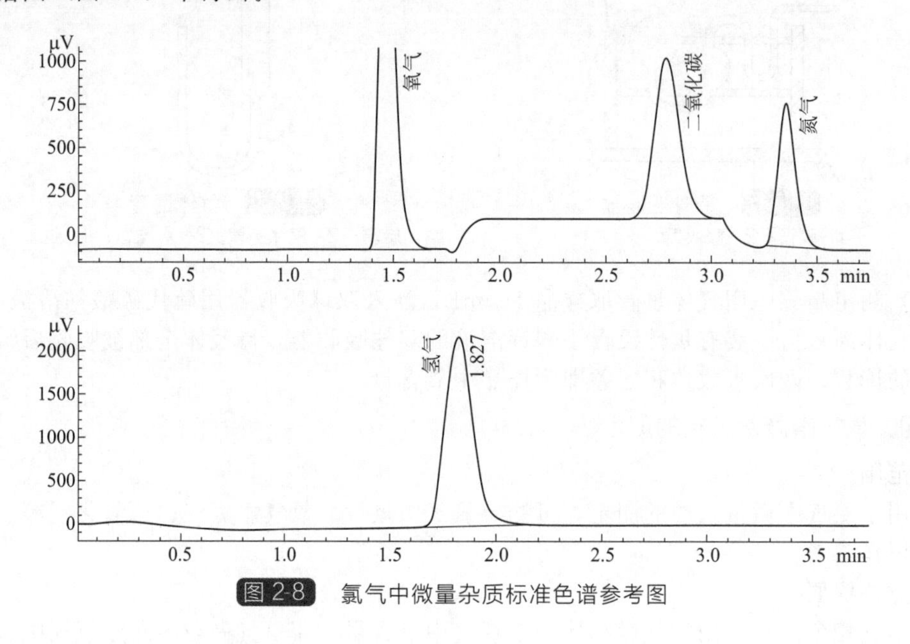

图 2-8　氯气中微量杂质标准色谱参考图

(五) 氯气中三氯化氮含量的测定

1. 范围

适用于氯碱生产中气态或液态氯气中三氯化氮含量的测定。其他类似气体可作参考。

2. 方法提要

氯气通入浓盐酸，三氯化氮转变为氯化铵，与纳氏试剂显色反应，在 420nm 处用分光光度计测定吸光度。

3. 试验方法

按 GB/T 5138 规定的方法。

(六) 氯气中微量水分含量的测定

1. 范围

适用于气态和液态氯中微量水分含量的测定。其他类似气体可作参考。

2. 吸收法

(1) 方法提要　气态的样品，通过已称量的五氧化二磷吸收管吸收氯气中的水分，用已称量的氢氧化钠溶液吸收氯气，分别称量吸收管和吸收瓶，根据它们与各自测定前的质量差，计算样品的水分含量。

(2) 试验方法　按 GB/T 5138 规定的方法。

3. 便携式微量水分仪测定法

(1) 方法提要　五氧化二磷传感器利用电解水分子为氢气与氧气原理。此传感器由一个玻璃材质的圆柱和两根并行的电极组成，根据具体应用来选择电极材质（通常由铂或铑金属丝制成），并在两根电极之间涂有很薄的一层磷酸，在两电极之间出现的电解电流，使酸中的水分分解为氢气和氧气。此过程的最终产物是五氧化二磷，五氧化二磷是高吸湿性物质，因此从样气中吸收水分，通过连续的电解过程，样气的水分含量与电解后的水分应该是平衡的。电极电流与样气中水分含量成比例，信号经过仪器内部信号放大器处理，然后显示数据并读出。

(2) 仪器和试剂

① 微量水分仪　YGM2215，测定量程在 0～0.1%范围内，带水分传感器、电源、放大器。也可选择其他适宜的测定仪。

② 吸收液　20%氢氧化钠溶液。

(3) 测定步骤　按照仪器说明书进行操作。

(4) 注意事项

① 使用前、后应用氮气（或干燥的仪表气）吹扫取样系统，不允许有水存在。

② 仪器在测量过程中，如果测量值高于实际值，应首先要检查采样气路是否连接可靠，有无微量气体泄漏；其次，检查传感器是否受到污染；最后确认传感器的电解液是否在有效期内。排除故障后，方可进行测量。

③ 测量值的准确度与气体流量和环境温度关系较大。测定时应保证气体流量与设定值一致。仪表中的传感器所处环境温度越低（小于 15℃），测量值则越低。

④ 严禁在进排气阀门关闭的情况下，打开仪表的开关，否则会因传感器在没有湿气的情况下通电干烧，导致测量精度下降甚至失效。

二、氢气的分析

1. 范围

适用于氯碱生产过程中氢气含量的测定，其他类似气体可做参考。

2. 爆炸法

(1) 方法提要　氢气和氧气在适当的比例下遇火花爆炸，生成水。反应式如下：

$$2H_2+O_2 \longrightarrow 2H_2O$$

气体混合物因生成水而体积减小，减小的体积等于参加反应气体体积之和，即 1/3 氧气和 2/3 氢气，由此可算出混合气体中氢气的含量。

(2) 仪器和试剂

① 气体量管　50mL，精度 0.1mL。

② 水准瓶。

③ 氢气分析装置（见图 2-9）。

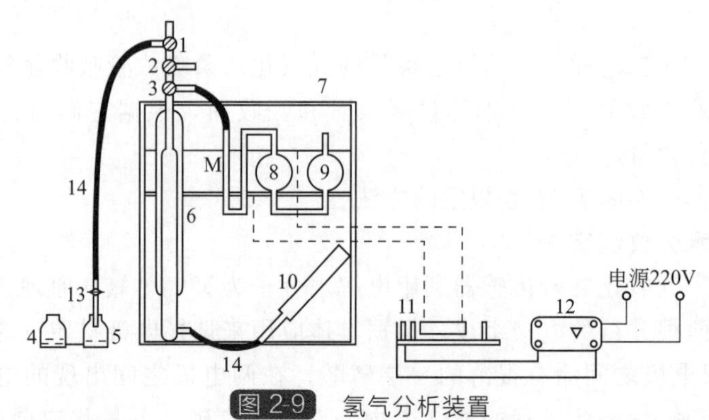

图2-9 氢气分析装置

1，2，3—三通旋塞；4—平衡缓冲瓶；5—取样瓶；6—气体量管；7—框架；8—爆炸球；9—平衡缓冲球；10—水准瓶；11—感应圈；12—变压器；13—二通旋塞；14—胶管

(3) 测定步骤

① 将洁净的氢气分析装置固定牢固，用水准瓶10中的水将气体量管和爆炸球中的气体排干净，保证氢气分析装置中无气泡。

② 将图2-9中取样瓶的二通旋塞13用胶管与取样口相连，利用排液取气法取样，取样后保持取样瓶内正压，以防空气进入。

③ 将二通旋塞与三通旋塞1相连，调节二通旋塞和三通旋塞1使取样瓶与气体量管相通，同时放下水准瓶，量取样品约20mL，然后调节三通旋塞1使气体量管与大气相通，举起水准瓶10将气体量管6中气体排出，再调节三通旋塞1，在取样位置反复操作3～4次，冲洗置换气体量管与管路中的空气。然后慢慢放下水准瓶，并使平衡缓冲瓶9和取样瓶5内液面保持在同一水平，量取样品6mL，取样时应使气体量管6和水准瓶10内液面保持在同一水平。

④ 取样后调节三通旋塞3，把气体量管中样品全部转移至爆炸球中，再调节三通旋塞1和3，用空气排出分析装置中的氢气。量取空气20mL，调节三通旋塞3，把气体量管中空气移至爆炸球中。

⑤ 调节三通旋塞3，使气体量管中的气体全部移至爆炸球，扭动感应圈的触点，打火使爆炸球中的混合气体爆炸。

⑥ 爆炸后，调节三通旋塞3，使气体量管与爆炸球相通，放下水准瓶把爆炸球中的气体移至气体量管，并控制爆炸球中液面在M处，举起水准瓶，保持水准瓶与气体量管内液面在同一水平，读取气体量管中气体体积。

(4) 结果表述　氢气体积分数（φ）按下式计算：

$$\varphi(\%)=\frac{(V_1-V_2)\times 2/3}{V}\times 100$$

式中　V_1——混合气体爆炸前体积，mL；

V_2——爆炸后剩余气体体积，mL；

V——量取样品的体积，mL。

(5) 注意事项

① 氢气与空气混合能形成爆炸性混合物，遇热或明火即爆炸。

② 气体量管测量读数时，应关闭旋塞1min后再读数。

③ 卡气泡时注意气泡下端与三通旋塞下端两线相重时，关闭旋塞，保证气体全部进入爆炸球。

3.气相色谱法

（1）方法提要　采用与样品杂质十分接近的标准气，定量进样，由样品气杂质组分和标准气杂质组分峰值比来求样品气杂质组分的含量，再由100减去杂质含量得到氢气的含量。

（2）试剂和材料

① 标准物质　采用与样品组分含量相接近的标准物质。

② 氩气（或氦气）　纯度不得低于99.99%，使用前应经过硅胶、分子筛或活性炭等净化处理。

（3）仪器

① 气相色谱仪　具备自动进样装置或手动进样装置热导检测器的色谱仪。

② 色谱柱　Φ3mm×2m不锈钢柱。

③ 填充物　60～80目13X或5A型分子筛（色谱用）。

（4）测定条件

① 色谱柱温度　50～80℃。

② 桥路电流　150mA。

③ 载气（氩气或氦气）流速　30～50mL/min。

（5）测定步骤

① 标准色谱图制作　在上述规定的测定条件下，连接标准气后自动进样，每次待组分完全流出后（至少进样3次），选择出最佳的标准色谱图（可参考图2-10）。

② 试样测定

a.将仪器设备各项参数调整至规定的测定条件。

b.打开色谱工作站，引入标准气色谱图。

c.准确量取1mL样品进样，待样品峰完全流出后，得到样品色谱图。

d.根据样品中杂质组分的峰值和标准气杂质组分的峰值之比计算出样品中杂质组分含量，减去杂质组分含量后可得到氢气的含量。

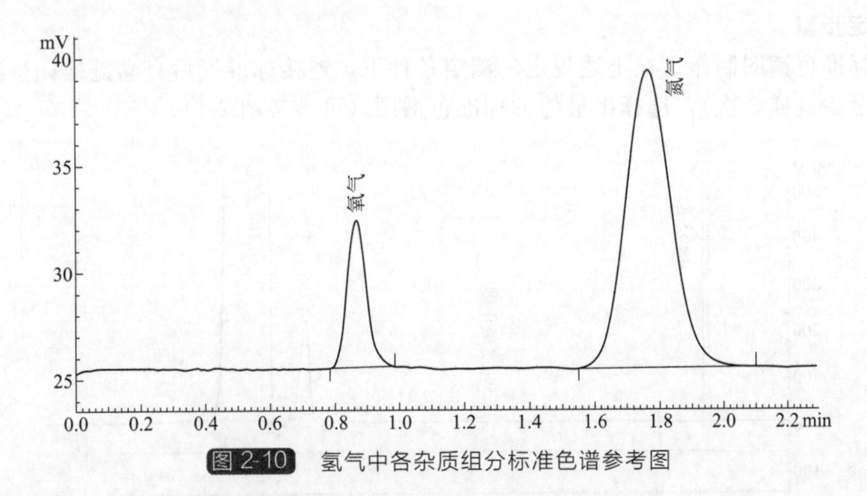

图2-10　氢气中各杂质组分标准色谱参考图

（6）结果表述　氢气含量（X）按下式计算：

$$X(\%)=100-\omega_{O_2}-\omega_{N_2}-\cdots$$

式中 ω_{O_2}——色谱测定样品中氧含量，%；

ω_{N_2}——色谱测定样品中氮含量，%。

（7）允许差 取两次平行测定结果的算术平均值为测定结果，两次平行测定结果之差的绝对值不大于0.02%。

三、氮气的分析

1. 范围

适用于氮气含量的测定，其他类似气体可作参考。

2. 方法提要

使用气相色谱仪分析氮气中的氧、氢、二氧化碳等杂质组分，以氮气做载气测定氮气中氢含量，以氢气做载气测定氮气中氧含量、二氧化碳含量，再减去杂质含量得到氮气的含量。

3. 试剂和材料

（1）标准物质 与样品待测组分相接近的标准物质。

（2）氢气 纯度不得低于99.99%，使用前应经过硅胶、分子筛或活性炭等净化处理。

（3）氮气 纯度不得低于99.99%，使用前应经过硅胶、分子筛或活性炭等净化处理。

4. 仪器

（1）气相色谱仪 具备自动进样装置或手动进样装置，双通道、双热导检测器的色谱仪。

（2）色谱柱 柱1：6Ft 1/8 2mm Proapak Q 80/100 SS；柱2：8Ft 1/8 2mm MolSieve 5A 60/80 SS；柱3：2Ft 1/8 2mm Unibeads 60/80 SS；柱4：4Ft 1/8 2mm Unibeads 5A 60/80 SS；柱5：8Ft 1/8 2mm MolSieve 5A 60/80 SS。

5. 测定条件

（1）色谱柱温度 80℃。

（2）检测器温度 250℃。

（3）载气流速 20mL/min。

（4）尾吹 5mL/min。

6. 测定步骤

（1）标准色谱图制作 在上述规定的测定条件下，连接标准气后自动进样，待组分完全流出后（至少进样3次），选择出最佳的标准色谱图（可参考图2-11）。

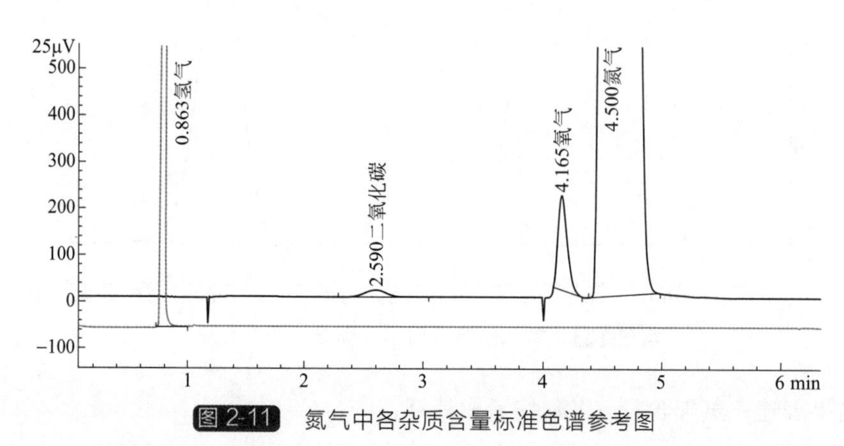

图2-11 氮气中各杂质含量标准色谱参考图

（2）试样测定

① 将仪器设备各项参数调整至规定的测定条件。

② 打开色谱工作站，引入标准色谱图，自动进样，待样品峰完全流出后，得到样品色谱图。读取样品中氧、氢、二氧化碳等杂质组分含量，再减去杂质组分含量，得到氮气含量。

7. 结果表述

氮气体积分数（φ）按下式计算：

$$\varphi(\%)=100-\phi_{H_2}-\phi_{O_2}-\phi_{CO_2}$$

式中 ϕ_{H_2}——氮气中氢气含量，%；

ϕ_{O_2}——氮气中氧气含量，%；

ϕ_{CO_2}——氮气中二氧化碳含量，%。

四、硫酸的分析

1. 范围

适用于氯碱生产过程中干燥氯气后硫酸含量的测定。

2. 方法提要

采用酸碱中和反应的原理，以溴甲酚绿为指示液，用氢氧化钠标准溶液滴定至溶液由黄色变为蓝色即为终点。

3. 试剂和溶液

（1）氢氧化钠标准滴定溶液 $c(NaOH)=1.0mol/L$。

（2）硫代硫酸钠溶液 0.1mol/L。

（3）双氧水 3%。

（4）溴甲酚绿指示液 1g/L。

4. 测定步骤

称取约1g试样，精确至0.0002g，置于内装15mL水的三角瓶中，加入硫代硫酸钠溶液（或3%双氧水溶液）进行脱氯，直至不起气泡为止。再加入2～3滴溴甲酚绿指示液，用1.0mol/L的氢氧化钠标准溶液滴定至溶液由黄色变为蓝色即为终点。

5. 结果表述

硫酸质量分数（以H_2SO_4计）（X）按下式计算：

$$X(\%)=\frac{c(V/1000)\times 49.04}{m}\times 100=\frac{4.904cV}{m}$$

式中 c——氢氧化钠标准滴定溶液的浓度，mol/L；

V——试样消耗氢氧化钠标准滴定溶液的体积，mL；

m——试料的质量，g；

49.04——硫酸（$1/2H_2SO_4$）的摩尔质量，g/mol。

6. 允许差

取两次平行测定结果的算术平均值为测定结果，两次平行测定结果之差绝对值不大于0.2%。

五、盐酸和高纯盐酸的分析

（一）总酸度的测定

1. 范围

适用于氯碱生产过程中合成盐酸和高纯盐酸总酸度的测定。其他类似溶液可作参考。

2. 方法提要

试料溶液以溴甲酚绿为指示剂，用氢氧化钠标准溶液滴定至溶液由黄色变为蓝色即为终点。

反应式如下：

$$HCl + NaOH \longrightarrow NaCl + H_2O$$

3. 试剂和溶液

（1）氢氧化钠标准滴定溶液　$c(NaOH)=1.0mol/L$。

（2）溴甲酚绿指示液　1g/L。

4. 测定步骤

吸取约 3mL 试样称重，精确至 0.0002g，置于内装 15mL 水的三角瓶中，加入 2～3 滴溴甲酚绿指示液，用 1.0mol/L 氢氧化钠标准溶液滴定至溶液由黄色变成蓝色即为终点。

5. 结果表述

总酸度（以 HCl 计）（X）按下式计算：

$$X(\%)=\frac{c(V/1000)\times 36.46}{m}\times 100=\frac{3.646cV}{m}$$

式中　c——氢氧化钠标准滴定溶液的浓度，mol/L；

V——试样消耗氢氧化钠标准溶液的体积，mL；

m——试样的质量，g；

36.46——氯化氢的摩尔质量，g/mol。

6. 允许差

取两次平行测定结果的算术平均值为测定结果，两次平行测定结果之差绝对值不大于 0.2%。

（二）游离氯含量的测定

1. 范围

适用于氯碱生产过程中合成盐酸和高纯酸中游离氯含量的测定。其他类似溶液可作参考。

2. 方法提要

试料溶液加入碘化钾溶液，析出碘，以淀粉为指示液，用硫代硫酸钠标准溶液滴定游离出来的碘。反应式如下：

$$2I^- - 2e \longrightarrow I_2$$

$$I_2 + 2S_2O_3^{2-} \longrightarrow S_4O_6^{2-} + 2I^-$$

3. 试剂和溶液

（1）碘化钾溶液　100g/L。

（2）硫代硫酸钠标准滴定溶液　$c(Na_2S_2O_3)=0.01mol/L$。

（3）淀粉指示液　10g/L。

4. 测定步骤

吸取试样约 50mL 称重（精确至 0.01g），置于内装 100mL 水的三角瓶中，向试样中加 10mL 碘化钾溶液，立即塞紧瓶塞轻轻摇动，在暗处静止 5min，加 1mL 淀粉指示液，用 0.01mol/L 硫代硫酸钠标准溶液滴定至溶液蓝色消失。同时进行空白试验。

5. 结果表述

游离氯（以 Cl 计）质量分数按下式计算：

$$\omega(\%)=\frac{c[(V-V_0)/1000]\times 35.45}{m}\times 100=\frac{3.545c(V-V_0)}{m}$$

式中　c——硫代硫酸钠标准滴定溶液浓度，mol/L；

V——试样消耗硫代硫酸钠标准溶液的体积，mL；

V_0——空白消耗硫代硫酸钠标准溶液的体积，mL；

m——试样的质量，g；

35.45——氯的摩尔质量，g/mol。

6. 允许差

取两次平行测定结果的算术平均值为测定结果，两次平行测定结果绝对之差不大于0.001%。

六、盐酸合成炉分析

（一）氯化氢含量的测定

1. 范围

适用于氯碱生产过程中氯化氢含量的测定。其他类似气体可作参考。

2. 方法提要

利用氯化氢气体易溶于水，用吸收法测定氯化氢含量。

3. 仪器

（1）气体量管（双头）　100mL，具有 0.1mL 分度值（见图 2-12）。

（2）水准瓶　250mL。

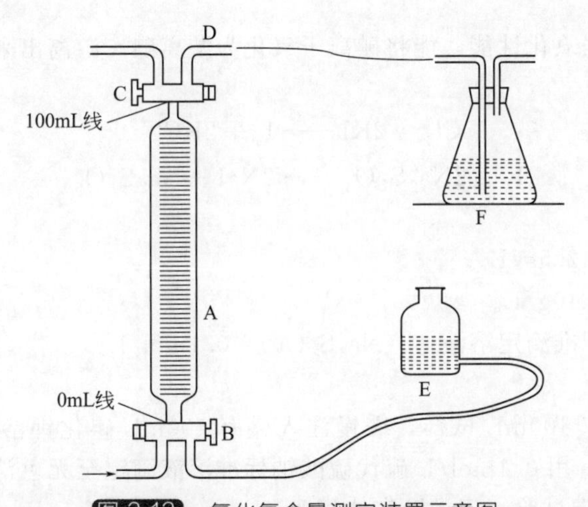

图 2-12　氯化氢含量测定装置示意图

A—气体量管；B，C—旋塞；D—出气口；E—水准瓶；F—吸收瓶

4. 测定步骤

（1）将洁净气体量管 A 与水准瓶 E 按图 2-12 连接。旋转气体量管 A 的旋塞 C，使气体量管 A 与大气相通，之后旋转旋塞 B，使气体量管 A 与水准瓶 E 相通，调整水准瓶 E 的位置，使水准瓶 E 中的吸收液液面与气体量管 A 下端“0”刻度处相平，关闭旋塞 B。

（2）连接D和吸收瓶F，旋转旋塞B，使气体量管A与取样口相连，缓慢打开取样口阀门，使氯化氢气体通入气体量管A中2～3min，以保证把气体量管A内的空气置换完全。关闭取样口阀门，同时关闭气体量管A的旋塞C和旋塞B，拆下吸收瓶F及氯化氢气体的连接管，使气体量管A内的氯化氢气体温度与外界达到平衡。迅速旋转气体量管A的旋塞C一周。

（3）将水准瓶E逐渐升高，旋转旋塞B使吸收液缓缓流入气体量管A中，轻轻摇动量气管，使氯化氢气体被吸收液充分吸收，然后静置冷却5～15min，调整使气体量管A和水准瓶E的液面相平，读出气体量管A中吸收气体的体积。

5. 结果表述

氯化氢体积分数（φ）按下式计算：

$$\varphi(\%)=\frac{V_2}{V_1}\times 100$$

式中 V_1——吸取试样的体积，mL；

V_2——气体量管A中吸收气体的体积，mL。

6. 注意事项

（1）氯化氢遇水时具有强腐蚀性。能与一些活性金属粉末发生反应，放出氢气。避免与碱类、活性金属粉末接触。

（2）检查氯化氢气体中是否存在游离氯，可将氯化氢气体用蒸馏水进行吸收，加入几滴淀粉碘化钾溶液，水溶液变蓝时，则有游离氯存在，反之无。

（二）游离氯含量的测定

1. 范围

氯化氢合成系统中游离氯的测定，其他类似气体可作参考。

2. 方法提要

氯的水溶液具有强氧化性能，能将碘离子氧化为游离碘，游离出来的碘，用硫代硫酸钠标准溶液滴定。

$$Cl_2+2KI \longrightarrow I_2+2KCl$$

$$I_2+2Na_2S_2O_3 \longrightarrow 2NaI+Na_2S_4O_6$$

3. 试剂和溶液

（1）碘化钾溶液 2.5g/L。

（2）淀粉指示液 10g/L。

（3）硫代硫酸钠标准滴定溶液 $c(Na_2S_2O_3)=0.1mol/L$。

4. 测定步骤

用注射器准确量取100mL试样，缓慢注入盛有100mL碘化钾溶液的250mL烧杯中，加入淀粉指示液1mL，用0.1mol/L硫代硫酸钠标准溶液滴定至无色消失为终点，记录滴定体积为V_1，同时做空白试验，记录滴定体积V_2。

5. 结果表述

氯化氢中游离氯体积分数（φ）按下式计算：

$$\varphi(\%)=\frac{c(V_1-V_2)\times 11.2}{V}\times 100$$

式中 c——硫代硫酸钠标准溶液的浓度，mol/L；

V_1——滴定时消耗硫代硫酸钠标准溶液的体积，mL；

V_2——空白试验消耗硫代硫酸钠标准溶液的体积，mL；

V——试样的体积，mL；

11.2——氯气（1/2Cl_2）的体积系数，L/mol。

6. 注意事项

当测定氯化氢纯度的吸收液呈现无色时，表示无游离氯，可不再分析。

（三）氯化氢中氢含量的测定

同本章第二节“一、（二）、4”的方法测定。

七、制氢分析

（一）天然气的组成测定

1. 范围

适用于气相色谱法测定天然气、电石炉尾气及类似气体混合物的化学组成的分析方法。其他类似气体可作参考。

2. 方法提要

采用与被测组分含量相接近的标准气，在同样的操作条件下，用气相色谱法进行分离，通过被测组分和标准气组分峰值比，求得样品的相应组分含量。

3. 试验方法

按 GB/T 13610 规定的方法。

（二）产品气、转化气组成的测定

1. 范围

适用于气相色谱法测定天然气、电石炉尾气制氢过程中各杂质组分的测定，主要指转化气和产品气，其他类似气体可作参考。

2. 方法提要

采用与被测杂质组分含量相接近的标准气，在同样的操作条件下，用气相色谱法进行分离，通过被测组分和标准气组分峰值比，求得样品的相应杂质组分含量。

3. 试剂和材料

(1) 标准物质　与样品待测组分相接近的标准物质。

(2) 氮气　纯度不得低于 99.99%，使用前应经过硅胶、分子筛或活性炭等净化处理。

(3) 氢气　纯度不得低于 99.99%，使用前应经过硅胶、分子筛或活性炭等净化处理。

(4) 空气　不应含有腐蚀性杂质，进入仪器气路前应脱油、脱水。

4. 仪器

(1) 气相色谱仪　具有氢火焰离子化和热导池双检测器，带转化炉的色谱仪。

(2) 色谱柱　Φ3mm×2m 不锈钢柱。

(3) 填充物　80～100 目 TDX-01。

5. 测定条件

(1) 色谱柱温度　50℃。

(2) 汽化室温度　50℃。

(3) 检测器温度　100℃。

(4) 载气（N_2）流速　30～50mL/min。

(5) 燃气（H_2）流速　30～50mL/min（氢火焰离子化检测器用）。

（6）助燃气（空气）流速　300mL/min（氢火焰离子化检测器用）。

（7）转化炉温度　380℃。

6. 测定步骤

（1）标准色谱图制作　在上述规定的测定条件下，连接标准气后自动进样，待组分完全流出后（至少进样3次），选择出最佳的标准色谱图（可参考图2-13、图2-14）。

（2）试样测定

① 将仪器设备各项参数调整至规定测定条件。

② 打开色谱工作站，引入标准色谱图。

③ 准确量取1mL进样，待样品峰完全流出后，得到样品色谱图。

④ 根据样品各组分的峰值和标准氢组分的峰值之比计算出样品中各组分含量，该含量可直接从色谱图定量结果中得出。

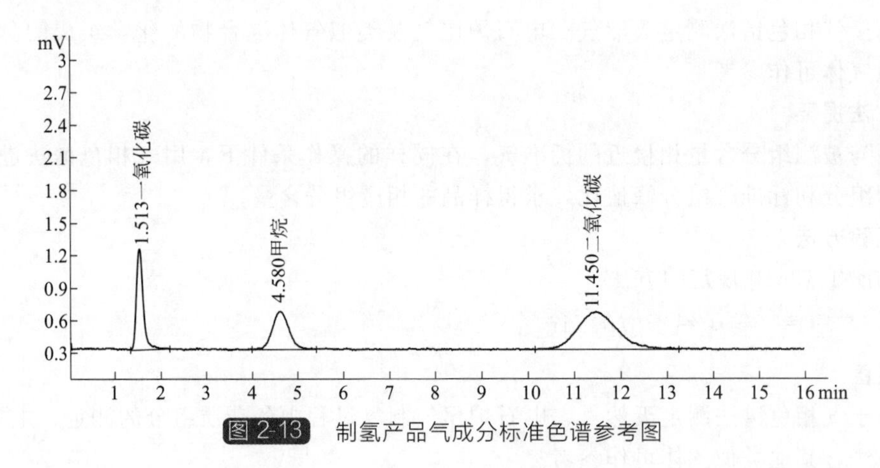

图2-13　制氢产品气成分标准色谱参考图

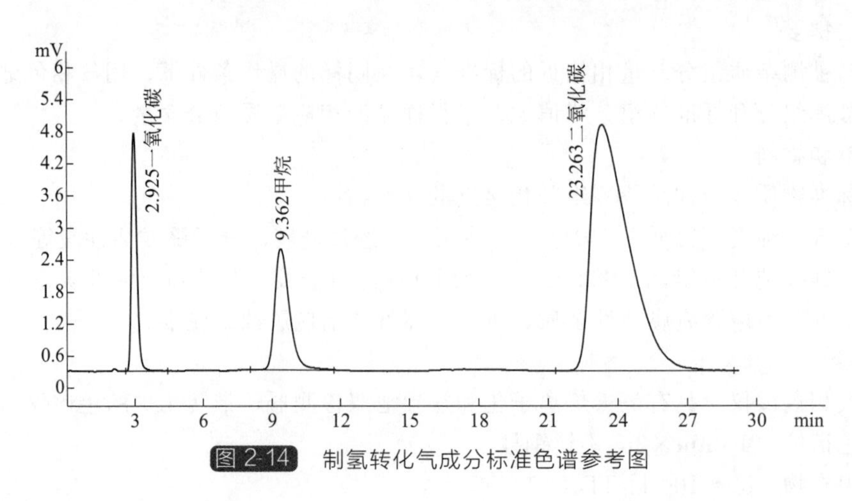

图2-14　制氢转化气成分标准色谱参考图

（三）总硫含量的测定

1. 范围

适用于天然气、电石炉尾气、转化气、产品气及类似气体混合物总硫的测定。总硫含量范围在1～100mg/kg或1～150mg/m^3。其他类似气体可作参考。

2. 方法提要

样品通过进样系统进入到一个高温燃烧管中，在富氧的条件下，样品中的硫被氧化成

SO_2。将样品燃烧过程中产生的水除去，然后将样品燃烧产生的气体暴露于紫外线中，其中的 SO_2 吸收紫外线中的能量后被转化为激发态的 SO_2。当 SO_2 分子从激发态回到基态时释放出荧光，所释放的荧光被光电倍增管所检测，根据获得的信号可检测出样品中的硫含量。

3. 试验方法

按 GB/T 11060.8 规定的方法。

4. 注意事项

过量地暴露于紫外线照射下对健康不利，操作者应避免将其身体特别是眼睛，暴露于直射或者散射的紫外线辐射中。

（四）硫化氢的测定

1. 范围

适用于天然气制氢用原料天然气中微量硫化氢的测定，包括精制脱硫前原料天然气和精制脱硫后原料天然气中的微量硫化氢。

2. 方法提要

气体快速检测管法是一种现场快速、直读测定气体浓度的检测手段。它是一支内装显色指示剂、外壁印有浓度刻度的玻璃管。当用真空气体采样器抽取一定体积被测气体，通过检测管时待测组分与管内指示剂发生显色化学反应。在一定条件下，指示剂变色长度与被测气体中待测组分浓度成正比。测试者可通过变色界线直接读出气体浓度。

3. 仪器与设备

（1）气体采样器　SC-100 型真空式（手动），100mL。

（2）硫化氢气体快速检测管　0.5～5μL/L。

4. 测定步骤

在取样口连接一小段乳胶管。取出一支检测管用真空气体采样器前端切割孔截断两端封口。按照检测管上箭头指示方向一端插入气体采样器的进气口，采样管另一头全部插入乳胶管中（见图 2-15）。慢慢开启取样口阀门，保持稳定的气流流出。将活塞柄上红点标识对准活塞筒端部白线标识处，缓慢匀速地拉动活塞柄，一直拉到活塞第二档，即 100mL 红色刻线刚显出，听到“嗒”声为止。一个冲程约 2～3min 完成。转动活塞柄 90°，推回活塞。共抽取 5 个冲程，即抽取样品气 500mL。采样结束后关闭取样口阀门，取下乳胶管和采样管，推回活塞柄。

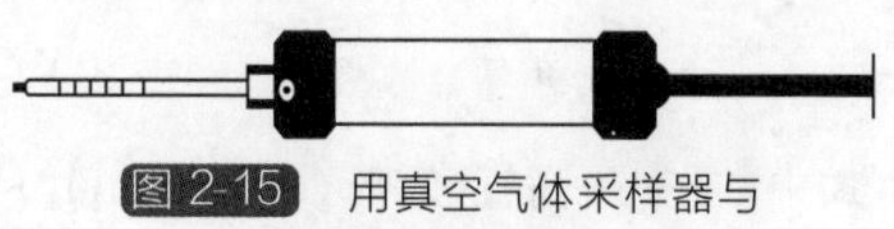

图 2-15　用真空气体采样器与气体检测管配合检测气体中微量硫化氢示意图

5. 结果表述

检测管最小分度值为 0.5μL/L。若样品气中硫化氢含量在 0～5μL/L 范围内时，直接从管内填料发生变色反应最前端界限所指示的刻度上读出浓度值；若未取到 500mL 样品气时，管内填料发生变色反应最前端界限所指示的刻度已经接近或达到 5μL/L 刻度，则停止取样，直接读出浓度值，并注明实际采样体积。结果保留一位小数报出。

6. 注意事项

（1）检测管属消耗品，使用一次即使未发生变色反应也应弃之，不得再次使用。

（2）检测管应插牢，中间抽气时不应发生松动漏气；取气速度不应过快，让样品气充分与指示剂反应。

（3）真空气体采样器长期使用后应堵住进气口，拉动活塞后松开观察是否能复原，不应有漏气现象。

第三节 过氧化氢生产过程控制分析

（一）氢化效率的测定

1. 范围

适用于双氧水工段氢化塔效率的测定。

2. 方法提要

2-乙基氢蒽醌及四氢-2-乙基氢蒽醌经氧化得到相应的蒽醌及过氧化氢，用水将其中的过氧化氢萃取出来，测定其浓度，得出氢化液中氢蒽醌含量。

3. 试剂和材料

(1) 高锰酸钾标准滴定溶液 $c(1/5KMnO_4)=0.1mol/L$。

(2) 硫酸溶液 1+4。

(3) 氧气 工业级。

4. 测定步骤

准确吸取5mL试样，置于250mL分液漏斗中，加入重芳烃10mL，用气体分散管通入氧气进行氧化，颜色由深色变成透明的亮黄色或橘黄色即表示氧化完全。用水润洗气体分散管后，每次用20mL水萃取其中的过氧化氢，静置分层，将下层水溶液放入三角瓶中，直至萃取液中无过氧化氢为止，一般4～5次。将20mL硫酸溶液加入上述萃取液中，用0.1mol/L高锰酸钾标准溶液滴定，直至溶液显微红色，30s不褪色即为终点。

5. 结果表述

氢化效率（X）按下式计算：

$$X(g/L)=\frac{cV_1\times 17.00}{V}$$

式中 c——高锰酸钾（$1/5KMnO_4$）标准滴定溶液的浓度，mol/L；

V_1——滴定样品消耗的高锰酸钾标准溶液的体积，mL；

V——吸取试样的体积，mL；

17.00——过氧化氢（$1/2H_2O_2$）的摩尔质量，g/mol。

6. 注意事项

检查萃取是否完全的方法：从分液漏斗中滴加两滴萃取液至装有2mL水的试管内，加入1mL10%重铬酸钾溶液和1mL乙醚，再加入1滴20%的硫酸，摇动，若乙醚层内有蓝色出现，则表示过氧化氢未萃取完全，若乙醚层无色则萃取完全。

（二）过氧化氢含量的测定

1. 范围

萃取法适用于氧化液、萃余液、工作液等中过氧化氢含量的测定；滴定法适用于萃取塔、浓品、一次剩余液中过氧化氢的测定。

2. 方法提要

在酸性介质中，过氧化氢与高锰酸钾发生氧化还原反应，根据消耗高锰酸钾的体积，确定过氧化氢含量。

$$2KMnO_4+3H_2SO_4+5H_2O_2 \longrightarrow K_2SO_4+2MnSO_4+5O_2\uparrow+8H_2O$$

3. 试剂和溶液

(1) 高锰酸钾标准滴定溶液 $c(1/5KMnO_4)=0.1mol/L$。

(2) 硫酸溶液 1+4。

4. 萃取法

(1) 测定步骤 准确吸取试样 5mL（或萃余液、工作液吸取 25mL）于分液漏斗中，每次用 20mL 水萃取其中的过氧化氢，静置分层，将下层水溶液放入三角瓶中，继续萃取，直至萃取液中无过氧化氢，一般 4～5 次，将 20mL 硫酸溶液加入上述萃取液中，以 0.1mol/L 高锰酸钾标准溶液滴定至溶液显微红色即为终点。

(2) 结果表述 过氧化氢含量（X_1）按下式计算：

$$X_1(\mathrm{g/L})=\frac{cV_1\times 17.00}{V}$$

式中 c——高锰酸钾（$1/5KMnO_4$）标准滴定溶液的浓度，mol/L；

V_1——滴定样品消耗高锰酸钾（$1/5KMnO_4$）标准滴定溶液的体积，mL；

V——吸取试样的体积，mL；

17.00——过氧化氢（$1/2H_2O_2$）的摩尔质量，g/mol。

5. 滴定法

(1) 测定步骤 准确吸取试样 2mL（或萃取液吸取 5mL），移入 250mL 容量瓶中，用水稀释至刻度，摇匀。吸取 5mL 于 250mL 三角瓶中，加入硫酸溶液 20mL，以 0.1mol/L 高锰酸钾标准溶液滴定至微红色，30s 不褪色即为终点。

(2) 结果表述 过氧化氢含量（X_2）按下式计算：

$$X_2(\mathrm{g/L})=\frac{cV_1\times 17.00}{V\times 5/250}=\frac{850cV_1}{V}$$

式中 c——高锰酸钾（$1/5KMnO_4$）标准滴定溶液的浓度，mol/L；

V_1——试样消耗高锰酸钾（$1/5KMnO_4$）标准滴定溶液的体积，mL；

V——吸取试样的体积，mL；

17.00——过氧化氢（$1/2H_2O_2$）的摩尔质量，g/mol。

（三）氧化液酸度的测定

1. 范围

适用于双氧水工段氧化塔及氧化液储罐中氧化液酸度的测定。

2. 方法提要

以甲基红-亚甲基蓝为指示剂，以氢氧化钠标准溶液与试样中的游离酸发生中和反应，测定游离酸含量。

3. 试剂和溶液

(1) 氢氧化钠标准滴定溶液 $c(\mathrm{NaOH})=0.01\mathrm{mol/L}$。

(2) 甲基红-亚甲基蓝混合指示液。

4. 测定步骤

量取 100mL 氧化液（或适宜的样品量），注入分液漏斗中，加入 20mL 水进行萃取，静置分层，将下层水放入三角瓶中，反复萃取 5 次，向三角瓶中加入两滴甲基红-亚甲基蓝混合指示液，用 0.01mol/L 氢氧化钠标准溶液滴定至溶液中紫红色消失为终点。

5. 结果表述

氧化液酸度（以磷酸计）（X）按下式计算：

$$X(\mathrm{g/L})=\frac{cV_1\times 98.00}{V}$$

式中 c——氢氧化钠标准滴定溶液的浓度，mol/L；

V_1——滴定样品消耗的氢氧化钠标准溶液的体积，mL；

V——试样的体积，mL；

98.00——磷酸的摩尔质量，g/mol。

（四）萃取液酸度的测定

1. 范围

适用于萃取塔中酸度的测定。

2. 方法提要

以甲基红-亚甲基蓝为指示液，以氢氧化钠标准溶液与试样中的游离酸发生中和反应，测定游离酸含量。

3. 试剂和溶液

（1）氢氧化钠标准滴定溶液　$c(NaOH)=0.01mol/L$。

（2）甲基红-亚甲基蓝混合指示液。

4. 测定步骤

移取5mL萃取液置于250mL的三角瓶中，加入100mL水，再加入两滴甲基红-亚甲基蓝混合指示液，以0.1mol/L氢氧化钠标准溶液滴定至紫红色消失即为终点。

5. 结果表述

萃取液酸度（X）（以磷酸计）按下式计算：

$$X(g/L)=\frac{cV_1\times 98.00}{V}$$

式中　c——氢氧化钠标准滴定溶液的浓度，mol/L；

V_1——滴定样品消耗的氢氧化钠标准滴定溶液的体积，mL；

V——吸取试样的体积，mL；

98.00——磷酸的摩尔质量，g/mol。

（五）工作液碱度的测定

1. 范围

适用于工作液储罐中样品碱度的测定。

2. 方法提要

以溴甲酚绿-甲基红为指示液，以酸标准溶液与试样中的碱发生中和反应，从而测定试样中的碱度。

3. 试剂和溶液

（1）盐酸标准滴定溶液　$c(HCl)=0.01mol/L$。

（2）溴甲酚绿-甲基红混合指示液。

4. 测定步骤

量取100mL试样置于250mL分液漏斗中，加入20mL水进行萃取，静置分层，将下层水溶液放入三角瓶中，如此反复萃取5次，在萃取液中加2滴溴甲酚绿-甲基红混合指示液，用0.01mol/L盐酸标准溶液滴定，溶液由绿色变为酒红色即为终点。

5. 结果表述

工作液碱度（X）按下式计算：

$$X(g/L)=\frac{cV_1\times 69.11}{V}$$

式中　c——盐酸标准滴定溶液浓度，mol/L；

V_1——试样滴定消耗盐酸标准滴定溶液的体积，mL；

V——试样的体积，mL；

69.11——碳酸钾（$1/2K_2CO_3$）的摩尔质量，g/mol。

（六）工作液水分的测定

1. 范围

适用于双氧水工段工作液储罐中样品水分的测定。

2. 方法提要

在适当的有机碱存在时，水与碘会和二氧化硫与一种醇反应所生成的一种反应组分的反应，以此可测定工作液中的水分含量。

$$H_2O+I_2+SO_2+3RN+CH_3OH \longrightarrow [RNH]SO_4CH_3+2[RNH]\ I$$

3. 试剂和仪器

（1）甲醇。

（2）卡尔·费休试剂　滴定度大于5mg/mL。

（3）卡尔·费休水分滴定仪　万通787或其他。

4. 测定步骤

按照仪器使用说明书进行标定及试样测定。

（七）蒽醌含量的测定

1. 范围

适用于双氧水工段工作液储罐中样品蒽醌含量的测定。

2. 方法提要

2-乙基蒽醌及四氢-2-乙基蒽醌在一定的支持电解池中，极谱波与其含量成正比，以此测定工作液中的2-乙基蒽醌及四氢-2-乙基蒽醌的含量。

3. 仪器和试剂

（1）极谱仪　瑞士万通797 VA Computrace或其他。

（2）甲醇。

（3）2-乙基蒽醌。

（4）四氢-2-乙基蒽醌。

（5）氯化锂溶液　3mol/L。称取氯化锂181g，用水稀释至1L，摇匀即可使用。

（6）标准溶液配制　准确称取0.2g（精确至0.0002g）2-乙基蒽醌和0.2g（精确至0.0002g）四氢-2-乙基蒽醌分别置于烧杯中，分别加入4mL混合溶剂（重芳烃：磷酸三辛酯=75：25）溶解后，分别移入50mL棕色容量瓶中，用甲醇稀释至刻度，摇匀，作为溶液1和溶液2。

（7）混合标准溶液配制　移取溶液1和溶液2各1mL（尽量与样品浓度相近的体积）置于50mL棕色容量瓶中，用甲醇稀释至25mL左右，加氯化锂溶液10mL。再用甲醇稀释至刻度，摇匀。

（8）底液　移取5mL 3mol/L的氯化锂溶液至100mL容量瓶中，用甲醇稀释至刻度。

4. 测定步骤

（1）试样制备　吸取1mL试样于25mL容量瓶中，用甲醇稀释至刻度，摇匀。从中吸取2mL于50mL容量瓶中，加入氯化锂溶液10mL，用甲醇稀释至刻度摇匀即可测定。

（2）测定标准溶液　开机稳定30min后，即可做样。在样品杯中加入10mL配制好的底液和100μL混合标准溶液，按照仪器说明书操作要求，测定标准样品结束后，记录下峰高。

(3) 测定试样　将电极、毛细管和样品杯冲洗干净后，加入样品，方法与测定标准溶液的方法相同。

5. 结果表述

试样中蒽醌含量（X）按下式计算：

$$X(\mathrm{g/L})=\frac{\text{标准溶液浓度}\times\text{试样峰高}\times\text{稀释倍数}}{\text{标准溶液峰高}}$$

6. 允许差

用示波极谱仪同时测定2-乙基蒽醌及四氢-2-乙基蒽醌的相对误差一般在±5%之内。

7. 注意事项

(1) 瑞士万通797 VA Computrace仪器电流部分内有磁饱和稳压器，不必外加磁饱稳压器供电。

(2) 绝对不许在插着电解池插头、电极浸在电解池中的情况下开机或关机，避免在开机和关机时电解池两端出现较高的电压，使浸在电解池中的毛细管洞孔遭到损坏。只有在开机后，荧光屏上出现扫描线，才可把电极浸入电解池。当仪器临时发生故障，荧光屏上扫描线调不出来时，应把电极提起来，以免毛细管遭到损坏。

(3) 滴汞电极所用的汞，最好是经过真空蒸馏的纯净的汞（分析纯）。

(4) 更换毛细管后，峰值发生变化时需重新制作标准曲线。

第四节　漂白剂生产过程控制分析

一、次氯酸钠的分析

(一) 有效氯的测定

1. 范围

适用于次氯酸钠溶液中有效氯的检测，其他类似溶液可作参考。

2. 方法提要

在酸性介质中，次氯酸钠与碘化钾反应，析出游离碘，以淀粉为指示液，用硫代硫酸钠标准溶液滴定，至溶液蓝色消失为终点。反应式如下：

$$2H^{+}+ClO^{-}+2I^{-}\longrightarrow I_2+Cl^{-}+H_2O$$

$$I_2+2S_2O_3^{2-}\longrightarrow S_4O_6^{2-}+2I^{-}$$

3. 试剂和溶液

(1) 硫代硫酸钠标准滴定溶液　$c(Na_2S_2O_3)=0.1\mathrm{mol/L}$。

(2) 碘化钾溶液　10%。

(3) 硫酸溶液　3+100。

(4) 淀粉指示液　10g/L。

4. 测定步骤

(1) 试样制备　称取约20mL的试样，精确至0.01g，置于内装约20mL水的100mL烧杯中，然后全部移入500mL容量瓶中，用水稀释至刻度，摇匀。

(2) 试样测定　吸取制备试样10mL置于内装50mL水的250mL碘量瓶中，加入10mL碘化钾溶液和10mL硫酸溶液，迅速盖紧瓶塞后加水封，于暗处静置5min。用0.1mol/L硫代硫酸钠标准溶液滴定溶液至浅黄色，加入2mL淀粉溶液，继续滴定溶液至蓝色消失即为终点。

5. 结果表述

有效氯（X）含量按下式计算：

$$X(\%)=\frac{c(V/1000)\times 35.45}{m\times 10/500}\times 100=\frac{177.25cV}{m}$$

式中 c——硫代硫酸钠标准滴定溶液的浓度，mol/L；

V——试样消耗硫代硫酸钠标准滴定溶液的体积，mL；

m——试样的质量，g；

35.45——氯的摩尔质量，g/mol。

6. 允许差

取平行测定结果的算术平均值为测定结果，平行测定结果之差的绝对值不大于 0.2%。

7. 注意事项

（1）测定过程中溶液应依次按顺序加入，不得颠倒。

（2）当碘化钾加入量不足时，加入酸溶液后会出现黑色片状物，应补加或重做。

（3）为防止碘挥发，加入酸溶液后立即加盖密闭并水封，滴定时不应过度摇动。

（4）淀粉指示液在近终点时加入，防止过早加入淀粉吸附较多的碘，使滴定结果产生误差。

（二）游离碱的测定

1. 范围

适用于次氯酸钠溶液中游离碱的检测，其他类似溶液可作参考。

2. 方法提要

由于有次氯酸根的存在，氧化指示剂不显色，加双氧水进行脱氯，直至不起气泡为止。以酚酞为指示液，用盐酸标准溶液滴定，滴至微红色为终点。

$$ClO^- + H_2O_2 \longrightarrow Cl^- + H_2O + O_2\uparrow$$

$$OH^- + H^+ \longrightarrow H_2O$$

3. 试剂和溶液

（1）盐酸标准滴定溶液　$c(HCl)=0.1$mol/L。

（2）过氧化氢溶液　1+5。

（3）酚酞指示液　1g/L。

4. 测定步骤

准确吸取本节“一、(一)”有效氯测定制备的试样 50mL，置于 250mL 碘量瓶中，加入双氧水，直至不起反应为止（或用淀粉碘化钾试纸不变色），再加入酚酞指示液 2～3 滴，用 0.1mol/L 盐酸标准溶液滴定至微红色为终点。

5. 结果表述

游离碱（X）含量按下式计算：

$$X(\%)=\frac{c(V/1000)\times 40.00}{m\times 50/500}\times 100=\frac{40cV}{m}$$

式中 c——盐酸标准滴定溶液的浓度，mol/L；

V——试样消耗盐酸标准滴定溶液的体积，mL；

m——试样的质量，g；

40.00——氢氧化钠的摩尔质量，g/mol。

6. 允许差

取平行测定结果的算术平均值为测定结果，平行测定结果之差的绝对值不大于 0.04%。

二、消石灰浆料的分析

1. 范围

运用化学分析或仪器分析方法，测定次氯酸钙（漂粉精-钠法）生产过程消石灰浆料中氢氧化钙及氢氧化钠含量。其他类似溶液可作参考。

2. 方法提要

消石灰浆料中的钙离子（Ca^{2+}）主要来源于氢氧化钙，利用酸碱滴定测得消石灰浆料的总碱度（以 NaOH 计），实际上是由氢氧化钙和氢氧化钠两部分组成的，由总钙量分析可以求得氢氧化钙的实际浓度，再通过计算可得氢氧化钠的实际浓度。

3. 试剂和溶液

（1）酚酞指示液　10g/L。

（2）盐酸标准滴定溶液　$c(HCl)=0.5mol/L$。

（3）乙二胺四乙酸二钠标准滴定溶液　$c(EDTA)=0.05mol/L$。

（4）钙羧酸指示剂　称取 2g 钙羧酸指示剂与 100g 经 105℃烘干的氯化钠，研细，混匀，保存于磨口瓶中。

（5）氢氧化钾溶液　8mol/L。称取 168.0g 氢氧化钾，溶于适量水中至 1000mL 容量瓶，稀释至刻度，混匀。

4. 测定步骤

（1）总碱的测定　准确称取均匀的消石灰浆料约 0.5g，精准至 0.0002g，置于 250mL 三角瓶中，加少量水搅拌 1～2min，加入 2～3 滴酚酞指示液，用 0.5mol/L 盐酸标准溶液滴定至溶液呈微红色即为终点。

（2）总钙量的测定　准确称取均匀的消石灰浆料约 0.25g，精准至 0.0002g，置于 250mL 三角瓶中，加水至 100mL，搅拌均匀后加入 10mL 盐酸，搅拌 1～2min，再加入 2mL 氢氧化钾溶液，加入少许钙羧酸指示剂，用 0.05mol/L EDTA 标准溶液滴定至溶液呈蓝色即为终点。

5. 结果表述

总碱度（以 NaOH 计）质量分数（X_1）、总钙质量分数（X_2）、氢氧化钙质量分数（X_3）、氢氧化钠质量分数（X_4）按下式计算：

$$X_1(\%)=\frac{c_1(V_1/1000)\times 40.00}{m_1}\times 100=\frac{4c_1V_1}{m_1}$$

$$X_2(\%)=\frac{c(V/1000)\times 40.08}{m}\times 100=\frac{4.008cV}{m}$$

$$X_3(\%)=X_2\times\frac{74.09}{40.08}$$

$$X_4(\%)=X_1-X_3\times\frac{2\times 40.00}{74.09}$$

式中　c_1——盐酸标准滴定溶液的浓度，mol/L；

c——EDTA 标准滴定溶液的浓度，mol/L；

V_1——滴定总碱时消耗盐酸标准滴定溶液的体积，mL；

V——滴定总钙时消耗 EDTA 标准滴定溶液的体积，mL；

m_1——测总碱度试样的质量，g；

m——测总钙试样的质量，g；

40.00——氢氧化钠的摩尔质量，g/mol；

40.08——钙的摩尔质量，g/mol；

74.09——氢氧化钙的摩尔质量，g/mol；

三、氯化浆料的分析

（一）次氯酸钙的测定

1. 范围

适用于漂粉精生产过程氯化浆料中次氯酸钙的测定。

2. 方法提要

利用次氯酸钙在酸性溶液中能将碘离子氧化成碘，溶液中游离碘用硫代硫酸钠标准溶液滴定。

$$ClO^- + 2I^- + 2H^+ \longrightarrow H_2O + Cl^- + I_2$$

$$I_2 + 2S_2O_3^{2-} \longrightarrow S_4O_6^{2-} + 2I^-$$

3. 试剂和溶液

（1）淀粉指示液　10g/L。

（2）碘化钾溶液　100g/L。

（3）硫酸溶液　0.5mol/L。量取27mL浓硫酸，缓缓注入约400mL水中，冷却后稀释至1000mL。

（4）硫代硫酸钠标准滴定溶液　$c(Na_2S_2O_3)=0.1mol/L$。

4. 测定步骤

称取约0.2g试样，精确至0.0002g，置于内装10mL水的三角瓶中，搅拌5min，加入10mL碘化钾溶液，10mL硫酸溶液，混匀，用0.1mol/L硫代硫酸钠标准溶液滴定至溶液呈淡黄色，再加入8～10滴淀粉指示液继续滴至深蓝色消失为终点（此溶液保存，做氢氧化钙含量测定）。

5. 结果表述

次氯酸钙质量分数（X）按下式计算：

$$X(\%) = \frac{c(V/1000) \times 35.45}{m} \times 100 = \frac{3.545cV}{m}$$

式中　c——硫代硫酸钠标准滴定溶液的浓度，mol/L；

V——滴定时消耗硫代硫酸钠标准溶液的体积，mL；

m——试样的质量，g；

35.45——氯的摩尔质量，g/mol。

（二）氢氧化钙的测定

1. 范围

适用于漂粉精生产过程氯化浆料中氢氧化钙含量的测定。

2. 方法提要

在碱性溶液中，以钙羧酸为指示剂，用EDTA标准溶液滴定。钙羧酸指示剂与钙离子形成稳定性较小的红色络合物，用EDTA滴定时，Na_2H_2Y从指示剂络合物中夺取钙离子，游离出指示剂的阴离子，再滴定至溶液从红色变为蓝色，即为终点，反应式如下：

$$Ca^{2+} + NaH_2T \longrightarrow Na^+ + 2H^+ + CaT^-$$

$$CaT^- + Na_2H_2Y \longrightarrow CaY^{2-} + 2Na^+ + H^+ + HT^{2-}$$

3. 试剂和溶液

(1) 钙羧酸指示剂　称取2g钙指示剂与100g经105℃烘干的氯化钠，研细，混匀，保存于磨口瓶中。

(2) 氢氧化钾溶液　8mol/L。称取168.0g氢氧化钾，溶于适量水中至1000mL容量瓶，稀释至刻度，混匀。

(3) 乙二胺四乙酸二钠标准滴定溶液　c(EDTA)=0.05mol/L。

4. 测定步骤

取本节"三、(一)"中保存的溶液，加入7~8mL氢氧化钾溶液，少许钙羧酸指示剂，然后用0.05mol/L EDTA标准溶液滴定至溶液由红色变为蓝色为终点。

5. 结果表述

总钙质量分数(X_1)、氢氧化钙质量分数(X_2)按下式计算：

$$X_1(\%)=\frac{c(V_1/1000)\times 40.08}{m}\times 100=\frac{4.008cV_1}{m}$$

$$X_2(\%)=\frac{74.09}{40.08}\times(X_1-X\times\frac{40.08}{142.99})$$

式中　c——EDTA标准滴定溶液的浓度，mol/L；

V_1——总钙滴定时消耗EDTA标准溶液的体积，mL；

m——试样的质量，g；

X——本节"三、(一)"测得次氯酸钙质量分数，%；

40.08——钙的摩尔质量，g/mol；

74.09——氢氧化钙的摩尔质量，g/mol；

142.99——次氯酸钙的摩尔质量，g/mol。

6. 注意事项

因氯化浆料中氢氧化钙的含量较少，其测定时要用二次滴定，产生的误差就较大，故浆料的氢氧化钙含量就通过总钙和次氯酸钙的含量计算所得。

(三) 固含量的测定

1. 范围

适用于漂粉精生产过程中的氯化浆料固含量的测定。

2. 方法提要

用预先准备好的抽真空系统，将试样置于布氏漏斗中，由真空泵抽空后的质量差即为固含量。

3. 仪器和设备

(1) 布氏漏斗。

(2) 真空泵。

4. 测定步骤

称取约200g试样，精确至0.1g，置于250mL烧杯中，倒入预先准备好的布氏漏斗中，连接真空泵，开启电源，将试样抽到没有水滴滴下为止，并称量抽真空后滤液的质量，精确至0.1g。

5. 结果表述

固含量(X)按下式计算：

$$X(\%)=\frac{m-m_1}{m}\times 100$$

式中　m——抽真空前试样的质量，g；

m_1——抽真空后滤液的质量，g。

四、滤饼的分析

（一）次氯酸钙的测定

同本节“三、（一）”的方法测定。

（二）水分的测定

1. 范围

适用于漂粉精生产过程滤饼中水分的测定。

2. 方法提要

将试样放入红外线快速干燥箱内干燥，由干燥后试样的质量占干燥前试样的质量百分数即可得水分含量。

3. 测定步骤

称取约 1g 试样，精确至 0.0002g，将干燥箱预热到 105℃，将试样放入干燥箱内，烘干 1h 后，冷却后放置在干燥器内至室温，称重。

4. 结果表述

$$X(\%)=\frac{m-m_1}{m}\times 100$$

式中　m——干燥前试样的质量，g；

m_1——干燥后试样的质量，g。

五、滤液的分析

次氯酸钙的测定

称取试样 0.5g，精确至 0.001g，其他同本节“三、（一）”的方法测定。

六、粗制品及精制品的分析

（一）次氯酸钙的测定

同本节“三、（一）”的方法测定。

（二）水分的测定

同本节“四、（二）”的方法测定，干燥时间为 0.5h。

第三章 氯碱和无机氯成品分析

第一节 碱分析

一、工业用氢氧化钠

1. 范围

适用于工业用氢氧化钠产品。

2. 技术要求、采样和检验规则

按 GB/T 209 规定的要求。

3. 检测方法

工业用氢氧化钠检测方法应符合表 3-1 的规定。

表 3-1 工业用氢氧化钠检测方法

序号	项目	检测方法
1	氢氧化钠	GB/T 209
2	碳酸钠	GB/T 4348.1 或 GB/T 7698①
3	氯化钠	GB/T 209
4	三氧化二铁	GB/T 4348.3

①GB/T 7698 为仲裁法。

二、工业氢氧化钾

1. 范围

适用于工业氢氧化钾，该产品主要用于合成纤维、染料、塑料和各种钾盐的工业生产。

2. 技术要求和检验规则

按 GB/T 1919 规定的要求。

3. 检测方法

工业氢氧化钾检测方法应符合表 3-2 的规定。

表 3-2 工业氢氧化钾检测方法

序号	项目	检测方法
1	氢氧化钾	GB/T 1919
2	碳酸钾	GB/T 1919
3	氯化物(以 Cl 计)	GB/T 1919
4	硫酸盐(以 SO_4 计)	GB/T 1919
5	硝酸盐及亚硝酸盐(以 N 计)	GB/T 1919

续表

序号	项目	检测方法
6	铁	GB/T 1919
7	钠	GB/T 1919

注：用户对硫酸盐和钠两项指标无要求时可不控制。

三、化纤用氢氧化钠

1. 范围

适用于化纤用氢氧化钠。

2. 技术要求、采样和检验规则

按 GB/T 11212 规定的要求。

3. 检测方法

化纤用氢氧化钠检测方法应符合表 3-3 的规定。

表 3-3　化纤用氢氧化钠检测方法

序号	项目	检测方法
1	氢氧化钠(以 NaOH 计)	GB/T 4348.1 或 GB/T 11213.1①
2	碳酸钠(以 Na_2CO_3 计)	GB/T 4348.1 或 GB/T 7698②
3	氯化钠(以 NaCl 计)	GB/T 11213.2
4	三氧化二铁(以 Fe_2O_3 计)	GB/T 11212
5	钙(以 Ca 计)	GB/T 11212
6	二氧化硅(以 SiO_2 计)	GB/T 11212
7	硫酸钠(以 Na_2SO_4 计)	GB/T 11213.5
8	铜(以 Cu 计)	GB/T 11212

①GB/T 11213.1 为仲裁法。②GB/T 7698 为仲裁法。

四、食品添加剂氢氧化钠

1. 范围

适用于食品添加剂氢氧化钠。

2. 技术要求

按 GB 1886.20 规定的要求。

3. 检测方法

食品添加剂氢氧化钠检测方法应符合表 3-4 的规定。

表 3-4　食品添加剂氢氧化钠检测方法

序号	项目	检测方法
1	总碱量(以 NaOH 计)	GB 1886.20
2	碳酸钠	GB 1886.20
3	砷	GB 5009.76
4	重金属(以 Pb 计)	GB 5009.74

续表

序号	项目	检测方法
5	不溶物及有机杂质	GB 1886.20
6	汞	GB 1886.20

五、食品添加剂氢氧化钾

1. 范围

适用于氯化钾溶液经离子或隔膜电解法生产的食品添加剂氢氧化钾。

2. 技术要求

按 GB 25575 规定的要求。

3. 检测方法

食品添加剂氢氧化钾检测方法应符合表 3-5 的规定。

表 3-5 食品添加剂氢氧化钾检测方法

序号	项目	检测方法
1	色泽和气味	GB 25575
2	组织状态	GB 25575
3	氢氧化钾	GB 25575
4	碳酸钾	GB 25575
5	汞	GB 25575
6	砷	GB 25575
7	重金属(以 Pb 计)	GB 25575
8	铅①	GB 25575
9	澄清度	GB 25575

①当重金属测定的结果小于 5mg/kg 时,该项目可免测定。

六、化学试剂氢氧化钠

1. 范围

适用于化学试剂氢氧化钠。

2. 技术要求

按 GB/T 629 规定的要求。

3. 检测方法

化学试剂氢氧化钠检测方法应符合表 3-6 的规定。

表 3-6 化学试剂氢氧化钠检测方法

序号	项目	检测方法
1	氢氧化钠	GB/T 629
2	碳酸盐(以 Na_2CO_3 计)	GB/T 629
3	澄清度试验	GB/T 629

续表

序号	项目	检测方法
4	氯化物	GB/T 629
5	硫酸盐	GB/T 629
6	总氮量	GB/T 629
7	磷酸盐	GB/T 629
8	硅酸盐	GB/T 629
9	镁	GB/T 629
10	铝	GB/T 629
11	钾	GB/T 629
12	钙	GB/T 629
13	铁	GB/T 629
14	镍	GB/T 629
15	锌	GB/T 629
16	砷	GB/T 629
17	重金属(以 Pb 计)	GB/T 629

4. 检验规则

按 GB/T 619 的规定进行采样和验收。

七、化学试剂氢氧化钾

1. 范围

适用于化学试剂氢氧化钾。

2. 技术要求

按 GB/T 2306 规定的要求。

3. 检测方法

化学试剂氢氧化钾检测方法应符合表 3-7 的规定。

表 3-7　化学试剂氢氧化钾检测方法

序号	项目	检测方法
1	氢氧化钾	GB/T 2306
2	碳酸盐(以 K_2CO_3 计)	GB/T 2306
3	澄清度试验	GB/T 2306
4	氯化物	GB/T 2306
5	硫酸盐	GB/T 2306
6	总氮量	GB/T 2306
7	磷酸盐	GB/T 2306
8	硅酸盐	GB/T 2306
9	镁	GB/T 2306

续表

序号	项目	检测方法
10	铝	GB/T 2306
11	钠	GB/T 2306
12	钙	GB/T 2306
13	铁	GB/T 2306
14	镍	GB/T 2306
15	锌	GB/T 2306
16	重金属(以 Pb 计)	GB/T 2306

4. 检验规则

按 HG/T 3921 的规定进行采样和验收。

八、高纯氢氧化钠

1. 范围

适用于氯化钠水溶液电解生产的氢氧化钠产品。

2. 技术要求、采样和检验规则

按 GB/T 11199 规定的要求。

3. 检测方法

高纯氢氧化钠检测方法应符合表 3-8 的规定。

表 3-8 高纯氢氧化钠检测方法

序号	项目	检测方法
1	氢氧化钠(以 NaOH 计)	GB/T 4348.1 或 GB/T 11213.1
2	碳酸钠(以 Na_2CO_3 计)	GB/T 7698
3	氯化钠(以 NaCl 计)	GB/T 11213.2
4	三氧化二铁(以 Fe_2O_3 计)	GB/T 4348.3
5	二氧化硅(以 SiO_2 计)	GB/T 11213.4
6	氯酸钠(以 $NaClO_3$ 计)	GB/T 11200.1
7	硫酸钠(以 Na_2SO_4 计)	GB/T 11213.5
8	三氧化二铝(以 Al_2O_3 计)	GB/T 11200.2
9	氧化钙(以 CaO 计)	GB/T 11200.3

九、化妆品用氢氧化钠

1. 范围

适用于化妆品用氢氧化钠产品。

2. 技术要求、采样和检验规则

按 HG/T 5041 规定的要求。

3. 检测方法

化妆品用氢氧化钠检测方法应符合表 3-9 的规定。

表 3-9 化妆品用氢氧化钠检测方法

序号	项目	检测方法
1	总碱量(以 NaOH 计)	HG/T 5041
2	碳酸钠	HG/T 5041
3	砷	HG/T 5041
4	重金属(以 Pb 计)	HG/T 5041
5	不溶物及有机杂质	HG/T 5041
6	汞	HG/T 5041

十、天然碱苛化法氢氧化钠

1. 范围

适用于天然碱苛化法生产的氢氧化钠或生产碳酸氢钠回收综合利用母液苛化法生产的氢氧化钠产品。

2. 技术要求、采样和检验规则

按 HG/T 3825 规定的要求。

3. 检测方法

天然碱苛化法氢氧化钠检测方法应符合表 3-10 的规定。

表 3-10 天然碱苛化法氢氧化钠检测方法

序号	项目	检测方法
1	氢氧化钠(以 NaOH 计)	GB/T 4348.1
2	碳酸钠(以 Na_2CO_3 计)	GB/T 4348.1
3	氯化钠(以 NaCl 计)	GB/T 4348.2
4	三氧化二铁(以 Fe_2O_3 计)	GB/T 4348.3

十一、高品质片状氢氧化钾

1. 范围

适用于精制氯化钾经离子膜法电解所得的高品质氢氧化钾。该产品主要用于电池行业、高级洗涤剂和化妆品、歧化松香钾皂和各种钾盐、医药中间体、合成橡胶、ABS 树脂和天然橡胶乳液、发酵、纸张分量剂、农药制造等。

2. 技术要求、采样和检验规则

按 HG/T 3688 规定的要求。

3. 检测方法

高品质片状氢氧化钾检测方法应符合表 3-11 的规定。

表 3-11 高品质片状氢氧化钾检测方法

序号	项目	检测方法
1	氢氧化钾	HG/T 3688
2	碳酸钾	HG/T 3688
3	氯化物(以 Cl 计)	HG/T 3688

续表

序号	项目	检测方法
4	硫酸盐(以 SO_4 计)	HG/T 3688
5	硝酸盐及亚硝酸盐(以 N 计)	HG/T 3688
6	磷酸盐(以 PO_4 计)	GB/T 2306
7	硅酸盐(以 SiO_3 计)	HG/T 3688
8	铁	HG/T 3688
9	钠	HG/T 3688
10	铝	HG/T 3688
11	钙	HG/T 3688
12	镍	HG/T 3688
13	重金属(以 Pb 计)	GB/T 2306

十二、工业离子膜法氢氧化钾溶液

1. 范围

适用于精制氯化钾经离子膜法电解所得的氢氧化钾溶液。该产品主要用于电池行业、电子行业、高级洗涤剂和化妆品、各种钾盐、医药中间体、合成橡胶、ABS 树脂和天然橡胶乳液、发酵、纸张分量剂等。

2. 技术要求、采样和检验规则

按 HG/T 3815 规定的要求。

3. 检测方法

工业离子膜法氢氧化钾溶液检测方法应符合表 3-12 的规定。

表 3-12 工业离子膜法氢氧化钾溶液检测方法

序号	项目	检测方法
1	总碱度(以 KOH 计)	HG/T 3815
2	氯化物(以 Cl 计)	HG/T 3815
3	钠	HG/T 3815
4	铁	HG/T 3815
5	铝	HG/T 3815
6	氯酸钾	HG/T 3815
7	重金属(以 Pb 计)	HG/T 3815

第二节 工业用液氯分析

1. 范围

适用于电解法生产的氯气，经干燥、液化而制得的液氯。

2. 技术要求、采样和检验规则

按 GB/T 5138 规定的要求。

3. 检测方法

工业用液氯检测方法应符合表 3-13 的规定。

表 3-13　工业用液氯检测方法

序号	项目	检测方法
1	氯	GB/T 5138
2	水分	GB/T 5138
3	三氯化氮	GB/T 5138
4	蒸发残渣	GB/T 5138

第三节　盐酸分析

一、工业用合成盐酸

1. 范围

适用于由氯气和氢气合成的氯化氢气体，用水吸收制得的工业用合成盐酸。

2. 技术要求、采样和检验规则

按 GB/T 320 规定的要求。

3. 检测方法

工业用合成盐酸检测方法应符合表 3-14 的规定。

表 3-14　工业用合成盐酸检测方法

序号	项目	检测方法
1	总酸度(以 HCl 计)	GB/T 320
2	铁(以 Fe 计)	GB/T 320
3	灼烧残渣	GB/T 320
4	游离氯(以 Cl 计)	GB/T 320
5	砷	GB/T 320
6	硫酸盐(以 SO_4^{2-} 计)	GB/T 320

二、食品添加剂盐酸

1. 范围

适用于由氯气和氢气合成经水吸收制得的食品添加剂盐酸。

2. 技术要求

按 GB 1886.9 规定的要求。

3. 检测方法

食品添加剂盐酸检测方法应符合表 3-15 的规定。

表 3-15　食品添加剂盐酸检测方法

序号	项目	检测方法
1	总酸度(以 HCl 计)	GB 1886.9

续表

序号	项目	检测方法
2	铁(以 Fe 计)	GB 1886.9
3	硫酸盐(以 SO_4 计)	GB 1886.9
4	游离氯(以 Cl 计)	GB 1886.9
5	还原物(以 SO_3 计)	GB 1886.9
6	不挥发物	GB 1886.9
7	砷	GB 1886.9
8	重金属(以 Pb 计)	GB 5009.74

三、化学试剂盐酸

1. 范围

适用于化学试剂盐酸。

2. 技术要求

按 GB/T 622 规定的要求。

3. 检测方法

化学试剂盐酸检测方法应符合表 3-16 的规定。

表 3-16 化学试剂盐酸检测方法

序号	项目	检测方法
1	HCl	GB/T 622
2	色度	GB/T 622
3	灼烧残渣(以硫酸盐计)	GB/T 622
4	游离氯	GB/T 622
5	硫酸盐	GB/T 622
6	亚硫酸盐	GB/T 622
7	铁	GB/T 622
8	铜	GB/T 622
9	砷	GB/T 622
10	锡	GB/T 622
11	铅	GB/T 622

4. 检验规则

按 HG/T 3921 的规定进行采样及验收。

四、高纯盐酸

1. 范围

适用于由氯气和氢气合成的氯化氢气体用水吸收制得的高纯盐酸。

2. 技术要求、采样和检验规则

按 HG/T 2778 规定的要求。

3. 检测方法

高纯盐酸检测方法应符合表 3-17 的规定。

表 3-17　高纯盐酸检测方法

序号	项目	检测方法
1	总酸度(以 HCl 计)	GB/T 320
2	钙(以 Ca 计)	HG/T 2778
3	镁(以 Mg 计)	HG/T 2778
4	铁(以 Fe 计)	HG/T 2778
5	蒸发残渣	HG/T 2778
6	游离氯	GB/T 320

第四节　漂白剂分析

一、次氯酸钠

1. 范围

适用于氢氧化钠经氯化而制得的次氯酸钠。

2. 技术要求、采样和检验规则

按 GB/T 19106 规定的要求。

3. 检测方法

次氯酸钠检测方法应符合表 3-18 的规定。

表 3-18　次氯酸钠检测方法

序号	项目	检测方法
1	有效氯(以 Cl 计)	GB/T 19106
2	游离碱(以 NaOH 计)	GB/T 19106
3	铁	GB/T 19106
4	重金属(以 Pb 计)	GB/T 19106
5	砷	GB/T 19106

二、次氯酸钙（漂粉精）

1. 范围

适用于次氯酸钙（漂粉精）产品。次氯酸钙主要用于漂白、消毒杀菌及污染物的生化处理等，主要成分为次氯酸钙 [$Ca(ClO)_2$]。

2. 技术要求、采样和检验规则

按 GB/T 10666 规定的要求。

3. 检测方法

次氯酸钙检测方法应符合表 3-19 的规定。

表 3-19 次氯酸钙检测方法

序号	项目	检测方法
1	有效氯(以 Cl 计)	GB/T 10666
2	水分	GB/T 10666
3	稳定性检验有效氯损失	GB/T 10666
4	粒度	GB/T 10666

三、漂白粉

1. 范围

适用于以消石灰为原料经氯气氯化制得的漂白粉产品，主要成分为次氯酸钙 [$Ca(ClO)_2$]。

2. 技术要求、采样和检验规则

按 HG/T 2496 规定的要求。

3. 检测方法

漂白粉检测方法应符合表 3-20 的规定。

表 3-20 漂白粉检测方法

序号	项目	检测方法
1	有效氯(以 Cl 计)	HG/T 2496
2	水分	GB/T 10666
3	总氯量与有效氯之差	HG/T 2496
4	热稳定系数	HG/T 2496

四、漂白液

1. 范围

适用于石灰乳或电石渣与氯气反应制得的漂白液，主要成分为次氯酸钙 [$Ca(ClO)_2$]。

2. 技术要求、采样和检验规则

按 HG/T 2497 规定的要求。

3. 检测方法

漂白液检测方法应符合表 3-21 的规定。

表 3-21 漂白液检测方法

序号	项目	检测方法
1	有效氯(以 Cl 计)	HG/T 2497
2	残渣	HG/T 2497

五、食品添加剂次氯酸钠

1. 范围

适用于由食品添加剂氢氧化钠和氯气反应制得的食品添加剂次氯酸钠。

2. 技术要求

按 GB 25574 规定的要求。

3. 检测方法

食品添加剂次氯酸钠检测方法应符合表 3-22 的规定。

表 3-22 食品添加剂次氯酸钠检测方法

序号	项目	检测方法
1	有效氯(以 Cl 计)	GB 25574
2	游离碱(以 NaOH 计)	GB 25574
3	铁	GB 25574
4	重金属(以 Pb 计)	GB 25574
5	砷	GB 25574

第五节 氯化铁分析

一、工业氯化铁

1. 范围

适用于以铁屑为原料采用氯化法制得的无水氯化铁和氯化铁溶液。该产品主要用于印刷制版和电镀的腐蚀剂、染料工业的氧化剂和媒染剂、有机合成工业的催化剂、工业水处理以及制取其他铁盐和颜料的原料。

2. 技术要求、采样和检验规则

按 GB/T 1621 规定的要求。

3. 检测方法

工业氯化铁检测方法应符合表 3-23 的规定。

表 3-23 工业氯化铁检测方法

序号	项目	检测方法
1	氯化铁	GB/T 1621
2	氯化亚铁	GB/T 1621
3	不溶物	GB/T 1621
4	游离酸(以 HCl 计)	GB/T 1621
5	密度(25℃)	GB/T 4472

二、水处理剂氯化铁

1. 范围

适用于水处理剂氯化铁。该产品主要用于饮用水、工业用水、废污水处理及污泥脱水处理。

2. 技术要求

按 GB/T 4482 规定的要求。

3. 检测方法

水处理剂氯化铁检测方法应符合表 3-24 的规定。

表 3-24 水处理剂氯化铁检测方法

序号	项目	检测方法
1	铁(Fe^{3+})	GB/T 4482
2	亚铁(Fe^{2+})	GB/T 4482
3	不溶物	GB/T 4482
4	游离酸(以 HCl 计)	GB/T 4482
5	密度(20℃)	GB/T 22594
6	锌	GB/T 4482
7	砷	GB/T 4482
8	铅	GB/T 4482
9	汞	GB/T 4482
10	镉	GB/T 4482
11	铬	GB/T 4482

第六节 氢气分析

一、工业氢气

1. 范围

适用于电解等方法制取的瓶装、集装格装和管道输送的氢气。

2. 技术要求、采样和检验规则

按 GB/T 3634.1 规定的要求。

3. 检测方法

工业氢气检测方法应符合表 3-25 的规定。

表 3-25 工业氢气检测方法

序号	项目	检测方法
1	氢气(H_2)的体积分数	GB/T 3634.1
2	氧(O_2)的体积分数	GB/T 3634.1
3	氮加氩(N_2+Ar)的体积分数	GB/T 3634.1
4	露点	GB/T 3634.1
5	游离水	GB/T 3634.1
6	氯、碱组分含量	GB/T 3634.1

4. 注意事项

食盐电解法生产的工业氢应测定氯、碱组分，测定时样品气不应与指示剂发生反应。

二、纯氢、高纯氢和超纯氢

1. 范围

适用于经吸附法、扩散法等制取的瓶装、集装格装和管道输送的氢气。它主要用于电子工业、石油化工、金属冶炼和科学研究等领域。

2. 技术要求、采样和检验规则

按 GB/T 3634.2 规定的要求。

3. 检测方法

纯氢、高纯氢和超纯氢检测方法应符合表 3-26 的规定。

表 3-26　纯氢、高纯氢和超纯氢检测方法

序号	项目	检测方法
1	氢气纯度(体积分数)	GB/T 3634.2
2	氧含量(体积分数)	GB/T 3634.2
3	氩含量(体积分数)	GB/T 3634.2
4	氮含量(体积分数)	GB/T 3634.2
5	一氧化碳含量(体积分数)	GB/T 3634.2
6	二氧化碳含量(体积分数)	GB/T 3634.2
7	甲烷含量(体积分数)	GB/T 3634.2
8	水分含量(体积分数)	GB/T 5832.3
9	杂质总含量	GB/T 3634.2

第七节　其他分析

一、工业无水硫酸钠

1. 范围

适用于工业无水硫酸钠。该产品主要用于蓄电池、光学玻璃、印染、合成洗涤剂、维纶、染料、普通玻璃、造纸工业、纤维生产及无机盐等工业原料等。

2. 技术要求和检验规则

按 GB/T 6009 规定的要求。

3. 检测方法

工业无水硫酸钠检测方法应符合表 3-27 的规定。

表 3-27　工业无水硫酸钠检测方法

序号	项目	检测方法
1	硫酸钠	GB/T 6009
2	水不溶物	GB/T 6009
3	钙和镁(以 Mg 计)	GB/T 6009
4	钙	GB/T 6009
5	镁	GB/T 6009
6	氯化物	GB/T 6009
7	铁	GB/T 6009
8	水分	GB/T 6009
9	白度	GB/T 6009
10	pH(50g/L 水溶液,25℃)	GB/T 6009

二、工业用过氧化氢

1. 范围

适用于工业用过氧化氢产品。

2. 技术要求

按 GB/T 1616 规定的要求。

3. 检测方法

工业用过氧化氢检测方法应符合表 3-28 的规定。

表 3-28 工业用过氧化氢检测方法

序号	项目	检测方法
1	过氧化氢	GB/T 1616
2	游离酸	GB/T 1616
3	不挥发物	GB/T 1616
4	稳定度	GB/T 1616
5	总碳量(以 C 计)	GB/T 1616
6	硝酸盐(以 NO_3^- 计)	GB/T 1616

第四章 有机氯用原辅材料分析

第一节 主要原材料

一、碳化钙（电石）

1. 范围

适用于由碳素材料和生石灰在电炉中化合而制得的碳化钙，主要用于发生乙炔、生产石灰氮、钢铁脱硫剂等。

2. 技术要求及检测方法

技术要求及检测方法应符合表 4-1 的规定。

表 4-1 技术要求及检测方法

序号	项目	参考指标	检测方法
1	发气量	≥260L/kg	GB/T 10665
2	乙炔中磷化氢体积分数	≤0.08%	GB/T 10665
3	乙炔中硫化氢体积分数	≤0.10%	GB/T 10665
4	粒度(5～8mm)①	≥85%	GB/T 10665
5	筛下物(2.5mm 以下)	≤5%	GB/T 10665

①粒度范围可由供需双方协商确定。

3. 检验规则

（1）由相同生产工艺、相同资源生产的一次交付产品视为一批。

（2）采样

① 桶装采样按 GB/T 10665 规定要求。

② 皮带采样　在皮带输送破碎电石过程中，在适当的位置由自动取样装置或人工用小铲截取一定横截面的全部样品（保证安全的前提下），每小时采样一次，采取量为每小时皮带运输机通过量的十万分之二。不足 4h 运输量的电石，由皮带运输机横截面采样的次数不少于 6 次；不足 2h 运输量的电石，不少于 4 次。每批总取样量不少于 15kg，将采取的电石全部破碎至 15mm 以下的粒度，以四分法缩分后筛取 5～12mm 试样，试样量不少于 0.5kg，装入清洁干燥带盖的塑料瓶或磨口瓶中，粘贴标签，注明产品名称、采样日期、采样人等。

③ 大块采样

a. 批量小于 2.5t，采样为 7 个单元（或点）；批量为 2.5～80t，采样为：$\sqrt{批量(t)\times 20}$ 个单元（或点），计算到整数；批量大于 80t，采样为 40 个单元（或点）。

b. 出炉冷却电石　用锤子（或钻、锯等适宜的工具）沿中心方向把大块电石破成大块，收集新暴露的表面不同部位的电石作为样品。

c.车上或卸车后电石　可用锤子（或凿子、锯等适宜的工具）在电石块不同部位取下一定量电石作为样品。

④ 每批总取样量不少于15kg，将采取的电石全部破碎至15mm以下的粒度，以四分法缩分后筛取5～12mm试样，试样量不少于0.5kg，装入清洁干燥带盖的塑料瓶或磨口瓶中，粘贴标签，注明产品名称、采样日期、采样人等。

注：由于电石属于热敏感物料，应采用适当的惰性冷却剂对工具进行冷却；考虑到电石采样过程的安全性及破碎后易风化等问题，各企业可根据生产情况，适当减少取样单元。若生产异常或存在影响电石质量波动的因素，应严格按要求采样。

（3）入厂时进行碳化钙发气量项目的检验，其他检验项目企业可根据实际情况进行抽检或以供方提供的质量证明为准；若协议或合同中有其他项目，企业可根据实际情况抽检或以供方提供的质量证明为准。

二、工业用乙烯

1. 范围

适用于经蒸汽裂解、甲醇制烯烃等工艺加工分离得到的乙烯。

2. 技术要求和检测方法

技术要求及检测方法应符合表4-2的规定。

表4-2 技术要求及检测方法

序号	项目	参考指标	检测方法
1	乙烯体积分数	≥99.90%	GB/T 3391
2	甲烷和乙烷	≤1000mL/m^3	GB/T 3391
3	C_3 和 C_3 以上	≤50mL/m^3	GB/T 3391
4	一氧化碳含量	≤3mL/m^3	GB/T 3394
5	二氧化碳含量	≤10mL/m^3	GB/T 3394
6	氢含量	≤10mL/m^3	GB/T 3393
7	氧含量	≤5mL/m^3	GB/T 3396
8	乙炔含量	≤6mL/m^3	GB/T 3391 或 GB/T 3394①
9	硫含量	≤1mg/kg	GB/T 11141②
10	水含量	≤10mL/m^3	GB/T 3727
11	甲醇含量	≤5mg/kg	GB/T 12701
12	二甲醚含量③	≤2mg/kg	GB/T 12701

① 若有异议时，以GB/T 3394测定结果为准。
② 若有异议时，以GB/T 11141—2014中的紫外荧光测定结果为准。
③ 蒸汽裂解工艺对该项目不做要求。

3. 检验规则

（1）由相同生产工艺、相同资源生产的一次交付产品视为一批。

（2）采样　按GB/T 3723和GB/T 13289规定进行采样，取样量应满足检验项目所需数量。

（3）入厂时进行乙烯含量、烃类杂质、水分含量项目的检验，应逐批检验；其他检验项目企业可根据实际情况进行抽检或以供方提供的质量证明为准；若协议或合同中有其他项目，企业可根据实际情况抽检或以供方提供的质量证明为准。

三、聚合级丙烯

1. 范围

适用于聚合级丙烯。

2. 技术要求和检测方法

技术要求及检测方法应符合表4-3的规定。

表4-3 技术要求及检测方法

序号	项目	参考指标	检测方法
1	丙烯体积分数	≥98.6%	GB/T 3392
2	烷烃体积分数	报告，%	GB/T 3392
3	乙烯含量	≤100mL/m^3	GB/T 3392
4	乙炔含量	≤5mL/m^3	GB/T 3394
5	甲基乙炔+丙二烯含量	≤20mL/m^3	GB/T 3392
6	氧含量	≤10mL/m^3	GB/T 3396
7	一氧化碳含量	≤5mL/m^3	GB/T 3394
8	二氧化碳含量	≤10mL/m^3	GB/T 3394
9	丁烯+丁二烯含量	≤20mL/m^3	GB/T 3392
10	硫含量	≤8mg/kg	GB/T 11141①
11	水含量	双方商定，mg/kg	GB/T 3727
12	甲醇含量	≤10mg/kg	GB/T 12701
13	二甲醚含量②	报告，mg/kg	GB/T 12701

① 若有异议时，以GB/T 11141—2014中的紫外荧光测定结果为准。

② 该项目仅适用于甲醇制烯烃、甲醇制丙烯工艺。

3. 检验规则

（1）由相同生产工艺、相同资源生产的一次交付产品视为一批。

（2）采样　按GB/T 3723和GB/T 13290规定进行采样，取样量应满足检验项目所需数量。

（3）入厂时进行丙烯含量、烃类杂质含量、水含量、一氧化碳及二氧化碳项目的检验，应逐批检验；其他检验项目企业可根据实际情况进行抽检或以供方提供的质量证明为准；若协议或合同中有其他项目，企业可根据实际情况抽检或以供方提供的质量证明为准。

四、乙炔

1. 范围

适用于生产三氯乙烯用原料乙炔气的检测。

2. 技术要求和检测方法

（1）技术要求及检测方法应符合表4-4的规定。

表 4-4 技术要求及检测方法

序号	项目	参考指标	检测方法
1	乙炔体积分数	≥98.5%	—
2	露点	≤−35℃	GB/T 5832.2
3	硫、磷	硝酸银试纸不变色	GB 6819

（2）乙炔体积分数的测定（吸收法）

① 方法提要　根据乙炔易溶于二甲基甲酰胺的原理，当样品气通过时，乙炔被吸收，根据体积的减少量来计算乙炔体积分数。

② 试剂和仪器

a. 二甲基甲酰胺。

b. 气体量管（双头）　100mL，具有 0.1mL 分度值（见图 4-1）。

c. 水准瓶　250mL，内装二甲基甲酰胺。

d. 吸收瓶　1000mL，内装二甲基甲酰胺。

e. 乙炔分析装置见图 4-1。

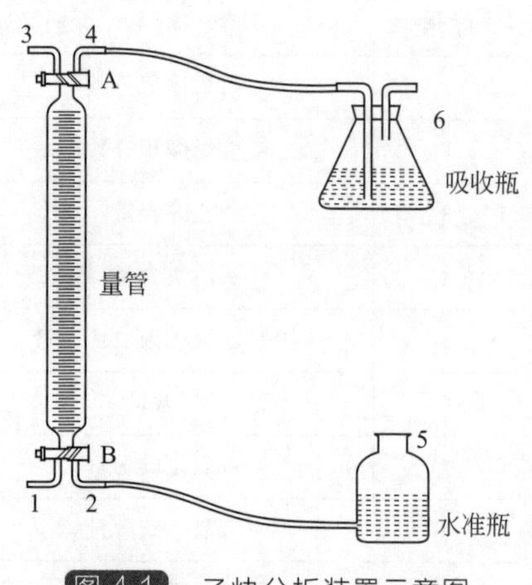

图 4-1 乙炔分析装置示意图

③ 测定步骤

a. 取样　取样前气体量管弯头处不应有空气，采取水封。用橡胶管将取样口与气体量管弯管 1 相连、弯管 4 与吸收瓶 6 相连，打开旋塞 A、B，慢慢打开取样口阀门，使样品经气体量管与吸收瓶 6 相通，置换 1min 后准确抽取 100mL 样品，关闭旋塞 A、B。

b. 吸收　断开气体量管与取样口，调节旋塞 B，使水准瓶 5 与气体量管相通，举起水准瓶，用水准瓶中的二甲基甲酰胺吸收乙炔，并上下移动水准瓶，使样品中的乙炔全部被吸收，至气体体积不变时，举起水准瓶 5 与气体量管的液面保持在同一水平，读取量管中液体体积。

注：若水准瓶或吸收瓶中二甲基甲酰胺由无色变为黄色，要及时更换。

④ 结果表述　乙炔体积分数（φ）按下列公式计算：

$$\varphi(\%)=\frac{V_1}{V}\times 100$$

式中　V_1——乙炔气被吸收后液体的体积，mL；

V——试样的体积，mL。

3. 检验规则

（1）钢瓶包装时以相同生产工艺、相同资源生产的一次交付产品视为一批；管道输送时，以生产厂每一生产单元为一批。

（2）采样　按 GB/T 3723 和 GB/T 5832.2 规定进行采样，取样量应满足检验项目所需数量。

（3）入厂时乙炔、露点、硫、磷项目应逐批检测；若协议或合同中有其他项目，企业可根据实际情况抽检或以供方提供的质量证明为准。

五、工业用甲醇

1. 范围

适用于以煤、天然气、轻油、重油为原料合成的工业用甲醇，主要用于生产氯甲烷。

2. 技术要求和检测方法

（1）外观 无色透明液体、无异臭味、无可见杂质。

（2）理化指标及检测方法应符合表 4-5 的规定。

表 4-5 理化指标及检测方法

序号	项目	参考指标	检测方法
1	甲醇含量	≥99.9%	GB/T 338
2	乙醇含量	供需双方协商	GB/T 338
3	水分	≤0.10%	GB/T 338
4	蒸发残渣	≤0.001%	GB/T 338

3. 检验规则

（1）用槽车包装时，以每槽车所装液体为一批；用管道输送时，以每贮槽盛装液体为一批。

（2）采样 按 GB/T 6678 和 GB/T 6680 常温下为流动态液体的规定进行，所采样品总量不得少于 2L。将样品充分混匀后，分装于两个干燥洁净带有磨口塞的玻璃瓶中，一瓶作为分析检验用，一瓶供备查检验用。

（3）入厂时甲醇、乙醇、水分项目应逐批检测，蒸发残渣项目定期抽检或以厂家提供的质量证明为准；若协议或合同中如有其他检验项目，企业可根据实际情况进行抽检或以供方提供的质量证明为准。

六、工业用液氯

1. 范围

适用于电解法生产的氯气，经干燥、液化而制得的液氯。

2. 技术要求和检测方法

（1）外观 微黄色有刺激性气味的气体。

（2）理化指标及检测方法应符合表 4-6 的规定。

表 4-6 理化指标及检测方法

序号	项目	参考指标	检测方法
1	氯的体积分数	≥99.6%	GB/T 5138
2	水分	≤0.03%	GB/T 5138
3	蒸发残渣	≤0.10%	GB/T 5138
4	三氯化氮	≤0.004%	GB/T 5138
5	氧	供需双方协商	—

（3）氧含量的测定 同第二章第二节“一、（三）”的方法测定。

3. 检验规则

（1）钢瓶包装时以相同生产工艺、相同资源生产的一次交付产品视为一批；用槽车包装时，以每槽车所装液氯为一批；用管道输送时，以每贮槽盛装液氯为一批。

（2）采样 可用不锈钢液氯取样器在液氯大钢瓶或液氯管线上取样，用于检测分析。或按 GB/T 6681 有毒化工液化气体产品采样要求进行，采样总量应保证检验的需要。

（3）入厂时氯的体积分数应逐批检测，其他检验项目企业可根据实际情况进行抽检或以供方提供的质量证明为准；若协议或合同中有其他项目，企业可根据实际情况抽检或以供方提供的质量证明为准。

七、工业用氯气

1. 范围

适用于生产三氯乙烯、环氧丙烷等用原料氯气的分析。

2. 技术要求和检测方法

（1）技术要求及检测方法应符合表4-7的规定。

表4-7 技术要求及检测方法

序号	项目	参考指标	检测方法
1	氯气体积分数	≥98.0%	—
2	水分质量分数	≤0.01%	GB/T 5138

（2）氯气体积分数的测定　同第二章第二节"一、（一）"的方法测定。

3. 检验规则

（1）钢瓶包装时以相同生产工艺、相同资源生产的一次交付产品视为一批；管道输送时，以生产厂每一生产单元为一批。

（2）采样　可用不锈钢液氯取样器在液氯大钢瓶或液氯管线上取样，用于检测分析。或按GB/T 6681有毒化工液化气体产品采样要求进行，采样总量应保证检验的需要。

（3）入厂时氯气、水分项目应逐批检测；协议或合同中如有其他检验项目，企业可根据实际情况进行抽检或以供方提供的证明为准。

八、甲苯

1. 范围

适用于以石油裂解产生的甲苯，作为生产氯化苄的原料。

2. 技术要求和检测方法

（1）外观　透明液体，无溶于水的杂质及机械杂质。

（2）理化指标及检测方法应符合表4-8的规定。

表4-8 理化指标及检测方法

序号	项目	参考指标	检测方法
1	甲苯含量	≥99.80%	GB/T 3144或—
2	苯	≤0.10%	GB/T 3144或—
3	C_8	≤0.10%	GB/T 3144或—
4	非芳烃	≤0.25%	GB/T 3144或—

（3）甲苯及各杂质含量的测定

① 方法提要　用气相色谱法，在选定的工作条件下，使甲苯中的各组分得到分离，用氢火焰离子化检测器检测，用面积百分比法计算各组分的含量。

② 试剂和材料

a. 校准用标准样品　色谱纯或质量分数不低于99.5%。

b. 甲苯　纯度不得低于99.9%，作为校准用标准样品的本底。

c. 氮气　纯度不得低于 99.99%，使用前应经过硅胶、分子筛或活性炭等净化处理。

d. 氢气　纯度不得低于 99.99%，使用前应经过硅胶、分子筛或活性炭等净化处理。

e. 空气　不应含有腐蚀性杂质，进入仪器气路前应脱油、脱水处理。

③ 仪器

a. 气相色谱仪　具备自动进样装置或手动进样装置的氢火焰离子化检测器的色谱仪。

b. 色谱柱　Φ0.32mm×0.25μm×30m 毛细管柱，DB-1701。

c. 微量注射器　1μL 或其他适宜体积的注射器。

④ 测定条件

a. 色谱柱温度　65℃。

b. 汽化室温度　150℃。

c. 检测器温度　250℃。

d. 分流比　40：1。

e. 载气（N_2）流速　1mL/min。

f. 燃气（H_2）流速　30mL/min。

g. 助燃气（空气）流速　300mL/min。

⑤ 测定步骤

a. 按上述规定的色谱操作条件，吸取 0.6μL 的标准样品，制作标准色谱图（参考图 4-2）。

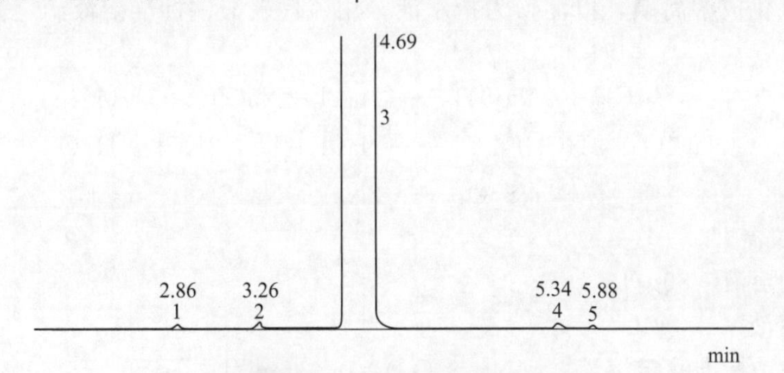

图 4-2　甲苯标准色谱参考图

1—非芳烃；2—苯；3—甲苯；4，5—C_8

b. 试样测定　按规定的操作条件，待仪器基线稳定后，用微量注射器吸取 0.6μL 样品直接进样测定，待样品出峰完毕后，用色谱数据处理机或色谱工作站进行结果计算。

⑥ 结果表述　甲苯中各组分的含量（X）按下式计算：

$$X(\%)=\frac{A_i}{\sum A_i}\times 100$$

式中　A_i——组分 i 的峰面积，cm^2 或 mV·min。

⑦ 允许差　取平行测定结果的算术平均值为测定结果，两次平行测定结果之差绝对值不大于 0.2%。

3. 检验规则

（1）以相同生产工艺、相同资源生产的一次交付产品视为一批。

（2）采样　按 GB/T 6681 有毒化工液化气体产品采样要求进行，采样总量应保证检验的需要。

（3）入厂时甲苯、烃类杂质项目应逐批检测；协议或合同中如有其他检验项目，企业可根据实际情况进行抽检或以供方提供的证明为准。

九、工业用氯化氢

1. 范围

适用于合成法生产或甲烷氯化物副产的氯化氢，主要用于一氯甲烷的生产。

2. 技术要求和检测方法

（1）技术要求及检测方法应符合表 4-9 的规定。

表 4-9 技术要求及检测方法

序号	项目	参考指标
1	氯化氢的体积分数	≥99.8%
2	游离氯	≤0.002%
3	甲烷氯化物①	≤0.005%

①甲烷氯化物装置副产的氯化氢需检测甲烷氯化物项目。

（2）氯化氢含量测定　同第二章第二节“六、（一）”的方法测定。

（3）游离氯含量的测定

① 方法提要　氯气与碱反应生成次氯酸盐，在酸性条件下次氯酸具有强氧化性，能将加入的碘离子氧化成游离碘，以淀粉为指示液，用硫代硫酸钠标准溶液滴定游离出来的碘。

反应式如下：

$$Cl_2 + 2NaOH \longrightarrow NaCl + NaClO + H_2O$$

$$NaClO + 2HCl + 2KI \longrightarrow NaCl + I_2 + 2KCl + H_2O$$

$$I_2 + 2Na_2S_2O_3 \longrightarrow 2NaI + Na_2S_4O_6$$

② 试剂和仪器

a. 氢氧化钠溶液　80g/L。

b. 碘化钾溶液　150g/L。

c. 硫代硫酸钠标准滴定溶液　$c(Na_2S_2O_3)=0.01mol/L$。

d. 淀粉指示液　10g/L。

e. 乙酸溶液　300g/L。

f. 多孔气体洗瓶　250mL。

③ 测定步骤　在干净的 250mL 多孔气体洗瓶中加入约 100mL 氢氧化钠溶液，称重(精确至 0.1g)，氯化氢吸收时用冰水浴冷却，调节氯化氢气体流量（用已沾水的 pH 试纸检测逸出气体，不显酸性为宜)，通氯化氢约 20min，停止吸收后，用干布擦干洗瓶外壁，称量洗瓶，加 50mL 水，检验溶液的酸碱性（若溶液显碱性加 10mL 冰乙酸使其溶液显弱酸性即可，显酸性则不加冰乙酸)，再加 10mL 碘化钾溶液，盖上塞子，摇匀，暗处静置 5min (如果发现颜色较深，在滴加淀粉指示液前，应先用 0.01mol/L 硫代硫酸钠标准溶液滴定至成浅黄色，否则直接滴加淀粉指示液)。加 1mL 淀粉指示液，继续用 0.01mol/L 硫代硫酸钠标准溶液滴定至蓝色消失为终点。

④ 结果表述　游离氯（以 Cl 计）的含量（X）按下式计算：

$$X(\%)=\frac{c(V/1000)\times 35.45}{m_2-m_1}\times 100=\frac{3.545cV}{m_2-m_1}$$

式中 c——硫代硫酸钠标准滴定溶液的浓度，mol/L；

V——滴定试样时消耗硫代硫酸钠标准溶液的体积，mL；

m_1——吸收氯化氢前溶液和洗瓶的质量，g；

m_2——吸收氯化氢后溶液和洗瓶的质量，g；

35.45——氯的摩尔质量，g/mol。

(4) 甲烷氯化物含量的测定

① 方法提要　利用相似相溶原理，以四氯乙烯萃取试样中的甲烷氯化物，用气相色谱法进行测定，外标法计算。

② 试剂

a. 校准用标准样品　色谱纯或质量分数不低于99.5%。

b. 四氯乙烯　纯度不得低于99.9%，作为校准用标准样品的本底。

c. 氮气　纯度不得低于99.99%，使用前应经过硅胶、分子筛或活性炭等净化处理。

d. 氢气　纯度不得低于99.99%，使用前应经过硅胶、分子筛或活性炭等净化处理。

e. 空气　不应含有腐蚀性杂质，进入仪器气路前应脱油、脱水处理。

③ 仪器和材料

a. 气相色谱仪　具备自动进样装置或手动进样装置氢火焰离子化检测器的色谱仪。

b. 色谱柱　Φ0.53mm×3μm×60m 熔融石英毛细管柱。

c. 固定相　6%氰丙基苯基-94%二甲基聚硅氧烷。

d. 微量注射器　1μL或其他适宜体积的注射器。

e. 多孔气体洗瓶　250mL。

④ 测定条件

a. 柱温　初始温度40℃保持2min，以10℃/min的速率升温至120℃，保持5min。

b. 汽化室温度　200℃。

c. 检测室温度　250℃。

d. 分流比　20：1。

e. 载气（N_2）流量　8.0mL/min。

f. 燃气（H_2）流量　30mL/min。

g. 助燃气（空气）流量　300mL/min。

⑤ 测定步骤

a. 校正因子的测定　准确移取20.00mL四氯乙烯于称量瓶中，称量，精确至0.0001g，分别加入适量的二氯甲烷、三氯甲烷、四氯化碳及一氯甲烷，加入各组分的量应尽可能与样品中的杂质相近。待色谱稳定后，取0.2～0.4μL试样注入色谱仪中，得到各组分的峰面积百分比。校正因子（f_i）按下式计算：

$$f_i = \frac{m_{is}}{A_{is}}$$

式中　m_{is}——加入各杂质组分的质量，g；

A_{is}——加入各杂质组分的峰面积百分比，cm^2 或 mV·min。

b. 试样测定　移取20.00mL四氯乙烯置于多孔气体洗瓶中，加入约150mL水称重，精确至0.1g，将此洗瓶进口与取样阀出口连接，微开取样阀，使氯化氢气体缓慢通过洗瓶，约10min后，取下洗瓶，关闭取样阀，冷却后称量，精确至0.1g。将试样移入分液漏斗中，充分晃动分液漏斗3min，静置分层后将下层四氯乙烯从分液漏斗的考克处排至称量瓶中。按规定的色谱测定条件，待仪器稳定后，取0.2～0.4μL样品注入色谱仪中，得到各组分的峰面积百分比。

⑥ 结果表述　氯化氢中甲烷氯化物的含量（X）按下式计算：

$$X=\frac{\sum(f_iA_i)}{m_2-m_1}\times 100$$

式中　f_i——组分 i 的校正因子；

A_i——组分 i 的峰面积百分比，cm^2 或 mV·min；

m_1——吸收氯化氢前水和洗瓶的质量，g；

m_2——吸收氯化氢后溶液和洗瓶的质量，g。

注：四氯乙烯应事先按上述推荐的色谱操作条件进行测定，在待测组分处应无杂质峰出现，否则应予以修正。

⑦ 氯化氢中甲烷氯化物含量标准色谱参考图（图 4-3）。

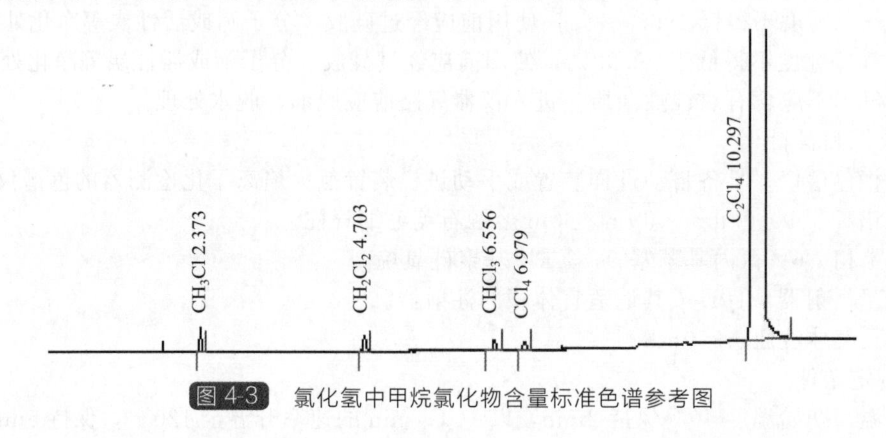

图 4-3　氯化氢中甲烷氯化物含量标准色谱参考图

3. 检验规则

（1）槽车包装时以一槽车为一批，管道输送时，以生产厂一贮槽为一批。

（2）采样　按 GB/T 6680 规定采样。

（3）入厂时氯化氢、游离氯项目应逐批检测，甲烷氯化物项目定期抽检或以厂家提供的证明为准；协议或合同中如有其他检验项目，企业可根据实际情况进行抽检或以供方提供的证明为准。

十、二氯乙烷

1. 范围

适用于合成四氯乙烯用原料二氯乙烷的分析。

2. 技术要求

（1）外观　透明液体，无可见杂质。

（2）理化指标及检测方法应符合表 4-10 的规定。

表 4-10　理化指标及检测方法

序号	项目	参考指标	检测方法
1	二氯乙烷含量	≥99.5%	HG/T 2662
2	水分	≤0.0200%	GB/T 6283
3	酸度	≤0.0005%	HG/T 2662

3. 检验规则

（1）由相同生产工艺、相同资源生产的一次交付产品视为一批。

(2) 采样　按 GB/T 6680 规定采样，采样量不得少于 500g，将采取的样品混匀，分装于两个干燥清洁带有磨口塞的玻璃瓶中，一瓶作为检验分析用，一瓶作为留样。

(3) 入厂时二氯乙烷含量、水分、酸度项目应逐批检测；协议或合同中如有其他检验项目，企业可根据实际情况进行抽检或以供方提供的证明为准。

十一、生石灰

1. 范围

适用于化工用工业氧化钙。

2. 技术要求和检测方法

(1) 外观　白色、灰白色粉末或块状固体。

(2) 理化指标及检测方法应符合表 4-11 的规定。

表 4-11　理化指标及检测方法

序号	项目	参考指标	检测方法
1	氧化钙	≥92.0%	HG/T 4205
2	氧化镁	≤1.5%	HG/T 4205
3	盐酸不溶物	≤1.0%	HG/T 4205
4	灼烧减量	≤4.0%	HG/T 4205

3. 检验规则

(1) 由相同生产工艺、相同资源生产的一次交付产品视为一批。

(2) 采样　按 GB/T 15057.1 规定进行采样。

(3) 入厂时氧化钙、氧化镁项目应逐批检测；其他检验项目企业可根据实际情况进行抽检或以供方提供的质量证明为准；若协议或合同中有其他项目，企业可根据实际情况抽检或以供方提供的质量证明为准。

十二、重质液体石蜡

1. 范围

适用于由原油生产的柴油馏分，经尿素脱蜡而制取的重质液体石蜡。

2. 技术要求和检测方法

技术要求及检测方法应符合表 4-12 的规定。

表 4-12　技术要求及检测方法

序号	项目		参考指标	检测方法
1	馏程	初馏点	≥195℃	GB/T 6536
		98%馏出温度	≤310℃	
2	颜色		≥+15 赛波特颜色号	GB/T 3555
3	芳香烃质量分数		≤1.0%	SH/T 0411
4	正构烷烃质量分数		≥92%	NB/SH/T 0416
5	溴值		≤2.0gBr/100g	SH/T 0236
6	闪点(闭口)		≥80℃	GB/T 261

续表

序号	项目	参考指标	检测方法
7	水溶性酸或碱	无	GB/T 259
8	水分及机械杂质	无	目测①

①将样品注入 100mL 量筒中，在(20±5)℃时观察，应当是透明的，不应有悬浮物和机械杂质及水。遇有争议时须依 GB/T 511 及 GB/T 260 测定。

3. 检验规则

(1) 由相同生产工艺、相同资源生产的一次交付产品视为一批。

(2) 采样 按 GB/T 4756 规定进行采样，取样量应满足检验项目所需数量。

(3) 入厂时馏程、烃类杂质、颜色应逐批检测；其他检验项目企业可根据实际情况进行抽检或以供方提供的质量证明为准；若协议或合同中有其他项目，企业可根据实际情况抽检或以供方提供的质量证明为准。

十三、工业用冰乙酸

1. 范围

适用于工业用冰乙酸的测定。

2. 技术要求和检测方法

(1) 外观 透明液体，无悬浮物和机械杂质。

(2) 理化指标及检测方法应符合表 4-13 的规定。

表 4-13 理化指标及检测方法

序号	项目	参考指标	检测方法
1	色度	≤30Hazen 单位(铂-钴色号)	GB/T 3143
2	乙酸质量分数	≥98.5%	GB/T 1628
3	甲酸的质量分数	≤0.30%	GB/T 1628
4	乙醛的质量分数	≤0.10%	GB/T 1628
5	水分的质量分数	≤0.20%	GB/T 1628
6	蒸发残渣的质量分数	≤0.03%	GB/T 1628
7	铁的质量分数(以 Fe 计)	≤0.0004%	GB/T 1628
8	高锰酸钾时间	≥5min	GB/T 1628

3. 检验规则

(1) 由相同生产工艺、相同资源生产的一次交付产品视为一批。

(2) 采样 工业用冰乙酸的采样按 GB/T 3723、GB/T 6678 和 GB/T 6680 的规定进行。

(3) 入厂时色度、乙酸含量、水分应逐批检测，其他检验项目企业可根据实际情况进行抽检或以供方提供的质量证明为准；若协议或合同中有其他项目，企业可根据实际情况抽检或以供方提供的质量证明为准。

十四、工业用尿素

1. 范围

适用于氨和二氧化碳合成制得的工业用尿素。

2. 技术要求和检测方法

技术要求及检测方法应符合表 4-14 的规定。

表 4-14　技术要求及检测方法

序号	项目	参考指标	检测方法
1	总氮质量分数	≥46.0%	GB/T 2440
2	缩二脲质量分数	≤1.0%	GB/T 2441.2
3	水分	≤0.7%	GB/T 2441.3
4	铁(以 Fe 计)的质量分数	≤0.0010%	GB/T 2441.4

3. 检验规则

(1) 由相同生产工艺、相同资源生产的一次交付产品视为一批。

(2) 采样　按 GB/T 2440 规定进行采样，取样量应满足检验项目所需数量。

(3) 入厂时总氮、缩二脲、水分、铁含量应逐批检验；协议或合同中如有其他项目，企业可根据实际情况抽检或以供方提供的质量证明为准。

十五、工业硫酸

同第一章第二节工业硫酸。

第二节　辅助原材料

一、氢氧化钠

1. 范围

适用于离子膜电解生产的氢氧化钠。

2. 技术要求和检测方法

(1) 外观　固体（包括片状、粒状、块状等）氢氧化钠主体为白色，有光泽。液体氢氧化钠为无色透明、稠状液体。

(2) 理化指标及检测方法应符合表 4-15 的规定。

表 4-15　理化指标及检测方法

序号	项目	参考指标		检测方法
		固体	液体	
1	氢氧化钠(以 NaOH 计)	≥98.0%	≥30.0%	GB/T 4348.1 或 GB/T 11213.1 和 GB/T 7698
2	氯化钠(以 NaCl 计)	≤0.05%	≤0.008%	GB/T 11213.2
3	三氧化二铁(以 Fe_2O_3 计)	≤0.008%	≤0.001%	GB/T 4348.3

3. 检验规则

(1) 由相同生产工艺、相同资源生产的一次交付产品视为一批。

(2) 采样　按 GB/T 11199 或 GB/T 6680 的规定进行采样。

(3) 入厂时氢氧化钠、氯化钠项目应逐批检测；其他检验项目企业可根据实际情况进行抽检或以供方提供的质量证明为准；若协议或合同中有其他项目，企业可根据实际情况抽检或以供方提供的质量证明为准。

二、三氯化铁

1. 范围

适用于生产三氯乙烯用辅料三氯化铁的测定。

2. 技术要求和检测方法

技术要求及检测方法应符合表 4-16 的规定。

表 4-16 技术要求及检测方法

项目	参考指标	检测方法
氯化铁质量分数	≥98.0%	GB/T 1621

3. 检验规则

（1）由相同生产工艺、相同资源生产的一次交付产品视为一批。

（2）采样　按 GB/T 1621 规定进行采样。

（3）入厂时氯化铁项目应逐批检测；协议或合同中如有其他检验项目，企业可根据实际情况进行抽检或以供方提供的证明为准。

三、工业氯化钙

1. 范围

适用于生产过程干燥用氯化钙的测定。

2. 技术要求和检测方法

技术要求及检测方法应符合表 4-17 的规定。

表 4-17 技术要求及检测方法

项目	参考指标	检测方法
氯化钙含量	≥95.0%	GB/T 26520

3. 检验规则

（1）由相同生产工艺、相同资源生产的一次交付产品视为一批。

（2）采样　按 GB/T 6678 中规定确定采样单元数，采样时将采样器自包装的中心垂直插入料层深度的 3/4 处采样，用四分法缩分至不少于 200g；液体采样时将采样器以管内外液面一致的速度垂直插入至包装容器的上、中、下三部位采样。用带磨口塞的玻璃瓶留样。

（3）入厂时氯化钙项目应逐批检测；协议或合同中如有其他检验项目，企业可根据实际情况进行抽检或以供方提供的证明为准。

四、引发剂

1. 范围

适用于悬浮法聚氯乙烯树脂生产用原料有机过氧化物引发剂的检测。

2. 技术要求

（1）过氧化新癸酸异丙苯酯（以下简称 CNP）技术要求应符合表 4-18 的规定。

表 4-18 技术要求

序号	项目	参考指标
1	纯度	≥49.0%
2	活性氧含量	(2.61±0.05)%

(2) 过氧化新癸酸叔丁酯（以下简称 TND 或 TX23）技术要求应符合表 4-19 的规定。

表 4-19 技术要求

序号	项目	参考指标
1	纯度	≥49.0%
2	活性氧含量	(3.28±0.05)%

(3) 过氧化二碳酸二（2-乙基己基）酯（以下简称 EHP）技术要求应符合表 4-20 的规定。

表 4-20 技术要求

序号	项目	参考指标	
1	纯度	≥49.0%	≥59.0%
2	活性氧含量	(2.31±0.05)%	(2.77±0.05)%

(4) 过氧化双（3,5,5-三甲基己酰）（以下简称 B355 或 TX36）技术要求应符合表 4-21 的规定。

表 4-21 技术要求

序号	项目	参考指标
1	纯度	≥49.0%
2	活性氧含量	(2.54±0.05)%

3. 检测方法

(1) 有机过氧化物 CNP、TND 纯度及活性氧含量的测定

① 方法提要 试样溶于异丙醇、冰乙酸、氯化铜的混合物中，加入碘化钾溶液，有机过氧化物在铜离子催化下与碘化钾溶液作用，生成碘，碘与定量的硫代硫酸钠标准溶液作用，重新被还原，依据消耗的标准溶液的量计算有机过氧化物的量。（CNP 分子式：$C_{19}H_{30}O_3$，TND 分子式：$C_{14}H_{28}O_3$）

② 试剂和材料

a. 异丙醇。

b. 冰乙酸。

c. 硫代硫酸钠标准滴定溶液 $c(Na_2S_2O_3)=0.1mol/L$。

d. 碘化钾溶液 770g/L，此溶液应当在使用前配制，并储存在棕色瓶中。

e. 氯化铜溶液 溶解 1.0g 氯化铜（以无水物计）于 100mL 水中，加入盐酸（1+100）溶液 1mL，溶液应透明。

f. 氮气 纯度不低于 99.99%。

g. 脱氧水 在使用前，用氮气通入水中鼓泡 5min。

③ 测定步骤　用量筒加入40mL异丙醇及15mL冰乙酸于250mL碘量瓶中，加入1.00mL氯化铜溶液至碘量瓶中，快速通入氮气，调节气流流量，使液面表面形成小的凹陷，置换2min后加塞备用。称取0.6～0.8g试样（精确至0.0001g），加入碘量瓶中，在保持通氮气条件下加入4mL碘化钾溶液，立即加塞水封，摇匀。在（25±5）℃下于暗处放置30min。加入50mL脱氧水，用0.1mol/L硫代硫酸钠标准溶液滴定至无色为终点，记录滴定所消耗体积。同时做空白试验。

④ 结果表述　有机过氧化物的质量分数（ω_1）按下式计算：

$$\omega_1(\%)=\frac{(V_1-V_2)cM}{m\times 2\times N\times 1000}\times 100=\frac{(V_1-V_2)cM}{20mN}$$

有机过氧化物的活性氧含量（X_1）按下式计算：

$$X_1(\%)=\frac{16.00\times\omega_1}{M}$$

式中　c——硫代硫酸钠标准滴定溶液的浓度，mol/L；

V_1——试样消耗硫代硫酸钠标准溶液的体积，mL；

V_2——空白试验消耗硫代硫酸钠标准溶液的体积，mL；

M——有机过氧化物的摩尔质量（$M_{CNP}=306.44$，$M_{TND}=244.37$），g/mol；

m——试样的质量，g；

N——有机过氧化物分子中过氧基团的数量（$N_{CNP}=1$，$N_{TND}=1$）；

16.00——氧的摩尔质量，g/mol。

⑤ 允许差　取平行测定结果的算术平均值为测定结果，两次平行测定结果之差绝对值不大于0.2%。

（2）有机过氧化物EHP纯度及活性氧含量的测定

① 方法提要　试样溶于冰乙酸中，加入碘化钾溶液，有机过氧化物与碘化钾溶液作用，生成碘，碘与定量的硫代硫酸钠标准溶液作用，重新被还原，依据消耗的标准溶液的量计算有机过氧化物的量（EHP分子式：$C_{18}H_{34}O_6$）。

② 试剂和材料

a. 冰乙酸。

b. 硫代硫酸钠标准滴定溶液　$c(Na_2S_2O_3)=0.1$mol/L。

c. 碘化钾溶液　770g/L，此溶液应当在使用前配制，并储存在棕色瓶中。

d. 淀粉指示液　5g/L。

e. 氮气　纯度不低于99.99%。

f. 脱氧水　在使用前，用氮气通入水中鼓泡5min。

③ 测定步骤　用量筒加入20mL冰乙酸于250mL碘量瓶中，通氮气2min，调节气流流量，使液面表面形成小的凹陷。称取1.2g试样（精确至0.0001g），加入碘量瓶中，在保持通氮气条件下加入4mL碘化钾溶液，立即加塞水封，摇匀。在（25±5）℃下于暗处放置10min。加入50mL脱氧水，用0.1mol/L硫代硫酸钠标准溶液滴定，近终点时加入3～4mL淀粉指示液，继续滴定至蓝色刚好消失为终点，记录滴定所耗体积。同时做空白试验。

④ 结果表述　有机过氧化物的质量分数（ω_2）按下式计算：

$$\omega_2(\%)=\frac{(V_1-V_2)cM}{m\times 2\times N\times 1000}\times 100=\frac{(V_1-V_2)cM}{20mN}$$

有机过氧化物的活性氧含量（X_2）按下式计算：

$$X_2(\%)=\frac{16.00\times\omega_2}{M}$$

式中 c——硫代硫酸钠标准滴定溶液的浓度，mol/L；

V_1——试样消耗硫代硫酸钠标准溶液的体积，mL；

V_2——空白试验消耗硫代硫酸钠标准溶液的体积，mL；

N——有机过氧化物分子中过氧基团的数量（$N_{EHP}=1$）；

m——试样的质量，g；

M——有机过氧化物的摩尔质量（$M_{EHP}=346.47$），g/mol；

16.00——氧的摩尔质量，g/mol。

⑤ 允许差 取平行测定结果的算术平均值为测定结果，两次平行测定结果之差绝对值不大于0.2%。

(3) 有机过氧化物B355纯度及活性氧含量的测定

① 方法提要 试样溶于异丙醇、冰乙酸、三氯化铁的混合物中，加入碘化钾溶液，有机过氧化物与碘化钾溶液作用，生成碘，碘与定量的硫代硫酸钠标准溶液作用，重新被还原，依据消耗的标准溶液的量计算有机过氧化物的量（B355分子式：$C_{18}H_{34}O_4$）。

② 试剂和材料

a. 异丙醇。

b. 冰乙酸。

c. 硫代硫酸钠标准滴定溶液 $c(Na_2S_2O_3)=0.1$mol/L。

d. 碘化钾溶液 770g/L，此溶液应当在使用前配制，并储存在棕色瓶中。

e. 三氯化铁溶液 0.1g三氯化铁溶于100mL冰乙酸中。

f. 氮气 纯度不低于99.99%。

g. 脱氧水 在使用前，用氮气通入水中鼓泡5min。

③ 测定步骤 用量筒加入40mL异丙醇、15mL冰乙酸于250mL碘量瓶中，移取0.5mL三氯化铁溶液加入碘量瓶中混匀，通氮气2min，调节气流流量，使液面表面形成小的凹陷。称取0.6g试样（精确至0.0001g），加入碘量瓶中，在保持通氮气条件下加入5mL碘化钾溶液，立即加塞水封，摇匀。在(25±5)℃下于暗处放置30min。加入50mL脱氧水，用0.1mol/L硫代硫酸钠标准溶液滴定至无色，记录滴定所消耗体积。同时做空白试验。

④ 结果表述

有机过氧化物的质量分数（ω_3）按下式计算：

$$\omega_3(\%)=\frac{(V_1-V_2)cM}{m\times2\times N\times1000}\times100=\frac{(V_1-V_2)cM}{20mN}$$

有机过氧化物的活性氧含量（X_3）按下式计算：

$$X_3(\%)=\frac{16.00\times\omega_3}{M}$$

式中 c——硫代硫酸钠标准滴定溶液的浓度，mol/L；

V_1——滴定试样时消耗硫代硫酸钠标准溶液的体积，mL；

V_2——空白试验消耗硫代硫酸钠标准溶液的体积，mL；

M——有机过氧化物的摩尔质量（$M_{B355}=314.46$），g/mol；

m——试样的质量，g；

N——有机过氧化物分子中过氧基团的数量（$N_{B355}=1$）；

16.00——氧的摩尔质量，g/mol。

⑤ 允许差　取平行测定结果的算术平均值为测定结果，两次平行测定结果之差绝对值不大于0.2%。

4. 检验规则

（1）由相同生产工艺、相同资源生产的一次交付产品视为一批。

（2）采样

① 从批量总数中按表4-22规定的采样单元数进行随机采样。当总数≤500时，按表4-22确定；当总数>500时，以公式 $n=3\times\sqrt[3]{N}$（N 为总数）确定，如遇小数进为整数。

表4-22　选取采样总数的规定

总数	采样数	总数	采样数	总数	采样数
1～10	全部	102～123	15	255～296	20
11～49	11	124～151	16	297～343	21
50～64	12	152～181	17	344～394	22
65～81	13	182～216	18	395～450	23
82～101	14	217～254	19	451～512	24

② 采样时，用长吸管在每个抽样单元上、中、下层迅速采样，将采出的样品混匀，立即带回实验室进行检测，应在低温下储存或及时处理。

（3）入厂时纯度及活性氧含量应逐批检测；协议或合同中如有其他检验项目，企业可根据实际情况进行抽检或以供方提供的证明为准。

5. 注意事项

本品为有机过氧化物，易燃，受热敏感，在室温或高于室温下能迅速分解，有产生火灾爆炸的危险；与还原剂、铜、铁等金属离子及酸、碱等接触有燃烧爆炸的危险；遇高热、明火会引起燃烧爆炸；撞击、摩擦、振动有燃烧爆炸的危险。具体可根据实际使用情况，参照相关的资料。

五、防粘釜剂

1. 范围

适用于悬浮法聚氯乙烯树脂生产用原料防粘釜剂的检测。

2. 技术要求

防粘釜剂技术要求应符合表4-23的规定。

表4-23　技术要求

序号	项目	参考指标
1	pH值	12.0～13.0
2	固含量	≥5.0%

3. 检测方法

（1）pH的测定

按GB/T 23769规定的方法。试样在（25±1）℃恒温水浴中保温20min后测定。

（2）固含量的测定

① 方法提要　将一定的试样，在（105±2）℃温度条件下烘干至恒重，干燥后试样的质

量占干燥前试样的质量的百分数即为防粘釜剂的固含量。

② 仪器　电热恒温鼓风干燥箱。

③ 测定步骤　称取约 5g 试样（精确至 0.0002g）放置在已恒重的称量瓶中，放入 (105±2)℃的电热恒温干燥箱中干燥 2h 后取出，放入干燥器中冷却至室温后称量，重复操作至恒重。

④ 结果表述　固含量（X）按下式计算：

$$X(\%)=\frac{m_1}{m}\times 100$$

式中　m_1——干燥后试样的质量，g；

m——称取试样的质量，g。

⑤ 允许差　取平行测定结果的算术平均值为测定结果，平行测定结果之差的绝对值不大于 0.1%。

4. 检验规则

(1) 由相同生产工艺、相同资源生产的一次交付产品视为一批。

(2) 采样　同本节“四、4、(2)”的规定采样，应在氮气保护下采样。

(3) 入厂时 pH、固含量应逐批检测；协议或合同中如有其他检验项目，企业可根据实际情况进行抽检或以供方提供的证明为准。

5. 注意事项

本品与空气接触后，易氧化变质，开启后的防粘釜剂，应立即使用或充氮气密封保存。必要时，可在使用前进行采样分析。

六、消泡剂

1. 范围

适用于一种或多种酯化聚醚和增效剂等物质制成的聚醚酯消泡剂，用于聚氯乙烯树脂生产用原料。

2. 技术要求

(1) 外观　无色或浅黄色液体。

(2) 理化指标应符合表 4-24 的规定。

表 4-24　理化指标

序号	项目	参考指标
1	pH 值	5.0～7.0
2	黏度(25℃)	150～350mPa·s
3	分散性	分散成乳状,无油状及颗粒状漂浮
4	消泡性能(泡沫残留率)	≤40.0%

3. 检测方法

① pH 的测定　称取 5g 样品，加入到 95g 水中，搅拌 2min，使用精密 pH 试纸进行测定。

② 黏度的测定　按 GB/T 5561 的规定进行测定，其中样品温度为 (25±0.5)℃，采用旋转黏度计，一般选用 2＃转子、750r/min 的转速测试。

③ 分散性的测定　称取 5g 样品，加入到 95g 水中，经轻轻晃动或轻微搅拌，静置

2min，在自然光线下目测。

④ 消泡性能（泡沫残留率）的测定　按 HG/T 4783—2014 中“4.6”的规定进行测定。其中循环鼓泡仪的测试条件：测定温度（30±1）℃；流量 0.48m^3/h；样品添加量 10μL。

4. 检验规则

(1) 由相同生产工艺、相同资源生产的一次交付产品视为一批。

(2) 采样　按 GB/T 6680 规定进行采样。

(3) 企业可根据实际情况进行抽检或以供方提供的证明为准；协议或合同中如有其他检验项目，企业可根据实际情况进行抽检或以供方提供的证明为准。

七、分散剂

1. 范围

适用于悬浮法聚氯乙烯树脂生产用原料固体分散剂的检测。

2. 技术要求和检测方法

分散剂技术要求及检测方法应符合表 4-25 的规定。

表 4-25　技术要求及检测方法

序号	项目	参考指标	检测方法①
1	醇解度	≥70%	GB/T 12010.2
2	挥发分	≤5.0%	GB/T 12010.2
3	黏度	44.0～52.0mPa·s	GB/T 12010.2

①只适用于醇解度大于 70%含量分散剂的测定。

3. 检验规则

(1) 由相同生产工艺、相同资源生产的一次交付产品视为一批。

(2) 采样　按 GB/T 6679 规定进行采样。

(3) 企业可根据实际情况进行抽检或以供方提供的证明为准；协议或合同中如有其他检验项目，企业可根据实际情况进行抽检或以供方提供的证明为准。

八、终止剂

1. 范围

适用于悬浮法聚氯乙烯树脂生产用原料终止剂的检测。

2. 技术要求

终止剂技术要求应符合表 4-26 的规定。

表 4-26　技术要求

序号	项目	参考指标
1	pH 值	6.0～8.0
2	固含量	—

3. 检测方法

终止剂 pH 和固含量的测定同本节“五、3”的方法测定。

4. 检验规则

(1) 产品按批检验，以每次同一厂家所供产品为一批。

（2）采样 同本节“四、4、（2）”的规定采样。

（3）企业可根据实际情况进行抽检或以供方提供的证明为准；协议或合同中如有其他检验项目，企业可根据实际情况进行抽检或以供方提供的证明为准。

九、工业碳酸氢钠

1. 范围

适用于工业碳酸氢钠。主要用于氯碱生产过程聚合体系 pH 的调节。

2. 技术要求及检测方法

（1）外观 白色结晶粉末。

（2）理化指标及检测方法应符合表 4-27 的规定。

表 4-27 理化指标及检测方法

序号	项目	参考指标	检测方法
1	总碱量(以 $NaHCO_3$ 计)	≥99.0%	GB/T 1606
2	pH 值(10g/L 水溶液)	≤8.5	GB/T 1606
3	氯化物(以 Cl 计)	≤0.20%	GB/T 1606
4	干燥减量	≤0.15%	GB/T 1606
5	铁(Fe)	≤0.002%	GB/T 1606
6	水不溶物	≤0.02%	GB/T 1606
7	硫酸盐(以 SO_4 计)	≤0.05%	GB/T 1606
8	钙(Ca)	≤0.03%	GB/T 1606
9	砷(As)	≤0.0001%	GB/T 1606
10	重金属(以 Pb 计)	≤0.0005%	GB/T 1606

3. 检验规则

（1）由相同生产工艺、相同资源生产的一次交付产品视为一批。

（2）采样

① 从批量总袋数中按表 4-28 规定的采样单元数进行随机采样。当总袋数≤500 时，按表 4-28 确定；当总袋数>500 时，以公式 $n=3\times\sqrt[3]{N}$（N 为总袋数）确定，如遇小数进为整数。

表 4-28 选取采样袋数的规定

总袋数	采样袋数	总袋数	采样袋数	总袋数	采样袋数
1～10	全部	102～123	15	255～296	20
11～49	11	124～151	16	297～343	21
50～64	12	152～181	17	344～394	22
65～81	13	182～216	18	395～450	23
82～101	14	217～254	19	451～512	24

② 采样时，将采样器自袋的中心垂直插入至料层深度的 3/4 处采样。将采出的样品混匀，用四分法缩分至不少于 500g。将样品分装于两个清洁、干燥的具塞广口瓶或塑料袋中，密封。注明生产厂家、产品名称、批号、采样日期、采样人等信息。一瓶用于检验，另一瓶留样备查。

（3）入厂时总碱量应逐批检验，其他检验项目企业可根据实际情况进行抽检或以供方提供的质量证明为准；若协议或合同中有其他项目，企业可根据实际情况抽检或以供方提供的质量证明为准。

十、工业碳酸氢铵

1. 范围

适用于以氨水经吸收二氧化碳制得的碳酸氢铵。主要用于氯碱生产过程聚合体系 pH 的调节。

2. 技术要求

技术要求应符合表 4-29 的规定。

表 4-29 技术要求

项目	参考指标
碳酸氢铵	99.2%～101.0%

3. 碳酸氢铵的测定

（1）方法提要 试样中加入过量硫酸标准滴定溶液，在指示剂存在下，用氢氧化钠标准滴定溶液返滴定。

（2）试剂和溶液

① 硫酸标准滴定溶液 $c(1/2H_2SO_4)=0.5mol/L$。

② 氢氧化钠标准滴定溶液 $c(NaOH)=0.5mol/L$。

③ 甲基红-亚甲基蓝混合指示液 称取 0.1g 甲基红溶于 50mL 乙醇（95%）中，再加入 0.05g 亚甲基蓝，溶解后用乙醇（95%）稀释至 100mL，混匀。

（3）测定步骤 用称量瓶迅速称取约 1g 试样（精确至 0.0002g）。立即用水洗入预先盛有 50.00mL0.5mol/L 硫酸标准滴定溶液的 250mL 三角瓶中，摇动三角瓶，使试样反应完全。加热煮沸赶出二氧化碳，冷却后加入 3～4 滴甲基红-亚甲基蓝混合指示液，用 0.5mol/L 氢氧化钠标准溶液滴定至溶液呈灰绿色即为终点。

（4）结果表述 碳酸氢铵（NH_4HCO_3）的含量（X）按下式计算：

$$X(\%)=\frac{(cV-c_1V_1)\times 79.06}{m\times 1000}\times 100=\frac{7.906\times(cV-c_1V_1)}{m}$$

式中 c——硫酸标准滴定溶液的浓度，mol/L；

c_1——氢氧化钠标准滴定溶液的浓度，mol/L；

V——加入硫酸标准溶液的体积，mL；

V_1——滴定试样时消耗氢氧化钠标准溶液的体积，mL；

m——试样的质量，g；

79.06——碳酸氢铵的摩尔质量，g/mol。

（5）允许差 取平行测定结果的算术平均值为测定结果，平行测定结果之差的绝对值不大于 0.5%。

4. 检验规则

（1）由相同生产工艺、相同资源生产的一次交付产品视为一批。

（2）采样 同本节“九、3、（2）”的规定采样。

（3）入厂时碳酸氢铵应逐批检验；协议或合同中如有其他检验项目，企业可根据实际情况进行抽检或以供方提供的证明为准。

十一、工业乙酸酐

1. 范围

适用于工业乙酸酐的测定。

2. 技术要求和检测方法

（1）外观 透明液体，无悬浮物和机械杂质。

（2）理化指标及检测方法应符合表4-30的规定。

表4-30 理化指标及检测方法

序号	项目	参考指标	检测方法
1	乙酸酐质量分数	≥96.0%	GB/T 10668
2	色度	≤25铂-钴色度号	GB/T 10668
3	蒸发残渣的质量分数	≤0.01%	GB/T 6324.2
4	铁的质量分数(以Fe计)	≤0.0005%	GB/T10668
5	还原高锰酸钾物质，指数	≤80mg/100mL	GB/T10668

3. 检验规则

（1）由相同生产工艺、相同资源生产的一次交付产品视为一批。

（2）采样 按GB/T 6678和GB/T 6680的规定进行采样。

（3）入厂时色度、乙酸酐含量应逐批检测，其他检验项目企业可根据实际情况进行抽检或以供方提供的质量证明为准；若协议或合同中有其他项目，企业可根据实际情况抽检或以供方提供的质量证明为准。

十二、工业硫酸镁

1. 范围

适用于工业硫酸镁的测定。

2. 技术要求和检测方法

（1）外观 白色或无色结晶颗粒或粉末。

（2）理化指标应符合表4-31的规定。

表4-31 理化指标及检测方法

项目	参考指标	检测方法
硫酸镁(以$MgSO_4 \cdot 7H_2O$计)	≥99.5%	HG/T 2680

3. 检验规则

（1）由相同生产工艺、相同资源生产的一次交付产品视为一批。

（2）采样 同本节“九、3、（2）”的规定采样。

（3）入厂时硫酸镁项目应逐批检测；协议或合同中如有其他检验项目，企业可根据实际情况进行抽检或以供方提供的证明为准。

十三、工业溴化钠

1. 范围

适用于工业溴化钠的测定。

2. 技术要求和检测方法

（1）外观　白色结晶。

（2）理化指标及检测方法应符合表4-32的规定。

表4-32　理化指标及检测方法

项目	参考指标	检测方法
溴化钠含量(以 NaBr 计)	≥98.5%	HG/T 3809

3. 检验规则

（1）产品按批检验，以相同生产工艺、相同资源生产的一次交付产品视为一批。

（2）采样　同本节“九、3、(2)”的规定采样。

（3）入厂时溴化钠项目应逐批检测；协议或合同中如有其他检验项目，企业可根据实际情况进行抽检或以供方提供的证明为准。

十四、工业硫代硫酸钠

1. 范围

适用于工业硫代硫酸钠的测定。

2. 技术要求和检测方法

（1）外观　无色或略带淡黄色透明单斜晶系结晶。

（2）理化指标及检测方法应符合表4-33的规定。

表4-33　理化指标及检测方法

项目	参考指标	检测方法
硫代硫酸钠($Na_2S_2O_3 \cdot 5H_2O$)	≥98.0%	HG/T 2328

3. 检验规则

（1）由相同生产工艺、相同资源生产的一次交付产品视为一批。

（2）采样　同本节“九、3、(2)”的规定采样。

（3）入厂时硫代硫酸钠项目应逐批检测；协议或合同中如有其他检验项目，企业可根据实际情况进行抽检或以供方提供的证明为准。

第五章 有机氯生产过程控制分析

第一节 乙炔生产过程控制分析

一、乙炔的分析

（一）乙炔含量的测定

同第四章第一节“四、2、(2)”的方法测定。

（二）乙炔中氧、氮含量的测定

1. 范围

适用于空气或乙炔气中氧、氮含量的测定。

2. 方法提要

采用与被测组分含量相接近的标准气，在同样的操作条件下，用气相色谱法进行分离，通过被测组分和标准气组分峰值比，求得样品的相应组分含量。

3. 试剂和材料

(1) 标准物质 采用与被测组分含量相接近的标准物质。

(2) 氩气或氢气 纯度不得低于99.99%，使用前应经过硅胶、分子筛或活性炭等净化处理。

4. 仪器

(1) 气相色谱仪 具备自动进样装置或手动进样装置热导检测器的色谱仪。

(2) 色谱柱 Φ4mm×2m不锈钢柱。

(3) 填充物 60～80目5A型分子筛（色谱用）。

5. 测定条件

(1) 色谱柱温度 50～80℃。

(2) 桥路电流 60～120mA。

(3) 载气流速 30～50mL/min。

6. 测定步骤

(1) 标准色谱图制作 在上述规定的测定条件下，准确量取1mL标准气，每次待组分完全流出后（至少进样3次），选择出最佳的标准色谱图（可参考图5-1）。

(2) 试样测定

① 将仪器设备各项参数调整至规定的测定条件。

② 打开色谱工作站，引入标准色谱图。

③ 将具有代表性的样品准确量取1mL进样，待样品峰完全流出后，得到样品色谱图。

④ 根据样品氧、氮组分的峰值和标准气中氧、氮组分的峰值之比计算出样品中氧、氮含量，该含量可直接从色谱图定量结果中得出。

7. 乙炔中氧、氮含量标准色谱参考图（图 5-1）

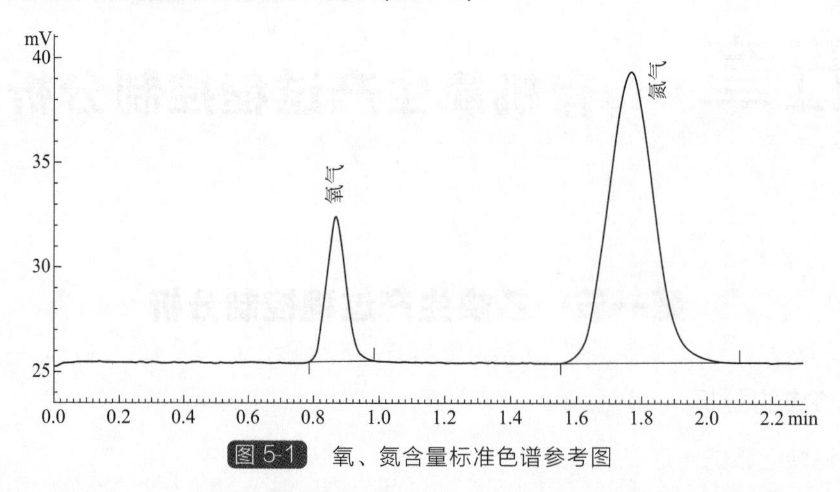

图 5-1　氧、氮含量标准色谱参考图

（三）乙炔中硫化氢和磷化氢的定性测定

1. 范围

适用于乙炔中硫化氢和磷化氢的定性测定。

2. 方法提要

乙炔气中硫化氢、磷化氢与硝酸银溶液反应后，生成黑色的硫化银和淡黄色的磷化银，从而判断硫化氢、磷化氢是否存在。

3. 试剂和材料

（1）硝酸银溶液　50g/L。

（2）滤纸。

4. 试验方法

打开采样口阀门，控制气体流量，取 3～4 滴硝酸银溶液滴至滤纸上，迅速将滤纸置于采样口处，约 15s 左右观察滤纸的变色情况，滤纸显淡黄色表明有磷化氢存在；显黑色表明有硫化氢存在，颜色越深，杂质气含量越高。滤纸无变色，则表明不含硫化氢、磷化氢。

二、乙炔碱洗塔中碱液的分析

1. 范围

适用于乙炔碱洗塔、中和塔碱液中氢氧化钠及碳酸钠含量的检测，其他类似样品可作参考。

2. 方法提要

采用酸碱中和反应，用酸标准溶液滴定，酚酞作为指示液，将碳酸钠转化成碳酸氢钠，氢氧化钠完全中和。

$$CO_3^{2-} + H^+ \longrightarrow HCO_3^-$$

$$OH^- + H^+ \longrightarrow H_2O$$

再加甲基橙作为指示液继续滴定时，至颜色变为橙红色，使碳酸氢钠完全中和。

$$HCO_3 + H^+ \longrightarrow H_2O + CO_2\uparrow$$

3. 试剂和溶液

（1）硫酸标准滴定溶液　$c(1/2H_2SO_4)=0.5mol/L$（或盐酸）。

（2）酚酞指示液　10g/L。

（3）甲基橙指示液　1g/L。

4. 测定步骤

量取约 2～3mL 样品称重（精确至 0.0002g），置于内装 10mL 水的碘量瓶中，向试样中加 1～2 滴酚酞指示液，用 0.5mol/L 硫酸标准溶液滴定至溶液由红色变为无色，作为第一终点，然后向试料中加入 1～2 滴甲基橙指示液，继续用 0.5mol/L 硫酸标准溶液滴定至溶液由黄色变为橙红色为第二终点。

5. 结果表述

氢氧化钠的含量（X_1），碳酸钠的含量（X_2）按下式计算：

$$X_1(\%)=\frac{c[(V_1-V_2)/1000]\times 40.00}{m}\times 100=\frac{4c(V_1-V_2)}{m}$$

$$X_2(\%)=\frac{2c(V_2/1000)\times 53.00}{m}\times 100=\frac{10.6cV_2}{m}$$

式中　c——硫酸（$1/2H_2SO_4$）标准滴定溶液的浓度，mol/L；

V_1——以酚酞为指示液滴定时，消耗硫酸标准溶液的体积，mL；

V_2——以甲基橙为指示液滴定时，消耗硫酸标准溶液的体积，mL；

m——试样的质量，g；

40.00——氢氧化钠的摩尔质量，g/mol；

53.00——碳酸钠（$1/2Na_2CO_3$）的摩尔质量，g/mol。

6. 允许差

取两次平行测定结果的算术平均值为测定结果，两次平行测定结果之差绝对值不大于 0.2%。

7. 注意事项

（1）当试样中含氯时，可采用一定量的硫代硫酸钠或双氧水等进行干扰消除。

（2）酚酞指示液的用量不足，会使氢氧化钠含量偏低，碳酸钠含量偏高；若用量过多，会使溶液混浊影响终点的观察。

三、乙炔清净塔中次氯酸钠的分析

1. 范围

适用于乙炔清净塔次氯酸钠有效氯的测定。

2. 方法提要

在酸性介质中，次氯酸钠与碘化钾反应，析出游离碘，以淀粉为指示液，用硫代硫酸钠标准溶液滴定，至溶液蓝色消失为终点。反应式如下：

$$2H^+ + ClO^- + 2I^- \longrightarrow I_2 + Cl^- + H_2O$$

$$I_2 + 2S_2O_3^{2-} \longrightarrow S_4O_6^{2-} + 2I^-$$

3. 试剂和溶液

（1）硫代硫酸钠标准滴定溶液　$c(Na_2S_2O_3)=0.01$mol/L。

（2）盐酸溶液　1+10。

（3）碘化钾溶液　50g/L。

（4）淀粉指示液　10g/L。

4. 测定步骤

吸取 10mL 试样于 250mL 三角瓶中，加入 10mL 碘化钾溶液，5mL 盐酸溶液，用 0.01mol/L 硫代硫酸钠标准溶液滴定溶液至淡黄色，加入 1mL 淀粉指示液，继续滴定至蓝色消失。

5. 结果表述

有效氯含量（X）按下式计算：

$$X(\%)=\frac{c(V/1000)\times 35.45}{10\rho}\times 100=\frac{0.3545cV}{\rho}$$

式中 c——硫代硫酸钠标准滴定溶液的浓度，mol/L；

V——滴定样品所消耗的硫代硫酸钠标准溶液的体积，mL；

ρ——次氯酸钠溶液的密度，g/mL；

35.45——氯的摩尔质量，g/mol。

注：一般有效氯含量在0.085%～0.120%时，可视$\rho=1$g/mL。

6. 允许差

取两次平行测定结果的算术平均值为测定结果，两次平行测定结果之差绝对值不大于0.01%。

四、硫酸的分析

1. 范围

适用于乙炔气体清净过程循环硫酸的检测，其他类似溶液可作参考。

2. 方法提要

采用酸碱中和反应的原理，以溴甲酚绿为指示液，用氢氧化钠标准溶液滴定至溶液由黄色变为蓝色即为终点。

3. 试剂和溶液

（1）氢氧化钠标准滴定溶液　$c(NaOH)=1.0$mol/L。

（2）溴甲酚绿指示液　1g/L。

4. 测定步骤

称取约1g试样（精确至0.0002g），置于内装15mL水的三角瓶中，加入2～3滴溴甲酚绿指示液，用1.0mol/L氢氧化钠标准溶液进行滴定，至溶液颜色由黄色变为蓝色即为终点。

5. 结果表述

硫酸（以H_2SO_4计）（X）按下式计算：

$$X(\%)=\frac{c(V/1000)\times 49.04}{m}\times 100=\frac{4.904cV}{m}$$

式中 c——氢氧化钠标准滴定溶液的浓度，mol/L；

V——滴定样品所消耗氢氧化钠标准溶液的体积，mL；

m——试样的质量，g；

49.04——硫酸（$1/2H_2SO_4$）的摩尔质量，g/mol。

6. 允许差

取平行测定结果的算术平均值为测定结果，平行测定结果之差绝对值不大于0.2%。

第二节　二氯乙烷生产及裂解过程控制分析

一、二氯乙烷的分析

（一）水分含量的测定

1. 范围

适用于二氯乙烷中水分含量的测定。

2. 方法提要

利用水与卡尔·费休试剂中的 I_2 和 SO_2 发生定量反应。以所消耗的试剂量来计算样品中的含水量。其反应式如下：

$$H_2O + I_2 + SO_2 + 3C_5H_5N \longrightarrow 2C_5H_5N \cdot HI + C_5H_5N \cdot SO_3$$

$$C_5H_5N \cdot SO_3 + CH_3OH \longrightarrow C_5H_5NH \cdot OSO_2OCH_3$$

3. 试验方法

按 GB/T 6283 规定的直接电量滴定法测定，具体操作方法可参照仪器使用说明书。

4. 注意事项

（1）当样品中酸度大于 200μg 时，可在滴定池中先加 30mL 无水甲醇，再加 1.1g 吡啶，待溶解后再进行滴定。

（2）二氯乙烷和卡尔·费休试剂有毒，操作时应做好通风措施，并做好废物处置。

（二）铁含量的测定

1. 范围

适用于二氯乙烷中铁含量的测定。

2. 方法提要

样品中的 Fe^{3+}、Fe^{2+}，用盐酸溶液萃取出来，加盐酸羟胺溶液将 Fe^{3+} 还原成 Fe^{2+}，加冰醋酸和醋酸铵缓冲溶液，在酸性条件下，邻菲啰啉与 Fe^{2+} 显色，在 510nm 波长下进行比色，测得该有色溶液的吸光度，根据标准曲线查得铁含量。

3. 试剂和材料

（1）邻菲啰啉溶液　2g/L。称取 2g 邻菲啰啉溶解，移入 1000mL 容量瓶中稀释至刻度混匀，贮存于棕色瓶中。必要时可适当加热。

（2）盐酸羟胺溶液　50g/L。称取 50g 盐酸羟胺溶解，移入 1000mL 容量瓶中稀释至刻度混匀。

（3）醋酸-醋酸铵缓冲溶液　pH≈4.3。将 100g 醋酸铵溶解于 100mL 水中，加 200mL 冰醋酸后一并移入 1000mL 容量瓶中，稀释至刻度混匀。

（4）盐酸溶液　1+9。

（5）盐酸溶液　1+1。

（6）氨水溶液　1+9。

（7）铁标准溶液　0.01mg/mL。在 1000mL 容量瓶中溶解 7.02g 硫酸亚铁铵 [$(NH_4)_2Fe(SO_4)_2 \cdot 6H_2O$] 于水中，加盐酸溶液“（5）”2mL，稀释至 1000mL 的容量瓶中，作为储备液，浓度为 1mg/mL。移取 10mL 储备液于 1000mL 容量瓶中，稀释至刻度，混匀，做样前使用。

（8）刚果红试纸。

4. 仪器

分光光度计。

5. 测定步骤

（1）工作曲线绘制　移取铁标准溶液 0.0mL、2.0mL、4.0mL、6.0mL、8.0mL、10.0mL 于 6 个 100mL 容量瓶中，再加入 2mL 盐酸羟胺溶液，5mL 邻菲啰啉溶液，用氨水溶液中和至刚果红试纸变红，再加 5mL 醋酸-醋酸铵缓冲溶液，用水稀释至刻度。放置 20min 后，用 5cm 比色皿在 510nm 波长下，测定溶液的吸光度。以铁的质量为横坐标，吸光度为纵坐标，绘制标准工作曲线。

(2) 试样测定　称取100g试样，精确至0.1g，置于干燥的300mL分液漏斗中，加入100mL盐酸溶液“(4)”，充分混合均匀后，静置10min。待溶液清晰分层后，移取50mL上层液于100mL烧杯中，在烧杯加入0.5mL盐酸溶液“(5)”，再将烧杯放至砂浴或电炉上加热至无二氯乙烷气味后（注意不可烧干），将烧杯中的溶液移至100mL容量瓶中，用少量水冲洗，加入2mL盐酸羟胺溶液，5mL邻菲啰啉溶液，摇匀后再加入少许刚果红试纸，用氨水调节溶液的酸碱度，使刚果红试纸刚好变红，再加5mL醋酸和醋酸铵缓冲溶液，用水稀释至刻度。放置20min后，用5cm比色皿在510nm波长下，测定溶液的吸光度，从标准曲线上查得铁含量。以盐酸溶液“(4)”作空白试验。

6. 结果表述

铁含量（X）按下式计算：

$$X(\mu g/g)=\frac{m_1-m_2}{m\times 50/100}$$

式中　m_1——从标准曲线上查得的铁的质量，μg；

m_2——空白试验从标准曲线上查得的铁的质量，μg；

m——样品的质量，g。

（三）纯度的测定

1. 范围

适用于二氯乙烷产品纯度的测定。

2. 方法提要

利用气相色谱法，用毛细管柱分离样品，经氢火焰离子化检测器检测，采用校正面积归一化法定量，可测定二氯乙烷试样中各组分含量，用100减去各组分含量后可得到二氯乙烷含量。

3. 试剂和材料

(1) 标准物质　与样品待测组分相接近的标准物质。

(2) 氦气（或氮气）　纯度不得低于99.99%，使用前应经过硅胶、分子筛或活性炭等净化处理。

(3) 氢气　纯度不得低于99.99%，使用前应经过硅胶、分子筛或活性炭等净化处理。

(4) 空气　不应含有腐蚀性杂质，进入仪器气路前应脱油、脱水处理。

(5) 无水氯化钙。

4. 仪器

(1) 气相色谱仪　具有自动进样装置或手动进样装置氢火焰离子化检测器的色谱仪。

(2) 色谱柱　Φ0.53mm×1μm×60m毛细管柱，SPB-1。

(3) 微量注射器　1μL或其他适宜体积的注射器。

(4) 广口螺纹口玻璃样品瓶或带盖的碘量瓶　40mL。

5. 测定条件

(1) 柱温　初始温度45℃保持13min，然后按20℃/min的速率升温至80℃，继续按10℃/min的速率升温至220℃，保持60min。

(2) 汽化器温度　200℃。

(3) 检测器温度　250℃。

(4) 分流比　1∶5∶1。

（5）载气（He 或 N_2）流速　24mL/min。

（6）柱前压　70kPa。

6. 测定步骤

（1）在上述规定的测定条件下，将二氯乙烷及其杂质的标准样品分别进样分析，得到各组分的保留时间，以此作为定性的依据（见图 5-2）。

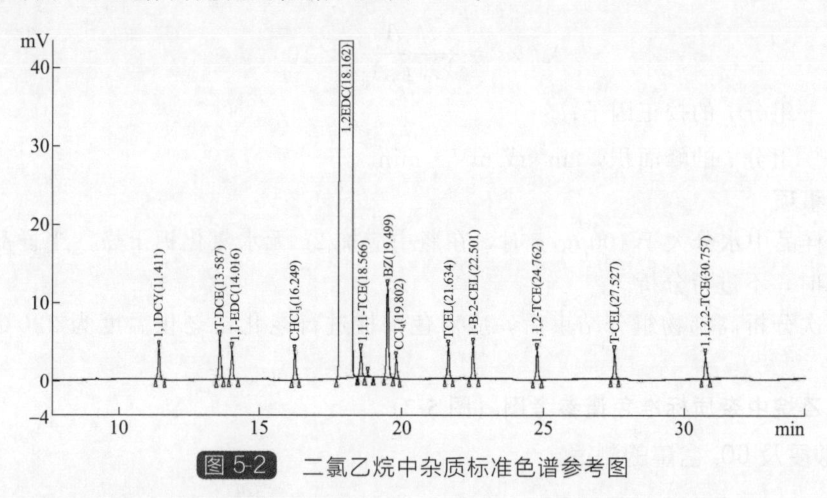

图 5-2　二氯乙烷中杂质标准色谱参考图

（2）标准混合样品的配制及校正因子测定

① 根据二氯乙烷中所含杂质组分含量配成不同浓度的标准混合样品，见表 5-1。

② 将所配制的标准混合样品进行分析，得到各组分的峰面积，取三次的平均值。

③ 根据配制的标准样品中各组分含量与实际进样分析所得到的峰面积，计算出各组分的相对校正因子。

表 5-1　二氯乙烷标准样品各组分的配制参考表

序号	中文名称	英文简称	取样量/g	质量分数/%	校正因子
1	1,1-二氯乙烯	1,1-DCY	0.0465	0.093	1.00
2	反-1,2-二氯乙烯	T-DCE	0.0505	0.101	0.789
3	1,1-二氯乙烷	1,1-EDC	0.0475	0.095	1.006
4	顺-1,2-二氯乙烯	C-DCE	0.052	0.104	0.988
5	三氯甲烷	$CHCl_3$	0.057	0.114	4.88
6	1,1,1-三氯乙烷	1,1,1-TCE	0.054	0.108	1.055
7	四氯化碳	CCl_4	0.0645	0.129	4.8945
8	苯	BZ	0.0345	0.069	0.368
9	1,2-二氯乙烷	1,2-EDC	49.2745	98.549	1.00
10	三氯乙烯	TCEL	0.0595	0.119	1.498
11	三氯乙醛	C_2HCl_3O	0.066	0.132	1.647
12	1-溴-2-氯乙烷	1-B-2CEL	0.071	0.142	1.5422
13	1,1,2-三氯乙烷	1,1,2-TCE	0.0458	0.116	1.645
14	四氯乙烯	T-CEL	0.066	0.132	1.647
15	1,1,2,2-四氯乙烷	1,1,2,2-TCE	0.064	0.128	2.050

（3）试样测定　按测定条件调整好气相色谱仪。取部分样品放入玻璃样品瓶中，吸取0.4μL进样，得到各组分的峰面积，根据校正因子来修正各组分的面积，再由归一化法计算出各组分的含量。

7. 结果表述

各组分的含量（X）按下式计算：

$$X(\%)=\frac{f_iA_i}{\sum(f_iA_i)}\times100$$

式中　f_i——组分 i 的校正因子；

A_i——组分 i 的峰面积，cm^2 或 mV·min。

8. 注意事项

（1）当样品中水分大于100μg/g时，在瓶中应加2g无水氯化钙干燥。当样品中酸度大于200μg/g时，不进行分析。

（2）每次分析高沸物组分结束后，应对色谱柱进行老化，老化温度为220℃，老化时间1h。

9. 二氯乙烷中杂质标准色谱参考图（图5-2）

（四）酸度及 CO_2 含量的测定

1. 范围

适用于二氯乙烷中的酸度及 CO_2 汽提塔塔底料中 CO_2 含量的测定。

2. 方法提要

取一定量的样品，以氯酚红为指示剂，用0.01mol/L的氢氧化钠标准溶液滴定样品，根据溶液消耗氢氧化钠标准溶液的体积，计算样品中的酸度或 CO_2 含量。

3. 试剂和材料

（1）氢氧化钠标准滴定溶液　$c(NaOH)=0.01mol/L$。

（2）氯酚红指示液　1g/L。称取1g氯酚红试剂，用乙醇溶解，移入1000mL容量瓶中，用乙醇稀释至刻度混匀。

4. 测定步骤

称取样品约10g，精确至0.01g，置于内装40mL水的三角瓶中，充分摇匀。以氯酚红为指示液，用0.01mol/L氢氧化钠标准溶液滴定至溶液为粉红色。同时做空白试验。

5. 结果表述

二氯乙烷中酸度（以HCl计）含量（X_1）按下式计算：

$$X_1(\mu g/g)=\frac{c(V_1-V_0)\times36.46}{m}\times1000$$

汽提塔塔底料中 CO_2 含量（X_2）按下式计算：

$$X_2(\mu g/g)=\frac{c(V_1-V_0)\times44.01}{m}\times1000$$

式中　c——氢氧化钠标准滴定溶液的浓度，mol/L；

V_1——滴定样品时消耗氢氧化钠标准滴定溶液的体积，mL；

V_0——滴定空白时消耗氢氧化钠标准滴定溶液的体积，mL；

m——样品的质量，g；

36.46——氯化氢的摩尔质量，g/mol；

44.01——二氧化碳的摩尔质量，g/mol。

6. 注意事项

（1）当样品中酸度小于100μg/g时，样品称取量应适当增加。

（2）当样品带黑色（或其他对判断滴定终点有影响的颜色），分析酸度时，应在40mL水的分液漏斗中充分萃取后，取无机层来进行测定。

（五）微量金属离子含量的测定

1. 范围

适用于水中SiO_2、Cu、Fe及二氯乙烷中Fe等含量的测定。

2. 方法提要

原子（离子）受电能或热能的作用，外层电子得到一定能量，由较低能级被激发到较高能级的激发状态。处于激发态的电子（离子）不稳定，当它跃迁回原来的能级时就发射出一定波长的光，在光谱中形成一条或几条光谱线，而光谱线的强度与样品中待测原子（离子）的浓度成比例关系，根据这一关系，测得元素的含量。

3. 仪器和试剂

（1）电感耦合等离子体光谱仪（简称ICP发射光谱仪）。

（2）高纯氩气 纯度≥99.995%。

（3）硝酸（GR）。

（4）铜标准溶液 1000μg/mL。

（5）铁标准溶液 1000μg/mL。

（6）硅标准溶液（以SiO_2计） 1000μg/mL。

（7）盐酸溶液 1+1。

（8）符合GB/T 6682中二级及以上的水或相应纯度的水。

（9）聚乙烯容量瓶。

4. 测定步骤

（1）标准工作曲线绘制 取5只100mL容量瓶，分别吸取0.0mL、0.1mL、0.2mL、0.3mL、0.6mL铜、铁、硅标准溶液，再分别加入0.1mL硝酸，稀释至刻度。选择合适的测定条件，等仪器稳定并达到测定条件后，进行测定。以金属元素含量为横坐标，对应谱线强度为纵坐标，绘制标准工作曲线。

（2）试样测定

① 二氯乙烷中Fe含量的测定 称取100g二氯乙烷样品，置于干燥的300mL分液漏斗中，准确移取盐酸溶液100mL加入上述分液漏斗中，充分摇匀溶液后，静置10min。待分液漏斗中的溶液分层清晰后，取50mL水相直接进样测定。在标准曲线上查得金属含量。

② 水样中Cu、Fe、SiO_2含量的测定 在100mL水样中加入0.1mL硝酸，混匀后直接进样测定。在标准曲线上查得金属含量。

5. 结果表述

微量金属离子含量（X）按下式计算：

$$X(\mu g/g)=\frac{m_1}{m}$$

式中 m_1——从标准曲线上查得待测金属元素的质量，μg；

m——样品的质量，g。

6. 注意事项

当试样待测组分浓度较高时，可适当进行稀释后测定。

（六）游离氯的测定

1. 范围

适用于二氯乙烷试样中游离氯的测定。

2. 方法提要

试样中的氯，在乙酸溶液中同 KI 反应，再用硫代硫酸钠标准溶液滴定。反应式如下：

$$Cl_2 + 2I^- \longrightarrow 2Cl^- + I_2$$

$$I_2 + 2S_2O_3^{2-} \longrightarrow S_4O_6^{2-} + 2I^-$$

3. 试剂和溶液

（1）硫代硫酸钠标准滴定溶液 $c(Na_2S_2O_3)=0.1mol/L$。

（2）碘化钾溶液 10%。

（3）淀粉指示液 10g/L。

（4）磷酸。

（5）冰乙酸。

4. 测定步骤

在装有 100mL 水的 350mL 碘量瓶中，移取 10mL 冰乙酸、5mL 磷酸、12.5mL 碘化钾溶液，然后称取 20～40g 试样（精确至 0.01g），用力摇荡 1min。用 0.1mol/L 硫代硫酸钠标准溶液滴定，直到水相出现浅草黄色或棕黄色，加 5 滴淀粉指示液，继续滴定至无色即为终点。

5. 结果表述

试样中游离氯含量（X）按下式计算：

$$X(mg/kg) = \frac{cV \times 35.45}{m} \times 1000$$

式中 c——硫代硫酸钠标准滴定溶液的浓度，mol/L；

V——试样滴定时消耗硫代硫酸钠标准溶液的体积，mL；

m——试样的质量，g；

35.45——氯的摩尔质量，g/mol。

二、氯化氢中有机杂质的分析

1. 范围

适用于氯化氢塔顶氯化氢中有机杂质的测定。

2. 方法提要

以填充柱 SE-30 分离各有机组分，用氢焰检测器检测，通过积分仪绘制谱图，采用外标法计算结果。

3. 试剂和材料

（1）标准物质 与样品待测组分相接近的标准物质。

（2）氦气或氮气 纯度不得低于 99.99%，使用前应经过硅胶、分子筛或活性炭等净化处理。

（3）氢气　纯度不得低于99.99%，使用前应经过硅胶、分子筛或活性炭等净化处理。

（4）空气　不应含有腐蚀性杂质，进入仪器气路前应脱油、脱水。

（5）氢氧化钾。

4. 仪器

（1）气相色谱仪　具备自动进样装置或手动进样装置的氢火焰检测器的色谱仪。

（2）色谱柱　3m不锈钢柱，SE-30。

（3）玻璃注射器　100mL、100μL或其他适宜体积的注射器。

5. 测定条件

（1）色谱柱温度　50～100℃。

（2）汽化室温度　150℃。

（3）检测器温度　150℃。

（4）载气（He或N_2）流速　25mL/min。

（5）燃气（H_2）流速　30mL/min。

（6）助燃气（空气）流速　400mL/min。

6. 测定步骤

（1）标准色谱图绘制　在上述规定的操作条件下，吸取100μL的标准气注入色谱仪，选择出最佳的标准色谱图（可参考图5-3）。

（2）试样测定

① 用注射器量取100mL试样，注入装有约5g固体氢氧化钾的另一只100mL玻璃注射器中。待气态氯化氢被吸收完毕之后，吸入空气至100mL。

② 然后注入50mL配制后的试样至色谱仪中，自动定量取样，在规定的色谱条件下，按照色谱仪的操作步骤，由积分仪或工作站自动绘制谱图自动计算并显示出结果。

7. 氯化氢中有机杂质的标准色谱参考图（图5-3）

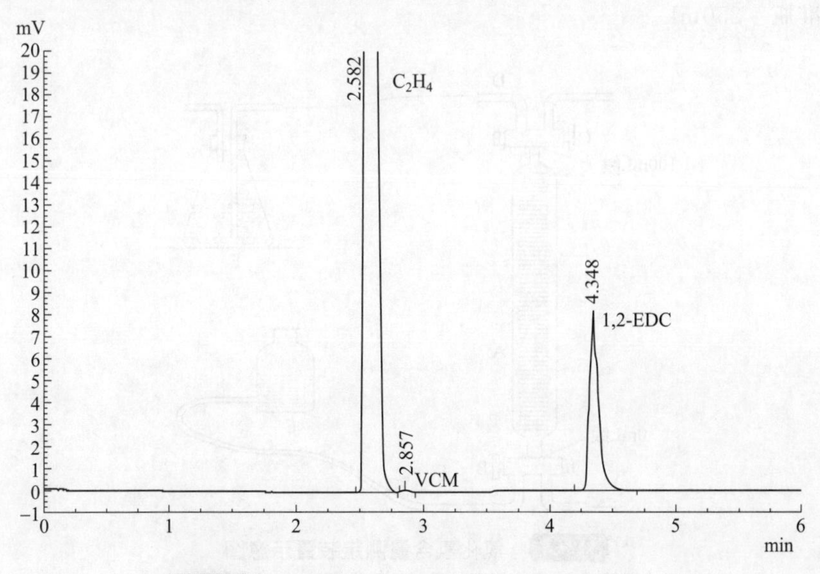

图5-3　氯化氢中有机杂质的标准色谱参考图

三、乙烯中水分露点的分析

1. 范围

适用于测量含水 6000μg/mL 以下的无腐蚀性、流量最大不超过 20L/min 的气体的露点温度。低于 100μg/mL 的 SO_2 气体也可以测量。

2. 方法提要

采用氧化铝超薄膜电容式测量原理。

3. 仪器

SHAW 湿度仪。

4. 测定步骤

具体测定步骤按照仪器设备厂商提供的仪器操作说明书或操作规程进行测定。

第三节 氯乙烯生产过程控制分析

一、氯化氢的分析

(一)氯化氢含量的测定

1. 范围

适用于氯乙烯生产用氯化氢气体及解析过程中氯化氢气体的测定，其他类似样品可做参考。

2. 方法提要

利用氯化氢气体易溶于水，而其他杂质不溶的性质，用吸收法测定氯化氢含量。

3. 仪器

(1) 气体量管(双头) 100mL，具有 0.1mL 分度值，见图 5-4。

(2) 水准瓶 250mL。

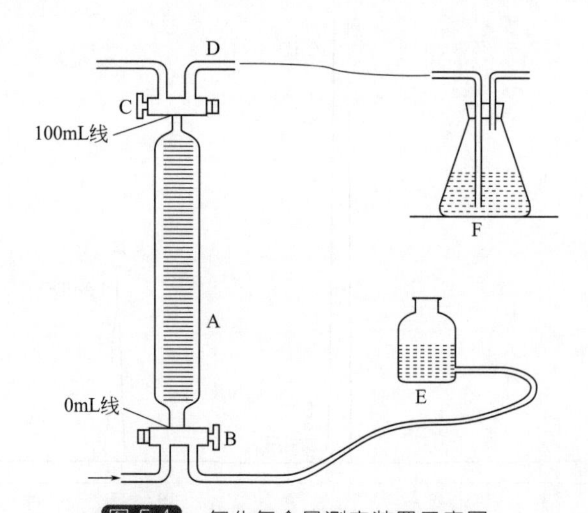

图 5-4 氯化氢含量测定装置示意图

A—气体量管；B，C—旋塞；D—出气口；E—水准瓶；F—吸收瓶

4. 测定步骤

(1) 将洁净气体量管 A 与水准瓶 E 按图 5-4 连接。旋转气体量管 A 的旋塞 C，使气体量管 A 与大气相通，之后旋转旋塞 B，使气体量管 A 与水准瓶 E 相通，调整水准瓶 E 的位置，使水准瓶 E 中的吸收液液面与气体量管 A 下端“0”刻度处相平，关闭旋塞 B。

(2) 连接 D 和吸收瓶 F，旋转旋塞 B，使气体量管 A 与取样口相连，缓慢打开取样口阀门，使氯化氢气体通入气体量管 A 中 2～3min，以保证把气体量管 A 内的空气置换完全。关闭取样口阀门，同时关闭气体量管 A 的旋塞 C 和旋塞 B，拆下吸收瓶 F 及氯化氢气体的连接管，使气体量管 A 内的氯化氢气温度与外界达到平衡。迅速旋转气体量管 A 的旋塞 C 一周。

(3) 将水准瓶 E 逐渐升高，旋转旋塞 B 使吸收液缓缓流入气体量管 A 中，轻轻摇动量气管，使氯化氢气体被吸收液充分吸收，然后静置冷却 5～15min，调整使气体量管 A 和水准瓶 E 的液面相平，读出气体量管 A 中吸收气体的体积。

5. 结果表述

氯化氢体积分数（φ）按下式计算：

$$\varphi(\%)=\frac{V_1}{V}\times 100$$

式中 V_1——气体量管中吸收气体的体积，mL；

V——取样的体积，mL。

6. 注意事项

氯化氢遇水时具有强腐蚀性。能与一些活性金属粉末发生反应，放出氢气。避免与碱类、活性金属粉末接触。

（二）游离氯的定性测定

1. 范围

适用于氯乙烯生产用氯化氢气体中游离氯的定性测定。

2. 方法提要

氯化氢溶于水，在酸性介质中氯酸根与淀粉碘化钾反应析出碘，判断溶液颜色是否变蓝色，定性检测游离氯。

3. 试剂和溶液

(1) 淀粉溶液　称取 0.1g 淀粉，加到沸腾的水中，煮沸 1～2min，冷却后稀释至 100mL。

(2) 淀粉碘化钾溶液　称取 0.25g 的碘化钾溶于 100mL 淀粉溶液中。

4. 测定步骤

在约有 100mL 水的三角瓶中，加入 3～5 滴淀粉碘化钾溶液，接到置换后的氯化氢取样口，打开阀门，使氯化氢气体通入水中，若水溶液变蓝，则含有游离氯，若无变化，则不含游离氯。

（三）氯化氢和乙炔混合气水分的测定

1. 范围

适用于氯乙烯生产混合器中氯化氢和乙炔混合气水分含量的测定，其他类似样品可做参考。

2. 吸收法

(1) 方法提要　通过已称量的氯化钙吸收管吸收混合气中的水分，分别称量干燥管和吸收瓶，根据各自测定前后的质量差，计算样品的水分含量。

（2）试剂和材料

① 无水氯化钙。

② 氢氧化钠溶液 20%。

③ 氯化氢和乙炔混合气水分测定装置，见图 5-5。

④ 下口瓶 10L。

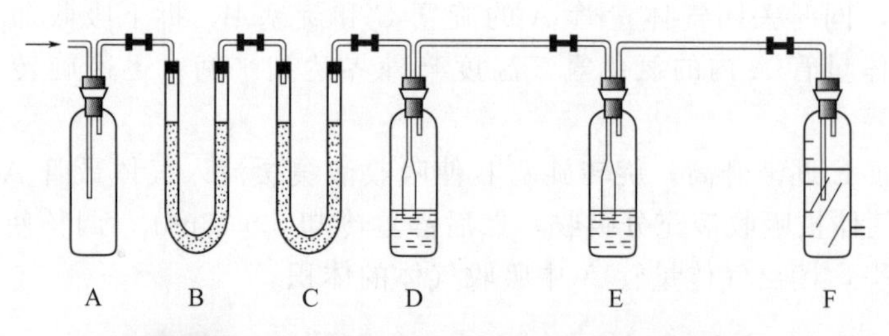

图 5-5 氯化氢和乙炔混合气水分测定装置图

A—缓冲瓶；B—U 形干燥管 1（G_1）；C—U 形干燥管 2（G_2）；
D—吸收瓶 1（G_3）；E—吸收瓶 2（G_4）；F—下口瓶

（3）测定步骤

① 取两支洁净具考克的 U 形干燥管，内装固体氯化钙，上端附以少量脱脂棉，关闭旋塞，置于干燥器内 2h 后称量干燥管的质量（G_1、G_2，精确至 0.0002g）。

② 在两个吸收瓶内盛入适量的 20% 的氢氧化钠溶液，称量吸收瓶的质量（G_3、G_4，精确至 0.02g）。

③ 测定装置按图 5-5 连接好，打开 U 形干燥管旋塞。调节待测气体气流速度后，将取样口与缓冲瓶进口连接，通过缓冲瓶、U 形干燥管缓缓流入吸收瓶内，残余气体通入装有 10L 自来水的下口瓶，打开下口瓶考克放水，控制气泡速度 3～4 个/s，放水量达到 8L 时，关闭取样口，拆下装置，读取水量体积。关闭 U 形干燥管两端旋塞，放入干燥器中 2h 后称量干燥管质量（G_1'、G_2'，精确至 0.0002g）。称量吸收瓶质量（G_3'、G_4'，精确至 0.02g）。

（4）结果表述 混合气水分含量（X）按下式计算：

$$X(\%)=\frac{(G_1'-G_1)+(G_2'-G_2)}{[(G_3'-G_3)+(G_4'-G_4)+(G_1'-G_1)+(G_2'-G_2)]+1.17V}\times 100$$

式中 G_1——U 形干燥管 1 的质量，g；

G_1'——U 形干燥管 1 吸收水分后的质量，g；

G_2——U 形干燥管 2 的质量，g；

G_2'——U 形干燥管 2 吸收水分后的质量，g

G_3——吸收瓶 1 的质量，g；

G_3'——吸收瓶 1 吸收气体后的质量，g；

G_4——吸收瓶 2 的质量，g；

G_4'——吸收瓶 2 吸收气体后的质量，g；

1.17——标准气压下乙炔的密度，g/L；

V——下口瓶中气体的体积（等同于放水量），L。

(5) 注意事项

① 测定前应检查装置的气密性，可封住缓冲瓶进口，开启下口瓶的旋塞，以不滴水珠为准。

② U形干燥管在称量前后放入干燥器的时间必须相同。

③ 吸收瓶在分析前后应在两端套上乳胶管（带有玻璃珠），以免吸收空气中的水分。

3. 便携式微量水分仪测定法

(1) 方法提要　五氧化二磷传感器由玻璃材质的圆柱和两根并行的电极组成，在两根电极之间涂有很薄的一层磷酸，在电极之间出现的电极电流使酸中的水分解为氢气和氧气，最终产物是五氧化二磷，五氧化二磷是高吸湿物质，因此从样品气中吸收水分，通过连续的电解过程，最终在样品气的水分含量与电解后的水分之间建立平衡，电极电流与样品气中水分含量成正比，信号经过仪器内部放大器处理，然后显示并读出数据。

(2) 仪器和试剂

① 微量水分测定仪　TMA-210，测定量程在0～0.25%范围内，带水分传感器、电源、放大器或同等功能的测定仪。

② 吸收液　20%氢氧化钠溶液。

(3) 测定步骤　按照仪器说明书进行操作。

(4) 注意事项

① 不适用于含氨离子的混合气体测定。

② 仪器使用前、后应用氮气（或干燥的仪表气）吹扫取样系统，不允许有水存在。

③ 不应长时间将测量探头在没有样品流动的情况下通电，易导致探头损坏。

二、氯乙烯转化合成气分析

1. 范围

适用于氯乙烯生产过程转化合成气中氯化氢、乙炔含量的测定；其中滴定法二只适用于合成气中氯化氢的测定，其他类似样品可做参考。

2. 气相色谱法

(1) 方法提要　采用外标法测定一系列标准气体浓度的含量，绘制氯化氢、乙炔的标准曲线，测得合成气中氯化氢、乙炔的含量。

(2) 试剂和材料

① 标准物质　氯乙烯纯度不低于99.9%，氯化氢纯度不低于99.9%，乙炔纯度不低于99.9%。

② 氢气　纯度不得低于99.99%，使用前应经过硅胶、分子筛或活性炭等净化处理。

(3) 仪器

① 气相色谱仪　具备自动进样装置或手动进样装置热导检测器的色谱仪。

② 色谱柱　Φ4mm×1m不锈钢柱。

③ 填充物　60～80目GDX-301。

(4) 测定条件

① 色谱柱温度　50～80℃。

② 桥路电流　140mA。

③ 载气（H_2）流速　30～50mL/min。

(5) 测定步骤

① 标准色谱图制作。

a. 分别配制浓度为1%、2%、5%、10%、20%、30%、40%、50%的氯化氢、乙炔及氯乙烯标准混合气体（配制方法如10%浓度的标准混合气体：准确量取10mL氯化氢和10mL乙炔标准气体注入至含80mL氯乙烯标准气体的100mL注射器中）。

b. 在上述规定的测定条件下，分别量取1mL不同浓度的标准气体，每个浓度混合标准气体连续进样3次，待组分完全流出后，选择出最佳的标准色谱图，以组分浓度含量为横坐标，峰面积为纵坐标绘制标准曲线（可参考图5-6）。

② 试样测定

a. 将仪器设备各项参数调整至规定的测定条件。

b. 打开色谱工作站，引入标准色谱图。

c. 准确量取1mL样品进样，待样品峰完全流出后，得到样品色谱图。

d. 该样品含量可直接从色谱图定量结果中得出。

(6) 氯乙烯转化合成气中氯化氢、乙炔含量标准色谱参考图（图5-6）。

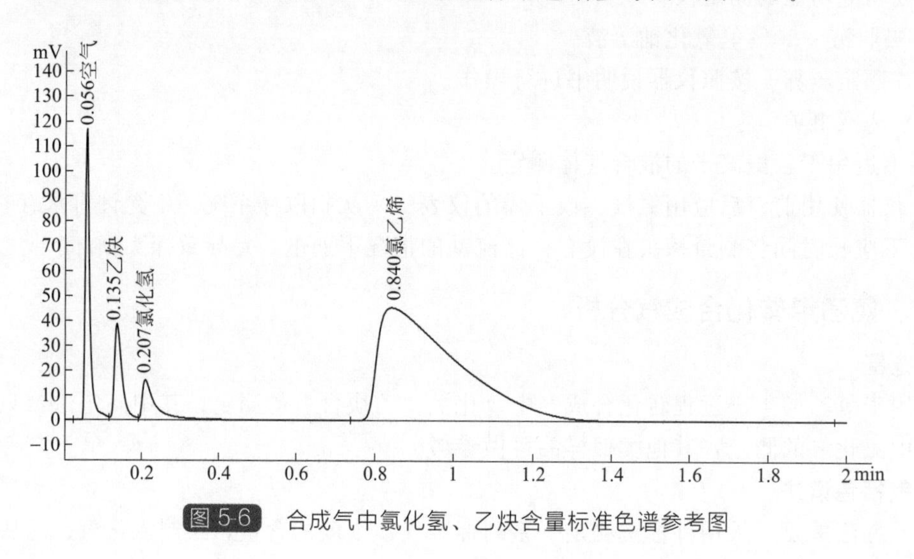

图5-6 合成气中氯化氢、乙炔含量标准色谱参考图

3. 滴定法

(1) 方法提要

利用氯化氢气体极易被水吸收，用氢氧化钠进行滴定，发生酸碱中和反应。

$$NaOH + HCl \longrightarrow NaCl + H_2O$$

(2) 仪器和试剂

① 磁力搅拌器。

② 氢氧化钠标准滴定溶液 $c(NaOH)=0.02mol/L$。

③ 溴甲酚绿指示液 1g/L。

(3) 测定步骤 将盛有约40mL水的烧杯放在磁力搅拌器上，打开磁力搅拌器。用注射器取气体样品20mL，缓缓注入烧杯中吸收，加2～3滴溴甲酚绿指示液，用0.02mol/L氢氧化钠标准溶液滴定至溶液为蓝色即为终点。

(4) 结果表述

氯化氢体积分数（φ）按下式计算：

$$\varphi(\%)=\frac{cV_1\times 22.4}{V}\times 100$$

式中　c——氢氧化钠标准滴定溶液的浓度，mol/L；

V_1——滴定样品所消耗氢氧化钠标准溶液的体积，mL；

V——样品的体积，mL；

22.4——在标准状况下气体的体积，L/mol。

三、粗氯乙烯的分析

（一）粗氯乙烯含量的测定

1. 范围

适用于氯乙烯生产过程中粗氯乙烯含量的测定。

2. 方法提要

根据氯乙烯易被乙醇吸收的原理，当气体试样通入乙醇溶液时，粗氯乙烯被吸收，气体体积减少，由减少的气体体积可以算出粗氯乙烯的纯度。

3. 试剂和仪器

（1）乙醇　95%。

（2）气体量管 A（双头）　100mL，具有 0.1mL 分度值，见图 5-7。

（3）水准瓶　250mL。

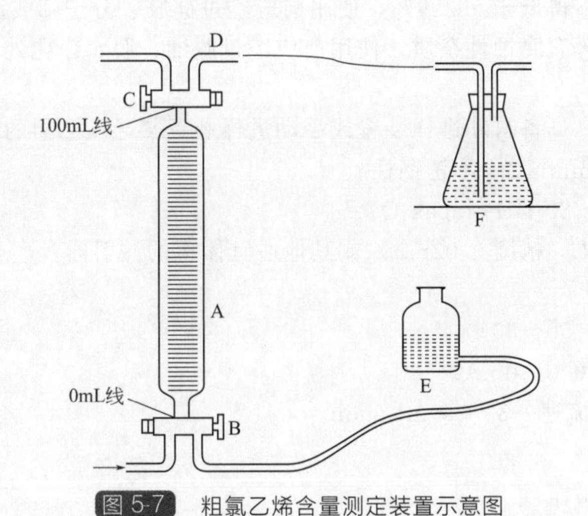

图 5-7　粗氯乙烯含量测定装置示意图

A—气体量管；B，C—旋塞；D—出气口；E—水准瓶；F—吸收瓶

4. 测定步骤

（1）将洁净气体量管 A 与水准瓶 E 按图 5-7 连接。旋转气体量管 A 的旋塞 C，使气体量管 A 与大气相通，之后旋转旋塞 B，使气体量管 A 与水准瓶 E 相通，调整水准瓶 E 的位置，使水准瓶 E 中的吸收液液面与气体量管 A 下端“0”刻度处相平，关闭旋塞 B。

（2）连接 D 和吸收瓶 F，旋转旋塞 B，使气体量管 A 与取样口相连，缓慢打开取样口阀门，使氯乙烯气体通入气体量管 A 中 2～3min，以保证把气体量管 A 内的空气置换完全。关闭取样口阀门，同时关闭气体量管 A 的旋塞 C 和旋塞 B，拆下吸收瓶 F 及氯乙烯气体的连接管，使气体量管 A 内的氯乙烯气温度与外界达到平衡。迅速旋转气体量管 A 的旋塞 C 一周。

（3）将水准瓶 E 逐渐升高，旋转旋塞 B 使吸收液缓缓流入气体量管 A 中，轻轻摇动量气管，使氯乙烯气体被乙醇充分吸收，调整使气体量管 A 和水准瓶 E 的液面相平，读出气体量管 A 中气体吸收体积。

5. 结果表述

氯乙烯体积分数（φ）按下式计算：

$$\varphi(\%)=\frac{V_1}{V}\times 100$$

式中　V_1——气体量管 A 中气体吸收体积，mL；

V——试样的体积，mL。

（二）乙炔含量的测定

1. 范围

适用于氯乙烯生产中粗氯乙烯中乙炔含量的测定。

2. 方法提要

采用外标法测定一系列标准气体浓度的含量，绘制乙炔的标准曲线，测定粗氯乙烯中乙炔的含量。

3. 试剂和材料

（1）标准物质　氯乙烯气纯度不低于 99.99%，乙炔气纯度不低于 99.0%。

（2）氢气　纯度不得低于 99.99%，使用前应经过硅胶、分子筛或活性炭等净化处理。

（3）空气　不应含有腐蚀性杂质，使用前应经过脱油、脱水净化处理。

4. 仪器

（1）气相色谱仪　具备自动进样装置或手动进样装置热导检测器的色谱仪。

（2）色谱柱　Φ4mm×2m 不锈钢柱。

（3）填充物　60～80 目 Porapak Q。

（4）注射器　1mL（精度 0.02mL）或其他适宜体积的注射器。

5. 测定条件

（1）色谱柱温度　50～80℃。

（2）桥路电流　60～120mA。

（3）载气（H_2）流速　30～50mL/min。

6. 测定步骤

（1）标准色谱图制作

① 分别配制浓度为 1%、2%、5%、10%、20%、30%、40%、50%的氯乙烯、乙炔及空气标准混合气体。（配制方法如 10%浓度的标准混合气体：准确量取 10mL 氯乙烯和 10mL 乙炔标准气体注入至含 80mL 空气的 100mL 注射器中）。

② 在上述规定的测定条件下，分别量取 1mL 不同浓度的标准气体，每个浓度混合标准气体进样，每次待组分完全流出后（至少进样 3 次），选择出最佳的标准色谱图，以组分浓度含量为横坐标，峰面积为纵坐标绘制标准曲线（可参考图 5-8）。

（2）试样测定

① 将仪器设备各项参数调整至规定的测定条件。

② 打开色谱工作站，引入标准色谱图。

③ 准确量样品 1mL 进样，待样品峰完全流出后，得到样品色谱图。

④ 该样品含量可直接从色谱图定量结果中得出。

7. 粗氯乙烯中乙炔含量标准色谱参考图（图 5-8）

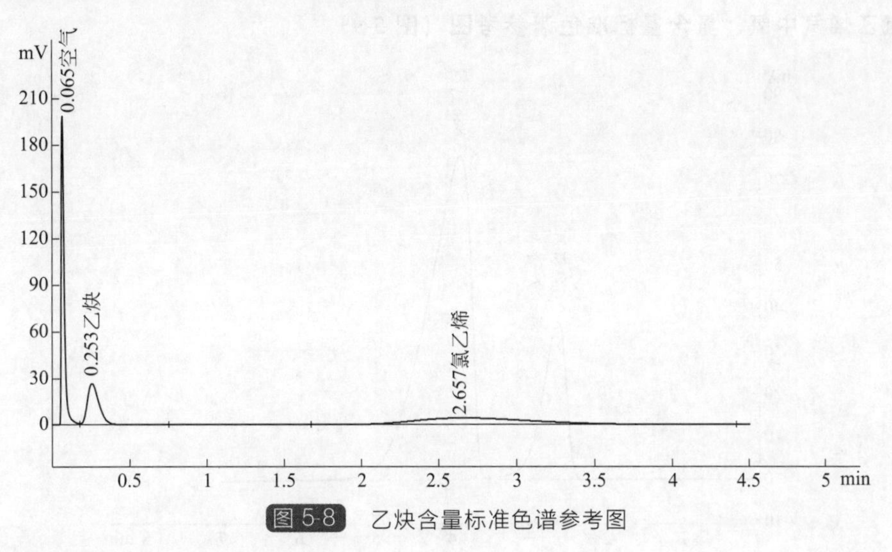

图 5-8 乙炔含量标准色谱参考图

（三）氧气、氮气含量的测定

1. 范围

适用于氯乙烯生产粗氯乙烯中氧、氮含量的测定。

2. 方法提要

采用与被测组分含量相接近的标准气，在同样的操作条件下，用气相色谱法进行分离，通过被测组分和标准气组分峰值比，求得样品的相应组分含量。

3. 试剂和材料

（1）标准物质　与样品待测组分相接近的标准物质。

（2）氢气　纯度不得低于 99.99%，使用前应经过硅胶、分子筛或活性炭等净化处理。

4. 仪器

（1）气相色谱仪　具备自动进样装置或手动进样装置热导检测器的色谱仪。

（2）色谱柱　Φ4mm×2m 不锈钢柱。

（3）填充物　60～80 目 5A 型分子筛（色谱用）。

（4）注射器　1mL（精度 0.02mL）或其他适宜体积的注射器。

5. 测定条件

（1）色谱柱温度　50～80℃。

（2）桥路电流　60～120mA。

（3）载气（H_2）流速　30～50mL/min。

6. 测定步骤

（1）标准色谱图制作　在上述规定的测定条件下，准确量取 1mL 空气进样，每次待组分完全流出后（至少进样 3 次），选择出最佳的标准色谱图（可参考图 5-9）。

（2）试样测定

① 将仪器设备各项参数调整至规定的测定条件。

② 打开色谱工作站，引入标准色谱图。

③ 准确量取 1mL 样品进样，待样品峰完全流出后，得到样品色谱图。

④ 根据样品氧、氮组分的峰值和空气氧、氮组分的峰值之比计算出样品中氧、氮含量，

该含量可直接从色谱图定量结果中得出。

7. 氯乙烯气中氧、氮含量标准色谱参考图（图 5-9）

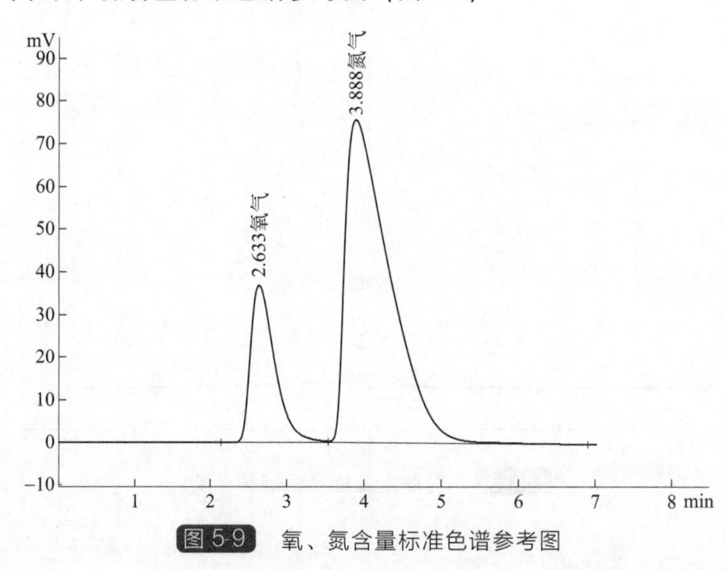

图 5-9 氧、氮含量标准色谱参考图

四、氯乙烯水洗塔中盐酸的分析

1. 范围

适用于氯乙烯生产过程水洗塔中盐酸含量的测定，其他类似样品可做参考。

2. 方法提要

试料溶液以溴甲酚绿为指示液，用氢氧化钠标准溶液滴定至溶液由黄色变为蓝色即为终点。反应式如下：

$$HCl + NaOH \longrightarrow NaCl + H_2O$$

3. 试剂和溶液

(1) 氢氧化钠标准滴定溶液 $c(NaOH)=1.0mol/L$。

(2) 溴甲酚绿指示液 1g/L。

4. 测定步骤

吸取约 3mL 试样称重（精确至 0.0002g），置于内装 15mL 水的三角瓶中，加入 2～3 滴溴甲酚绿指示液，用 1.0mol/L 氢氧化钠标准溶液滴定至溶液由黄色变成蓝色即为终点。

5. 结果表述

总酸度（以 HCl 计）(X) 按下式计算：

$$X(\%)=\frac{c(V/1000)\times 36.46}{m}\times 100=\frac{3.646cV}{m}$$

式中 c——氢氧化钠标准滴定溶液的浓度，mol/L；

V——试样消耗氢氧化钠标准溶液的体积，mL；

m——试样的质量，g；

36.46——氯化氢的摩尔质量，g/mol。

6. 允许差

取两次平行测定结果的算术平均值为测定结果，两次平行测定结果之差绝对值不大于 0.2%。

五、氯乙烯碱洗塔中碱液的分析

1. 范围

适用于氯乙烯生产过程中碱洗塔中碱液氢氧化钠、碳酸钠含量的测定，其他类似样品可做参考。

2. 试验方法

同本章第一节“二”的方法测定。

六、氯化钙的分析

1. 范围

适用于氯乙烯深度解析和－35℃制冷盐水中氯化钙含量的测定，其他类似样品可做参考。

2. 方法提要

在试验溶液 pH 约为 12 的条件下，以钙羧酸为指示剂，用乙二胺四乙酸二钠标准溶液滴定。

3. 试剂和溶液

(1) 乙二胺四乙酸二钠标准滴定溶液　c(EDTA)＝0.02mol/L。

(2) 三乙醇胺溶液　1＋2。

(3) 氢氧化钠溶液　100g/L。

(4) 钙羧酸指示剂　0.2%。

4. 测定步骤

称取液体样品 20g，精确至 0.0002g，置于 150mL 烧杯中，移入 1000mL 容量瓶中，用水稀释至刻度，摇匀。移取 10mL 样品溶液置于 250mL 三角瓶中，加水至约 50mL，加 5mL 三乙醇胺溶液，加约 2mL 氢氧化钠溶液（调至溶液 pH≈12)，加约 0.1g 钙羧酸指示剂，用 0.02mol/L EDTA 标准溶液滴定，溶液由红色变为纯蓝色即为终点。同时做空白试验。

5. 结果表述

氯化钙含量（X）按下式计算：

$$X(\%)=\frac{c[(V-V_0)/1000]\times 110.98}{m\times 10/1000}\times 100=\frac{1109.8c(V-V_0)}{m}$$

式中　c——EDTA 标准滴定溶液的浓度，mol/L；

V——滴定样品所消耗 EDTA 标准溶液的体积，mL；

V_0——滴定空白所消耗 EDTA 标准溶液的体积，mL；

m——样品的质量，g；

110.98——氯化钙的摩尔质量，g/mol。

6. 允许差

取平行测定结果的算术平均值为测定结果，两次平行测定结果的之差绝对值不大于 0.2%。

七、氯乙烯单体的分析

（一）纯度的测定

1. 范围

适用于氯乙烯生产过程中氯乙烯单体的测定。其他类似样品可做参考。

2. 试验方法（气相色谱法）

按 HG/T 3945 规定的方法。再用 100%减去杂质组分含量及水分含量，计算得氯乙烯纯度。

（二）铁离子含量的测定

1. 范围

适用于氯乙烯单体中铁离子含量的测定，其他类似样品可做参考。

2. 方法提要

采用乙醇-盐酸溶液吸收氯乙烯单体试样，其中氯乙烯单体试样中铁溶于盐酸，蒸发氯乙烯单体，用盐酸羟胺将试料中 Fe^{3+} 还原成 Fe^{2+}，在 pH 4.5 缓冲溶液体系中，Fe^{2+} 与邻菲啰啉反应生成橙红色络合物，用分光光度计测定吸光度。反应式如下：

$$4Fe^{3+} + 2NH_2OH \longrightarrow 4Fe^{2+} + N_2O + 4H^+ + H_2O$$

$$Fe^{2+} + 3C_{12}H_8N_2 \longrightarrow [Fe(C_{12}H_8N_2)_3]^{2+}$$

3. 试剂和溶液

（1）乙醇-盐酸溶液　取 6 份（1+1）的盐酸溶液与 5 份 95%的乙醇混合。

（2）氨水溶液　1+1。

（3）盐酸羟胺溶液　50g/L。

（4）乙酸-乙酸钠缓冲溶液　pH≈4.5。

（5）邻菲啰啉溶液　2g/L。该溶液应避光保存，仅使用无色溶液。

（6）铁标准溶液　0.01mg/mL。由 0.1mg/mL 铁标准溶液稀释得到。

4. 仪器和设备

（1）采样器　双阀带调整管型，不锈钢材质（或其他适宜的采样器）。

（2）分光光度计。

（3）磁力搅拌器。

5. 测定步骤

（1）标准曲线的绘制　依次量取 0.0mL、2.0mL、4.0mL、6.0mL、8.0mL、10.0mL 铁标准溶液，分别置于 6 个 100mL 容量瓶中，分别在每个容量瓶中加入约 40mL 的水，然后加入 5mL 盐酸羟胺，摇匀，各放入一小块 pH 试纸，边摇边加入氨水溶液，至溶液呈中性。再依次加入乙酸-乙酸钠缓冲溶液 5mL，邻菲啰啉溶液 5mL。每加 1 次都要充分混匀，最后稀释至刻度混匀，静置 10min，选择合适的比色皿，以空白溶液做参比溶液，在 510nm 波长下测定各标准比色溶液的吸光度。以 100mL 标准比色溶液所含的铁的质量（mg）为横坐标，与其相应的吸光度为纵坐标，绘制标准曲线。

（2）试样处理　在通风柜内打开采样器排出阀，迅速用量筒量取 100mL 的氯乙烯样品，倒入装有 40mL 乙醇-盐酸溶液的三角瓶中，使三角瓶中氯乙烯单体自然挥发完全约 3～4h（或采用磁力搅拌器搅拌约 40min，至烧杯壁上无霜即可）。

（3）试样测定　取 3 只 100mL 的容量瓶，分别标记空白样及待测样，在标有空白样的容量瓶中加入 40mL 乙醇-盐酸溶液，将处理后的样品转移到待测样的容量瓶中。然后向 3 个容量瓶中分别加入 10mL 水，再加入 5mL 盐酸羟胺，摇匀，各放入一小块 pH 试纸，边摇边加入氨水溶液，至溶液呈中性。再依次加入乙酸-乙酸钠缓冲溶液 5mL，邻菲啰啉溶液 5mL。每加 1 次都要充分混匀，最后稀释至刻度混匀，静置 10min，选择合适的比色皿，以空白溶液做参比溶液，在 510nm 波长下测定试样溶液的吸光度。

6. 结果表述

氯乙烯单体中铁离子含量（X）按下式计算：

$$X(\mu g/g)=\frac{m\times 1000}{V\times 0.97}$$

式中　m——样品的吸光度相对应的铁含量，mg；

V——样品的体积，mL；

0.97——样品（沸点－13.9℃）的密度，g/mL。

（三） pH 值的测定

1. 范围

适用于氯乙烯单体 pH 值的测定，其他类似样品可做参考。

2. 方法提要

利用乙醇-水溶液和水吸收氯乙烯单体中的酸和碱，待氯乙烯单体挥发后，用直接电位法测定其溶液的 pH 值，从而得到样品的 pH 值。

3. 试剂和溶液

（1）乙醇-水溶液　9＋1。

（2）氯化钾溶液　2mol/L。

4. 仪器

（1）采样器　双阀带调整管型，不锈钢材质，压力 4kPa，容积 1000mL（或其他适宜的采样器）。

（2）酸度计。

5. 测定步骤

（1）试样制备　在通风柜内打开采样器排出阀，迅速用量筒量取 50mL 的氯乙烯试样，倒入装有 25mL 乙醇-水溶液的广口瓶中，立即盖上带有玻璃弯管的胶塞，与内装 25mL 水的 250mL 三角瓶相连（见图 5-10），待样品挥发后将广口瓶中液体倒入三角瓶中，摇动 4～5min，并加入 5mL 氯化钾溶液摇匀，倒入 100mL 烧杯中，用酸度计测定 pH 值。

图 5-10　氯乙烯单体 pH 分析装置图

（2）试样测定　具体操作按酸度计仪器说明书或仪器操作规程进行。

6. 结果表述

酸度计上显示的数值可作为氯乙烯单体样品的 pH 值。

（四）酸碱度的测定

1. 范围

适用于氯乙烯单体酸碱度的测定，其他类似样品可做参考。

2. 方法提要

样品经过适当处理后，在规定的操作条件下，加入适当的指示液，用酸标准滴定溶液或碱标准滴定溶液滴定，计算出样品的酸或碱度。

3. 试剂和溶液

（1）盐酸标准滴定溶液　$c(HCl)=0.01mol/L$。由 0.1mol/L 盐酸标准滴定溶液稀释得到。

（2）氢氧化钠标准滴定溶液　$c(NaOH)=0.01mol/L$。由 0.1mol/L 氢氧化钠标准滴定溶液稀释得到。

（3）乙醇溶液 2+3（40份体积乙醇与60份体积水混合）。

（4）氯酚红指示液 0.1%。称取0.1g氯酚红溶于11.8mL氢氧化钠溶液（0.02mol/L）中，用水稀释至100mL容量瓶中。

4. 测定步骤

用量筒量取100mL乙醇溶液置于三角瓶中，加入2～3滴氯酚红指示液，若溶液紫色较深，用0.01mol/L盐酸标准溶液调至酒红色，再量取100mL试样慢慢倒入三角瓶中，在室温下将氯乙烯自然挥发完全。若溶液呈紫色，说明样品为碱性，用0.01mol/L盐酸标准溶液滴定至酒红色，记录消耗标准溶液体积 V_1。若溶液呈黄色，说明样品为酸性，用0.01mol/L氢氧化钠标准溶液滴定至酒红色，记录消耗标准溶液体积 V_2。

5. 结果表述

碱度（以NaOH计）（X_1）、酸度（以HCl计）（X_2）按下式计算：

$$X_1(\mu g/g)=\frac{c_1V_1\times 40.00}{V\rho}\times 1000$$

$$X_2(\mu g/g)=\frac{c_2V_2\times 36.46}{V\rho}\times 1000$$

式中 c_1——盐酸标准滴定溶液的浓度，mol/L；

c_2——氢氧化钠标准滴定溶液的浓度，mol/L；

V_1——试样为碱性时，试样消耗盐酸标准溶液的体积，mL；

V_2——试样为酸性时，试样消耗氢氧化钠标准溶液的体积，mL；

V——试样的体积，mL；

ρ——测试温度下氯乙烯的密度，g/mL；

40.00——氢氧化钠的摩尔质量，g/mol；

36.46——氯化氢的摩尔质量，g/mol。

（五）水分的测定

1. 范围

适用于氯乙烯单体水分的测定，其他类似样品可做参考。

2. 试验方法

按GB/T 6283的直接电量滴定法的原理，采用卡尔·费休滴定仪进行测定，具体操作方法可参照仪器使用说明书。

八、变压吸附回收氯乙烯的分析

（一）乙炔、氯乙烯的测定

1. 范围

适用于变压吸附回收氯乙烯气体中乙炔和氯乙烯含量的测定，乙炔、氯乙烯含量小于1%时可采用单点校正法，大于1%时可采用标准曲线法，其他类似样品可做参考。

2. 单点校正法

（1）方法提要 采用与被测组分含量相接近的标准气，在同样的操作条件下，用气相色谱法进行分离，通过被测组分和标准气组分峰值比，求得样品的相应组分含量。

（2）试剂和材料

① 标准物质 与样品待测组分相接近的标准物质。

② 氮气 纯度不得低于99.99%，使用前应经过硅胶、分子筛或活性炭等净化处理。

③ 氢气 纯度不得低于99.99%，使用前应经过硅胶、分子筛或活性炭等净化处理。

④ 空气　不应含有腐蚀性杂质，使用前应脱油、脱水。

（3）仪器

① 气相色谱仪　具备自动进样装置或手动进样装置氢火焰检测器的色谱仪。

② 色谱柱　Φ4mm×2m 不锈钢柱。

③ 填充物　60～80 目 Porapak Q。

④ 注射器　1mL（精度 0.02mL）或其他适宜体积的注射器。

（4）测定条件

① 色谱柱温度　60～80℃。

② 汽化室温度　100℃。

③ 检测器温度　150～180℃。

④ 载气（N_2）流速　30～50mL/min。

⑤ 燃气（H_2）流速　30～50mL/min。

⑥ 助燃气（空气）流速　300mL/min。

（5）测定步骤

① 标准色谱图制作　在上述规定的测定条件下，准确量取 1mL 标准气进样，待组分完全流出后（至少进样 3 次），选择出最佳的标准色谱图（可参考图 5-11）。

② 试样测定

a. 将仪器设备各项参数调整至规定的测定条件。

b. 打开色谱工作站，引入标准色谱图。

c. 准确量样品 1mL 进样，待样品峰完全流出后，得到样品色谱图。

d. 该样品含量可直接从色谱图定量结果中得出。

（6）变压吸附回收氯乙烯中乙炔、氯乙烯含量标准色谱参考图（图 5-11）。

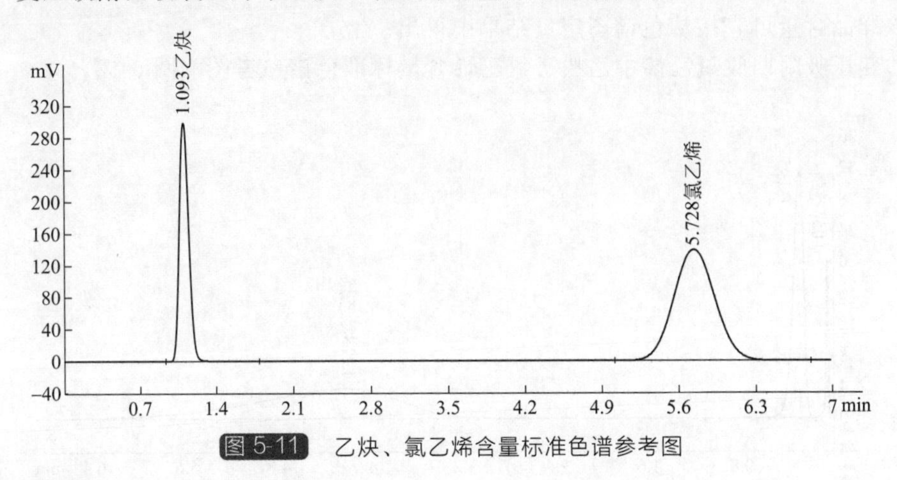

图 5-11　乙炔、氯乙烯含量标准色谱参考图

3. 标准曲线法

（1）方法提要　采用外标法，测定一系列标准气体浓度的含量，绘制乙炔、氯乙烯标准曲线，测定乙炔和氯乙烯的含量。

（2）试剂和材料

① 标准物质　氯乙烯气纯度不低于 99.99%，乙炔气纯度不低于 99.0%。

② 氢气　纯度不得低于 99.99%，使用前应经过硅胶、分子筛或活性炭等净化处理。

③ 空气　不应含腐蚀性杂质，使用前应经过脱油、脱水净化处理。

（3）仪器

① 气相色谱仪　具备自动进样装置或手动进样装置热导检测器的色谱仪。

② 色谱柱　Φ4mm×2m 不锈钢柱。

③ 填充物　60～80 目 Porapak Q。

④ 注射器　1mL（精度 0.02mL）或其他适宜体积的注射器。

（4）测定条件

① 色谱柱温度　50～80℃。

② 桥路电流　60～120mA。

③ 载气流速　30～50mL/min。

（5）测定步骤

① 标准色谱图制作

a. 准确量取定量氯乙烯、乙炔标准气体注入定量的空气注射器（100mL）中，配制成浓度为 1%、2%、5%、10%、20%、30%、40%、50%的标准混合气体（如配制 10%浓度的标准混合气体，准确量取 10mL 氯乙烯、10mL 乙炔标准气体注入至 80mL 空气的注射器中）。

b. 在上述规定的测定条件下，分别量取 1mL 不同浓度的标准气体，每个浓度混合标准气体进样，每次待组分完全流出后（至少进样 3 次），选择出最佳的标准色谱图，以组分浓度含量为横坐标，峰面积为纵坐标绘制标准曲线（可参考图 5-12）。

② 试样测定

a. 将仪器设备各项参数调整至规定的测定条件。

b. 打开色谱工作站，引入标准色谱图。

c. 准确量样品 1mL 进样，待样品峰完全流出后，得到样品色谱图。

d. 该样品含量可直接从色谱图定量结果中得出。

（6）变压吸附回收氯乙烯中乙炔、氯乙烯含量标准色谱参考图（图 5-12）。

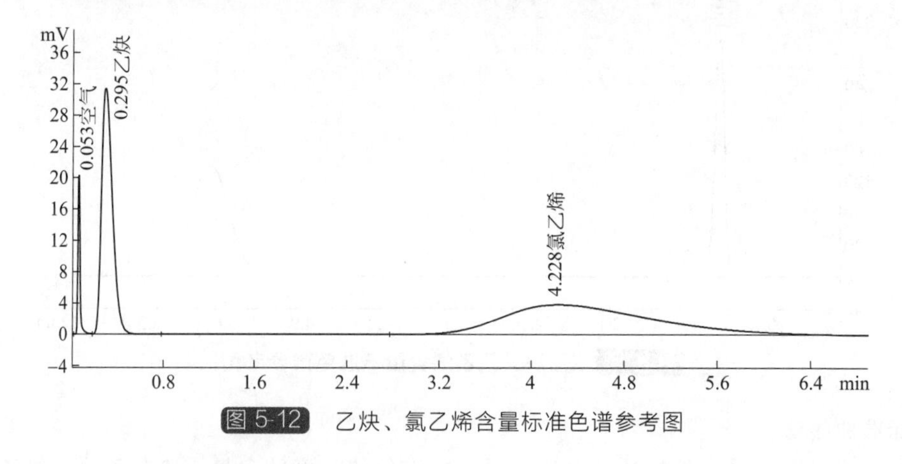

图 5-12　乙炔、氯乙烯含量标准色谱参考图

（二）氧气、氮气的测定

1. 范围

适用于变压吸附回收氯乙烯气体中氧气、氮气含量的测定，其他类似样品可做参考。

2. 试验方法

同本章第三节“三、（三）”的方法测定。

（三）氧气的测定

1. 范围

适用于变压吸附回收氯乙烯气体中氧气含量的测定。

2. 方法提要

用乙醇先吸收气体中的氯乙烯和乙炔，再用焦性没食子酸钾吸收剩余气体中的氧，从而测得氧的含量。

3. 试剂和溶液

（1）乙醇。

（2）焦性没食子酸钾吸收液。

4. 仪器

奥氏气体吸收仪。

5. 测定步骤

充分置换后，用双头气体量管采取样品 100mL，调整水准瓶高度，将气体压入装有乙醇的固体吸收器中，充分吸收样品后，调整水准瓶高度，读取剩余气体体积 V_1。测定后剩余气体，再次调整水准瓶高度，压入装有焦性没食子酸钾的固体吸收器中，充分吸收剩余气体后，调整水准瓶高度，读取体积 V_2。

6. 结果表述

氧的体积分数（φ）按下式计算：

$$\varphi(\%)=\frac{V_1-V_2}{V}\times 100$$

式中 V——取样体积；

V_1——乙醇吸收氯乙烯和乙炔混合气后剩余的气体体积，mL；

V_2——焦性没食子酸钾吸收后剩余的气体体积，mL。

九、变压制氢产品气组分的分析

（一）甲烷、乙炔、氯乙烯的测定

1. 范围

适用于氯乙烯变压制氢产品气中甲烷、乙炔、氯乙烯含量的测定，其他类似样品可做参考。

2. 方法提要

采用与被测组分含量相接近的标准气，在同样的操作条件下，用气相色谱法进行分离，通过被测组分和标准气组分峰值比，测得样品的相应组分含量。

3. 试剂和材料

（1）标准物质　与样品待测组分相接近的标准物质。

（2）氮气　纯度不得低于 99.99%，使用前应经过硅胶、分子筛或活性炭等净化处理。

（3）氢气　纯度不得低于 99.99%，使用前应经过硅胶、分子筛或活性炭等净化处理。

（4）空气　不应含有腐蚀性杂质，使用前应脱油、脱水处理。

4. 仪器

（1）气相色谱仪　具备自动进样装置或手动进样装置氢火焰检测器的色谱仪。

（2）色谱柱　Φ4mm×2m 不锈钢柱。

（3）填充物　60～80 目 Porapak Q。

（4）注射器　1mL（精度 0.02mL）或其他适宜体积的注射器。

5. 测定条件

（1）色谱柱温度　60～80℃。

（2）汽化室温度　100℃。

（3）检测器温度　150～180℃。

（4）载气（N_2）流速　30～50mL/min。

（5）燃气（H_2）流速　30～50mL/min。

（6）助燃气（空气）流速　300mL/min。

6. 测定步骤

（1）标准色谱图制作　在上述规定的测定条件下，准确量取1mL标准气进样，待组分完全流出后（至少进样3次），选择出最佳的标准色谱图（可参考图5-13）。

（2）试样测定

① 将仪器设备各项参数调整至规定的测定条件。

② 打开色谱工作站，引入标准色谱图。

③ 准确量样品1mL进样，待样品峰完全流出后，得到样品色谱图。

④ 该样品含量可直接从色谱图定量结果中得出。

7. 变压制氢产品气中甲烷、乙炔、氯乙烯含量标准色谱参考图（图5-13）

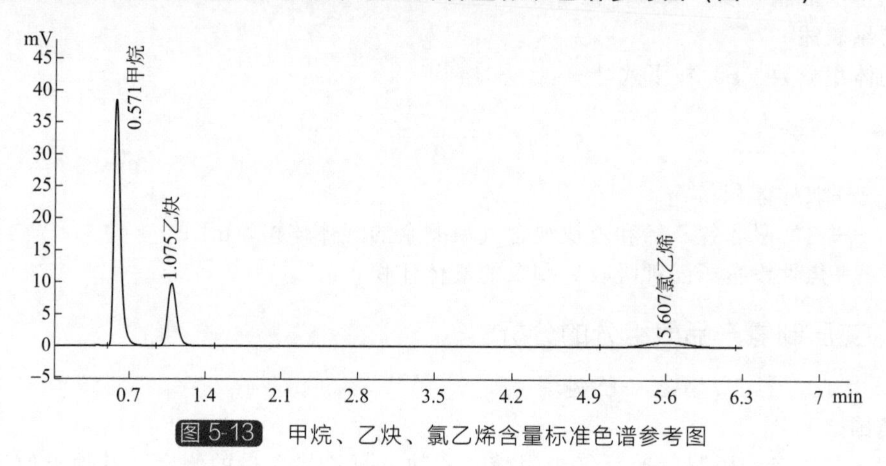

图5-13　甲烷、乙炔、氯乙烯含量标准色谱参考图

（二）氧气、氮气的测定

1. 范围

适用于氯乙烯变压制氢中产品气氧气、氮气含量的测定，其他类似样品可做参考。

2. 试验方法

同本章第三节“三、（三）”的方法测定。

第四节　三氯乙烯生产过程控制分析

一、四氯乙烷塔釜液的分析

（一）酸度的测定

1. 范围

适用于三氯乙烯生产中四氯乙烷塔釜液酸度的测定。

2. 方法提要

以水萃取试样中的酸，用氢氧化钠标准溶液滴定。

3. 试剂或材料

(1) 氢氧化钠标准滴定溶液 $c(NaOH)=0.01mol/L$。临用前用0.1mol/L氢氧化钠标准滴定溶液稀释配制。

(2) 溴百里香酚蓝指示液 1g/L。称0.1g溴百里香酚蓝溶于100mL乙醇（95%）中。

4. 测定步骤

称取50mL试样，精确至0.01g，置于分液漏斗中，再加入100mL水，振荡3min后静置片刻，取上层溶液，加入溴百里香酚蓝指示液5～6滴，用氢氧化钠标准溶液滴定至颜色由黄绿色变为蓝色即为终点。

5. 结果表述

试样酸度（以HCl计）的质量分数（X）按下式计算：

$$X(\%)=\frac{c(V/1000)\times 36.46}{m}\times 100=\frac{3.646cV}{m}$$

式中 c——氢氧化钠标准滴定溶液的浓度，mol/L；

V——试样消耗氢氧化钠标准滴定溶液的体积，mL；

m——试样的质量，g；

36.46——氯化氢的摩尔质量，g/mol。

（二）水分的测定

1. 范围

适用于三氯乙烯生产中四氯乙烷塔釜液水分的测定。

2. 方法提要

四氯乙烷对水的溶解度是随温度变化的。当样品冷却到一定温度时出现浑浊，此时的浊点温度表示试样相应的含水量。

3. 试剂和溶液

工业饱和氯化钙盐水。

4. 仪器和设备

(1) 温度计 －50～50℃，分度值1℃。

(2) 冷却器 500mL烧杯。

(3) 电热恒温鼓风干燥箱。

(4) 比色管：18mm（直径）×200mm（高）。

(5) 水分测定装置见图5-14。

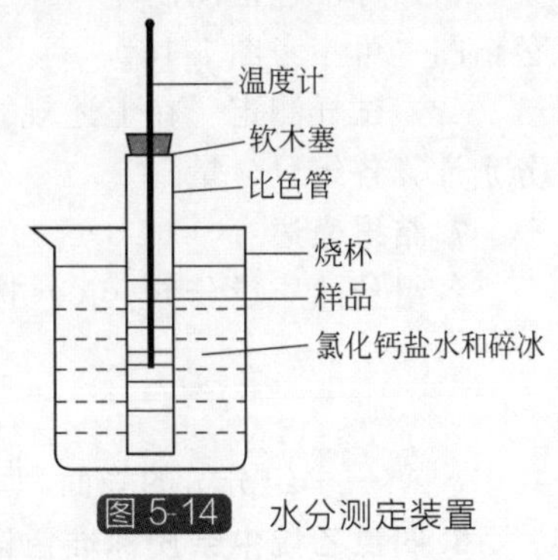

图5-14 水分测定装置

5. 测定步骤

在（110±2)℃的电热恒温鼓风干燥箱中干燥所用仪器，并保存在干燥器中。在比色管中加入约100mm的试样，用带有温度计的橡皮塞（或软木塞）塞紧，此时温度计应直立于比色管中央，水银球位于试样中部，然后将此比色管直立于带有碎冰和氯化钙盐水的烧杯中冷却3min，取出比色管迅速振荡使管内试样温度均匀，继续放入进行冷却并随时观察样品，当样品出现浑浊时，立即读取温度值，即为样品的浊点。取两次读数的算术平均值为测定结果。

（三）组分的测定

1. 范围

适用于三氯乙烯生产中四氯乙烷塔釜液组分的测定。

2. 方法提要

采用气相色谱法，在选定的操作条件下，试样组分通过毛细管色谱柱得到分离，用氢火焰离子化检测器检测，采用面积百分比法分别计算各组分含量。

3. 试剂和材料

（1）标准物质　与样品待测组分相接近的标准物质。

（2）氮气　纯度不得低于99.99%，使用前应经过硅胶、分子筛或活性炭等净化处理。

（3）氢气　纯度不得低于99.99%，使用前应经过硅胶、分子筛或活性炭等净化处理。

（4）空气　不应含有腐蚀性杂质，进入仪器气路前应脱油、脱水。

4. 仪器和设备

（1）气相色谱仪　具有自动进样或手动进样装置的氢火焰离子化检测器的色谱仪。

（2）色谱柱　Φ0.25mm×1.0μm×60m 毛细管柱。

（3）固定相　（6%-氰丙基-苯基）甲基聚硅氧烷。

（4）微量注射器　1μL 或其他适宜体积的注射器。

5. 测定条件

（1）色谱柱温度　120℃。

（2）汽化室温度　250℃。

（3）检测器温度　250℃。

（4）分流比　30∶1。

（5）载气（N_2）流速　1～2mL/min。

（6）燃气（H_2）流速　30mL/min。

（7）助燃气（空气）流速　300mL/min。

（8）尾吹　28mL/min。

6. 测定步骤

（1）标准色谱图制作　按上述规定的色谱测定条件，吸取 0.6μL 的标准气，制作标准色谱图（可参考图 5-15）。

（2）试样测定　在上述规定的测定条件下，吸取试样 0.6μL 进样，采用面积百分比法分别计算各组分含量。

7. 结果表述

各组分的质量分数（X）按下式计算：

$$X(\%)=\frac{A_i}{\sum A_i}\times 100$$

式中　A_i——组分 i 的峰面积，cm^2 或 mV·min。

8. 四氯乙烷中杂质标准色谱参考图（图 5-15）

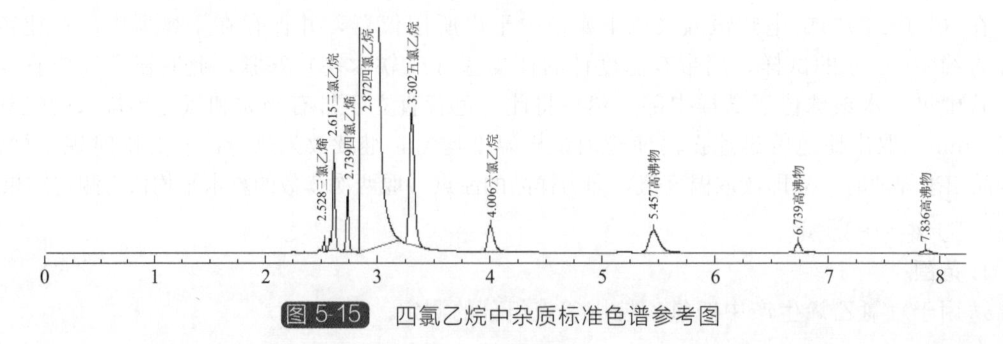

图 5-15　四氯乙烷中杂质标准色谱参考图

二、解析塔釜液的分析

（一）酸度的测定

同本章第四节"一、（一）"的方法测定。

（二）水分的测定

同本章第四节"一、（二）"的方法测定。

（三）组分的测定

同本章第四节"一、（三）"的方法测定。

三、三氯乙烯塔顶液的分析

（一）色度的测定

1. 范围

适用于三氯乙烯生产中三氯乙烯塔顶液色度的测定。

2. 方法提要

用氯铂酸钾和六水合氯化钴配制标准铂-钴比色液，试样的颜色与标准铂-钴比色液的颜色目测比较，以测定试样的颜色强度。

3. 试验方法

按 GB/T 3143 规定的方法。

（二）酸度的测定

同本章第四节"一、（一）"的方法测定。

（三）水分的测定

同本章第四节"一、（二）"的方法测定。

（四）组分的测定

同本章第四节"一、（三）"的方法测定。

第五节 四氯乙烯生产过程控制分析

一、粗四氯乙烯的分析

1. 范围

适用于热氯化法生产四氯乙烯的粗产品组分四氯化碳、四氯乙烯、六氯乙烷、六氯丁二烯和六氯苯含量的测定。

2. 方法提要

用二氯甲烷将粗四氯乙烯溶解成透明液体，用气相色谱仪对不同有机物及其含量进行测定，定性定量出粗四氯乙烯中各组分的含量。

3. 试剂和材料

（1）氦气或氮气 纯度不得低于 99.8%，使用前应经过硅胶、分子筛或活性炭等净化处理。

（2）氢气 纯度不得低于 99.8%，使用前应经过硅胶、分子筛或活性炭等净化处理。

（3）空气 不应含有腐蚀性杂质，进入仪器气路前应脱油、脱水处理。

(4) 四氯乙烯　纯度不得低于99.9%，作为校准用标准样品的本底。

(5) 校准用标准样品的各杂质组分　色谱纯或纯度的质量分数不低于99.5%。

(6) 二氯甲烷　不含四氯化碳。

(7) 氢氧化钠溶液　1mol/L。将100mL15%氢氧化钠溶液和300mL水混合而制成。

4. 仪器

(1) 气相色谱仪　具备自动进样装置或手动进样装置氢火焰离子化检测器的色谱仪。

(2) 色谱柱　Φ0.32mm×0.25μm×30m毛细管柱。

(3) 固定相　(5%-苯基)-甲基聚硅氧烷。

(4) 微量注射器　5μL或适宜体积的注射器。

(5) 梨形分液漏斗　250mL。

(6) 制样瓶　2.5mL。

5. 测定条件

(1) 色谱柱温度　80～260℃。

(2) 汽化室温度　300℃。

(3) 检测器温度　300℃。

(4) 载气（He或N_2）流速　29.4mL/min。

(5) 燃气（H_2）流速　30mL/min。

(6) 助燃气（空气）流速　300mL/min。

6. 测定步骤

(1) 标准气的配制及测定

① 称取100mL带隔垫的螺纹口瓶的质量，精确至0.01g。打开瓶盖及隔垫，加入约50g液体四氯乙烯本底样品，盖上隔垫及瓶盖，再次称重。两次称量之差即为加入的四氯乙烯的质量。

② 根据待测样品实际情况，用注射器依次加入各杂质组分气体或液体到100mL带隔垫的螺纹口瓶中，使各杂质的含量与待测样品组成接近。

③ 结果表述

a. 各杂质组分i气体的质量（m_i）按下式计算：

$$m_i(\text{g})=\frac{M_iV_i}{24450}$$

式中　V_i——待测组分i的气体体积，mL；

M_i——待测组分i的摩尔质量，g/mol；

24450——在25℃、标准大气压下，1mol气体的体积，mL。

b. 各杂质组分i液体的质量（m_i）按下式计算：

$$m_i(\text{g})=\rho_iV_i$$

式中　V_i——待测组分i的液体体积，mL；

ρ_i——待测组分i的密度，g/mL。

c. 校准用标准样品中待测组分含量（ω_i）按下式计算：

$$\omega_i(\%)=\frac{m_i}{m+\sum m_i}\times 100$$

式中　m_i——校准用标准样品中待测组分i的质量，g；

m——校准用标准样品中本底样品的质量，g。

(2) 相对质量校正因子的测定　取一定量的校准用标准样品，按上述规定的色谱操作条件测定。以校准用标准样品的本底样品为参照物 R，杂质组分 i 的相对质量校正因子 f_i 按下式计算：

$$f_i=\frac{\omega_i A_R}{A_i \omega_R}$$

式中　ω_i——校准用标准样品中杂质组分 i 的质量分数，%；

A_i——杂质组分 i 的峰面积，cm^2 或 mV·min；

ω_R——本底样品参照物 R 的质量分数，%；

A_R——本底样品参照物 R 的峰面积，cm^2 或 mV·min。

注：未知组分的相对质量校正因子 f_i 按最大的计算。

(3) 试样测定　用二氯甲烷溶解样品，待样品完全溶解（澄清）后，取常温溶液约 20mL 加入分液漏斗中，加入适量的 1mol/L 氢氧化钠溶液，振摇使充分反应除去氯和酸，待完全分层后，用制样瓶收集有机相的中间部分，取 0.5μL 进样，结果由归一化法计算：

$$M_i=\frac{f_i A_i}{\sum(A_R f_R)}\times 100$$

式中　M_i——任一组分含量，%；

f_i——任一组分的校正因子；

A_i——任一组分的峰面积；

f_R——各组分的校正因子；

A_R——各组分的峰面积。

7. 注意事项

(1) 固体样品应保证在溶剂中完全溶解，并尽量提高整个溶液体系中溶质的浓度。

(2) 进样注射器定期用二氯甲烷清洗。

8. 粗四氯乙烯中杂质标准色谱参考图（图 5-16）

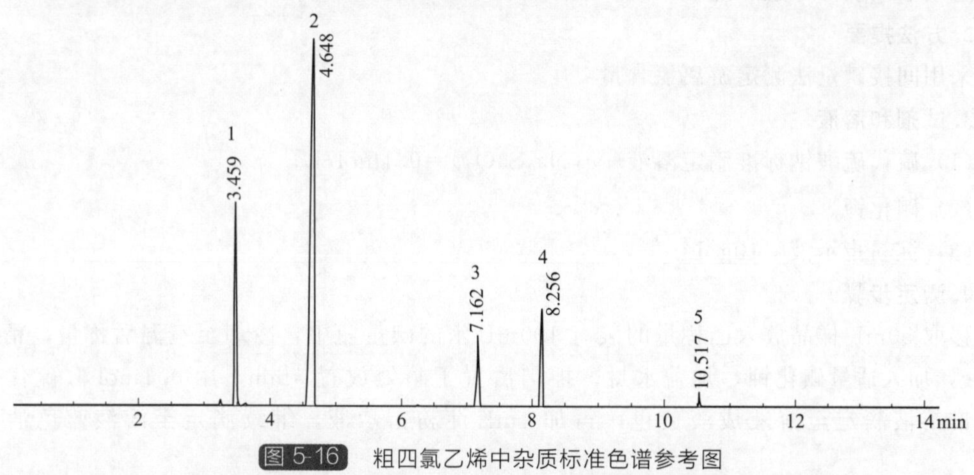

图 5-16　粗四氯乙烯中杂质标准色谱参考图

1—四氯化碳；2—四氯乙烯；3—六氯乙烷；4—六氯丁二烯；5—六氯苯

二、硫酸的分析

1. 范围

适用于四氯乙烯生产过程中干燥氯气用硫酸的测定。

2. 方法提要

在酸性介质中，游离氯与碘化钾反应析出碘，以淀粉为指示剂，用硫代硫酸钠标准滴定溶液滴定至蓝色消失为终点，测定游离氯质量分数，反应式如下：

$$Cl_2 + 2I^- \longrightarrow 2Cl^- + I_2$$

$$I_2 + 2S_2O_3^{2-} \longrightarrow S_4O_6^{2-} + 2I^-$$

在滴定完游离氯的试液中，以甲基红-亚甲基蓝为指示剂，用氢氧化钠标准滴定溶液中和滴定，测定硫酸质量分数。

3. 试验方法

按 HG/T 5026 规定的方法。

三、盐酸的分析

（一）总酸度的测定

1. 范围

适用于四氯乙烯生产过程中副产盐酸总酸度的测定。

2. 方法提要

试样溶液以溴甲酚绿为指示液，用氢氧化钠标准溶液滴定至溶液由黄色变为蓝色为终点。

3. 试验方法

按 GB/T 320 规定的方法。

（二）游离氯含量的测定

1. 范围

适用于四氯乙烯生产过程中副产盐酸游离氯的测定。

2. 方法提要

采用间接碘量法测定游离氯含量。

3. 试剂和溶液

（1）硫代硫酸钠标准滴定溶液　$c(Na_2S_2O_3)=0.1mol/L$。

（2）碘化钾。

（3）淀粉指示液　10g/L。

4. 测定步骤

移取 50mL 样品放入已称量的装有 100mL 水的碘量瓶中，冷却至室温后称量，精确至 0.01g，加入适量碘化钾，加盖水封，摇匀后置于暗处放置 5min，用 0.1mol/L 硫代硫酸钠标准溶液滴定至溶液成淡黄色，再加 1mL 淀粉指示液，继续滴定至溶液蓝色消失为终点。

$$Cl_2 + 2I^- \longrightarrow 2Cl^- + I_2$$

$$I_2 + 2S_2O_3^{2-} \longrightarrow S_4O_6^{2-} + 2I^-$$

5. 结果表述

游离氯（以 Cl 计）的含量（X）按下式计算：

$$X(\%)=\frac{c(V/1000)\times 35.45}{m}\times 100=\frac{3.545cV}{m}$$

式中　c——硫代硫酸钠标准滴定溶液的浓度，mol/L；

V——滴定样品消耗硫代硫酸钠标准溶液的体积，mL；

m——试样质量，g；

35.45——氯的摩尔质量，g/mol。

6. 注意事项

（1）做盐酸样品时，应注意样品的“液封”操作，以防止气体的挥发。

（2）做游离氯含量时，在未加淀粉指示液前，应“快滴慢摇”，以防止碘蒸气的挥发；在加完淀粉指示液后，要“慢滴快摇”，因为此时已接近反应终点。

（3）淀粉指示液应在整个溶液呈淡黄色（即接近终点）时才能加入。

第六节　环氧丙烷生产过程控制分析

一、石灰乳中氢氧化钙的分析

1. 范围

适用于环氧丙烷生产过程中石灰乳中氢氧化钙含量的测定。

2. 方法提要

利用酸碱中和滴定，测得石灰乳中氢氧化钙的含量。

3. 试剂和溶液

（1）盐酸标准滴定溶液　$c(HCl)=0.5mol/L$。

（2）酚酞指示液　10g/L。

4. 测定步骤

称取3g试样，精确至0.01g，置于盛有20mL水的250mL三角瓶中，加2～3滴酚酞指示液，用0.5mol/L盐酸标准溶液滴定至无色为终点，记录消耗盐酸标准溶液的体积。

5. 结果表述

氢氧化钙［$Ca(OH)_2$］的质量分数（X）按下式计算：

$$X(\%)=\frac{c(V/1000)\times 37.05}{m}\times 100=\frac{3.705cV}{m}$$

式中　c——盐酸标准滴定溶液的浓度，mol/L；

V——滴定试样时消耗盐酸标准溶液的体积，mL；

m——试样质量，g；

37.05——氢氧化钙［$1/2Ca(OH)_2$］的摩尔质量，g/mol。

6. 允许差

取平行测定结果的算术平均值为测定结果，平行测定结果之差的绝对值不大于0.3%。

二、氯气含量的分析

同第二章第二节“一、（一）”的方法测定，其中吸收液浓度可根据实际情况配制。

三、丙烯含量的分析

1. 范围

适用于丙烯中烃类组分的测定。

2. 方法提要

利用色谱柱将样品气中的烃类组分分离，采用热导检测器检测，用校正归一化法计算。

3. 试剂和材料

（1）标准物质　与样品待测组分相接近的标准物质。

（2）氢气　纯度不得低于99.99%，使用前应经过硅胶、分子筛或活性炭等净化处理。

（3）丙烯　纯度不得低于99.9%，作为校准用标准样品的本底。

4. 仪器

（1）气相色谱仪　具备自动进样装置或手动进样装置热导检测器的色谱仪。

（2）色谱柱　Φ3mm×2m 不锈钢柱。

（3）填充物　60～80 目活性氧化铝。

（4）微量注射器　100μL 或其他适宜体积的注射器。

5. 测定条件

（1）色谱柱温度　70℃。

（2）汽化室温度　110℃。

（3）检测器温度　110℃。

（4）桥路电流　90mA。

（5）载气（H_2）流速　20～30mL/min。

（6）载气（H_2）总压　0.3MPa。

（7）载气（H_2）柱前压　0.2MPa。

6. 测定步骤

（1）校正因子测定　吸取适量的标准气，在上述规定的色谱操作条件下，进行各组分校正因子的测定，各组分相对丙烯的校正因子 f_i。按下式计算：

$$f_i=\frac{A_s m_i}{A_i m_s}$$

式中　A_s——主体丙烯的峰面积，cm^2 或 mV·min；

m_s——主体丙烯的质量，g；

A_i——组分 i 的峰面积，cm^2 或 mV·min；

m_i——组分 i 的质量，g。

（2）试样测定　按色谱仪操作规程开启色谱仪及色谱数据处理工作站。调整数据处理工作站的零点在规定范围内，待色谱数据处理工作站显示的基线稳定后，用微量注射器进样80μL。出完丙烯峰后，需要再监测3min，观察有无 C_4 及其他组分。检验完毕按操作规程关闭仪器。

7. 结果表述

丙烯含量（X）按下式计算：

$$X(\%)=\frac{f_1 A_1}{\sum(f_i A_i)}\times 100$$

式中　f_1——丙烯的相对质量校正因子；

A_1——丙烯的峰面积，cm^2 或 mV·min；

f_i——组分 i 的校正因子；

A_i——组分 i 的峰面积，cm^2 或 mV·min。

注：$f_{乙烷}$ 为 1.960；$f_{乙烯}$ 为 2.080；$f_{丙烷}$ 为 1.550；$f_{丙烯}$ 为 1.550（仅供参考）。

8. 丙烯中烃类组分的标准色谱参考图（图 5-17）

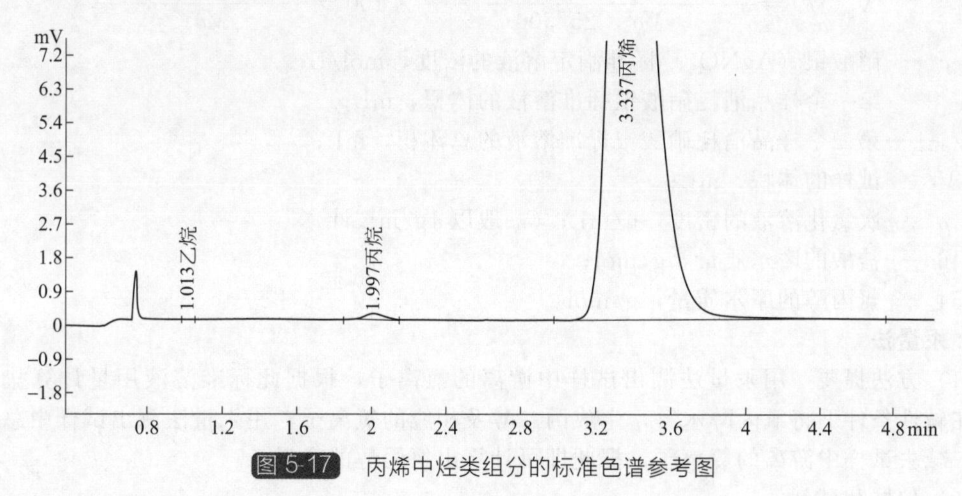

图 5-17 丙烯中烃类组分的标准色谱参考图

四、次氯化溶液的分析

1. 范围

适用于环氧丙烷生产过程中次氯化溶液中盐酸、氯丙醇含量的测定。

2. 银量法

(1) 方法提要　用银量法测出试样中游离的氯离子，根据此标准溶液用量计算盐酸含量；在碱性条件下将氯丙醇水解，生成丙二醇及相应的氯离子，用银量法测出试样中总的氯离子，减去试样中游离的氯离子，据此即可计算出氯丙醇的含量。

$$CH_3CHOHCH_2Cl + NaHCO_3 \longrightarrow CH_3CHOHCH_2OH + NaCl + CO_2\uparrow$$

$$AgNO_3 + NaCl \longrightarrow AgCl\downarrow + NaNO_3$$

$$NaOH + HCl \longrightarrow NaCl + H_2O$$

(2) 溶液和试剂

① 碳酸氢钠。

② 硝酸银标准滴定溶液　$c(AgNO_3)=0.1mol/L$。

③ 氢氧化钠溶液　50g/L。

④ 硝酸溶液　10%。

⑤ 铬酸钾指示液　100g/L。

⑥ 酚酞指示液　10g/L。

(3) 测定步骤　准确吸取 25mL 试样置于 250mL 容量瓶，稀释至刻度。从中准确吸取两个试样各 25mL，置于两个三角瓶中，每个三角瓶内分别滴加 1 滴酚酞指示液，再分别加入氢氧化钠溶液呈微红色，然后用硝酸溶液调至微红色消失为止。

于第一个样品中滴加 1mL 铬酸钾指示液，然后用 0.1mol/L 硝酸银标准溶液滴定至溶液由黄色恰好到砖红色为止，记下此时消耗硝酸银标准溶液的体积 V_1。

在第二个样品中加约 0.5g 的碳酸氢钠粉末，并轻轻摇晃待其溶解后回流 30min（如果出现红色可加硝酸溶液）待自然冷却后，加入 1mL 铬酸钾指示液，用 0.1mol/L 硝酸银标准溶液滴定至溶液由黄色变为砖红色为止。记下此时消耗硝酸银标准溶液的体积 V_2。

(4) 结果表述　盐酸含量（X_1）、氯丙醇含量（X_2）按下式计算：

$$X_1(\%)=\frac{c(V_1/1000)\times 36.46}{V\rho \times 25/250}\times 100=\frac{36.46cV_1}{V\rho}$$

$$X_2(\%)=\frac{c[(V_2-V_1)/1000]\times 94.54}{V\rho\times 25/500}\times 100=\frac{94.54c(V_2-V_1)}{V\rho}$$

式中 c——硝酸银（$AgNO_3$）标准滴定溶液的浓度，mol/L；

V_1——第一个样品消耗硝酸银标准溶液的体积，mL；

V_2——第二个样品消耗硝酸银标准溶液的总体积，mL；

V——试样的体积，mL；

ρ——次氯化溶液的密度，g/mL；（一般以 1g/mL 计）

36.46——盐酸的摩尔质量，g/mol；

94.54——氯丙醇的摩尔质量，g/mol。

3. 汞量法

（1）方法提要　用汞量法测出试样中游离的氯离子，根据此标准溶液用量计算盐酸含量；在碱性条件下将氯丙醇水解，生成丙二醇及相应的氯离子，用汞量法测出试样中总的氯离子，减去试样中游离的氯离子，据此即可计算出氯丙醇的含量。

（2）仪器和试剂

① 硝酸汞标准滴定溶液　c [$1/2Hg(NO_3)_2$] =0.1mol/L。

② 硝酸溶液　2mol/L。

③ 碳酸钠溶液　4%。

④ 溴酚蓝指示液　1%。

⑤ 二苯偶氮碳酰肼指示液　1%。

⑥ 电热恒温水浴锅。

（3）测定步骤

① 准确吸取 2mL 试样，加入装有 15mL 水的三角瓶中，加 2～3 滴溴酚蓝指示液，此时溶液呈黄色，再加 2 滴硝酸溶液，加入 8～10 滴二苯偶氮碳酰肼指示液，用 0.1mol/L 硝酸汞标准溶液滴定至紫红色为终点。记下消耗的硝酸汞标准溶液的体积 V_1。

② 吸取 25mL 碳酸钠溶液置于装有 15mL 水的三角瓶中，然后准确加入 2mL 试样，将三角瓶放入 70℃的恒温水浴中，加热 30min 后取出冷却至室温后，加 2～3 滴溴酚蓝指示液，此时溶液呈蓝色，用硝酸溶液中和至黄色后，过量 3 滴，加入 8～10 滴二苯偶氮碳酰肼指示液，用 0.1mol/L 硝酸汞标准溶液滴定至紫红色为终点。记下消耗的硝酸汞标准溶液体积 V_2。

（4）结果表述　盐酸含量（X_1）、氯丙醇含量（X_2）按下式计算：

$$X_1(\%)=\frac{c(V_1/1000)\times 36.46}{V\rho}\times 100=\frac{3.646cV_1}{V\rho}$$

$$X_2(\%)=\frac{c[(V_2-V_1)/1000]\times 94.54}{V\rho}\times 100=\frac{9.454c(V_2-V_1)}{V\rho}$$

式中 c——硝酸汞 [$1/2Hg(NO_3)_2$] 标准滴定溶液的浓度，mol/L；

V_1——滴定未加碳酸钠溶液样品时消耗硝酸汞 [$1/2Hg(NO_3)_2$] 标准溶液的体积，mL；

V_2——滴定水解后样品消耗用硝酸汞 [$1/2Hg(NO_3)_2$] 标准溶液的体积，mL；

V——试样的体积，mL；

ρ——次氯化溶液的密度，g/mL；（一般以 1g/mL 计）

36.46——盐酸的摩尔质量，g/mol；

94.54——氯丙醇的摩尔质量，g/mol。

(5) 允许差

① 盐酸 取平行测定结果的算术平均值为测定结果，平行测定结果之差的绝对值不大于0.1%。

② 氯丙醇 取平行测定结果的算术平均值为测定结果，平行测定结果之差的绝对值不大于0.04%。

五、碱洗塔中碱含量的分析

1. 范围

适用于环氧丙烷生产过程中碱洗塔中碱含量的测定。

2. 方法提要

(1) 环氧丙烷装置第一碱洗塔总碱含量（以NaOH计） 用双氧水除去次氯酸根，以溴甲酚绿-甲基红为指示液，用盐酸标准溶液滴定。

(2) 环氧丙烷装置第二碱洗塔碱含量 用双氧水除去次氯酸根，加入氯化钡以除去碳酸根的影响，在不含次氯酸根的介质中，以酚酞为指示液，用盐酸标准溶液滴定。反应式如下：

$$Ba^{2+} + CO_3^{2-} \longrightarrow BaCO_3$$

$$ClO^- + H_2O_2 \longrightarrow Cl^- + O_2 + H_2O$$

$$CO_3^{2-} + 2H^+ \longrightarrow CO_2 + H_2O$$

$$OH^- + H^+ \longrightarrow H_2O$$

3. 试剂和溶液

(1) 盐酸标准滴定溶液 $c(HCl)=0.5mol/L$。

(2) 过氧化氢溶液 3%。

(3) 氯化钡溶液 10%。

(4) 酚酞指示液 10g/L。

(5) 溴甲酚绿-甲基红混合指示液 3+1。

4. 测定步骤

(1) 第一碱洗塔总碱含量的测定 称取试样约3g（精确至0.001g），置于内装50mL水的250mL三角瓶中，滴加过氧化氢至溶液不冒气泡为止，滴加3～4滴溴甲酚绿-甲基红混合指示液，用0.5mol/L盐酸标准溶液滴定至红色为终点，记下滴定体积V_1。

(2) 第二碱洗塔碱含量的测定 称取试样约3g（精确至0.001g），置于内装50mL水的250mL三角瓶中，滴加过氧化氢至溶液不冒气泡为止，加入25mL氯化钡溶液，使碳酸根生成碳酸钡沉淀，滴加2～3滴酚酞指示液，用0.5mol/L盐酸标准溶液滴定至微粉色为终点，记下滴定体积V_2。

5. 结果表述

第一碱洗塔碱含量（以NaOH计）(X_1)、第二碱洗塔碱含量（以NaOH计）(X_2) 按下式计算：

$$X_1(\%) = \frac{c(V_1/1000) \times 40.00}{m} \times 100 = \frac{4cV_1}{m}$$

$$X_2(\%) = \frac{c(V_2/1000) \times 40.00}{m} \times 100 = \frac{4cV_2}{m}$$

式中 c——盐酸标准滴定溶液的浓度，mol/L；

V_1——第一洗塔碱试样滴定消耗盐酸标准溶液的体积，mL；

V_2——第二洗塔碱试样滴定消耗盐酸标准溶液的体积，mL；

m——试样的质量，mL；

40.00——氢氧化钠的摩尔质量，g/mol。

6. 允许差

取平行测定结果的算术平均值为测定结果，平行测定结果之差的绝对值不大于0.2%。

六、氯丙醇含量的分析

1. 范围

适用于环氧丙烷生产过程中粗环氧丙烷、二氯丙烷及水相中氯丙醇含量的测定。

2. 方法提要

样品汽化后随载气进入色谱柱，经色谱柱分离，用氢火焰检测器进行检测，得到色谱图，用面积百分比法计算结果。

3. 试剂和材料

(1) 标准物质　与样品待测组分相接近的标准物质。

(2) 氮气　纯度不得低于99.99%，使用前应经过硅胶、分子筛或活性炭等净化处理。

(3) 氢气　纯度不得低于99.99%，使用前应经过硅胶、分子筛或活性炭等净化处理。

(4) 空气　不应含有腐蚀性杂质，进入仪器气路前应脱油、脱水。

4. 仪器

(1) 气相色谱仪　具备自动进样装置或手动进样装置氢火焰离子化检测器的色谱仪。

(2) 色谱柱　Φ0.32mm×1μm×60m毛细管柱，AB-1。

(3) 微量注射器　1μL或其他适宜体积的注射器。

5. 测定条件

(1) 柱温　起始温度40℃保持3min，以15℃/min的速率升温至100℃，保持10min，以15℃/min的速率升温至180℃，保持5min。

(2) 检测器温度　260℃。

(3) 汽化室温度　200℃。

(4) 分流比　100∶1。

(5) 载气 (N_2) 流速　2.50mL/min。

(6) 燃气 (H_2) 流速　45mL/min。

(7) 助燃气 (空气) 流速　450mL/min。

6. 测定步骤

(1) 标准色谱图制作　在规定的色谱条件下，吸取0.4μL标准样品，注入色谱仪，获得最佳的标准色谱图 (可参考图5-18)。

(2) 试样测定　按规定的测定条件，待仪器设备基线稳定后，吸取0.4μL样品进样，由色谱工作站计算分析结果。

7. 结果表述

粗环氧丙烷、二氯丙烷及水相中氯丙醇含量 (X) 按下式计算：

$$X(\%)=\frac{A_i}{\sum A_i}\times 100$$

式中　A_i——组分 i 的峰面积，cm^2 或 mV·min。

8. 允许差

取平行测定结果的算术平均值为测定结果，平行测定结果之差的绝对值不大于0.5%。

9. 氯丙醇含量标准色谱参考图（图 5-18）

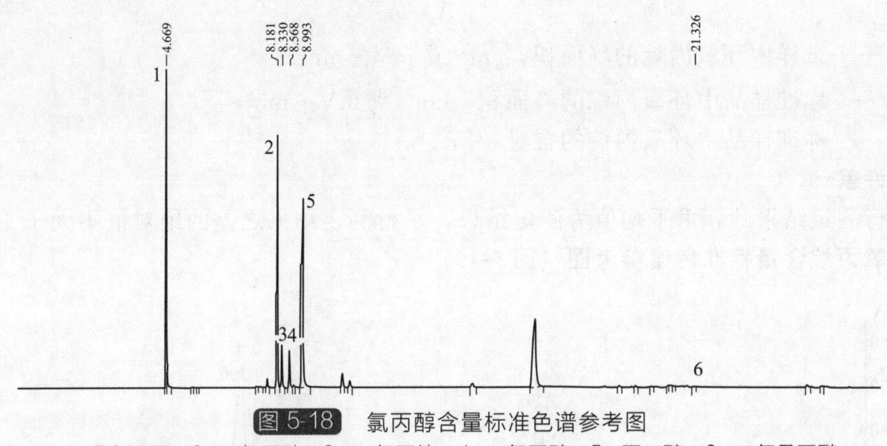

图 5-18　氯丙醇含量标准色谱参考图

1—PO/丙酮；2—*α*-氯丙醇；3—二氯丙烷；4—*β*-氯丙醇；5—丙二醇；6—二氯异丙醚

七、粗环氧丙烷含量的分析

1. 范围

适用于环氧丙烷装置粗环氧丙烷、脱氢塔底液及精馏塔底液中环氧丙烷含量的测定。

2. 方法提要

采用气相色谱法进行分离，以热导检测器进行检测，用外标法进行定量。

3. 试剂和材料

（1）标准样品　与样品待测组分相接近的标准样品。

（2）氢气　纯度不得低于 99.99%，使用前应经过硅胶、分子筛或活性炭等净化处理。

4. 仪器

（1）气相色谱仪　具备自动进样装置或手动进样装置热导检测器的色谱仪。

（2）色谱柱　Φ3mm×2m 不锈钢柱。

（3）填充物　60～80 目 GDX-102。

（4）注射器　1μL 或其他适宜体积的注射器。

5. 测定条件

（1）色谱柱温度　140～150℃。

（2）汽化室温度　140～180℃。

（3）检测器温度　160～180℃。

（4）桥路电流　90mA。

（5）载气（H_2）流速　30mL/min。

（6）载气（H_2）总压　0.2～0.3MPa。

（7）载气（H_2）柱前压　0.15～0.2MPa。

6. 测定步骤

（1）标准色谱图制作　在规定的色谱操作条件下，吸取 1μL 标准样品，注入色谱仪，获得最佳的标准色谱图（可参考图 5-19）。

（2）试样测定　按规定的色谱操作条件下，待仪器稳定后，分别吸取 1μL 的样品进样，由色谱工作站计算分析结果。

7. 结果表述

环氧丙烷的含量（X）按下式计算：

$$X(\%)=\frac{A_i}{A_E}\times E_i$$

式中 A_i——试样中环氧丙烷的峰面积，cm^2 或 mV·min；

A_E——标准样品中环氧丙烷的峰面积，cm^2 或 mV·min；

E_i——标准样品中环氧丙烷的含量，%。

8. 允许差

取平行测定结果的算术平均值为测定结果，平行测定结果之差的绝对值不大于1.5%。

9. 环氧丙烷含量标准色谱参考图（图5-19）

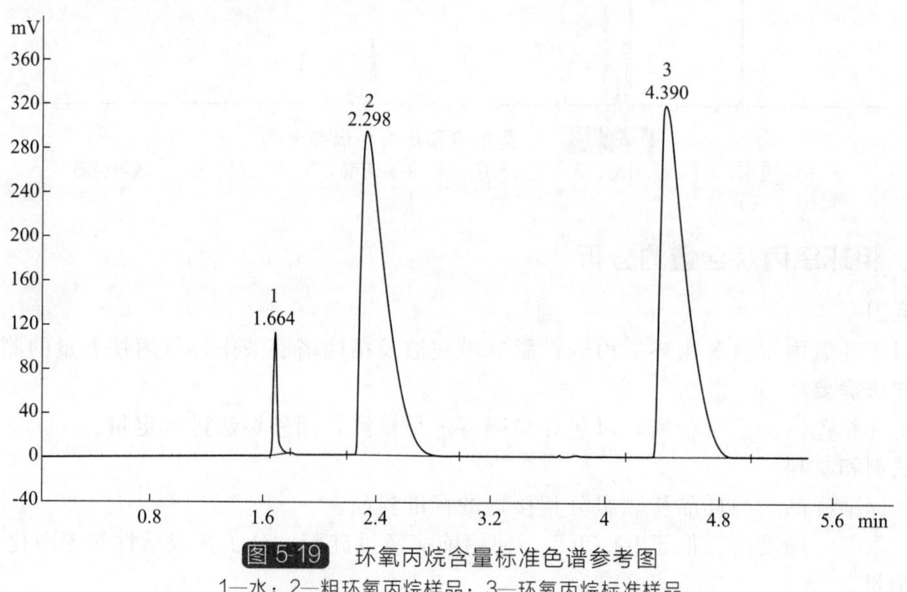

图5-19 环氧丙烷含量标准色谱参考图

1—水；2—粗环氧丙烷样品；3—环氧丙烷标准样品

八、醛含量的分析

1. 范围

适用于氯醇化工艺生产环氧丙烷过程环氧丙烷、二氯丙烷中醛含量的测定。

2. 色谱法

同本节“六”中氯丙醇方法测定，醛含量以乙醛和丙醛含量之和计。

3. 滴定法

（1）方法提要 试样中醛与过量的亚硫酸氢钠溶液定量反应，用碘标准溶液滴定未反应的亚硫酸氢钠，再加入碳酸氢钠使复合物定量分解，用碘标准溶液滴定释放的亚硫酸氢钠，根据消耗标准滴定溶液的体积，计算得试样中醛的质量分数，以丙醛计值。

（2）试剂和溶液

① 碘标准滴定溶液 $c(1/2I_2)=0.01mol/L$。

② 碘标准溶液 0.1mol/L。

③ 碳酸氢钠。

④ 亚硫酸氢钠溶液 2g/L，现用现配。

⑤ 淀粉指示液 10g/L。

（3）测定步骤 准确吸取25mL的亚硫酸氢钠溶液，置于150mL水的带塞的碘量瓶中，冰水浴中冷却15min左右。然后准确吸取25mL样品置于碘量瓶中，再放入冰水浴中保持

15min左右取出，滴加1mL淀粉指示液，然后用0.1mol/L碘标准溶液滴定至近终点，用0.01mol/L碘标准溶液滴定至蓝色，并保持在1min内不褪色，再加入约1g左右碳酸氢钠，混合摇匀后，用0.01mol/L碘标准溶液滴定至浅蓝色，在1min内不褪色为止，记录0.01mol/L碘标准溶液消耗的体积数。

(4) 结果表述　醛的质量分数（以丙醛计）(X) 按下式计算：

$$X(\%)=\frac{c(V_1/1000)\times 29.04}{V\rho}\times 100=\frac{2.904cV_1}{V\rho}$$

式中　c——碘标准滴定溶液浓度，mol/L；

V_1——试样消耗碘标准滴定溶液的体积，mL；

ρ——环氧丙烷的密度，g/mL；

V——试样的体积，mL；

29.04——丙醛 ($1/2C_3H_6O$) 的摩尔质量，g/mol。

九、粗二氯丙烷的分析

（一）外观的测定

1. 范围

适用于氯醇化工艺生产环氧丙烷制得的副产品粗二氯丙烷的外观测定。

2. 试验方法

将试样注入清洁、干燥的100mL具塞比色管中，使液层高度与比色管标线齐平，在日光或日光灯的透射下直接目测。

（二）二氯丙烷含量的测定

1. 范围

适用于氯醇化工艺生产环氧丙烷制得的副产品粗二氯丙烷的测定。

2. 方法提要

样品汽化后随载气进入色谱柱，经色谱柱分离，用氢火焰检测器进行检测，得到色谱图，用面积百分比法计算结果。

3. 试剂和材料

(1) 标准物质　与样品待测组分相接近的标准物质。

(2) 氮气　纯度不得低于99.99%，使用前应经过硅胶、分子筛或活性炭等净化处理。

(3) 氢气　纯度不得低于99.99%，使用前应经过硅胶、分子筛或活性炭等净化处理。

(4) 空气　不应含有腐蚀性杂质，进入仪器气路前应脱油、脱水。

4. 仪器

(1) 气相色谱仪　具备自动进样装置或手动进样装置氢火焰离子化检测器的色谱仪。

(2) 色谱柱　Φ0.32mm×1μm×60m石英毛细管柱，DB-1或AB-1。

(3) 注射器　1μL或其他适宜体积的注射器。

5. 测定条件

(1) 柱温　起始温度40℃，保持3min，以15℃/min升温至100℃，保持10min，以15℃/min升温至180℃，保持5min。

(2) 汽化室温度　250℃。

(3) 检测器温度　260℃。

(4) 分流比　80∶1。

（5）载气（N_2）流速 2.0mL/min。

（6）燃气（H_2）流速 30mL/min。

（7）助燃气（空气）流速 400mL/min。

6. 测定步骤

（1）标准色谱图制作 在上述规定的操作条件下，吸取 0.5μL 标准样品，注入气相色谱仪，获得最佳的标准色谱图（可参考图 5-20）。

（2）试样测定 在上述规定的操作条件下，吸取 0.5μL 样品进样，用面积百分比法进行定量。

7. 结果表述

样品中各组分的质量分数（X）按下式计算：

$$X(\%)=\frac{A_i}{\sum A_i}\times 100$$

式中 A_i——组分 i 的峰面积，cm^2 或 mV·min。

8. 允许差

取平行测定结果的算术平均值为测定结果，平行测定结果之差的绝对值不大于 0.5%。

9. 粗二氯丙烷中杂质标准色谱参考图（图 5-20）

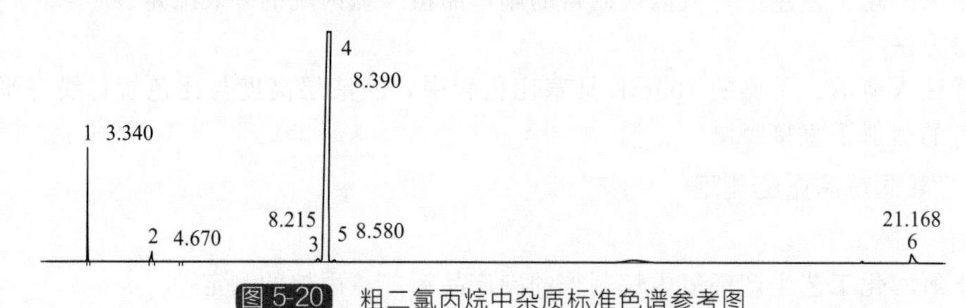

图 5-20 粗二氯丙烷中杂质标准色谱参考图

1—丙烯；2—PO/丙酮；3—α-氯丙醇；4—二氯丙烷；5—β-氯丙醇；6—二氯异丙醚

（三）酸度的测定

1. 范围

适用于氯醇化工艺生产环氧丙烷制得的副产品粗二氯丙烷。

2. 方法提要

以酚酞做指示剂，用氢氧化钠标准溶液滴定，根据消耗氢氧化钠标准滴定溶液的体积计算试样中酸的质量分数，以乙酸计。

3. 溶液

（1）氢氧化钠标准滴定溶液 $c(NaOH)=0.01mol/L$。

（2）酚酞指示液 10g/L。

4. 测定步骤

量取 50mL 水加入 250mL 三角瓶中，加入 2～3 滴酚酞指示液，用 0.01mol/L 氢氧化钠标准溶液滴定至溶液呈现粉红色，保持 15s 不褪色。准确移取 2mL 试样加入三角瓶中，用 0.01mol/L 氢氧化钠标准溶液滴定至溶液呈现粉红色，保持 15s 不褪色即为终点。

5. 结果表述

酸度（以乙酸计）（X）按下式计算：

$$X(\%)=\frac{c(V_1/1000)\times 60.05}{V\rho}\times 100=\frac{6.005cV_1}{V\rho}$$

式中　c——氢氧化钠标准滴定溶液的浓度，mol/L；

V_1——试样所消耗的氢氧化钠标准溶液的体积，mL；

V——试样的体积，mL；

ρ——粗二氯丙烷的密度，g/mL；

60.05——乙酸的摩尔质量，g/mol。

6. 允许差

取两次平行测定结果的算术平均值为测定结果，两次平行测定结果的相对偏差不得大于10%。

（四）密度的测定

1. 范围

适用于氯醇化工艺生产环氧丙烷制得的副产品粗二氯丙烷的密度测定。

2. 试验方法

按 GB/T 4472 规定的方法。

十、环氧丙烷的分析

（一）外观的测定

1. 范围

适用馏出口、半成品环氧丙烷的外观测定。

2. 试验方法

将试样注入清洁、干燥的100mL具塞比色管中，使液层高度与比色管标线齐平，在日光或日光灯的透射下直接目测。

（二）环氧丙烷含量及其杂质的测定

1. 范围

适用于纯度（质量分数）不低于95%、杂质浓度（质量分数）范围为0.001%～0.5%的环氧丙烷的测定。

2. 方法提要

在规定的条件下，将适量样品注入气相色谱仪。环氧丙烷和杂质在毛细管色谱柱上有效分离，使用氢火焰离子化检测器测量各个组分的峰面积。采用归一化法计算每个组分的浓度，扣除水分后计算得到环氧丙烷和杂质的含量。

3. 试剂和材料

（1）标准物质　与样品待测组分相接近的标准物质。

（2）氮气　纯度不得低于99.99%，使用前应经过硅胶、分子筛或活性炭等净化处理。

（3）氢气　纯度不得低于99.99%，使用前应经过硅胶、分子筛或活性炭等净化处理。

（4）空气　不应含有腐蚀性杂质，进入仪器气路前应脱油、脱水。

4. 仪器

（1）气相色谱仪　具备自动进样装置或手动进样装置氢火焰检测器的色谱仪。

（2）色谱柱　Φ0.32mm×7μm×25m 毛细管柱。

（3）固定相　二乙烯基苯-乙二醇-二甲基丙烯酸。

（4）微量注射器　1μL 或其他适宜体积的注射器。

5. 测定条件

（1）柱温　初始温度 80℃，以 5℃/min 的速率升温至 200℃。

（2）汽化室温度　170℃。

（3）检测器温度　270℃。

（4）分流比　100∶1。

（5）载气（N_2）流速　2.2mL/min。

6. 测定步骤

（1）校正因子的测定　各组分的相对校正因子根据各组分的有效碳原子数（ECN），以正庚烷为参比，按下式计算得到各组分的相对校正因子，参考值见表 5-3。正庚烷的相对校正因子设为 1.00。

$$f_i = \frac{M_i \mathrm{ECN_{c7}}}{M_{c7} \mathrm{ECN}_i}$$

式中　M_i——组分 i 的摩尔质量，g/mol；

ECN_i——组分 i 的有效碳原子数；

M_{c7}——正庚烷的摩尔质量，g/mol；

$\mathrm{ECN_{c7}}$——正庚烷的有效碳原子数，为 7.00。

表 5-2　各组分有效碳原子数和相对校正因子

序号	组分	有效碳原子数(ECN)	相对校正因子(f)
1	丙烯	2.90	1.01
2	乙醛	1.00	3.08
3	甲醇	0.74	3.02
4	乙烷	1.20	2.56
5	甲酸甲酯	1.00	4.20
6	丙醛	2.00	2.03
7	环氧丙烷	2.20	1.84
8	呋喃	3.00	1.59
9	1,2-二氯丙烷	2.76	2.86
10	1,2-丙二醇	1.75	2.66

（2）试样测定　开启色谱仪和色谱工作站，按操作条件设定仪器参数。待仪器稳定后，将 1μL 样品注入进样口，色谱峰全部出完后，进行计算。

7. 结果表述

环氧丙烷和杂质（如乙醛、丙醛）的质量分数（ω_i）按下式计算：

$$\omega_i(\%) = \frac{A_i f_i}{\sum_{i=1}^{n}(A_i f_i)} \times (100 - \omega)$$

式中　A_i——待测组分 i 的峰面积，cm^2 或 mV·min；

f_i——待测组分 i 的相对校正因子；对试样中不能得到相对校正因子的杂质组分，其校正因子设为 1.00。

ω——测得的水分质量分数，%。

8. 重复性

在重复性条件下获得的两次独立测试结果的绝对差值不应超过表 5-3 的重复性限（r），

已超过重复性限（r）的情况不超过5%为前提。

表5-3　重复性限（r）

项目	重复性限(r)	
杂质组分(ω)/%	$0.001 \leqslant \omega_i \leqslant 0.010$	两次测定结果算术平均值的15%
	>0.010	两次测定结果算术平均值的10%
环氧丙烷含量(ω)/%	0.04	

9. 环氧丙烷含量及其杂质标准色谱参考图（图5-21）

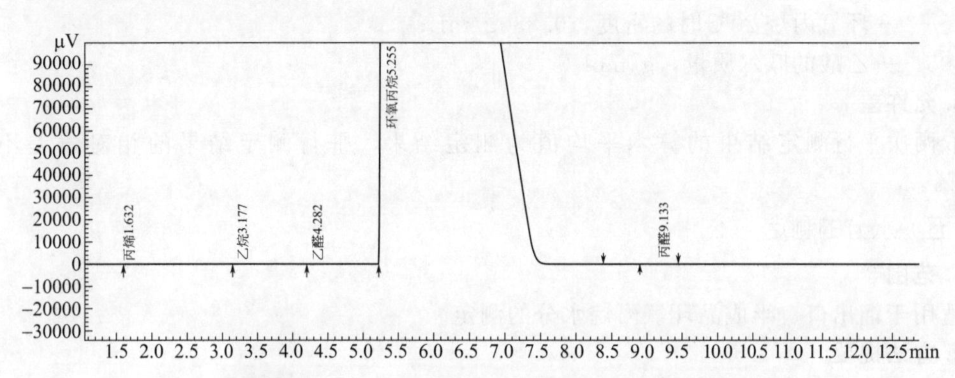

图5-21　环氧丙烷含量及其杂质标准色谱参考图

（三）色度的测定

1. 范围

适用于馏出口、半成品环氧丙烷色度的测定。

2. 方法提要

试样的颜色与标准铂-钴比色液的颜色目测比较，并以Hazen（铂-钴）颜色单位表示结果。Hazen（铂-钴）颜色单位即：每升溶液含1mg铂（以氯铂酸计）及2mg六水合氯化钴溶液的颜色。

3. 试验方法

按GB/T 3143规定的方法。

（四）酸度的测定

1. 范围

适用于馏出口、半成品环氧丙烷酸度的测定。

2. 方法提要

以酚酞做指示剂，用氢氧化钠标准溶液中和滴定，根据消耗氢氧化钠标准溶液的体积计算试样中酸的质量分数，以乙酸计。

3. 试剂和溶液

（1）氢氧化钠标准滴定溶液　$c(NaOH)=0.01mol/L$。

（2）酚酞指示液　10g/L。

（3）异丙醇。

4. 测定步骤

在250mL三角瓶中加入50mL异丙醇和2～3滴酚酞指示液，边搅拌边用0.01mol/L氢氧化钠标准溶液滴定至溶液呈粉红色，准确加入 25mL 试样，继续滴定至溶液呈粉红色，保持 15s 不褪色为终点。

5. 结果表述

酸度（以乙酸计）含量（X）按下式计算：

$$X(\%)=\frac{cV_1\times 60.05}{1000V\rho}\times 100=\frac{6.005cV_1}{V\rho}$$

式中 c——氢氧化钠标准滴定溶液的浓度，mol/L；

V_1——滴定试样所消耗的氢氧化钠标准溶液的体积，mL；

V——试样的体积，mL；

ρ——环氧丙烷 20℃时的密度，0.830g/mL；

60.05——乙酸的摩尔质量，g/mol。

6. 允许差

取两次平行测定结果的算术平均值为测定结果，平行测定结果的相对偏差不得大于 10%。

（五）水分的测定

1. 范围

适用于馏出口、半成品环氧丙烷水分的测定。

2. 方法提要

存在于试样中的任何水（游离水或结晶水）与已知滴定度的卡尔·费休试剂（碘、二氧化硫、吡啶和甲醇组成的溶液）进行定量反应。反应式如下：

$$H_2O+I_2+SO_2+3C_5H_5N \longrightarrow 2C_5H_5N\cdot HI+C_5H_5N\cdot SO_3$$

$$C_5H_5N\cdot SO_3+ROH \longrightarrow C_5H_5NH\cdot OSO_2OR$$

3. 试验方法

按 GB/T 6283 规定的直接电量滴定法测定，样品量 10mL，具体操作可参照仪器使用说明书。

十一、乙二醇的分析

（一）浓度的测定

1. 范围

适用于生产过程中制冷剂乙二醇溶液浓度的测定。

2. 方法提要

采用气相色谱法进行分离，以热导检测器进行检测，用外标法进行定量。

3. 试剂和材料

（1）标准物质　与样品待测组分相接近的标准物质。

（2）氢气　纯度不得低于 99.99%，使用前应经过硅胶、分子筛或活性炭等净化处理。

4. 仪器

（1）气相色谱仪　具备自动进样装置或手动进样装置热导检测器的色谱仪。

（2）色谱柱　Φ3mm×2m 不锈钢柱。

（3）填充物　60～80 目 GDX-102。

（4）微量注射器　1μL 或其他适宜体积的注射器。

5. 测定条件

（1）色谱柱温度　150～160℃。

（2）汽化室温度　180℃。

(3) 检测器温度　180℃。

(4) 桥路电流　90mA。

(5) 载气 (H_2) 总压　0.2～0.3MPa。

(6) 载气 (H_2) 柱前压　0.15～0.2MPa。

(7) 载气 (H_2) 流速　30mL/min。

6. 测定步骤

(1) 标准色谱图制作　在上述规定的操作条件下，吸取 1μL 标准样品，注入气相色谱仪，获得最佳的标准色谱图（可参考图 5-22）。

(2) 试样测定　将仪器设备各项参数调整至规定的测定条件，准确量取 1μL 样品进样，待样品峰完全流出后，得到样品色谱图。

7. 结果表述

乙二醇含量 (X_i) 按下式计算：

$$X_i(\%)=\frac{A_i}{A_E}\times E_i$$

式中　A_i——试样中乙二醇的峰面积，cm^2 或 mV·min；

A_E——标准物质中乙二醇的峰面积，cm^2 或 mV·min；

E_i——标准物质中乙二醇的含量，%。

8. 乙二醇含量的标准色谱参考图（图 5-22）

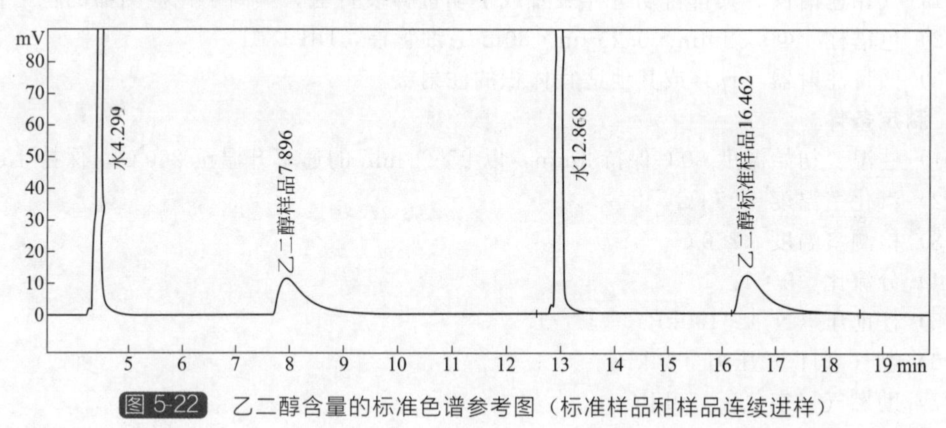

图 5-22　乙二醇含量的标准色谱参考图（标准样品和样品连续进样）

（二） pH 值的测定

1. 范围

适用于乙二醇溶液 pH 值的测定。

2. 方法提要

pH 值由测量电池的电动势而得。该电池通常由饱和甘汞电极为参比电极，玻璃电极为指示电极所组成。在 25℃，溶液中每变化 1 个 pH 单位，电位差改变为 59.16mV，据此在仪器上直接以 pH 的读数表示。温度差异在仪器上有补偿装置。

3. 试验方法

按 GB/T 6920 规定的方法。

4. 注意事项

在 pH＜1 的强酸性溶液和 pH＞10 的碱性溶液中，可按酸碱度测定。

第七节　环氧氯丙烷生产过程控制分析

一、二氯丙醇纯度及有机组分的分析

1. 范围

适用于二氯丙醇氯化中控、解析油层、精馏塔釜和釜残、脱轻塔釜、精馏塔顶、脱轻油层、苯层处理、二氯丙醇成品纯度及有机杂质的测定。

2. 方法提要

采用毛细管色谱柱对试样中各有机组分进行分离，经氢火焰离子化检测器检测，采用峰面积百分比法定量。

3. 试剂和材料

（1）标准物质　与样品待测组分相接近的标准物质。

（2）氮气　纯度不得低于99.99%，使用前应经过硅胶、分子筛或活性炭等净化处理。

（3）氢气　纯度不得低于99.99%，使用前应经过硅胶、分子筛或活性炭等净化处理。

（4）空气　不应含有腐蚀性杂质，进入仪器气路前应脱油、脱水处理。

（5）甲醇。

4. 仪器

（1）气相色谱仪　具备自动进样装置或手动进样装置氢火焰离子化检测器的色谱仪。

（2）色谱柱　Φ0.32mm×0.25μm×30m 毛细管柱，DB-1701。

（3）微量注射器　1μL 或其他适宜体积的注射器。

5. 测定条件

（1）柱温　初始温度80℃保持3min，以25℃/min 的速率升温至260℃，保持15min。

（2）汽化室温度　250℃。

（3）检测室温度　250℃。

（4）分流比　5∶1。

（5）柱前压（N_2）　100kPa。

（6）燃气（H_2）压力　50kPa。

（7）助燃气（空气）　50kPa。

（8）灵敏度　1。

6. 测定步骤

（1）标准色谱图制作　根据上述规定的操作条件，吸取0.4μL 的标准气，注入色谱仪，获得最佳的标准色谱图（可参考图5-23）。

（2）试样测定　取0.5mL 试样于5mL 离心管中，加入4.5mL 甲醇，摇匀，4000r/min 离心2min。用注射器吸取0.4μL 样品进样，得到样品的色谱谱图。

注：脱轻油层、苯水样取样时出现分层，取上层样品。如果不分层时测样品水分，判断样品是否为油层，以保护仪器的正常使用。

7. 结果表述

二氯丙醇中各组分含量（X）按下式计算：

$$X(\%)=\frac{A_i}{\sum A_i}\times 100$$

式中　A_i——组分 i 的峰面积，cm^2 或 mV·min。

8. 二氯丙醇中各组分标准色谱参考图（图 5-23）

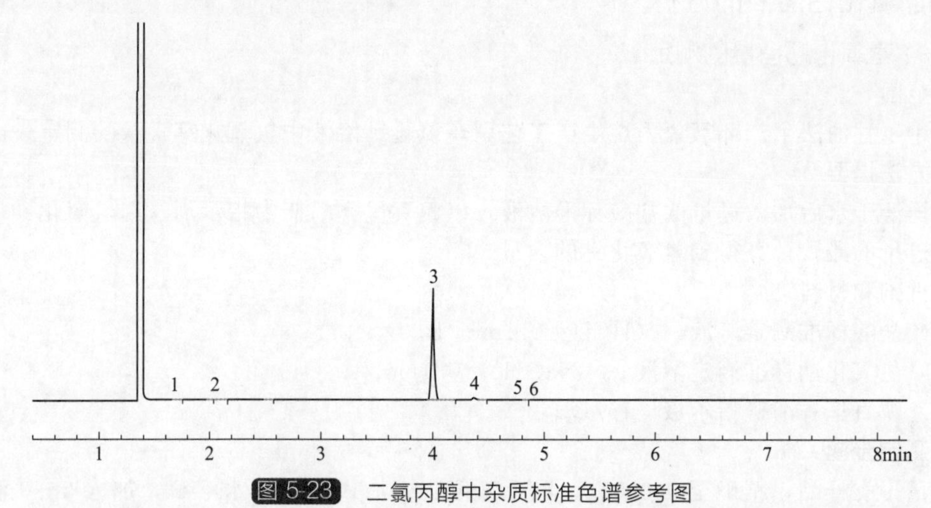

图 5-23 二氯丙醇中杂质标准色谱参考图

1—苯；2—氯苯；3—1,3-二氯丙醇；4—2,3-二氯丙醇；5—3-氯-1,2-丙二醇；6—2-氯-1,3-丙二醇

二、水分的分析

1. 范围

适用于脱水塔塔底、精馏塔回流罐、环氧氯丙烷中间罐过程产品水分的测定。

2. 方法提要

存在于试样中的任何水（游离水或结晶水）与已知滴定度的卡尔·费休试剂（碘、二氧化硫、吡啶和甲醇组成的溶液）进行定量反应。反应式如下：

$$H_2O + I_2 + SO_2 + 3C_5H_5N \longrightarrow 2C_5H_5N \cdot HI + C_5H_5N \cdot SO_3$$

$$C_5H_5N \cdot SO_3 + ROH \longrightarrow C_5H_5NH \cdot OSO_2OR$$

3. 试验方法

按 GB/T 6283 规定的直接电量滴定法测定，用洁净、干燥的 1mL 注射器，取适量样品（水分的绝对含量在 10μg 以上），迅速注入水分测定仪中，在天平上称量所注入样品的准确质量（精确至 0.0001g），具体操作可参照仪器使用说明书。

三、色度的分析

1. 范围

适用于精馏塔回流罐、环氧氯丙烷中间罐过程产品色度的测定。

2. 方法提要

利用一系列的滤色片对白光加以吸收，通过滤色片后的光色与待测样品颜色进行比较测量。

3. 仪器

自动色度计：光谱范围 420～710nm（或与之接近的光谱范围），精度 0.1 或 0.01 铂钴色号。或其他适宜的自动色度计。

4. 测定步骤

具体操作可参照仪器使用说明书。

四、氯化钙溶液的分析

（一）氢氧化钙含量的测定

1. 范围

适用于甘油法生产环氧氯丙烷生产工艺副产氯化钙溶液中氢氧化钙含量的测定。

2. 方法提要

试样溶于水后加入过量的盐酸标准溶液，以溴百里香酚蓝为指示剂，用氢氧化钠标准溶液滴定过量的酸，计算得到氢氧化钙的含量。

3. 试剂和材料

（1）盐酸标准滴定溶液　$c(HCl)=0.1mol/L$。

（2）氢氧化钠标准滴定溶液　$c(NaOH)=0.1mol/L$。

（3）溴百里香酚蓝指示液　1g/L。

4. 测定步骤

称量10g样品，精确至0.0001g，置于三角瓶中加入适量的水溶解，加入2～3滴溴百里香酚蓝为指示液，用0.1mol/L盐酸标准溶液滴定至试样由蓝色变为黄色，并过量5mL，准确记录盐酸标准溶液的体积。继续加热煮沸2min，再加入2滴溴百里香酚蓝，用0.1mol/L氢氧化钠标准溶液滴定至溶液由黄色变为蓝色为终点。

5. 结果表述

氢氧化钙含量（X）按下式计算：

$$\omega(\%)=\frac{[(c_1V_1-c_2V_2)/1000]\times 37.05}{m}\times 100=\frac{3.705\times(c_1V_1-c_2V_2)}{m}$$

式中　c_1——盐酸标准滴定溶液的浓度，mol/L；

c_2——氢氧化钠标准滴定溶液的浓度，mol/L；

V_1——试样消耗盐酸标准滴定溶液的体积，mL；

V_2——试样消耗氢氧化钠标准滴定溶液的体积，mL；

m——试样的质量，g；

37.05——氢氧化钙［$1/2Ca(OH)_2$］的摩尔质量，g/mol。

（二）氯化钙含量的测定

1. 范围

适用于甘油法生产环氧氯丙烷生产工艺副产氯化钙溶液中氯化钙含量的测定。

2. 方法提要

在pH≈12的条件下，以钙试剂羧酸钠盐为指示剂，用EDTA标准溶液滴定至终点，检测氯化钙的总浓度；再以氯化钙的总浓度减去以氢氧化钙换算为氯化钙的浓度，得到氯化钙的含量。

3. 仪器和试剂

（1）乙二胺四乙酸二钠标准滴定溶液　$c(EDTA)=0.05mol/L$。

（2）三乙醇胺溶液　1+2。

（3）氢氧化钠溶液　100g/L。

（4）盐酸溶液　1+3。

（5）钙羧酸指示剂　1g钙试剂羧酸钠盐与100g氯化钠研磨混合。

4. 测定步骤

称取20g样品，精确至0.0001g，置于100mL烧杯中，加水溶解后全部转移至500mL

容量瓶中混匀，用水稀释至刻度摇匀。然后移取 5mL 试样溶液置于 250mL 三角瓶中，用盐酸溶液调 pH 为 3～5，加水约至 50mL，加 5mL 三乙醇胺溶液，2mL 氢氧化钠溶液，约 0.1g 钙羧酸指示剂，用 0.05mol/LEDTA 标准溶液滴定溶液由红色变为纯蓝色即为终点。

5. 结果表述

氯化钙含量（以 $CaCl_2$ 计）（X）按下式计算：

$$X(\%)=\frac{(cV/1000)\times 110.98}{m\times 5/500}\times 100-\frac{110.98}{74.09}\times \omega$$

式中　c——EDTA 标准滴定溶液的浓度，mol/L；

V——试样所消耗的 EDTA 标准溶液的体积，mL；

m——试样的质量，g；

110.98——氯化钙的摩尔质量，g/mol；

74.09——氢氧化钙的摩尔质量，g/mol；

ω——本节“四、(一)”测得的氢氧化钙含量，%。

6. 允许差

取两次平行测定结果的算术平均值为测定结果，两次平行测定结果的绝对差值不得大于 0.2%。

五、硫酸的分析

1. 范围

适用于甘油法生产环氧氯丙烷生产工艺过程中回收硫酸含量的测定。

2. 方法提要

采用两步滴定法，第一步滴定测定试样中的总 H^+ 量；第二步滴定测定试样中的 Cl^- 量。由 Cl^- 的量计算出试样中溶解的氯化氢供应的 H^+，从而推算出硫酸浓度。

3. 试剂和溶液

(1) 氢氧化钠标准溶液　$c(NaOH)=1mol/L$。

(2) 硝酸银标准溶液　$c(AgNO_3)=0.1mol/L$。

(3) 甲基红-次甲基蓝指示液　1g/L。

(4) 铬酸钾指示液　50g/L。

4. 测定步骤

称取 1g 试样，精确至 0.0001g，置于 25mL 水的三角瓶中，加入 3～4 滴甲基红-次甲基蓝作指示液，用 1mol/L 的氢氧化钠标准溶液滴定至灰绿色为终点，记录消耗氢氧化钠标准溶液的体积。再加入 3～4 滴铬酸钾指示液，用 0.1mol/L 硝酸银标准溶液滴定至砖红色沉淀出现为终点，记录消耗硝酸银标准溶液的体积。

5. 结果表述

硫酸含量（X）按下式计算：

$$X(\%)=\frac{[(c_1V_1-c_2V_2)/1000]\times 49.04}{m}\times 100=\frac{4.904\times(c_1V_1-c_2V_2)}{m}$$

式中　c_1——氢氧化钠标准滴定溶液的浓度，mol/L；

c_2——硝酸银标准滴定溶液的浓度，mol/L；

V_1——以甲基红-次甲基蓝为指示液，消耗氢氧化钠标准溶液的体积，mL；

V_2——以铬酸钾为指示液，消耗硝酸银标准溶液的体积，mL；

m——试样的质量，g。

49.04——硫酸（$1/2H_2SO_4$）的摩尔质量，g/mol。

六、盐酸的分析

1. 范围

适用于甘油法生产环氧氯丙烷生产工艺过程中副产盐酸含量的测定。

2. 测定步骤

同第二章第二节“五、(一)”的方法测定，试样质量2～3g。

七、石灰乳的分析

1. 范围

适用于甘油法生产环氧氯丙烷工艺石灰乳配制罐中氢氧化钙浓度的测定。

2. 方法提要

试样中加入定量过量的盐酸标准滴定溶液，用氢氧化钠标准溶液滴定过量的盐酸标准溶液。

3. 试剂和材料

(1) 盐酸标准溶液 $c(HCl)=1.0mol/L$。

(2) 氢氧化钠标准滴定溶液 $c(NaOH)=1.0mol/L$。

(3) 溴百里香酚蓝指示液 1g/L。

4. 测定步骤

称取约4.0g的试样，精确至0.0001g，置于少量水的三角瓶中，再准确加入30.00mL1.0mol/L盐酸标准滴定溶液(以滴定速度6～8mL/min为宜，临近30.00mL时，应体现1滴及1/2滴操作)，加入2～3滴溴百里香酚蓝指示液，用1.0mol/L氢氧化钠标准溶液滴定至终点，由黄色变为草绿色为终点。

5. 结果表述

氢氧化钙含量(X)按下式计算：

$$X(\%)=\frac{[(c_1V_1-c_2V_2)/1000]\times 37.05}{m}\times 100=\frac{3.705\times(c_1V_1-c_2V_2)}{m}$$

式中 c_1——盐酸标准滴定溶液的浓度，mol/L；

V_1——加入盐酸标准滴定溶液的体积，mL；

c_2——氢氧化钠标准滴定溶液的浓度，mol/L；

V_2——消耗氢氧化钠标准滴定溶液的体积，mL；

m——试样的质量，g；

37.05——氢氧化钙[1/2Ca(OH)$_2$]的摩尔质量，g/mol。

八、氯化氢的分析

(一)氯化氢含量的测定

1. 范围

适用于甘油法生产环氧氯丙烷生产过程氯化氢含量的测定。

2. 测定步骤

同第二章第二节“六、(一)”的方法测定。

(二)水分的测定

1. 范围

适用于甘油法生产环氧氯丙烷生产过程氯化氢中水分的测定。

2. 方法提要

五氧化二磷传感器利用电解水分子为氢气与氧气原理。此传感器由一个玻璃材质的圆柱和两根并行的电极组成，根据具体应用来选择电极材质（通常由铂或铑金属丝制成），并在两根电极之间涂有很薄的一层磷酸，在两电极之间出现的电解电流，使酸中的水分分解为氢气和氧气。此过程的最终产物是五氧化二磷，五氧化二磷是高吸湿性物质，因此从样气中吸收水分，通过连续的电解过程，样气的水分含量与电解后的水分应该是平衡的。电极电流与样气中水分含量成比例，信号经过仪器内部信号放大器处理，然后显示数据并读出。

3. 仪器

便携式微量水分仪（TMA-210-P）：CMC 或其他适宜的水分仪。

4. 测定步骤

具体操作可参照仪器使用说明书。

第八节　甲烷氯化物生产过程控制分析

一、一氯甲烷的分析

（一）纯度的测定

1. 范围

适用于一氯甲烷生产过程中一氯甲烷纯度的测定。

2. 方法提要

用气相色谱法，在选定的色谱条件下，试样经汽化后通过色谱柱，使其中的各组分分离，用氢火焰离子化检测器检测，以归一化法计算一氯甲烷的含量。

3. 试剂和材料

（1）标准物质　与样品待测组分相接近的标准物质。

（2）氮气（或氦气）　纯度不得低于 99.99%，使用前应经过硅胶、分子筛或活性炭等净化处理。

（3）氢气　纯度不得低于 99.99%，使用前应经过硅胶、分子筛或活性炭等净化处理。

（4）一氯甲烷　纯度不得低于 99.9%，作为校准用标准样品的本底。

（5）空气　不应含有腐蚀性杂质，进入仪器气路前应脱油、脱水处理。

4. 仪器和设备

（1）气相色谱仪　具备自动进样装置或手动进样装置氢火焰离子化检测器的色谱仪。

（2）色谱柱　Φ0.53mm×3μm×60m 熔融石英毛细管柱。

（3）固定相　6%氰丙基苯基-94%二甲基聚硅氧烷。

（4）注射器　1mL 或其他适宜体积的注射器。

（5）双阀型不锈钢取样钢瓶　容积不小于 150mL，工作压力不低于 3MPa。

（6）气体取样袋　容积 0.5L 或合适的体积，由铝塑复合膜或含氟树脂制成。

（7）取样钢瓶导管。

（8）真空泵。

5. 测定条件

（1）柱温　初始温度 35℃保持 10min，以 10℃/min 的速率升温至 110℃，保持 3.5min。

（2）汽化室温度　200℃。

（3）检测室温度　250℃。

（4）分流比　10∶1。

（5）载气（N_2 或 He）平均线速度　21cm/s。

（6）燃气（H_2）流速 30mL/min。

（7）助燃气（空气）流速 300mL/min。

6. 测定步骤

（1）校正因子的测定 在上述规定的测定条件下，用注射器抽取标准物质 2～3 次，清洗玻璃注射器，然后抽取标准物质气体 0.3mL 进样或用自动进样阀进样。各组分相对一氯甲烷的校正因子 f_i 按下式计算：

$$f_i = \frac{X_i A_R}{X_R A_i}$$

式中 X_i——标准物质中杂质组分 i 的质量分数，%；

A_i——标准物质中杂质组分 i 的峰面积，cm^2 或 mV · min；

X_R——本底样品一氯甲烷的质量分数，%；

A_R——本底样品一氯甲烷的峰面积，cm^2 或 mV · min。

（2）试样测定

① 用氮气反复置换、清洗气体取样袋并抽真空。倒置取样钢瓶，缓慢打开液相口的阀门，放出试样以置换连接系统。将气体取样袋与取样钢瓶液相口的阀门连接，打开取样钢瓶阀门，让适量的液体样品完全汽化到气体取样袋中（使袋中气体压力不高于标准大气压）。也可采用自动进样器直接进样，确保样品完全汽化。

② 将仪器设备各项参数调整至规定的测定条件，待仪器稳定后，用注射器从气体取样袋中抽取试样 2～3 次，清洗玻璃注射器，然后抽取气体试样 0.3mL 进样或用自动进样阀进样，以归一化法定量。

7. 结果表述

一氯甲烷纯度的质量分数（X）按下式计算：

$$X(\%) = \frac{f_1 A_1}{\sum (f_i A_i)} \times 100$$

式中 f_1——一氯甲烷的相对质量校正因子；

A_1——一氯甲烷的峰面积 cm^2 或 mV · min；

f_i——组分 i 的相对质量校正因子；

A_i——组分 i 的峰面积，cm^2 或 mV · min。

8. 一氯甲烷中杂质标准色谱参考图（图 5-24）

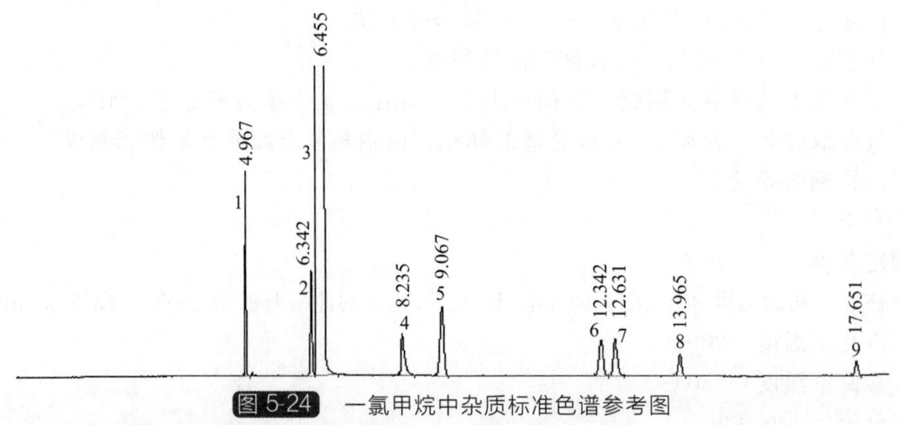

图 5-24 一氯甲烷中杂质标准色谱参考图

1—甲烷；2—二甲醚；3—一氯甲烷；4—甲醇；5—氯乙烷；6—1,1-二氯乙烯；7—甲缩醛；8—二氯甲烷；9—三氯甲烷

（二）水分的测定

1. 范围

适用于一氯甲烷中水分的测定。

2. 方法提要

样品中的水在有机碱和甲醇的存在下与电解液中的碘进行定量反应，反应为：

$$I_2 + SO_2 + H_2O \longrightarrow 2HI + SO_3$$

$$2I^- - 2e \longrightarrow I_2$$

参加反应的碘分子数等于水的分子数，而电解生成的碘与所消耗的电量成正比。依据法拉第定律，在仪器上直接读出被测试样的水含量。

3. 试验方法

按 GB/T 7376 规定的方法。

（三）酸度的测定

1. 范围

适用于一氯甲烷酸度的测定。

2. 方法提要

使试样汽化，鼓泡进入盛有无二氧化碳的水的吸收瓶中，吸收试样中的酸性物质，以溴甲酚绿为指示剂，用氢氧化钠标准滴定溶液滴定，得到酸度（以 HCl 计）。

3. 试验方法

按 GB/T 7373 规定的方法。

二、二氯甲烷及三氯甲烷的分析

（一）反应液中各组分含量的测定

1. 范围

适用于二氯甲烷、三氯甲烷生产过程中反应液各组分的测定。

2. 方法提要

用气相色谱法，在选定的色谱条件下，试样经汽化后通过色谱柱，使试样中的各组分分离，用氢火焰离子化检测器检测，以校正面积归一化法计算各组分的含量。

3. 试剂和材料

(1) 标准物质　与样品待测组分相接近的标准物质。

(2) 氮气（或氦气）　纯度不得低于 99.99%，使用前应经过硅胶、分子筛或活性炭等净化处理。

(3) 氢气　纯度不得低于 99.99%，使用前应经过硅胶、分子筛或活性炭等净化处理。

(4) 二氯甲烷　纯度不得低于 99.9%，作为校准用标准样品的本底。

(5) 空气　不应含有腐蚀性杂质，进入仪器气路前应脱油、脱水处理。

4. 仪器和设备

(1) 气相色谱仪　具备自动进样装置或手动进样装置的氢火焰离子化检测器的色谱仪。

(2) 色谱柱　Φ0.53mm×3μm×60m 熔融石英毛细管柱。

(3) 固定相　6%氰丙基苯基-94%二甲基聚硅氧烷。

(4) 微量注射器　1μL 或其他适宜体积的注射器。

5. 操作条件

(1) 柱温　初始温度 40℃保持 2min，以 10℃/min 的速率升温至 120℃，保持 2min。

（2）汽化室温度　200℃。
（3）检测室温度　250℃。
（4）分流比　20∶1。
（5）载气（N_2 或 He）平均线速度　48cm/s。
（6）燃气（H_2）流速　30mL/min。
（7）助燃气（空气）流速　300mL/min。

6. 测定步骤

（1）校正因子测定　在上述规定的测定条件下，取 0.2μL 标准气注入气相色谱仪中。各组分相对二氯甲烷的校正因子 f_i 按下式计算：

$$f_i=\frac{X_iA_R}{X_RA_i}$$

式中　X_i——标准物质中杂质组分 i 的质量分数，%；
　　A_i——标准物质中杂质组分 i 的峰面积，cm^2 或 mV·min；
　　X_R——本底样品二氯甲烷的质量分数，%；
　　A_R——本底样品二氯甲烷的峰面积，cm^2 或 mV·min。

（2）试样测定　在上述规定的测定条件下，取 0.2μL 试样注入气相色谱仪中。

7. 结果表述

反应液中待测组分的质量分数（ω_i）按下式计算：

$$\omega_i(\%)=\frac{f_iA_i}{\sum(f_iA_i)}\times 100$$

式中　f_i——组分 i 的校正因子；
　　A_i——组分 i 的峰面积，cm^2 或 mV·min。

8. 反应液中杂质组分的标准色谱参考图（图 5-25）

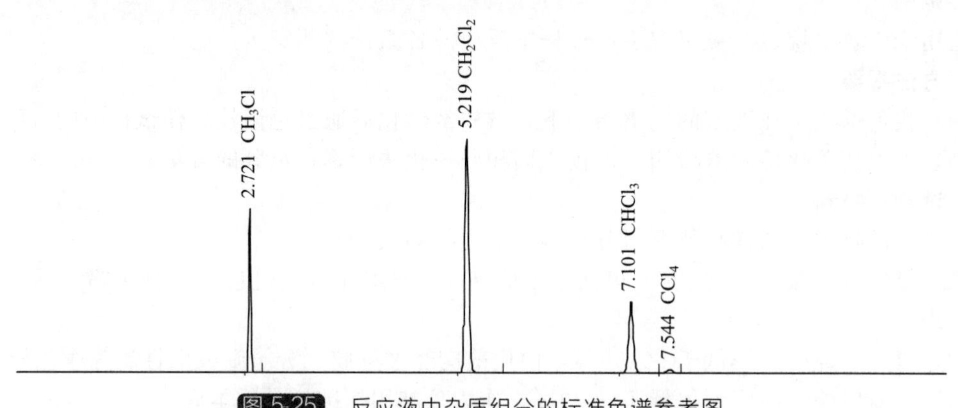

图 5-25　反应液中杂质组分的标准色谱参考图

（二）二氯甲烷、三氯甲烷中各组分的测定

1. 范围

适用于二氯甲烷、三氯甲烷生产过程中粗产品、产品中各组分的测定。

2. 方法提要

用气相色谱法，在选定的色谱条件下，试样经汽化后通过色谱柱，使其中的各组分分离，用氢火焰离子化检测器检测，以校正面积归一化法计算各组分的含量。

3. 试验方法

按 GB/T 21541 规定的方法。

（三）水分的测定

1. 范围

适用于二氯甲烷、三氯甲烷生产过程中粗产品、产品水分的测定。

2. 方法提要

（1）容量法　卡尔·费休试剂中碘的颜色，遇待测试样中的水逐渐消失，过量第一滴试剂则显示出颜色。

（2）库仑电量法　实验室样品中的水在有机碱和甲醇的存在下与电解液中的碘进行定量反应，反应为：

$$I_2 + SO_2 + H_2O \longrightarrow 2HI + SO_3$$

$$2I^- - 2e \longrightarrow I_2$$

参加反应的碘分子数等于水的分子数，而电解生成的碘与所消耗的电量成正比。依据法拉第定律，在仪器上直接读出被测试样的水含量。

3. 试验方法

按 GB/T 4117 规定的方法。

（四）酸度的测定

1. 范围

适用于二氯甲烷、三氯甲烷生产过程中粗产品、产品酸度的测定。

2. 方法提要

用水萃取试料中所含的酸，以溴甲酚绿-乙醇溶液为指示液，用氢氧化钠标准滴定溶液滴定。

3. 试验方法

按 GB/T 4117 规定的方法。

第九节　二氯苯生产过程控制分析

一、氯化苯杂质组分的测定

1. 范围

适用于氯化苯的测定。

2. 方法提要

在选定的色谱操作条件下，样品汽化后通过色谱柱，使待测组分分离，用火焰离子化检测器检测，以面积百分比法计算，得到样品中各杂质组分的含量。

3. 试剂和材料

（1）氮气　纯度不得低于 99.99%，使用前应经过硅胶、分子筛或活性炭等净化处理。

（2）氢气　纯度不得低于 99.99%，使用前应经过硅胶、分子筛或活性炭等净化处理。

（3）空气　不应含有腐蚀性杂质，进入仪器气路前应脱油、脱水处理。

（4）校准用标准样品的各杂质组分　色谱纯或质量分数不低于 99.5%。

4. 仪器

（1）气相色谱仪　具备自动进样装置或手动进样装置氢火焰离子化检测器的色谱仪。

（2）色谱柱　Φ0.32mm×0.25μm×30m 毛细管柱，DB-1701。

（3）微量注射器　1μL 或适宜体积的注射器。

5. 测定条件

（1）色谱柱温度　140℃。

（2）汽化室温度　265℃。

（3）检测器温度　265℃。

（4）分流比　5∶1。

（5）载气柱前压　100kPa。

（6）燃气（H_2）压力　50kPa。

（7）助燃气（空气）压力　50kPa。

6. 测定步骤

（1）色谱图制作　根据上述规定的操作条件，吸取适量的标准样品，注入色谱仪，获得最佳的标准色谱图（可参考图 5-26）。

（2）试样测定　开启色谱仪。待仪器各项操作条件稳定后，进样 0.2μL，待测组分出峰完毕后，用色谱工作站或积分仪进行结果处理，得到样品色谱图（杂质的定性通过各杂质标准品的保留时间获得）。

7. 结果表述

氯化苯纯度及有机杂质含量（X）按下式计算：

$$X(\%)=\frac{A_i}{\sum A_i}\times 100$$

式中　A_i——组分 i 的峰面积，cm^2 或 mV·min。

8. 氯化苯纯度及有机杂质含量标准色谱参考图（图 5-26）

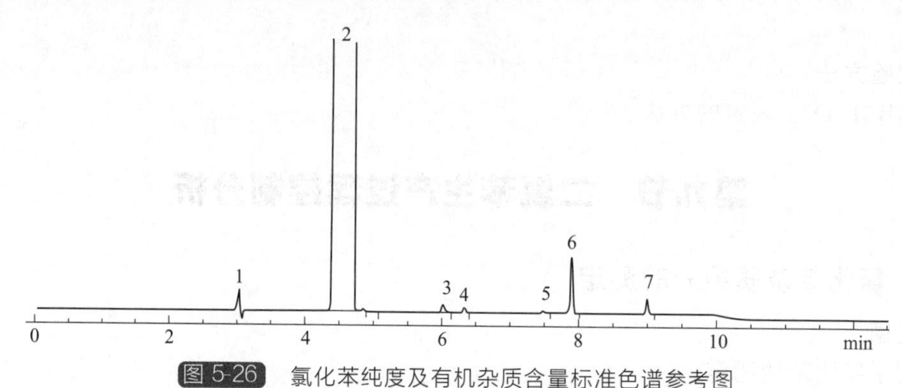

图 5-26　氯化苯纯度及有机杂质含量标准色谱参考图

1—苯；2—氯苯；3—氯甲苯；4—二氯噻吩；5—间二氯苯；6—对二氯苯；7—邻二氯苯

二、氯化苯色度的测定

1. 范围

适用于氯化苯色度的测定。

2. 方法提要

试样的颜色与标准铂-钴比色液的颜色目测比较，并以 Hazen（铂-钴）颜色单位表示结果。Hazen（铂-钴）颜色单位即：每升溶液含 1mg 铂（以氯铂酸计）及 2mg 六水合氯化钴溶液的颜色。

3. 试验方法

按 GB/T 3143 规定的方法。

三、氯化苯水分的测定

1. 范围

适用于氯化苯水分的测定。

2. 方法提要

在甲醇及吡啶存在下，水和碘及二氧化硫进行定量反应，测定试样中的水分。

$$H_2O + I_2 + SO_2 + 3C_5H_5N \longrightarrow 2C_5H_5N \cdot HI + C_5H_5N \cdot SO_3$$

$$C_5H_5N \cdot SO_3 + ROH \longrightarrow C_5H_5NH \cdot OSO_2OR$$

3. 仪器和试剂

（1）卡尔·费休水分测定仪 具备自动进样装置或手动进样装置的卡尔·费休滴定仪。

（2）无吡啶卡尔·费休试剂。

（3）无水甲醇。

4. 测定步骤

（1）无吡啶卡尔·费休试剂标定

① 空白试验 用移液管吸取 25mL 无水甲醇试剂于反应器中，盖上瓶塞，接通电源，开启电磁搅拌器，用卡尔·费休试剂滴定溶液中微量水，滴定至电流表指针产生较大偏转并保持 1min 不变为终点。

② 标定 用 10μL 微量注射器向反应器中加入 5μL 水，称量（精确至 0.0002g），盖上瓶塞，继续用卡尔·费休试剂滴至电流表指针停留在空白试验时终点的位置，并保持 1min 不变为终点。

滴定度的数值以 T 表示：

$$T(\mathrm{g/mL}) = \frac{m}{V}$$

式中 m——5μL 纯水的质量，g；

V——滴定时消耗卡尔·费休标准滴定液的体积，mL。

③ 取平行测定结果的算术平均值为测定结果。

（2）试样测定 准确移取 25mL 样品在搅拌下继续用无吡啶卡尔·费休试剂滴定至电流表指针停留在空白试验滴定终点时指针位置，并保持 1min 不变为终点。

5. 结果表述

水分含量（X）按下式计算：

$$X(\%) = \frac{TV_1}{V \times 1.1058} \times 100$$

式中 T——卡尔·费休试剂的滴定度，g/mL；

V_1——滴定试样所消耗的卡尔·费休试剂的体积，mL；

V——试样的体积，mL；

1.1058——20℃时氯化苯的密度，g/mL。

四、氯化苯酸度的测定

1. 范围

适用于氯化苯酸度的测定。

2. 方法提要

用新煮沸的蒸馏水萃取有机物中的酸性物质，测定水层的酸含量，从而折算出有机物的酸度。

$$2NaOH + H_2SO_4 \longrightarrow Na_2SO_4 + 2H_2O$$

3. 试剂和溶液

(1) 氢氧化钠标准滴定溶液 $c(NaOH)=0.01mol/L$。

(2) 刚果红指示液 1g/L。

4. 测定步骤

准确移取20mL试样于25mL碘量瓶中，加入50mL新煮沸的蒸馏水，充分震荡3min，静置分层，加入2滴刚果红指示液，若上层不变蓝，则为合格，记为0.001%；若为蓝色，用0.01mol/L氢氧化钠标准溶液滴定至蓝色刚好消失为终点。

5. 结果表述

酸度（以 H_2SO_4 计）含量（X）按下式计算：

$$X(\%)=\frac{c(V_1/1000)\times 49.04}{V\rho}\times 100=\frac{4.904cV_1}{V\rho}$$

式中 c——氢氧化钠标准滴定溶液的浓度，mol/L；

V_1——滴定试样消耗氢氧化钠标准溶液的体积，mL；

V——试样的体积，mL；

ρ——20℃时氯化苯的密度，1.1058g/mL；

49.04——硫酸（$1/2H_2SO_4$）的摩尔质量，g/mol。

第十节 聚合生产过程控制分析

一、聚氯乙烯树脂浆料的分析

1. 范围

适用于聚氯乙烯树脂生产过程中树脂浆料中水分含量的测定。

2. 方法提要

称取一定量的试样，置于105～110℃下，在空气流中干燥。根据试样干燥后的质量损失计算出水分含量。

3. 仪器

电热恒温鼓风干燥箱。

4. 测定步骤

称取约200g（精确至0.01g）样品平摊于白瓷盘中，置于105～110℃电热恒温鼓风干燥箱内，烘干4h后，冷却至室温称重。

5. 结果表述

水分含量（X）按下式计算：

$$X(\%)=\frac{m-m_0}{m}\times 100$$

式中 m_0——干燥后试样的质量，g；

m——试样的质量，g；

二、聚合过程中分散剂的分析

1. 范围

适用于聚合配制储槽中分散剂固含量的测定。

2. 方法提要

将一定的试样在（105±2）℃温度条件下烘干至恒重，干燥后试样的质量占干燥前试样的质量的百分数即为分散剂的固含量。

3. 仪器和材料

电热恒温鼓风干燥箱。

4. 测定步骤

将5mL注射器用试样置换2～3次，吸取5mL试样置于称量瓶中称重，精确至0.0001g，置于（105±2）℃电热恒温鼓风干燥箱内，干燥4h后取出，在干燥器内冷却至室温称重。

5. 结果表述

固含量（X）按下式计算：

$$X(\%)=\frac{m_1}{m}\times 100$$

式中　m_1——干燥后试样的质量，g；

m——称取试样的质量，g。

6. 允许差

取平行测定结果的算术平均值为测定结果，平行测定结果之差的绝对值不大于0.02%。

三、聚合过程中引发剂的分析

1. 范围

适用于悬浮法聚氯乙烯树脂生产过程中配制的EHP与CNP复合有机过氧化物（以下简称复合物）含量的测定。

2. 方法提要

试样溶于异丙醇、冰乙酸、氯化铜的混合物中，加入碘化钾溶液，有机过氧化物在铜离子催化下与碘化钾溶液作用，生成碘，碘与定量的硫代硫酸钠标准溶液作用，重新被还原，依据消耗的标准溶液的量计算复合物的量。

3. 试剂和溶液

（1）硫代硫酸钠标准滴定溶液　$c(Na_2S_2O_3)=0.1mol/L$。

（2）异丙醇。

（3）冰醋酸。

（4）氯化铜溶液　1%。

（5）碘化钾溶液　50%。

4. 测定步骤

在250mL碘量瓶中，加入20mL异丙醇和20mL冰醋酸，加入1mL氯化铜溶液，称取0.7～0.9g试样（精确至0.0002g）移入碘量瓶中，再加入4mL碘化钾溶液，将碘量瓶盖上瓶塞，摇匀后在室温暗处放置30min，然后加50mL水，用0.1mol/L硫代硫酸钠标准溶液滴定至无色为终点，同时做空白试验。

5. 结果表述

复合物含量（X）按下式计算：

$$X(\%)=\frac{c[(V_1-V_2)/1000]\times M}{m}\times 100$$

式中 c——硫代硫酸钠标准滴定溶液的浓度，mol/L；

V_1——试样所消耗的硫代硫酸钠标准溶液的体积，mL；

V_2——空白所消耗的硫代硫酸钠标准溶液的体积，mL；

M——复合物的摩尔质量（$M=\frac{M_{EHP}\times n+M_{CNP}\times m}{2(n+m)}$，$n$、$m$ 为 EHP 和 CNP 配比，$M_{EHP}=346.47$，$M_{CNP}=306.44$），g/mol；

m——被测样品的质量，g。

6. 允许差

取平行测定结果的算术平均值为测定结果，平行测定结果之差的绝对值不大于 0.2%。

四、聚合过程中缓冲剂的分析

（一）碳酸氢钠含量的测定

1. 范围

适用于悬浮法聚氯乙烯树脂生产过程中调节聚合体系 pH 用缓冲剂碳酸氢钠溶液含量的测定。

2. 方法提要

以溴甲酚绿-甲基红作指示液，用盐酸标准溶液滴定。

3. 试剂和溶液

（1）盐酸标准滴定溶液　$c(HCl)=1mol/L$。

（2）溴甲酚绿-甲基红指示液　将 3 份 1g/L 溴甲酚绿的乙醇溶液和 1 份 2g/L 甲基红的乙醇溶液混合。

4. 测定步骤

称取约 50mL 试样（精确至 0.0002g），置于 250mL 的三角瓶中，加 8～10 滴溴甲酚绿-甲基红指示液，用 1mol/L 盐酸标准溶液滴定至溶液由绿色变为暗红色后，煮沸 2min，冷却至室温，用 1mol/L 盐酸标准溶液继续滴定至暗红色为终点。同时进行空白试验。

5. 结果表述

碳酸氢钠的含量（X）按下式计算：

$$X(\%)=\frac{c[(V_1-V_2)/1000]\times 84.01}{m}\times 100=\frac{8.401c(V_1-V_2)}{m}$$

式中 c——盐酸标准滴定溶液的浓度，mol/L；

V_1——试样消耗盐酸标准滴定溶液的体积，mL；

V_2——空白消耗盐酸标准滴定溶液的体积，mL；

m——试样的质量，g；

84.01——碳酸氢钠的摩尔质量，g/mol。

6. 允许差

取平行测定结果的算术平均值为测定结果，平行测定结果之差的绝对值不大于 0.2%。

（二）碳酸氢铵含量的测定

1. 范围

适用于悬浮法聚氯乙烯树脂生产过程中调节聚合体系 pH 用缓冲剂碳酸氢铵溶液含量的测定。

2. 方法提要

向试料中加入过量硫酸标准溶液，加入指示液后用氢氧化钠标准溶液返滴定。

3. 试验方法

称取约 10g 试样（精确至 0.0002g），其余操作步骤同第四章第二节“十、3”的方法测定。

（三）氢氧化钠含量的测定

1. 范围

适用于悬浮法聚氯乙烯树脂生产过程中调节聚合体系 pH 所需缓冲剂氢氧化钠含量的测定。

2. 试验方法

同本章第一节“二”的方法测定。试样量为 5g（2～3mL）。

第十一节　糊树脂生产过程控制分析

一、乳胶的固含量分析

1. 范围

适用于糊树脂生产过程中乳化剂、汽提乳胶、种子乳胶等固含量的测定。

2. 方法提要

采用真空加热法测定试样的固体百分含量，称取一定量样品，加异丙醇后放入真空烘箱中加热。

3. 试剂和仪器

（1）异丙醇。

（2）真空烘箱　电热恒温，温度能控制在 120℃（精度±1℃），真空度范围 0～0.1MPa。

（3）称量器　将 60mm×30mm 玻璃称量瓶置于带盖有孔的铝箔称量器内（盖子上不少于 5 个孔，孔的直径不小于 3mm）。

4. 测定步骤

称量约 1g（精确至 0.0002g）的样品置于干燥恒重的称量器内，用移液管滴加 2mL 异丙醇，轻轻摇动，充分混匀后将样品放入（120±2）℃、0.08MPa 真空度的烘箱中，干燥 45min 后取出称量器，放入干燥器内冷却至室温后称量试样的质量。

5. 结果表述

固含量（X）按下式计算：

$$X(\%)=\frac{m_1}{m}\times 100$$

式中　m_1——干燥后试样的质量，g；

　　　m——称取试样的质量，g。

二、乳胶的 pH 分析

1. 范围

适用于糊树脂生产过程中种子乳胶、汽提乳胶、月桂酸铵等 pH 的测定。

2. 方法提要

以饱和甘汞电极作参比电极，以玻璃电极作指示电极，通过测量两电极间的电动势来测定试样 pH 值。

3. 试验方法

按 GB/T 23769 规定的方法。

三、乳胶的粒径分析

1. 范围

适用于糊树脂生产过程中种子乳胶、汽提乳胶粒径的测定，或其他类似溶液可作参考。

2. 试验方法

按 GB/T 19077 规定的方法，具体操作方法可参照仪器使用说明书。

第十二节　氯乙酸生产过程控制分析

一、氯化液中各组分的分析

1. 范围

适用于氯乙酸生产过程氯化液中一氯乙酸、二氯乙酸、乙酸的分析。

2. 方法提要

用气相色谱法，在选定的工作条件下，用色谱级一氯乙酸、二氯乙酸、乙酸做标准样品，配制成已知含量的不同浓度的标准系列。将不同浓度的标准样品进行酯化，用四氯化碳进行萃取，酯化液经汽化进入色谱柱，使其中各组分得到分离，用氢焰检测器检测，得到酯化液的色谱图，用氯乙酸做参比，求出二氯乙酸和乙酸的校正因子。样品分析用校正面积归一法定量，得到样品色谱结果，色谱结果乘以（1－催化剂含量）得到各组分分析结果。其中催化剂分析用卡尔·费休法测定。

3. 试剂和材料

（1）标准物质　氯乙酸（色谱纯）、二氯乙酸（色谱纯）、乙酸（色谱纯）。

（2）氮气　纯度不得低于 99.99%，使用前应经过硅胶、分子筛或活性炭等净化处理。

（3）氢气　纯度不得低于 99.99%，使用前应经过硅胶、分子筛或活性炭等净化处理。

（4）空气　不应含有腐蚀性杂质，进入仪器气路前应脱油、脱水处理。

（5）四氯化碳（GR）。

（6）无水乙醇（GR）。

（7）硫酸。

（8）无水氯化钙。

（9）丙酸溶液　2%。

4. 仪器

（1）气相色谱仪　具有自动进样或手动进样的氢火焰离子化检测器的色谱仪。

（2）色谱柱　Φ0.32mm×0.5μm×30m，SE-54。

（3）恒温水浴。

（4）卡尔·费休水分测定仪。

5. 测定条件

（1）色谱柱温度　130℃。

（2）汽化室温度　200℃。

（3）检测器温度　200℃。

（4）载气（N_2）流速　30mL/min。

（5）燃气（H_2）流速　30mL/min。

（6）助燃气（空气）流速　300mL/min。

6. 催化剂含量（以乙酰氯计）的测定

（1）测定步骤　称取 2g（精确至 0.01g）试样，加入丙酸溶液 50mL，放置 10min，取 2mL 用水分测定仪测定，记录消耗卡尔·费休试剂的体积；以 2mL 丙酸溶液作为空白试验用卡尔·费休测定仪进行测定，记录消耗卡尔·费休试剂的体积。通过测定值计算出催化剂的含量。

（2）结果表述

催化剂（以乙酰氯计）含量（X）按下式计算：

$$X(\%)=\frac{(TV_1-TV_2)\times 4.361}{m\times 1000}\times\frac{50}{2}\times 100=\frac{10.9025\times(TV_1-TV_2)}{m}$$

式中　m——称取试样的质量，g；

T——卡尔·费休试剂的滴定度，mg/mL；

V_1——滴定试样时消耗卡尔·费休试剂的体积，mL；

V_2——滴定丙酸溶液时消耗卡尔·费休试剂的体积，mL；

4.361——乙酰氯与水分的系数（78.5/18.0）。

7. 一氯乙酸、二氯乙酸、乙酸的测定

（1）校正因子的测定　将一氯乙酸、二氯乙酸、乙酸配制成不同含量的标准品，分别酯化，酯化步骤同样品的测定，吸取 1μL 样品进样，根据出峰的面积，以氯乙酸为参比，算出乙酸和二氯乙酸在不同含量时的校正因子。

（2）试样测定

① 称取 1.6g 试样，精确至 0.01g，置于 10mL 具塞比色管中，加入 2mL 无水乙醇和 1mL 硫酸，盖紧盖子，放入 95℃的水浴中酯化 5～10min，取出比色管冷却至室温，加入 6mL 水和 1.5mL 四氯化碳后剧烈震荡，充分混合，然后放置片刻进行分层，移取 1mL 下层油相溶液，置于含有少许无水氯化钙颗粒的血清瓶中，盖上瓶盖，待分析用。

② 根据上述规定的测定条件，吸取 1μL 样品进样，待样品峰完全流出后，得出氯乙酸、二氯乙酸、乙酸的含量。

8. 根据试样中各组分的色谱图峰面积，计算出各组分含量。

氯乙酸含量（X_1）按下式计算：

$$X_1(\%)=(1-\frac{X}{100})\times A_1$$

二氯乙酸含量（X_2）按下式计算：

$$X_2(\%)=(1-\frac{X}{100})\times A_2$$

乙酸含量（X_3）按下式计算：

$$X_3(\%)=(1-\frac{X}{100})\times A_3$$

式中　X——催化剂（以乙酰氯计）含量，%；

A_1——样品色谱图中得出氯乙酸的含量，%；

A_2——样品色谱图中得出二氯乙酸的含量，%；

A_3——样品色谱图中得出乙酸的含量，%。

9. 乙酸、氯乙酸、二氯乙酸酯化后标准色谱参考图（图 5-27）

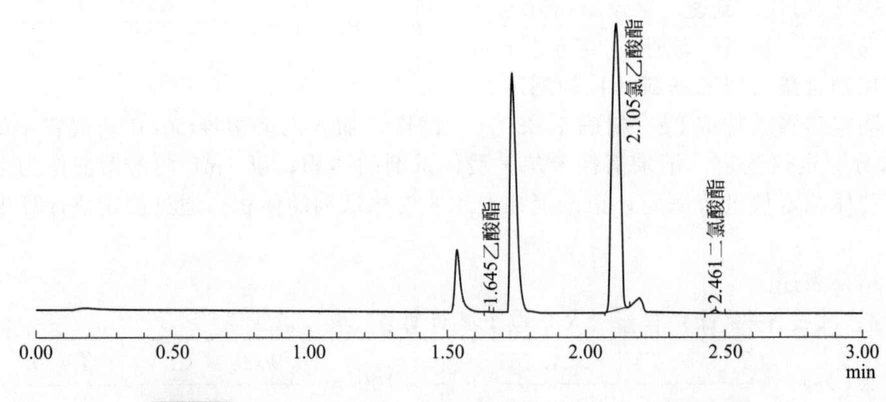

图5-27 乙酸、氯乙酸、二氯乙酸酯化后标准色谱参考图

二、氯化液中水分的分析

1. 范围

适用于大部分有机和无机固、液体化工产品中游离水或结晶水含量的测定。

2. 方法提要

存在于试样中的水分与已知水分滴定度的卡尔·费休法试剂进行定量反应。

$$H_2O + I_2 + SO_2 + 3C_5H_5N \longrightarrow 2C_5H_5N \cdot HI + C_5H_5N \cdot SO_3$$

$$C_5H_5N \cdot SO_3 + ROH \longrightarrow C_5H_5NH \cdot OSO_2OR$$

3. 试验方法

按GB/T 6283规定的方法，样品量约3.5g，精确至0.001g，具体步骤按仪器操作说明书执行。

三、工业氯乙酸水溶液的分析

1. 范围

适用于80%氯乙酸含量的测定。

2. 方法提要

用气相色谱法，在选定的工作条件下，用色谱级一氯乙酸、二氯乙酸、乙酸做标准样品，配制成已知含量的不同浓度的标准系列。将不同浓度的标准样品进行酯化，用四氯化碳进行萃取，酯化液经汽化进入色谱柱，使其中各组分得到分离，用氢焰检测器检测，得到酯化液的色谱图，用氯乙酸做参比，求出二氯乙酸和乙酸的校正因子。样品分析用校正面积归一化法定量，得到样品色谱结果。色谱结果乘以（1－水分含量），得到各组分分析结果。

3. 试剂和材料

（1）标准物质　氯乙酸（色谱纯）、二氯乙酸（色谱纯）、乙酸（色谱纯）。

（2）氮气　纯度不得低于99.99%，使用前应经过硅胶、分子筛或活性炭等净化处理。

（3）氢气　纯度不得低于99.99%，使用前应经过硅胶、分子筛或活性炭等净化处理。

（4）空气　不应含有腐蚀性杂质，进入仪器气路前应脱油、脱水处理。

（5）氯乙酸　纯度不得低于99.9%，作为校准用标准样品的本底。

（6）四氯化碳（GR）。

（7）无水乙醇（GR）。

（8）硫酸。

（9）无水氯化钙。

（10）酚酞指示液 10g/L。

（11）氢氧化钠标准溶液 $c(NaOH)=0.5mol/L$。

4. 仪器

（1）气相色谱仪 具有自动进样或手动进样的氢火焰离子化检测器的色谱仪。

（2）色谱柱 Φ0.32mm×0.5μm×30m，SE-54。

5. 测定条件

（1）色谱柱温度 130℃。

（2）汽化室温度 200℃。

（3）检测器温度 200℃。

（4）载气（N_2）流速 30mL/min。

（5）燃气（H_2）流速 30mL/min。

（6）助燃气（空气）流速 300mL/min。

6. 一氯乙酸、二氯乙酸、乙酸的测定

（1）校正因子的测定 将一氯乙酸、二氯乙酸、乙酸配制成不同含量的标准品，分别酯化，酯化步骤同样品的测定，吸取 1μL 样品进样，根据出峰的面积，以氯乙酸为参比，算出乙酸和二氯乙酸在不同含量时的校正因子。

$$f_i=\frac{X_i A_R}{X_R A_i}$$

式中 X_i——标准物质中杂质组分 i 的质量分数，%；

A_i——标准物质中杂质组分 i 的峰面积，cm^2 或 mV·min；

X_R——本底样品氯乙酸的质量分数，%；

A_R——本底样品氯乙酸的峰面积，cm^2 或 mV·min。

（2）试样测定 移取 2mL 试样置于 10mL 具塞比色管中，加入 2mL 无水乙醇、1mL 浓硫酸，盖紧盖子，放入大约 95℃的水浴中进行酯化 5～10min，煮完后取出比色管，在冷水中冷却至室温，然后打开塞子，加入 6mL 水和 2mL 的四氯化碳，盖上塞子，剧烈震荡比色管，使酯化产物与四氯化碳充分混合，放置片刻，油相与水相即可分离，用 2mL 的移液管吸取下层油相 1mL，移入加有少许无水氯化钙颗粒的血清瓶中，盖上瓶塞，待分析用。

根据上述规定的测定条件，吸取 1μL 样品进样，待样品峰完全流出后，得出氯乙酸、二氯乙酸、乙酸的含量。

7. 水分及杂质的测定

称取 2g 试样，置于 250mL 三角瓶中，加入 50mL 水，加 2 滴酚酞指示剂，用 0.5mol/L 的氢氧化钠标准溶液滴定至呈淡粉色保持 30s 不褪色为终点。

8. 结果表述

（1）色谱测得各组分酸含量（ω_i）按下式计算：

$$\omega_i(\%)=\frac{f_i A_i}{\sum(f_i A_i)}\times 100$$

式中 f_i——组分酸 i 的校正因子；

A_i——组分酯 i 的峰面积，cm^2 或 mV·min。

（2）水分及杂质含量（X）按下式计算：

$$X(\%)=\left[1-\frac{c\dfrac{V}{1000}\times\left(\omega_1\times\dfrac{94.50}{100}+\omega_2\times\dfrac{128.94}{100}+\omega_3\times\dfrac{60.05}{100}\right)}{m}\right]\times 100$$

式中 c——氢氧化钠标准滴定溶液的浓度，mol/L；

V——试样消耗氢氧化钠标准滴定溶液的体积，mL；

m——试样的质量，g；

ω_1——色谱测得氯乙酸的含量，%；

ω_2——色谱测得二氯乙酸的含量，%；

ω_3——色谱测得乙酸的含量，%；

94.50——氯乙酸的摩尔质量，g/mol；

128.94——二氯乙酸的摩尔质量，g/mol；

60.05——乙酸的摩尔质量，g/mol。

（3）各组分酸含量（X_i）按下式计算：

$$X_i(\%)=\left(1-\frac{X}{100}\right)\times\omega_i$$

式中 X——水分及杂质含量，%；

ω_i——各组分酸含量，%。

9. 乙酸、氯乙酸、二氯乙酸酯化后标准色谱参考图（图 5-27）

第十三节 发泡剂生产过程控制分析

一、次氯酸钠的分析

（一）有效氯含量的测定

1. 范围

适用于次氯酸钠中有效氯含量的测定。

2. 方法提要

在酸性介质中，次氯酸根与碘化钾作用析出碘，然后用硫代硫酸钠滴定析出的碘。反应式如下：

$$NaClO+H_2SO_4+2KI\longrightarrow I_2+K_2SO_4+NaCl+H_2O$$

$$I_2+2Na_2S_2O_3\longrightarrow Na_2S_4O_6+2NaI$$

3. 试剂和溶液

（1）硫代硫酸钠标准滴定溶液 $c(Na_2S_2O_3)=0.1mol/L$。

（2）硫酸溶液 3mol/L。

（3）碘化钾溶液 100g/L。

4. 测定步骤

吸取 10mL 试样于 250mL 容量瓶中，稀释到刻度摇匀。从中吸取 25mL 于 250mL 三角瓶中，加入 15mL 碘化钾溶液和 5mL 硫酸溶液，用 0.1mol/L 硫代硫酸钠标准溶液滴定至溶液为无色，保持 30s 不变色，即为终点。

5. 结果表述

有效氯（以 Cl 计）含量（X）按下式计算：

$$X(\%)=\frac{c(V_1/1000)\times 35.45}{V\rho\times 25/250}\times 100=\frac{35.45cV_1}{V\rho}$$

式中　c——硫代硫酸钠标准滴定溶液的浓度，mol/L；

V_1——滴定试样消耗硫代硫酸钠标准溶液的体积，mL；

V——试样的体积，mL；

ρ——次氯酸钠溶液的密度，g/mL；

35.45——氯的摩尔质量，g/mol。

（二）游离碱含量的测定

1. 范围

适用于次氯酸钠中游离碱含量的测定。

2. 方法提要

用双氧水还原次氯酸钠溶液中的次氯酸根，然后用硫酸标准溶液滴定其中的碱。反应式如下：

$$NaClO + H_2O_2 \longrightarrow NaCl + O_2\uparrow + H_2O$$

$$2NaOH + H_2SO_4 \longrightarrow Na_2SO_4 + 2H_2O$$

3. 试剂和溶液

（1）硫酸标准滴定溶液　$c(1/2H_2SO_4)=0.1$mol/L。

（2）双氧水溶液　3%。

（3）甲基红指示液　1g/L。

4. 测定步骤

吸取10mL试样于250mL容量瓶中，稀释到刻度摇匀。从中吸取25mL于250mL三角瓶中，加入10mL双氧水溶液，充分摇匀后加入2～3滴甲基红指示液，用0.1mol/L硫酸标准溶液滴定至溶液呈红色即为终点。

5. 结果表述

游离碱含量（X）按下式计算：

$$X(\%)=\frac{c(V_1/1000)\times 40.00}{V\rho\times 25/250}\times 100=\frac{40cV_1}{V\rho}$$

式中　c——硫代硫酸钠标准滴定溶液的浓度，mol/L；

V_1——滴定消耗硫代硫酸钠标准溶液的体积，mL；

V——试样的体积，mL；

ρ——次氯酸钠溶液的密度，g/mL；

40.00——氢氧化钠的摩尔质量，g/mol。

二、水合肼溶液的分析

1. 范围

适用于水合肼含量的测定。

2. 方法提要

加硫酸生成硫酸肼，再加碳酸氢钠控制反应过程中溶液的pH值，用碘标准滴定溶液进行氧化还原滴定。反应式如下：

$$N_2H_4\cdot H_2O + H_2SO_4 + 6NaHCO_3 + 2I_2 \longrightarrow Na_2SO_4 + 4NaI + N_2\uparrow + 6CO_2\uparrow + 7H_2O$$

3. 试剂和溶液

（1）碘标准滴定溶液　$c(1/2I_2)=0.1$mol/L。

（2）硫酸溶液　0.5mol/L。

（3）碳酸氢钠。

4. 测定步骤

吸取10mL样品于250mL容量瓶中，稀释至刻度，摇匀。从中吸取10mL置于三角瓶中，加入2mL硫酸溶液，1g碳酸氢钠粉末，用0.1mol/L碘标准溶液滴定至浅黄色，并保持1min不褪色即为终点。

5. 结果表述

水合肼（$N_2H_4 \cdot H_2O$）含量（X）按下式计算：

$$X(\mathrm{g/L})=\frac{cV_1 \times 12.52}{V \times 10/250}=\frac{313cV_1}{V}$$

式中　c——碘标准滴定溶液的浓度，mol/L；

V_1——滴定试样消耗碘标准溶液的体积，mL；

V——试样的体积，mL；

12.52——水合肼（$1/4N_2H_4 \cdot H_2O$）的摩尔质量，g/mol。

三、十水碳酸钠的分析

适用于十水碳酸钠中水合肼含量的测定。具体分析步骤同本节“二”的方法。样品取15g，精确至0.01g。

水合肼（$N_2H_4 \cdot H_2O$）含量（X）按下式计算：

$$X(\%)=\frac{c(V/1000) \times 12.52}{m \times 10/250} \times 100=\frac{31.3cV}{m}$$

式中　c——碘标准滴定溶液的浓度，mol/L；

V——滴定试样时消耗碘标准溶液的体积，mL；

m——试样的质量，g；

12.52——水合肼（$1/4N_2H_4 \cdot H_2O$）的摩尔质量，g/mol。

四、稀盐酸的分析

（一）酸含量的测定

1. 范围

适用于稀盐酸含量的测定。

2. 方法提要

试样溶液以溴甲酚绿为指示剂，用氢氧化钠标准溶液滴定至溶液由黄色变为蓝色为终点。反应式如下：

$$H^+ + OH^- \longrightarrow H_2O$$

3. 试剂和溶液

（1）氢氧化钠标准滴定溶液　$c(\mathrm{NaOH})=1.0$mol/L。

（2）溴甲酚绿指示液　1g/L。

4. 测定步骤

称取（3.5±0.3）g（精确至0.0001g）试样置于三角瓶中，加入2～3滴溴甲酚绿指示液，用1.0mol/L氢氧化钠标准溶液滴定至溶液由黄色变为蓝色为终点。

5. 结果表述

稀盐酸（以HCl计）含量（X）按下式计算：

$$X(\%)=\frac{c(V/1000)\times 36.46}{m}\times 100=\frac{3.646cV}{m}$$

式中 c——氢氧化钠标准滴定溶液的浓度，mol/L；

V——滴定试样时消耗氢氧化钠标准溶液的体积，mL；

m——试样的质量，g；

36.46——氯化氢的摩尔质量，g/mol。

6. 允许差

取两次平行测定结果的算术平均值为测定结果，平行测定结果之差的绝对值不大于0.2%。

（二）游离氯的测定

1. 范围

适用于稀盐酸中游离氯的测定。

2. 方法提要

在酸性介质中氯气与碘化钾反应析出碘，用硫代硫酸钠标准溶液滴定至溶液由黄色变为无色为终点。反应式如下：

$$Cl_2+2I^- \longrightarrow 2Cl^- + I_2$$

$$I_2+2S_2O_3^{2-} \longrightarrow S_4O_6^{2-}+2I^-$$

3. 试剂和溶液

(1) 硫代硫酸钠标准滴定溶液 $c(Na_2S_2O_3)=0.1$mol/L。

(2) 碘化钾溶液 100g/L。

4. 测定步骤

吸取50mL试样，置于碘量瓶中，加入15mL碘化钾溶液，加盖水封，在暗处放置5min后，用0.1mol/L硫代硫酸钠标准溶液滴定至溶液由黄色变为无色为终点。

5. 结果表述

游离氯含量（X）按下式计算：

$$X(\%)=\frac{\frac{cV_1}{1000}\times 35.45}{V\rho}\times 100=\frac{3.545cV_1}{V\rho}$$

式中 c——硫代硫酸钠标准滴定溶液的浓度，mol/L；

V_1——滴定试样消耗硫代硫酸钠标准溶液的体积，mL；

V——试样的体积；mL；

ρ——稀盐酸的密度，g/mL；

35.45——氯的摩尔质量，g/mol。

第十四节 氯化苄生产过程控制分析

一、氯化釜液组分的分析

1. 范围

适用于氯化釜液成分的测定。

2. 方法提要

在选定的色谱操作条件下，样品汽化后通过色谱柱，使待测组分分离，用氢火焰离子化检测器检测，以面积百分比计算，得到样品中各组分的含量。

3. 试剂和材料

（1）氮气　纯度不得低于99.99%，使用前应经过硅胶、分子筛或活性炭等净化处理。

（2）氢气　纯度不得低于99.99%，使用前应经过硅胶、分子筛或活性炭等净化处理。

（3）空气　不应含有腐蚀性杂质，进入仪器气路前应脱油、脱水处理。

（4）校准用标准样品的各杂质组分　色谱纯或纯度的质量分数不低于99.5%。

4. 仪器

（1）气相色谱仪　具备自动进样装置或手动进样装置氢火焰离子化检测器的色谱仪。

（2）色谱柱　Φ0.32mm×0.25μm×30m 毛细管柱，DB-1701。

（3）微量注射器　1μL 或其他适宜体积的注射器。

5. 测定条件

（1）柱温　初始温度120℃保持9min，然后按5℃/min 的速率升温至160℃，继续按20℃/min 的速率升温至200℃，保持20min。

（2）检测器温度　250℃。

（3）汽化室温度　180℃。

（4）分流比　50∶1。

（5）载气（N_2）流速　0.8mL/min。

（6）燃气（H_2）流速　30mL/min。

（7）助燃气（空气）流速　300mL/min。

6. 测定步骤

（1）标准色谱图制作　按上述规定的色谱测定条件，吸取0.4μL 的标准样品，制作标准色谱图（参考图5-28）。

（2）试样测定　开启色谱仪。待仪器各项操作条件稳定后，进样0.4μL，待组分出峰完毕后，用色谱工作站或积分仪记录各组分的峰面积。

7. 结果表述

样品中各组分的质量分数（X）按下式计算：

$$X(\%)=\frac{A_i}{\sum A_i}\times 100$$

式中　A_i——组分 i 的峰面积，cm^2 或 mV·min。

8. 氯化釜液各组分标准色谱参考图（图5-28）

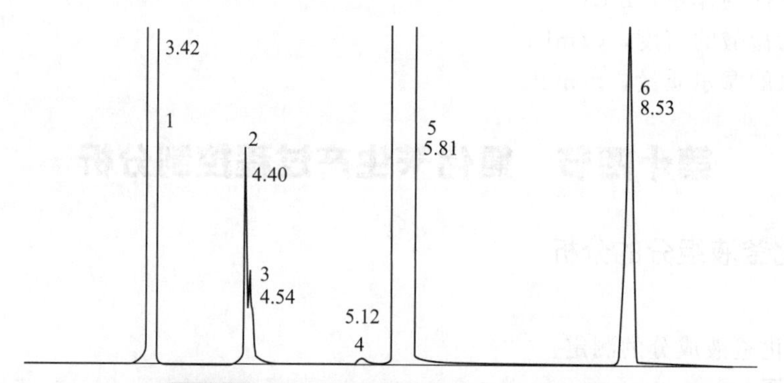

图5-28　氯化釜液各组分标准色谱参考图

1—甲苯；2，3—氯甲苯；4—苯甲醛；5—氯化苄；6—二氯苄

二、氯化苄含量分析

1. 范围

适用于氯化苄生产过程中氯化苄含量的测定。

2. 方法提要

在选定的色谱操作条件下，样品汽化后通过色谱柱，使待测组分分离，用火焰离子化检测器检测，以面积百分比法计算，得到样品中各组分的含量。

3. 试剂和材料

(1) 氮气　纯度不得低于99.99%，使用前应经过硅胶、分子筛或活性炭等净化处理。

(2) 氢气　纯度不得低于99.99%，使用前应经过硅胶、分子筛或活性炭等净化处理。

(3) 空气　不应含有腐蚀性杂质，进入仪器气路前应脱油、脱水处理。

(4) 校准用标准样品的各杂质组分　色谱纯或纯度的质量分数不低于99.5%。

4. 仪器

(1) 气相色谱仪　具备自动进样装置或手动进样装置的氢火焰离子化检测器的色谱仪。

(2) 色谱柱　Φ0.32mm×0.25μm×30m 毛细管柱，DB-1701。

(3) 微量注射器　1μL 或适宜体积的注射器。

5. 测定条件

(1) 柱温　初始温度120℃保持9min，以5℃/min的速率升温至160℃，继续按20℃/min的速率升温至200℃，保持20min。

(2) 汽化室温度　180℃。

(3) 检测器温度　250℃。

(4) 分流比　50∶1。

(5) 载气（N_2）流速　0.8mL/min。

(6) 燃气（H_2）流速　30mL/min。

(7) 助燃气（空气）流速　300mL/min。

6. 测定步骤

(1) 标准色谱图制作　按上述规定的色谱测定条件，吸取0.4μL的标准气，制作标准色谱图（可参考图5-29）。

(2) 试样测定　开启色谱仪。待仪器各项操作条件稳定后，进样0.4μL，待组分出峰完毕后，用色谱工作站或积分仪记录各组分的峰面积。

7. 结果表述

样品中各组分的质量分数（X）按下式计算：

$$X(\%)=\frac{A_i}{\sum A_i}\times 100$$

式中　A_i——组分 i 的峰面积，cm^2 或 mV·min。

8. 允许差

取平行测定结果的算术平均值为测定结果，两次平行测定结果之差绝对值不大于0.2%。

9. 氯化苄中各组分标准色谱参考图（图 5-29）

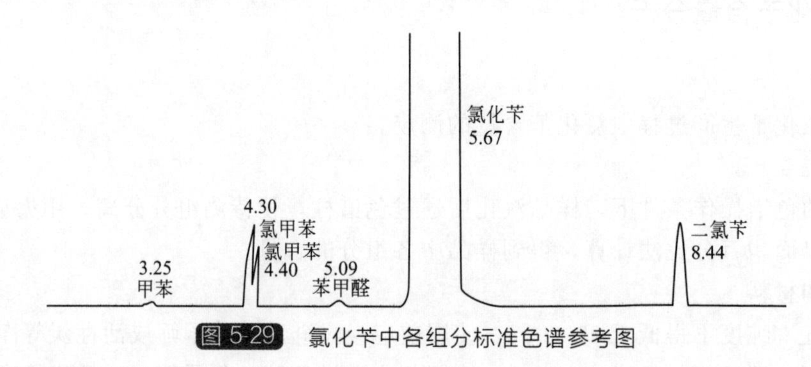

图 5-29 氯化苄中各组分标准色谱参考图

三、二氯苄含量的分析

1. 范围

适用于氯化苄生产过程中二氯苄含量的测定。

2. 方法提要

在选定的色谱操作条件下，样品汽化后通过色谱柱，使待测组分分离，用火焰离子化检测器检测，以面积百分比法计算，得到样品中各组分的含量。

3. 试剂和材料

(1) 氮气　纯度不得低于 99.99%，使用前应经过硅胶、分子筛或活性炭等净化处理。

(2) 氢气　纯度不得低于 99.99%，使用前应经过硅胶、分子筛或活性炭等净化处理。

(3) 空气　不应含有腐蚀性杂质，进入仪器气路前应脱油、脱水处理。

(4) 校准用标准样品的各杂质组分　色谱纯或纯度的质量分数不低于 99.5%。

4. 仪器

(1) 气相色谱仪　具备自动进样装置或手动进样装置氢火焰离子化检测器的色谱仪。

(2) 色谱柱　Φ0.32mm×0.25μm×30m 毛细管柱，DB-1701。

(3) 微量注射器　1μL 或其他适宜体积的注射器。

5. 测定条件

(1) 柱温　初始温度 120℃保持 9min，然后按 5℃/min 的速率升温至 160℃，继续按 20℃/min 的速率升温至 200℃，保持 20min。

(2) 汽化室温度　180℃。

(3) 检测器温度　250℃。

(4) 分流比　50∶1。

(5) 载气（N_2）流速　0.8mL/min。

(6) 燃气（H_2）流速　30mL/min。

(7) 助燃气（空气）流速　300mL/min。

6. 测定步骤

(1) 标准色谱图制作　按上述规定的色谱测定条件，吸取 0.4μL 的标准气，制作标准色谱图（参考图 5-30）。

(2) 试样测定　待仪器达到规定操作条件时，进样 0.4μL，待组分出峰完毕后，用色谱工作站或积分仪记录各组分的峰面积。

(3) 结果表述　样品中各组分的质量分数（ω_i）按下式计算：

$$\omega_i(\%)=\frac{A_i}{\sum A_i}\times 100$$

式中　A_i——组分 i 的峰面积，cm^2 或 mV·min。

（4）允许差　取平行测定结果的算术平均值为测定结果，两次平行测定结果之差绝对值不大于 0.2%。

7. 二氯苄中各组分标准色谱参考图（图 5-30）

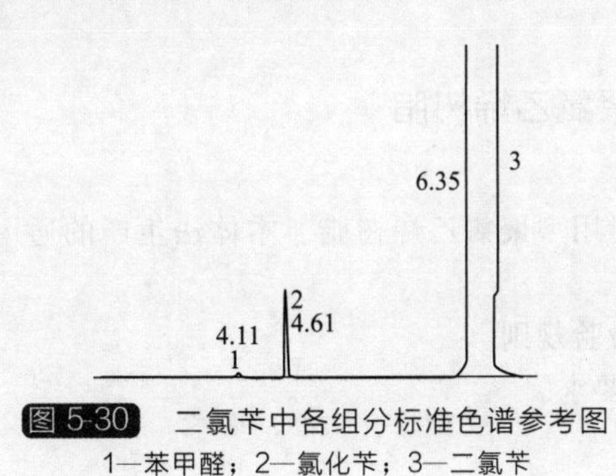

图 5-30　二氯苄中各组分标准色谱参考图

1—苯甲醛；2—氯化苄；3—二氯苄

第六章 有机氯成品分析

一、悬浮法通用型聚氯乙烯树脂

1. 范围

适用于悬浮法生产的通用型聚氯乙烯树脂。本体法生产的通用型聚氯乙烯树脂亦可参照采用。

2. 技术要求、采样和检验规则

按 GB/T 5761 规定的要求。

3. 检测方法

悬浮法通用型聚氯乙烯树脂检测方法应符合表 6-1 的规定。

表 6-1 悬浮法通用型聚氯乙烯树脂检测方法

序号	项目	检测方法
1	黏数(或 *K* 值)(或平均聚合度)	GB/T 5761
2	杂质粒子数	GB/T 9348 或仪器法测定
3	挥发物(包括水)	GB/T 2914①
4	表观密度	GB/T 20022
5	筛余物	GB/T 2916② 或 GB/T 21843
6	"鱼眼"数	GB/T 4611
7	100g 树脂增塑剂吸收量	GB/T 3400
8	白度	GB/T 15595③
9	水萃取物电导率	GB/T 2915
10	残留氯乙烯单体含量	GB/T 29874
11	干流性	GB/T21060

① 按 GB/T 2914 测定,其试样受热温度为(110±2)℃,时间为 1h,按 1h 的失质量计算结果。
② GB/T 2916 为仲裁方法。
③ 按 GB/T 15595 测定,其试样受热温度为(160±1)℃,时间为 10min。
注:若用户对热稳定性还有其他要求时,可由供需双方协商,选用 GB/T 2917.1 或 GB/T 9349 进行测定。

二、糊用聚氯乙烯树脂

1. 范围

适用于乳液法、微悬浮法以及其他聚合方法生产的糊用聚氯乙烯树脂。

2. 技术要求、采样和检验规则

按 GB/T 15592 规定的要求。

3. 检测方法

糊用聚氯乙烯树脂检测方法应符合表 6-2 的规定。

表 6-2　糊用聚氯乙烯树脂检测方法

序号	项目	检测方法
1	黏数(或 K 值)(或平均聚合度)	GB/T 15592
2	标准糊黏度	GB/T 15592
3	杂质粒子数	GB/T 15592
4	挥发物(包括水)的质量分数	GB/T 2914
5	筛余物	GB/T 15592
6	糊增稠率	GB/T 15592
7	白度	GB/T 15592
8	水萃取液 pH 值	GB/T 15592
9	醇萃取物的质量分数	GB/T 15592
10	刮板细度	GB/T 21990
11	残留氯乙烯单体含量	GB/T 29874

三、工业用三氯乙烯

1. 范围

适用于由四氯乙烷脱氯化氢制得的工业用三氯乙烯。

2. 技术要求、采样和检验规则

按 HG/T 2542 规定的要求。

3. 检测方法

工业用三氯乙烯检测方法应符合表 6-3 的规定。

表 6-3　工业用三氯乙烯检测方法

序号	项目	检测方法
1	色度	GB/T 3143
2	密度(ρ_{20})	HG/T 2542
3	三氯乙烯	HG/T 2542
4	1,1,2-三氯乙烷	HG/T 2542
5	四氯乙烯	HG/T 2542
6	酸碱度	HG/T 2542
7	水分	HG/T 2542
8	蒸发残渣	HG/T 2542
9	游离氯	HG/T 2542
10	加速氧化试验后酸度(以 HCl 计)	HG/T 2542

四、工业用四氯乙烯

1. 范围

适用于工业用四氯乙烯。

2. 技术要求、采样和检验规则

按 HG/T 3262 规定的要求。

3. 检测方法

工业用四氯乙烯检测方法应符合表 6-4 的规定。

表 6-4 工业用四氯乙烯检测方法

序号	项目	检测方法
1	四氯乙烯	HG/T 3262
2	水分	HG/T 3262
3	pH	HG/T 3262
4	色度	GB/T 3143
5	密度	HG/T 3262
6	蒸发残渣	HG/T 3262
7	稳定性试验(铜片腐蚀量)	HG/T 3262
8	残留气味	HG/T 3262

五、工业用一氯甲烷

1. 范围

适用于工业用一氯甲烷。

2. 技术要求、采样和检验规则

按 HG/T 3674 规定的要求。

3. 检测方法

工业用一氯甲烷检测方法应符合表 6-5 的规定。

表 6-5 工业用一氯甲烷检测方法

序号	项目	检测方法
1	一氯甲烷	HG/T 3674
2	水分的质量分数	HG/T 3674
3	酸度(以 HCl 计)	HG/T 3674
4	蒸发残留物	HG/T 3674
5	氯乙烷	HG/T 3674

六、工业用二氯甲烷

1. 范围

适用于工业用二氯甲烷。

2. 技术要求、采样及检验规则

按 GB/T4117 规定的要求。

3. 检测方法

工业用二氯甲烷检测方法应符合表 6-6 的规定。

表 6-6 工业用二氯甲烷检测方法

序号	项目	检测方法
1	二氯甲烷	GB/T 4117
2	水分的质量分数	GB/T 4117
3	酸(以 HCl 计)	GB/T 4117
4	色度(铂-钴色号)	GB/T 4117
5	蒸发残渣	GB/T 4117

七、工业用三氯甲烷

1. 范围

适用于工业用三氯甲烷。

2. 技术要求、采样及检验规则

按 GB/T 4118 规定的要求。

3. 检测方法

工业用三氯甲烷检测方法应符合表 6-7 的规定。

表 6-7 工业用三氯甲烷检测方法

序号	项目	检测方法
1	三氯甲烷	GB/T 4118
2	四氯化碳	GB/T 4118
3	水分的质量分数	GB/T 4118
4	酸(以 HCl 计)	GB/T 4118
5	色度(铂-钴色号)	GB/T 4118

八、工业用四氯化碳

1. 范围

适用于工业用四氯化碳。

2. 技术要求、采样及检验规则

按 GB/T 4119 规定的要求。

3. 检测方法

工业用四氯化碳检测方法应符合表 6-8 的规定。

表 6-8 工业用四氯化碳检测方法

序号	项目	检测方法
1	四氯化碳	GB/T 4119
2	三氯甲烷	GB/T 4119
3	四氯乙烯	GB/T 4119
4	水分的质量分数	GB/T 4119
5	酸(以 HCl 计)	GB/T 4119
6	色度(铂-钴色号)	GB/T 4119

九、工业用环氧丙烷

1. 范围

适用于氯醇法生产的工业用环氧丙烷。

2. 技术要求、采样和检验规则

按 GB/T 14491 规定的要求。

3. 检测方法

工业用环氧丙烷检测方法应符合表 6-9 的规定。

表 6-9 工业用环氧丙烷检测方法

序号	项目	检测方法
1	环氧丙烷	GB/T 14491
2	色度	GB/T 6324.6 或 GB/T 3143①
3	酸度(以乙酸计)	GB/T 14491
4	水分	GB/T 6283
5	乙醛+丙醛	GB/T 14491

① 以 GB/T 6324.6 为仲裁法。

注:以两次平行测定结果的算术平均值为测定结果,两次平行测定的结果相对偏差不大于 15%。

十、工业用环氧氯丙烷

1. 范围

适用于由丙烯经高温氯化、氯醇法或乙酸丙烯酯法和甘油法而制得的工业用环氧氯丙烷。

2. 技术要求和检验规则

按 GB/T 13097 规定的要求。

3. 检测方法

工业用环氧氯丙烷检测方法应符合表 6-10 的要求。

表 6-10 工业用环氧氯丙烷检测方法

序号	项目	检测方法
1	色度	GB/T 3143
2	水	GB/T 13097
3	环氧氯丙烷	GB/T 13097

十一、邻二氯苯

1. 范围

适用于邻二氯苯的产品质量控制。

2. 技术要求、采样和检验规则

按 HG/T 3602 规定的要求。

3. 检测方法

邻二氯苯检测方法应符合表 6-11 的要求。

表 6-11 邻二氯苯检测方法

序号	项目	检测方法
1	外观	HG/T 3602
2	邻二氯苯纯度	HG/T 3602
3	低沸物含量	HG/T 3602
4	间二氯苯含量	HG/T 3602
5	对二氯苯含量	HG/T 3602
6	高沸物含量	HG/T 3602
7	水分的质量分数	HG/T 3602
8	酸度的质量分数(以 H_2SO_4 计)	HG/T 3602

十二、对二氯苯

1. 范围

适用于对二氯苯的产品质量控制。

2. 技术要求、采样和检验规则

按 HG/T 4489 规定的要求。

3. 检测方法

对二氯苯检测方法应符合表 6-12 的要求。

表 6-12 对二氯苯检测方法

序号	项目	检测方法
1	外观	HG/T 4489
2	对二氯苯纯度	HG/T 4489
3	低沸物含量	HG/T 4489
4	间二氯苯含量	HG/T 4489
5	邻二氯苯纯度	HG/T 4489
6	水分的质量分数	HG/T 4489

十三、工业用间二氯苯

1. 范围

适用于苯氯化工艺和间二硝基苯氯化工艺生产的工业用间二氯苯。

2. 技术要求和检验规则

按 HG/T 4627 规定的要求。

3. 检测方法

工业用间二氯苯检测方法应符合表 6-13 的要求。

表 6-13 工业用间二氯苯检测方法

序号	项目	检测方法
1	间二氯苯	HG/T 4627
2	对二氯苯、邻二氯苯和三氯苯总量	HG/T 4627

续表

序号	项目	检测方法
3	其他有机物	HG/T 4627
4	水分	HG/T 4627

十四、工业氯化苄

1. 范围

本方法适用于甲苯经氯化、精馏提纯制得的工业氯化苄。

2. 技术要求、采样和检验规则

按 HG/T 2027 规定的要求。

3. 检测方法

工业氯化苄的检测方法应符合表 6-14 的规定。

表 6-14 工业氯化苄检测方法

序号	项目	检测方法
1	色度	HG/T 2027
2	水分	HG/T 2027
3	酸度(以 HCl 计)	HG/T 2027
4	纯度	HG/T 2027
5	苄叉二氯	HG/T 2027
6	甲苯	HG/T 2027
7	氯甲苯	HG/T 2027

十五、工业水合肼

1. 范围

适用于工业水合肼的检测。

2. 技术要求、采样和检验规则

按 HG/T 3259 规定的要求。

3. 检测方法

水合肼的检测方法应符合表 6-15 的规定。

表 6-15 水合肼检测方法

序号	项目	检测方法
1	水合肼质量分数	HG/T 3259
2	不挥发物质量分数	HG/T 3259
3	铁质量分数	HG/T 3259
4	重金属(以 Pb 计)质量分数	HG/T 3259
5	氯化物(以 Cl 计)质量分数	HG/T 3259
6	硫酸盐(以 SO_4 计)质量分数	HG/T 3259
7	总有机碳	HG/T 3259

十六、发泡剂偶氮二甲酰胺（ADC）

1. 范围

适用于以尿素、水合肼为原料经缩合、氧化而制得的发泡剂 ADC 的检测。

2. 技术要求、采样和检验规则

按 HG/T 2097 规定的要求。

3. 检测方法

发泡剂 ADC 检测方法应符合表 6-16 的规定。

表 6-16 发泡剂 ADC 检测方法

序号	项目	检测方法
1	外观	HG/T 2097
2	发气量	HG/T 2097
3	筛余物	HG/T 2097
4	中值粒径	HG/T 2097
5	分解温度	HG/T 2097
6	加热减量	HG/T 2097
7	灰分	HG/T 2097
8	pH 值	HG/T 2097
9	纯度	HG/T 2097

十七、氯化石蜡-52

1. 范围

适用于以平均碳原子数约为 15 的正构液体石蜡经氯化、精制后，制得含氯量为 50%～54%的工业氯化石蜡，该产品主要用作聚氯乙烯辅助增塑剂。

2. 技术要求 采样和检验规则

按 HG 2092 规定的要求。

3. 检测方法

氯化石蜡-52 检测方法应符合表 6-17 的规定。

表 6-17 氯化石蜡-52 检测方法

序号	项目	检测方法
1	色泽(铂-钴号)	HG 2092
2	密度	HG 2092
3	氯含量	HG/T 3017
4	黏度	HG 2092
5	折射率	GB 1657
6	加热减量	HG 2092
7	热稳定指数	HG/T 3018

十八、工业氯乙酸（固体）

1. 范围

适用于冰乙酸在催化剂存在下氯化而制得的工业氯乙酸。

2. 技术要求、采样和检验规则

按 HG/T 3271 规定的要求。

3. 检测方法

（1）工业氯乙酸检测方法应符合表 6-18 的规定。

表 6-18 工业氯乙酸检测方法

序号	项目	检测方法
1	氯乙酸	HG/T 3271 或—
2	二氯乙酸	HG/T 3271 或—
3	乙酸	HG/T 3271 或—
4	结晶点	HG/T 3271

（2）氯乙酸、二氯乙酸及乙酸的测定

① 方法提要　用气相色谱法，在选定的工作条件下，用色谱级一氯乙酸、二氯乙酸、乙酸做标准样品，配制成已知含量的不同浓度的标准系列。把不同浓度的标准样品进行酯化，用四氯化碳进行萃取，酯化液经汽化进入色谱柱，使其中各组分得到分离，用氢焰检测器检测，得到酯化液的色谱图，用氯乙酸做参比，求出二氯乙酸和乙酸的校正因子。样品分析用校正面积归一法定量。得到样品色谱结果。水分分析用卡尔·费休法测定。色谱结果乘以（1－水分含量），得到各组分分析结果。

② 试剂和材料

a. 氮气　纯度不得低于 99.99%，使用前应经过硅胶、分子筛或活性炭等净化处理。

b. 氢气　纯度不得低于 99.99%，使用前应经过硅胶、分子筛或活性炭等净化处理。

c. 空气　不应含有腐蚀性杂质，进入仪器气路前应脱油、脱水处理。

d. 校准用标准样品　色谱纯或纯度的质量分数不低于 99.5%。

e. 硫酸。

f. 无水乙醇（色谱纯）。

g. 四氯化碳（色谱纯）。

h. 无水氯化钙（粒状）。

③ 仪器

a. 气相色谱仪　具备自动进样装置或手动进样装置氢火焰离子化检测器的色谱仪。

b. 色谱柱　Φ0.32mm×0.5μm×30m 毛细管柱，SE-54。

c. 微量注射器　1μL 或其他适宜体积的注射器。

④ 测定条件

a. 色谱柱温度　130℃。

b. 汽化室温度　200℃。

c. 检测器温度　200℃。

d. 分流比　50∶1。

e. 载气（N_2）流速　30mL/min。

f. 燃气（H_2）流速　30mL/min。

g. 助燃气（空气）流速　300mL/min。

⑤ 测定步骤

a. 校正因子的测定　把一氯乙酸、二氯乙酸、乙酸配制成不同含量的标准品，分别酯化，酯化步骤同样品的测定，吸取 1μL 样品进样，根据出峰的面积，以氯乙酸为参比，算出乙酸和二氯乙酸在不同含量时的校正因子。并获得最佳标准色谱图（见参考图 6-1）。

b. 样品测定

(a) 称取约 1.6g 试样，于 10mL 具塞比色管中，加入 2mL 无水乙醇、1mL 浓硫酸，盖紧盖子，放入大约 95℃的水浴中进行酯化 5～10min，煮完后取出比色管，在冷水中冷却至室温，然后打开盖子，加入 6mL 水和 2mL 的四氯化碳，盖上盖子，剧烈震荡比色管，使酯化产物与四氯化碳充分混合，放置片刻，油相与水相即可分离，用 2mL 的移液管吸取下层油相 1mL，移入加有少许无水氯化钙颗粒的血清瓶中，盖上瓶塞，待分析用。

(b) 按上述规定测定条件调整仪器，基线稳定后，用进样器进样，色谱数据由色谱工作站处理数据。

⑥ 结果表述

a. 组分中酸的含量（ω_i）按下式计算：

$$\omega_i(\%)=\frac{f_iA_i}{\sum(f_iA_i)}\times 100$$

式中　f_i——组分酸 i 的校正因子。

A_i——组分酯 i 的峰面积，cm^2 或 mV · min。

b. 各组分含量（X_i）按下式计算：

$$X_i(\%)=\left(1-\frac{A}{100}\right)\times\omega_i$$

式中　A——水分含量，%；

ω_i——组分中对应的酸含量，%。

⑦ 氯乙酸中各组分酯化后标准色谱参考图（图 6-1）。

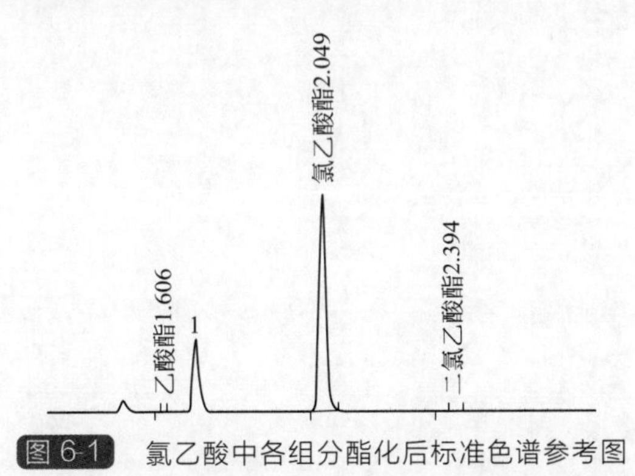

图 6-1　氯乙酸中各组分酯化后标准色谱参考图

(3) 水分的测定

① 方法提要　存在于试样中的水分与已知水分滴定度的卡尔·费休法试剂进行定量反应。

$$H_2O+I_2+SO_2+3C_5H_5N\longrightarrow 2C_5H_5N\cdot HI+C_5H_5N\cdot SO_3$$

$$C_5H_5N\cdot SO_3+ROH\longrightarrow C_5H_5NH\cdot OSO_2OR$$

② 测定步骤　按 GB/T 6283 规定的方法，样品量约 0.5g，精确至 0.001g，具体步骤按

仪器操作说明书或操作规程执行。

（4）氧化时间的测定

① 方法提要　在规定条件下，将高锰酸钾溶液加入被测试样中，与标准比色溶液进行对照，记录试验溶液褪色所需的时间。

② 仪器和试剂

a. 具塞比色管　50mL。

b. 恒温水浴　(15±0.1)℃处恒温。

c. 高锰酸钾溶液　0.005mol/L。

d. 标准比色溶液　称取 67.0g 硫酸锰，溶于 500mL 水中，溶解后加入 138mL 磷酸及 130mL 硫酸，稀释至 1000mL，充分混匀，该标准比色溶液的颜色表示的是样品溶液在高锰酸钾试验中褪色后的终点颜色。

③ 测定步骤　称约 11.25g 样品，精确至 0.001g，于 50mL 具塞比色管中，加 45mL 水稀释，置于 (15±0.1)℃水浴中平衡 10min，快速用移液管加入 1.00mL 的 0.005mol/L 高锰酸钾溶液，立即加盖混匀后并计时，然后重新快速置于水浴中，与标准比色溶液颜色一致，即为终点，记录时间。

第七章　安全分析

第一节　概述

1. 动火作业和受限空间作业基本要求

基本要求按 GB 30871 规范执行。

2. 动火作业

（1）动火作业是指直接或间接产生明火的工艺设备以外的禁火区内可能产生火焰、火花或炽热表面的非常规作业，如使用电焊、气焊（割）、喷灯、电钻、砂轮等进行的作业。

（2）特殊动火作业是指在生产运行状态下的易燃易爆场所生产装置、输送管道、储罐、容器等部位上及其他特殊危险场所进行的动火作业，带压不置换动火作业按特殊动火作业管理。

（3）动火作业基本要求

① 动火作业应有专人监火，作业前应清除动火现场及周围的易燃物品，或采取其他有效安全防火措施，并配备消防器材，满足作业现场应急需求。

② 动火点周围或其下方的地面如有可燃物、空洞、窨井、地沟、水封等，应检查分析并采取清理或封盖等措施；对于动火点周围有可能泄漏易燃、可燃物料的设备，应采取隔离措施。

③ 凡在盛有或盛装过危险化学品的设备、管道等生产、储存设施及处于 GB 50016、GB 50160、GB 50074 规定的甲、乙类区域的生产设备上动火作业，应将其与生产系统彻底隔离，并进行清洗、置换，分析合格后方可作业；因条件限制无法进行清洗、置换而确需动火作业时按"2、(4)"规定执行。

④ 拆除管线进行动火作业时，应先查明其内部介质及其走向，并根据所要拆除管线的情况制订安全防火措施。

⑤ 在有可燃物构件和使用可燃物做防腐内衬的设备内部进行动火作业时，应采取防火隔绝措施。

⑥ 在生产、使用、储存氧气的设备上进行动火作业时，设备内氧含量不应超过23.5%。

⑦ 动火期间距动火点 30m 内不应排放可燃气体；距动火点 15m 内不应排放可燃液体；在动火点 10m 范围内及动火点下方不应同时进行可燃溶剂清洗或喷漆等作业。

⑧ 铁路沿线 25m 以内的动火作业，如遇装有危险化学品的火车通过或停留时，应立即停止。

⑨ 使用气焊、气割动火作业时，乙炔瓶应直立放置，氧气瓶与之间距不应小于 5m，二者与作业地点间距不应小于 10m，并应设置防晒设施。

⑩ 作业完毕应清理现场，确认无残留火种后方可离开。

⑪ 五级风以上（含五级）天气，原则上禁止露天动火作业。因生产确需动火，作业应升级管理。

（4）特殊动火作业要求　特殊动火作业在符合“2、（3）”规定的同时，还应符合以下规定：

① 在生产不稳定的情况下不应进行带压不置换动火作业；

② 应预先制定作业方案，落实安全防火措施，必要时可请专职消防队到现场监护；

③ 动火点所在的生产车间（分厂）应预先通知工厂生产调度部门及有关单位，使之在异常情况下能及时采取相应的应急措施；

④ 应在正压条件下进行作业；

⑤ 应保持作业现场通、排风良好。

（5）动火分析及合格标准

① 作业前应进行动火分析，要求如下：

a. 动火分析的监测点要有代表性，在较大的设备内动火，应对上、中、下各部位进行监测分析；在较长的物料管线上动火，应在彻底隔绝区域内分段分析；

b. 在设备外部动火，应在不小于动火点 10m 范围内进行动火分析；

c. 动火分析与动火作业间隔一般不超过 30min，如现场条件不允许，间隔时间可适当放宽，但不应超过 60min；

d. 作业中断时间超过 60min，应重新分析，每日动火前均应进行动火分析；特殊动火作业期间应随时进行检测；

e. 使用便携式可燃气体检测仪或其他类似手段进行分析时，检测设备应经标准气体样品标定合格。

② 动火分析合格标准

a. 当被测气体或蒸气的爆炸下限大于或等于 4%时，其被测浓度应不大于 0.5%（体积分数）；

b. 当被测气体或蒸气的爆炸下限小于 4%时，其被测浓度应不大于 0.2%（体积分数）。

3. 受限空间

（1）受限空间是指进出口受限，通风不良，可能存在易燃易爆、有毒有害物质或缺氧，对进入人员的身体健康和生命安全构成威胁的封闭、半封闭设施及场所，如反应器、塔、釜、槽、罐、炉膛、锅筒、管道以及地下室、窨井、坑（池）、下水道或其他封闭、半封闭场所。

（2）受限空间作业是指进入或探入受限空间进行的作业。

（3）受限空间作业要求

① 作业前，应对受限空间进行安全隔绝，要求如下：

a. 与受限空间连通的可能危及安全作业的管道应采用插入盲板或拆除一段管道进行隔绝；

b. 与受限空间连通的可能危及安全作业的孔、洞等应进行严密地封堵；

c. 受限空间内的用电设备应停止运行并有效切断电源，在电源开关处上锁并加挂警示牌。

② 作业前，应根据受限空间盛装（过）的物料特性，对受限空间进行清洗或置换，并达到如下要求：

a. 氧含量为 18%～21%，在富氧环境下不应大于 23.5%；

b. 有毒气体（物质）浓度应符合 GBZ 2.1 的规定；

c. 可燃气体浓度要求同“2、（5）、②”规定。

③ 应保持受限空间空气流通良好，可采取如下措施：

a. 打开人孔、手孔、料孔、风门、烟门等与大气相通的设施进行自然通风；

b. 必要时，应采用风机强制通风或管道送风，管道送风前应对管道内介质和风源进行分析确认。

④ 应对受限空间内的气体浓度进行严格监测，监测要求如下：

a. 作业前 30min 内，应对受限空间进行气体分析，分析合格后方可进入，如现场条件不允许，时间可适当放宽，但不应超过 60min；

b. 监测点应有代表性，容积较大的受限空间，应对上、中、下各部位进行监测分析；

c. 分析仪器应在校验有效期内，使用前应保证其处于正常工作状态；

d. 监测人员深入或探入受限空间监测时应采取“3、(3)、⑤”中规定的个体防护措施；

e. 作业中应定时监测，至少每 2h 监测一次，如监测分析结果有明显变化，应立即停止作业，撤离人员，对现场进行处理，分析合格后方可恢复作业；

f. 对可能释放有害物质的受限空间，应连续监测，情况异常时应立即停止作业，撤离人员，对现场进行处理，分析合格后方可恢复作业；

g. 涂刷具有挥发性溶剂的涂料时，应做连续分析，并采取强制通风措施；

h. 作业中断时间超过 60min 时，应重新进行分析。

⑤ 进入下列受限空间作业应采取如下防护措施：

a. 缺氧或有毒的受限空间经清洗或置换仍达不到“3、(3)、②”要求的，应佩戴隔绝式呼吸器，必要时应拴带救生绳；

b. 易燃易爆的受限空间经清洗或置换仍达不到“3、(3)、②”要求的，应穿防静电工作服及防静电工作鞋，使用防爆型低压灯具及防爆工具；

c. 酸碱等腐蚀性介质的受限空间，应穿戴防酸碱防护服、防护鞋、防护手套等防腐蚀护品；

d. 有噪声产生的受限空间，应配戴耳塞或耳罩等防噪声护具；

e. 有粉尘产生的受限空间，应配戴防尘口罩、眼罩等防尘护具；

f. 高温的受限空间，进入时应穿戴高温防护用品，必要时采取通风、隔热、佩戴通信设备等防护措施；

g. 低温的受限空间，进入时应穿戴低温防护用品，必要时采取供暖、佩戴通信设备等防护措施。

4. 动火作业及受限空间作业分析方法

除参照本章第二节规定要求外，使用单位还可选择适宜的便携式测定仪进行测定，具体分析步骤可根据仪器使用说明书或制造商提供的其他使用要求测定。

第二节 动火、受限空间作业分析

一、乙炔、氯乙烯的测定

1. 范围

适用于动火作业、受限空间作业乙炔、氯乙烯的测定。

2. 方法提要

采用与被测组分含量相接近的标准气，在同样的操作条件下，用气相色谱法进行分离，通过被测组分和标准气组分峰值比，求得样品的相应组分含量。

3. 试剂和材料

(1) 标准物质 采用与被测组分含量相接近的标准物质。

（2）氮气　纯度不得低于99.99%，使用前应经过硅胶、分子筛或活性炭等净化处理。

（3）氢气　纯度不得低于99.99%，使用前应经过硅胶、分子筛或活性炭等净化处理。

（4）空气　不应含有腐蚀性杂质，使用前应进行脱油、脱水。

4. 仪器

（1）气相色谱仪　具备自动进样装置或手动进样装置氢火焰检测器的色谱仪。

（2）色谱柱　Φ4mm×2m不锈钢柱。

（3）填充物　60～80目铬姆沙伯担体（β,β'-氧二丙腈与硅油703涂渍）。

（4）注射器　1mL（精度0.02mL）或其他适宜体积的注射器。

5. 测定条件

（1）色谱柱温度　40～60℃。

（2）汽化室温度　100℃。

（3）检测器温度　150～180℃。

（4）载气（N_2）流速　30～50mL/min。

（5）燃气（H_2）流速　30～50mL/min。

（6）助燃气（空气）流速　300mL/min。

6. 测定步骤

（1）标准色谱图制作　在上述规定的测定条件下，准确量取1mL标准气，每次待测组分完全流出后（至少进样3次），选择出最佳的标准色谱图（可参考图7-1）。

（2）试样测定

① 将仪器设备各项参数调整至规定的测定条件。

② 打开色谱工作站，引入标准色谱图。

③ 准确量取试样1mL进样，待样品峰完全流出后，得到样品色谱图。

④ 该样品含量可直接从色谱图定量结果中得出。

7. 乙炔、氯乙烯含量标准色谱参考图（图7-1）

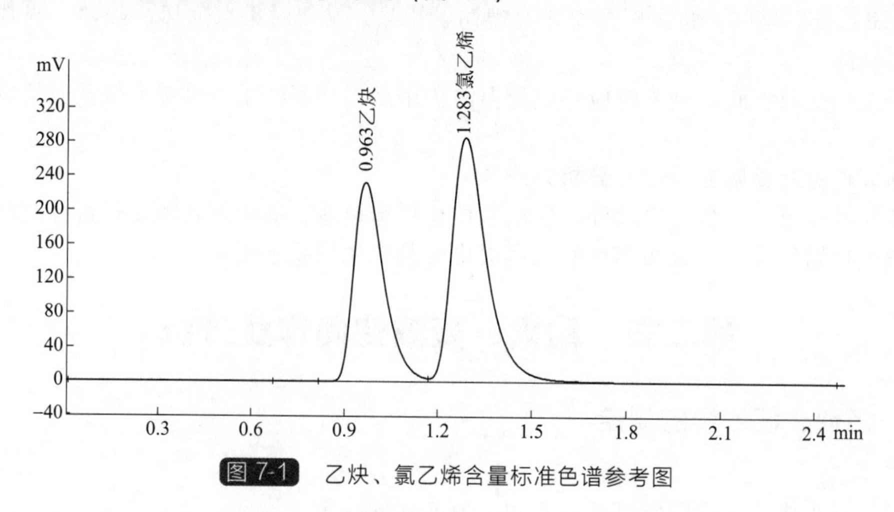

图7-1　乙炔、氯乙烯含量标准色谱参考图

二、甲烷的测定

1. 范围

适用于动火作业、受限空间作业甲烷的测定。

2. 方法提要

采用与被测组分含量相接近的标准气，在同样的操作条件下，用气相色谱法进行分离，通过被测组分和标准气组分峰值比，求得样品的组分含量。

3. 试剂和材料

（1）标准物质　采用与被测组分含量相接近的标准物质。

（2）氮气　纯度不得低于99.99%，使用前应经过硅胶、分子筛或活性炭等净化处理。

（3）氢气　纯度不得低于99.99%，使用前应经过硅胶、分子筛或活性炭等净化处理。

（4）空气　不应含有腐蚀性杂质，使用前应进行脱油、脱水。

4. 仪器

（1）气相色谱仪　具备自动进样装置或手动进样装置的氢火焰检测器的色谱仪。

（2）色谱柱　Φ4mm×2m不锈钢柱。

（3）填充物　60～80目Porapak Q。

（4）注射器　1mL（精度0.02mL）或其他适宜体积的注射器。

5. 测定条件

（1）色谱柱温度　60～80℃。

（2）汽化室温度　100℃。

（3）检测器温度　150～180℃。

（4）载气（N_2）流速　30～50mL/min。

（5）燃气（H_2）流速　30～50mL/min。

（6）助燃气（空气）流速　300mL/min。

6. 测定步骤

（1）标准色谱图制作　在上述规定的测定条件下，准确量取1mL标准气，每次待组分完全流出后（至少进样3次），选择出最佳的标准色谱图（可参考图7-2）。

（2）试样测定

① 将仪器设备各项参数调整至规定的测定条件。

② 打开色谱工作站，引入标准色谱图。

③ 准确量取试样1mL进样，待样品峰完全流出后，得到样品色谱图。

④ 该样品含量可直接从色谱图定量结果中得出。

7. 甲烷含量标准色谱参考图（图7-2）

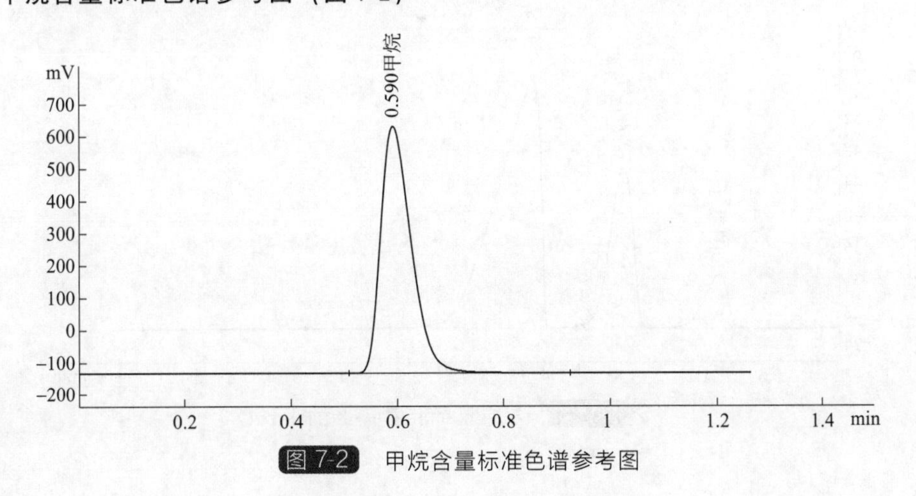

图7-2　甲烷含量标准色谱参考图

三、氢含量的测定

1. 范围

适用于动火作业、受限空间作业氢含量的测定。

2. 色谱法

（1）方法提要　采用与被测组分含量相接近的标准气，在同样的操作条件下，用气相色谱法进行分离，通过被测组分和标准气组分峰值比，求得样品的组分含量。

（2）试剂和材料

① 标准物质　采用与被测组分含量相接近的标准物质。

② 氩气　纯度不得低于99.99%，使用前应经过硅胶、分子筛或活性炭等净化处理。

（3）仪器

① 气相色谱仪　具备自动进样装置或手动进样装置热导检测器的色谱仪。

② 色谱柱　Φ4mm×2m不锈钢柱。

③ 填充物　60～80目5A型分子筛（色谱用）。

④ 注射器　1mL（精度0.02mL）或其他适宜体积的注射器。

（4）测定条件

① 色谱柱温度　50～80℃。

② 桥路电流　40～60mA。

③ 载气（氩气）流速　30～50mL/min。

（5）测定步骤

① 标准色谱图制作　在上述规定的测定条件下，准确量取1mL标准气，每次待组分完全流出后（至少进样3次），选择出最佳的标准色谱图（可参考图7-3）。

② 试样测定

a. 将仪器设备各项参数调整至规定的测定条件。

b. 打开色谱工作站，引入标准色谱图。

c. 准确量取试样1mL进样，待样品峰完全流出后，得到样品色谱图。

d. 该样品含量可直接从色谱图定量结果中得出。

（6）氢含量标准色谱参考图（图7-3）。

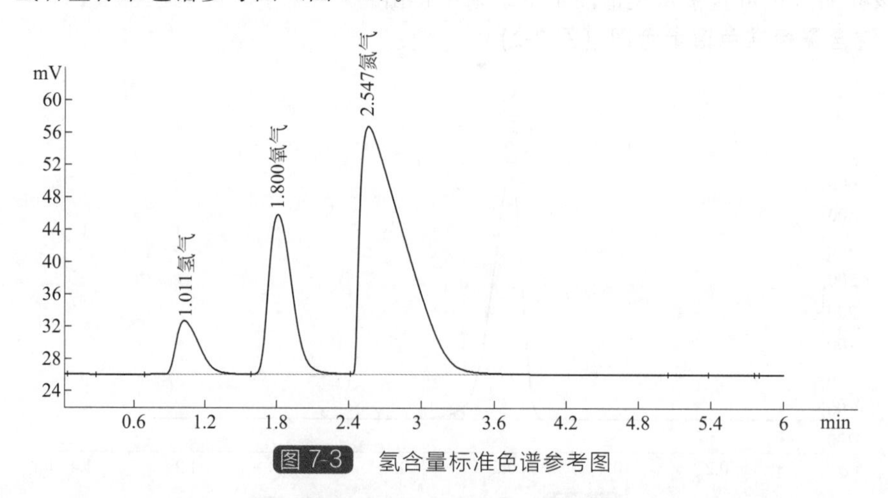

图7-3　氢含量标准色谱参考图

3. 燃烧法

（1）方法提要 气体中所含氢气通过灼烧铂金丝与空气中的氧燃烧成水，根据燃烧前后的体积差来计算气体中氢的含量。

（2）仪器和设备

①气体取样器。

②带有铂金丝的燃烧器（见图 7-4）。

（3）测定步骤 将燃烧分析装置中的燃烧管、量气管充满水，用气体量管取样，放下水准球，取样品至气体量管中，再转动旋塞，提高水准球，排出气体，如此置换 2～3 次，然后利用水准球取样品至气体量管中，准确读取体积 V_1，然后将样品气全部转送到燃烧器中，液面应低于铂丝以下，打开电钮使其通电，使样品气中氢气完全燃烧后，关闭电钮，待 1～2min，将气体全部转回气体量管中，待 1～2min，使水准瓶与燃烧管中的液面在同一水平，读取体积 V_2。

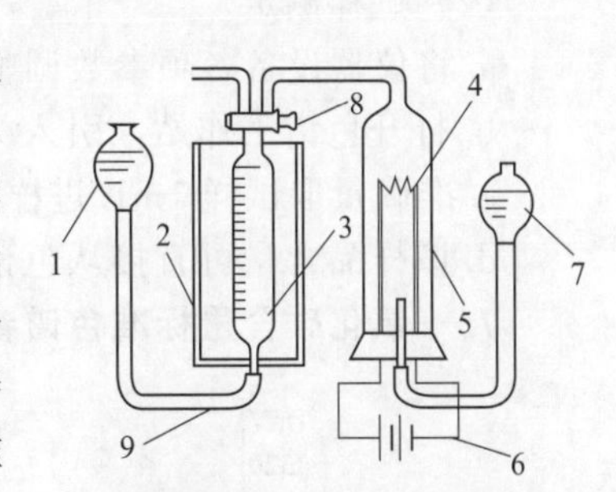

图 7-4 燃烧分析装置

1—水准球；2—夹套；3—气体量管；4—加热铂金丝；5—燃烧器；6—直流电源；7—缓冲平衡器；8—旋塞；9—胶管

（4）结果表述 氢气的体积分数（φ）按下式计算：

$$\varphi(\%)=\frac{(V_1-V_2)\times 2/3}{V_1}\times 100$$

式中 V_1——燃烧前气样的体积，mL；

V_2——燃烧后气体的体积，mL。

四、一氧化碳的测定

1. 范围

适用于动火作业、受限空间作业一氧化碳的测定。

2. 方法提要

采用与被测组分含量相接近的标准气，在同样的操作条件下，用气相色谱法进行分离，通过被测组分和标准气组分峰值比，求得样品的组分含量。

3. 试剂和材料

（1）标准物质 采用与被测组分含量相接近的标准物质。

（2）氮气 纯度不得低于 99.99%，使用前应经过硅胶、分子筛或活性炭等净化处理。

（3）氢气 纯度不得低于 99.99%，使用前应经过硅胶、分子筛或活性炭等净化处理。

（4）空气 不应含有腐蚀性杂质，使用前应进行脱油、脱水。

4. 仪器

（1）气相色谱仪 具有自动或手动进样装置的氢火焰离子化检测器，带转化炉的色谱仪。

（2）色谱柱 Φ3mm×2m 不锈钢柱。

（3）填充物 80～100 目 TDX-01。

5. 测定条件

（1）色谱柱温度 50℃。

（2）汽化室温度 50℃。

（3）检测器温度 100℃。

（4）转化炉温度 380℃。

（5）载气（N_2）流速 30～50mL/min。

(6) 燃气（H_2）流速 30～50mL/min。

(7) 助燃气（空气）流速 300mL/min。

6. 测定步骤

(1) 标准色谱图制作 在上述规定的测定条件下，准确量取 1mL 标准气，每次待组分完全流出后（至少进样 3 次），选择出最佳的标准色谱图（可参考图 7-5）。

(2) 试样测定

a. 将仪器设备各项参数调整至规定的测定条件。

b. 打开色谱工作站，引入标准色谱图。

c. 准确量取试样 1mL 进样，待样品峰完全流出后，得到样品色谱图。

d. 该样品含量可直接从色谱图定量结果中得出。

7. 一氧化碳含量标准色谱参考图（图 7-5）

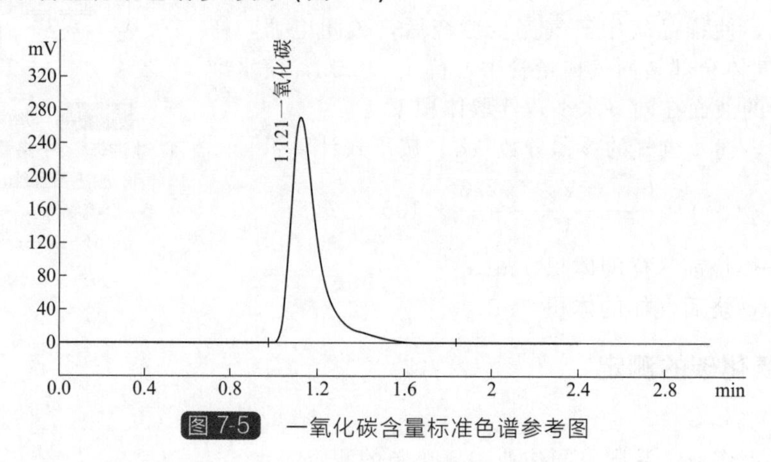

图 7-5 一氧化碳含量标准色谱参考图

五、氧含量的测定

1. 范围

适用于受限空间作业氧含量的测定。

2. 方法提要

采用与被测组分含量相接近的标准气，在同样的操作条件下，用气相色谱法进行分离，通过被测组分和标准气组分峰值比，求得样品的组分含量。

3. 试剂和材料

(1) 标准物质 采用与被测组分含量相接近的标准物质。

(2) 氢气 纯度不得低于 99.99%，使用前应经过硅胶、分子筛或活性炭等净化处理。

4. 仪器

(1) 气相色谱仪 具备自动进样装置或手动进样装置热导检测器的色谱仪。

(2) 色谱柱 Φ4mm×2m 不锈钢柱。

(3) 填充物 60～80 目 5A 型分子筛（色谱用）。

(4) 注射器 1mL（精度 0.02mL）或其他适宜体积的注射器。

5. 测定条件

(1) 色谱柱温度 50～80℃。

(2) 桥路电流 60～120mA。

(3) 载气（H_2）流速 30～50mL/min。

6. 测定步骤

（1）标准色谱图制作　在上述规定的测定条件下，准确量取 1mL 标准气，每次待组分完全流出后（至少进样 3 次），选择出最佳的标准色谱图（可参考图 7-6）。

（2）试样测定

① 将仪器设备各项参数调整至规定的测定条件。

② 打开色谱工作站，引入标准色谱图。

③ 准确量取试样 1mL 进样，待样品峰完全流出后，得到样品色谱图。

④ 根据样品氧的峰值和空气氧的峰值之比计算出样品中氧含量，该含量可直接从色谱图定量结果中得出。

7. 氧含量标准色谱参考图（图 7-6）

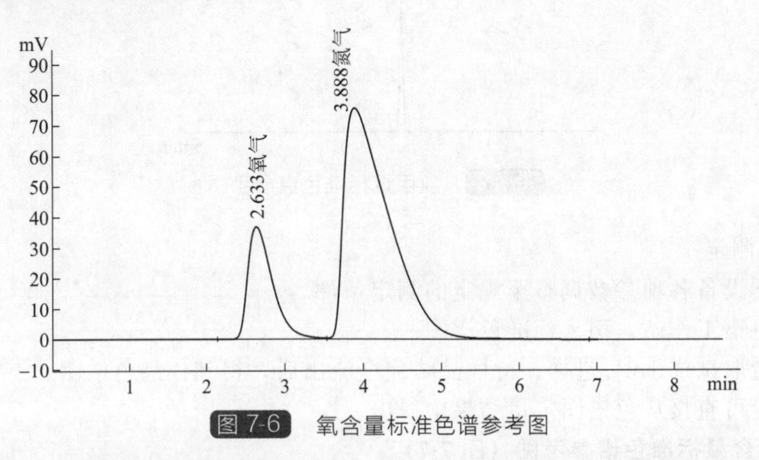

图 7-6　氧含量标准色谱参考图

六、氯甲烷含量的测定

1. 范围

适用于受限空间氯甲烷含量的测定。

2. 方法提要

采用与被测组分含量相接近的标准气，在同样的操作条件下，用气相色谱法进行分离，通过被测组分和标准气组分峰值比，求得样品的组分含量。

3. 试剂和材料

（1）标准物质　采用与被测组分含量相接近的标准物质。

（2）氮气　纯度不得低于 99.99%，使用前应经过硅胶、分子筛或活性炭等净化处理。

（3）氢气　纯度不得低于 99.99%，使用前应经过硅胶、分子筛或活性炭等净化处理。

（4）空气　不应含有腐蚀性杂质，使用前应进行脱油、脱水。

4. 仪器

（1）气相色谱仪　具有自动或手动进样装置氢火焰离子化检测器的色谱仪。

（2）色谱柱　Φ0.53mm×3μm×60m 毛细管柱。

（3）固定相　6%氰丙基苯基-94%二甲基聚硅氧烷。

（4）注射器　1mL 或其他适宜体积的注射器。

5. 测定条件

（1）色谱柱温度　35℃。

（2）汽化室温度　150℃。

(3) 检测器温度　250℃。

(4) 分流比　20∶1。

(5) 载气（N_2）流速　7.0mL/min。

(6) 燃气（H_2）流速　(30～40)mL/min。

(7) 助燃气（空气）流速　300mL/min。

6. 测定步骤

(1) 标准色谱图制作　在上述规定的测定条件下，准确量取1mL标准气，每次待组分完全流出后（至少进样3次），选择出最佳的标准色谱图（可参考图7-7）。

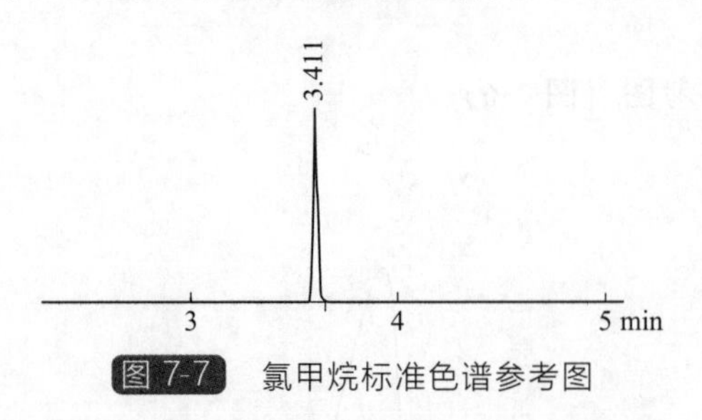

图7-7　氯甲烷标准色谱参考图

(2) 试样测定

① 将仪器设备各项参数调整至规定的测定条件。

② 打开色谱工作站，引入标准色谱图。

③ 准确量取试样1mL进样，待样品峰完全流出后，得到样品色谱图。

④ 该含量可直接从色谱图定量结果中得出。

7. 氯甲烷含量标准色谱参考图（图7-7）

七、氯气、氯化氢含量的测定

1. 范围

适用于受限空间及空气中氯气、氯化氢含量的测定。

2. 方法提要

空气中有毒有害气体进入检测管，检测管内的试剂吸收有毒有害气体而发生颜色变化，在一定浓度范围内，变色长度与目标物浓度成正比。

3. 试验方法及采样

按HJ 871规定的方法及要求。

第八章　环保分析

第一节　废水的分析

一、概述

1. 工业废水的分类

工业废水指工业生产过程中排出的废水和废液，其中含有随水流失的工业生产用料、中间产物、副产品以及生产过程中产生的污染物。一般可分为无机废水和有机废水。

2. 工业废水的来源

(1) 无机废水　采用离子膜电解法生产烧碱及采用电石乙炔法生产聚氯乙烯等产品的过程中产生的无机废水，主要包括电解工序的洗槽水、产碱工序的蒸发冷凝水和碱洗水、产酸工序的酸性水、机封冷却水、循环水装置排污水等，主要污染物为酸、碱、盐等无机物。

(2) 有机废水

① 采用乙烯氧氯化法生产聚氯乙烯等产品的过程中产生的有机废水，主要包括氧氯化反应单元产生的酸碱废水、洗涤废气后的废水、二氯乙烷脱水塔产生的废水、地面污水、清焦水及事故洗涤塔废水、离心工序未经内部回收利用的离心母液和离心母液外排水等，其废水的 BOD_5/COD 一般小于 0.3。

② 采用电石乙炔法生产聚氯乙烯等产品的过程中产生的有机废水，主要包括离心工序未经内部回收利用的离心母液和离心母液外排水等，其废水的 BOD_5/COD 一般小于 0.3。

③ 活性氯废水　离子膜电解法生产烧碱中，氯气净化工序中氯气洗涤塔产生的废水，主要污染物为有效氯等。

④ 氯乙烯废水　生产聚氯乙烯过程中，聚合反应釜产生的冲釜水、涂壁水和浆料汽提塔冷凝液等，主要污染物为氯乙烯、有机物等。

⑤ 含镍废水　离子膜电解法生产烧碱中，盐二次精制的螯合树脂再生塔中产生的再生废水，主要污染物为镍、盐等。

⑥ 盐泥洗涤水、压滤水　离子膜电解法生产烧碱中，盐泥洗涤和压滤过程产生的废水，主要污染物为酸、碱、盐、溶解性固体及悬浮物等。

⑦ 电石渣废水　采用电石乙炔法生产聚氯乙烯产品的过程中，电石渣浆经过分离后的上清液，包括生产乙炔工艺中，水解电石时产生的废水，主要污染物为强碱、悬浮物、硫化物、磷化物等。

⑧ 次氯酸钠废水　采用电石乙炔法生产聚氯乙烯产品的过程中，在乙炔净化工序采用次氯酸钠溶液净化乙炔气时产生的废水，主要污染物为乙炔、硫化物和磷化物等。

⑨ 聚氯乙烯离心母液　采用悬浮聚合工艺生产聚氯乙烯等产品的过程中产生的聚氯乙烯离心母液，主要包括悬浮聚合工艺中聚氯乙烯聚合反应结束后，浆料进入离心单元进行固

液分离后排出的母液废水，离心母液装置冲洗水等，主要污染物为少量聚氯乙烯粒子、聚合过程加入的助剂和残余的反应物等。

二、样品的保存及运输

1. 范围

适用于工业废水样品的保存、运输等。

2. 水样变化的原因

（1）物理作用 光照、温度、静置或震动，敞露或密封等保存条件及容器材质都会影响水样的性质。如温度升高或强震动会使得一些物质如氧等挥发；长期静置会使 $Al(OH)_3$、$CaCO_3$、$Mg_3(PO_4)_2$ 等沉淀。某些容器的内壁能不可逆地吸附或吸收一些有机物或金属化合物等。

（2）化学作用 水样及水样各组分可能发生化学反应，从而改变某些组分的含量与性质。如空气中的氧能使二价铁、硫化物等氧化；聚合物解聚，单体化合物聚合等。

（3）生物作用 细菌、藻类及其他生物体的新陈代谢会消耗水样中的某些组分，产生一些新组分，改变一些组分的性质，生物作用会对样品中待测的一些项目如溶解氧、二氧化碳、含氮化合物、磷及硅等的含量及浓度产生影响。

3. 样品保存和运输

废水样品的分析项目决定其保存时间、存储方法，应与使用的分析技术相匹配。无特殊要求的可按 HJ 493 规定的要求。

三、pH 的测定

1. 范围

适用于饮用水、地面水及工业废水 pH 值的测定。

2. 方法提要

pH 值由测量电池的电动势而得。该电池通常以饱和甘汞电极为参比电极，以玻璃电极为指示电极。在 25℃，溶液中每变化 1 个 pH 单位，电位差改变为 59.16mV，据此在仪器上直接以 pH 的读数表示。温度差异在仪器上有补偿装置。

3. 试验方法

按 GB/T 6920 规定的方法。

4. 注意事项

在 pH＜1 的强酸性溶液和 pH＞10 的碱性溶液中，可按酸碱度测定。

四、悬浮物的测定

1. 范围

适用于地面水、地下水，也适用于生活污水和工业废水中悬浮物测定。

2. 方法提要

水中的悬浮物是指水样通过孔径为 0.45μm 的滤膜，截留在滤膜上并于 103～105℃烘干至恒重的固体物质。

3. 试验方法

按 GB/T 11901 规定的方法。

五、硫化物的测定

1. 范围

适用于工业废水中硫化物的测定。当试料体积为100mL、使用光程为1cm的比色皿时，方法的检出限为0.005mg/L，测定上限为0.700mg/L。对硫化物含量较高的水样，可适当减少取样量或将样品稀释后测定。

2. 方法提要

样品经酸化，硫化物转化成硫化氢，用氮气将硫化氢吹出，转移到盛乙酸锌-乙酸钠溶液的吸收显色管中，与*N*,*N*-二甲基对苯二胺和硫酸铁铵反应生成蓝色的络合物亚甲基蓝，在665nm波长处测定。

3. 试验方法

按GB/T 16489规定的方法。

六、氯化物的测定

1. 范围

适用于天然水中氯化物的测定，也适用于经过适当稀释的高矿化度水如咸水、海水等，以及经过预处理除去干扰物的生活污水或工业废水。适用的浓度范围为10～500mg/L的氯化物。高于此范围的水样经稀释后可扩大其测定范围。

2. 方法提要

在中性至弱碱性范围内（pH6.5～10.5），以铬酸钾为指示液，用硝酸银滴定氯化物时，由于氯化银的溶解度小于铬酸银的溶解度，氯离子首先被完全沉淀出来后，然后铬酸盐以铬酸银的形式被沉淀，产生砖红色为滴定终点。

3. 试验方法

按GB/T 11896规定的方法。

4. 注意事项

溴化物、碘化物和氰化物能与氯化物一起被滴定。正磷酸盐及聚磷酸盐分别超过250mg/L及25mg/L时有干扰。铁含量超过10mg/L时使终点不明显。

七、游离氯和总氯的测定

1. 范围

适用于工业废水中游离氯和总氯的测定。不适用于测定较混浊或色度较高的水样。

对于高浓度样品，采用1cm比色皿，本方法的检出限（以Cl_2计）为0.03mg/L，测定范围（以Cl_2计）为0.12～1.50mg/L。对于低浓度样品，采用5cm比色皿，本方法的检出限（以Cl_2计）为0.004mg/L，测定范围（以Cl_2计）为0.016～0.20mg/L。对于游离氯或总氯浓度高于方法测定上限的样品，可适当稀释后进行测定。

2. 方法提要

(1) 游离氯测定　在pH 6.2～6.5条件下，游离氯直接与*N*,*N*-二乙基-1,4-苯二胺(DPD)发生反应，生成红色化合物，于515nm波长处测定其吸光度。由于游离氯标准溶液不稳定且不易获得，本方法以碘分子或$[I_3]^-$代替游离氯做校准曲线。以碘酸钾为基准，在酸性条件下与碘化钾发生如下反应：

$$IO_3^- + 5I^- + 6H^+ \longrightarrow 3I_2 + 3H_2O$$

$$I_2 + I^- \longrightarrow [I_3]^-$$

生成的碘分子或 $[I_3]^-$ 与 DPD 发生显色反应，碘分子与氯分子的物质的量的比例关系为 1∶1。

（2）总氯测定　在 pH 6.2～6.5 条件下，存在过量碘化钾时，单质氯、次氯酸、次氯酸盐和氯胺与 DPD 反应生成红色化合物，于 515nm 波长处测定其吸光度，测定总氯。

3. 试验方法

按 HJ 586 规定的方法。

八、余氯的测定

1. 范围

适用于工业废水中余氯的测定。

2. 方法提要

在 pH<1.8 的酸性溶液中，余氯与邻联甲苯胺反应，生成黄色的醌式化合物，用目视法进行比色定量；还可用重铬酸钾-铬酸钾溶液配制的永久性余氯标准溶液进行目视比色。

3. 邻联甲苯胺法

（1）试剂和溶液　邻联甲苯胺溶液：称取 1.35g 二盐酸邻联甲苯胺 $[(C_6H_3CH_3NH_3)_2 \cdot 2HCl]$，溶于 500mL 水中，在不断搅拌下将此溶液加至 150mL 盐酸与 350mL 水的混合液中，贮存于棕色瓶内。当温度低于 0℃时，邻联甲苯胺将析出，不易再溶解。

（2）测定步骤

① 取 50mL 比色管，先加入 2.5mL 邻联甲苯胺溶液，再加入澄清水样 50.0mL，混合均匀。水样的温度最好为 15～20℃，如低于此温度，应先将水样管放入温水浴中，使温度提高到 15～20℃。

② 水样与邻联甲苯胺溶液接触后，如立即进行比色，所得结果为游离余氯；如放置 10min 使产生最高色度，再进行比色，则所得结果为水样的总余氯。总余氯减去游离余氯等于化合余氯。

③ 如余氯浓度很高，会产生橘黄色。若水样碱度过高而余氯浓度较低时，将产生淡绿色或淡蓝色，此时可多加 1mL 邻联甲苯胺溶液，即产生正常的淡黄色。

④ 如水样浑浊或色度较高，比色时应减去水样所造成的空白。

4. 重铬酸钾-铬酸钾法

（1）试剂和溶液

① 磷酸盐缓冲贮备溶液　将无水磷酸氢二钠（Na_2HPO_4）和无水磷酸二氢钾（KH_2PO_4）置于 105℃烘箱内 2h，冷却室温后分别称取 22.86g 和 46.14g，溶解后移入 1000mL 的容量瓶中，稀释至刻度混匀，静置（至少 4 天，使其中胶状杂质凝聚沉淀、过滤）。

② 磷酸盐缓冲溶液　pH 为 6.45。量取 200mL 磷酸盐缓冲贮备溶液，加纯水稀释至 1000mL 容量瓶中，稀释至刻度混匀。

③ 重铬酸钾-铬酸钾溶液　称取干燥的 0.1550g 重铬酸钾（$K_2Cr_2O_7$）及 0.4650g 铬酸钾（K_2CrO_4）溶于磷酸盐缓冲溶液中，移入 1000mL 容量瓶，稀释至刻度混匀。此溶液所产生的颜色相当于 1mg/L 余氯与邻联甲苯胺所产生的颜色。

（2）测定步骤　永久性余氯标准比色溶液，按表 8-1 所列数量，吸取重铬酸钾-铬酸钾溶液，分别注入 50mL 刻度具塞比色管中，用磷酸盐缓冲溶液稀释至 50mL 刻度，进行比色对照。避免日光照射，可保存 6 个月。

表 8-1 永久性余氯标准比色溶液的配制

余氯/(mg/L)	重铬酸钾-铬酸钾溶液/mL	余氯/(mg/L)	重铬酸钾-铬酸钾溶液/mL
0.01	0.5	0.50	25.0
0.03	1.5	0.60	30.0
0.05	2.5	0.70	35.0
0.10	5.0	0.80	40.0
0.20	10.0	0.90	45.0
0.30	15.0	1.0	60.0
0.40	20.0		

注：若水样余氯大于 1mg/L，则需将重铬酸钾-铬酸钾溶液的量增至 10 倍，配成相当于 10mg/L 余氯的标准色。再适当稀释，即为所需的较浓余氯标准色列。

九、总磷的测定

1. 范围

适用于过硫酸钾（或硝酸-高氯酸）为氧化剂，将未经过滤的水样消解，用钼酸铵分光光度测定废水中总磷的方法。总磷包括溶解的、颗粒的、有机和无机磷。取 25mL 试料，本方法的最低检出浓度为 0.01mg/L，测定上限为 0.6mg/L。在酸性条件下，砷、铬、硫干扰测定。

2. 方法提要

在中性条件下用过硫酸钾（或硝酸-高氯酸）使试样消解，将所含磷全部氧化为正磷酸盐。在酸性介质中，正磷酸盐与钼酸铵反应，在锑盐存在下生成磷钼杂多酸后，立即被抗坏血酸还原，生成蓝色的络合物。

3. 试验方法

按 GB/T 11893 规定的方法。

十、正磷酸盐的测定

1. 范围

适用于废水中可溶性正磷酸盐含量的测定。本方法最低检出浓度为 0.01mg/L；测定上限为 0.6mg/L，在酸性条件下，砷、铬、硫干扰测定。

2. 方法提要

在酸性介质中，正磷酸盐与钼酸铵反应，在锑盐存在下生成磷钼杂多酸后，立即被抗坏血酸还原，生成蓝色的络合物，采用分光光度法测定。

3. 试验方法

按 GB/T 11893 规定的方法，但不进行消解处理。

4. 注意事项

(1) 如试样中色度影响测量吸光度时，需做补偿校正。在 50mL 具塞比色管，分取与样品测定相同量的水样，定容后加入 3mL 浊度-色度补偿液，测量吸光值，然后从水样的吸光值中减去校正吸光值。

(2) 室温低于 13℃时，可在 20～30℃的水浴中放置 15min，显色。

(3) 使用的玻璃器皿，可用（1＋5）盐酸浸泡 2h，或用不含磷酸盐的洗涤剂刷洗。

(4) 比色皿用后应以稀硝酸或铬酸洗液浸泡片刻，以除去吸附的钼蓝有色物。

十一、氨氮的测定

1. 范围

适用于测定工业废水中氨氮的测定，采用纳氏试剂分光光度法。当水样体积为50mL，使用2cm比色皿时，本方法的检出限为0.025mg/L，测定下限为0.10mg/L，测定上限为2.0mg/L（均以N计）。

2. 方法提要

以游离态的氨或铵离子等形式存在的氨氮与纳氏试剂反应生成淡红棕色络合物，该络合物的吸光度与氨氮含量成正比，于波长420nm处测量吸光度。

3. 试验方法

按HJ 535规定的方法。

4. 注意事项

氯化汞和碘化汞为剧毒物质，避免经皮肤和口腔接触。

十二、五日生化需氧量（BOD_5）的测定

1. 范围

适用于工业废水中五日生化需氧量（BOD_5）的稀释与接种的方法。方法的检出限为0.5mg/L，测定下限为2mg/L，非稀释法和非稀释接种法的测定上限为6mg/L，稀释与稀释接种法的测定上限为6000mg/L。

2. 方法提要

生化需氧量是指在规定的条件下，微生物分解水中的某些可氧化的物质，特别是分解有机物的生物化学过程消耗的溶解氧。通常情况下是指水样充满完全密闭的溶解氧瓶中，在(20±1)℃的暗处培养5d+4h或（2+5)d±4h[先在0～4℃的暗处培养2d，接着在（20±1)℃的暗处培养5d，即培养（2+5)d]，分别测定培养前后水样中溶解氧的质量浓度，由培养前后溶解氧的质量浓度之差，计算每升样品消耗的溶解氧量，以BOD_5形式表示。

若样品中的有机物含量较多，BOD_5的质量浓度大于6mg/L，样品需适当稀释后测定：对不含或含微生物少的工业废水，如酸性废水、碱性废水、高温废水、冷冻保存的废水或经过氯化处理等的废水，在测定BOD_5时应进行接种，以引进能分解废水中有机物的微生物。当废水中存在难以被一般生活污水中的微生物以正常的速度降解的有机物或含有剧毒物质时，应将驯化后的微生物引入水样中进行接种。

3. 试验方法

按HJ 505规定的方法。

十三、化学需氧量（COD）的测定

1. 范围

适用于工业废水中化学需氧量的重铬酸盐法。不适用含氯化物浓度大于1000mg/L（稀释后）的水中化学需氧量的测定。当取样体积为10.0mL时，本方法的检出限为4mg/L，测定下限为16mg/L。未经稀释的水样测定上限为700mg/L，超过此限时应稀释后测定。

2. 方法提要

在水样中加入已知量的重铬酸钾溶液，并在强酸介质下以银盐作催化剂，经沸腾回流后，以试亚铁灵为指示液，用硫酸亚铁铵滴定水样中未被还原的重铬酸钾，由消耗的重铬酸钾的量计算出消耗氧的质量浓度。

3. 试验方法

按 HJ 828 规定的方法。

十四、氯乙烯的测定

1. 范围

适用于生活饮用水及其水源水中氯乙烯的测定。填充柱气相色谱法若取水样 100mL，取 1mL 液上气体进行色谱测定，最低检测质量浓度为 1μg/L；毛细管柱气相色谱法最低检测质量浓度为 1μg/L。

2. 方法提要

采用外标法，在密闭的顶空瓶内，易挥发的氯乙烯分子从液相逸入液上空间的气相中。在一定的温度下，氯乙烯分子在气液两相之间达到动态平衡，此时氯乙烯在气相中的浓度和在液相中的浓度成正比。取液上气体经色谱柱分离，用氢火焰离子化检测器测定。

3. 试验方法

按 GB/T 5750.8—2006 中“4”规定的方法。

十五、钙、镁离子的测定

同第十一章第二节“四”的方法测定。

十六、碱度的测定

同第十一章第二节“五”的方法测定。

十七、浊度的测定

同第十一章第二节“三”的方法测定。

十八、氟化物的测定

1. 范围

适用于测定地面水、地下水和工业废水中的氟化物。

2. 方法提要

当氟电极与含氟的试液接触时，电池的电动势（E）随溶液中氟离子活度的变化而改变(遵守能斯特方程)。根据电动势的变化来测定氟化物的浓度。

3. 试验方法

按 GB/T 7484 规定的方法。

十九、挥发酚的测定

1. 范围

适用于地表水、饮用水、地下水和工业废水中挥发酚的测定。其萃取（三氯甲烷）分光光度法测定范围为 0.001～0.04mg/L。直接分光光度法测定范围为 0.04～2.50mg/L，对于质量浓度高于标准测定上限的样品，可适当稀释后进行测定。

2. 方法提要

(1) 萃取分光光度法　用蒸馏法使挥发性酚类化合物蒸馏出，并与干扰物质和固定剂分离。由于酚类化合物的挥发速度会随馏出液体积而变化，因此，馏出液体积必须与试样体积相等。

被蒸馏出的酚类化合物，于pH 10.0±0.2的介质中，在铁氰化钾存在下，与4-氨基安替比林反应生成橙红色的安替比林染料。用三氯甲烷萃取后，在460nm波长下测定吸光值。

(2) 直接分光光度法　用蒸馏法使挥发性酚类化合物蒸馏出，并与干扰物质和固定剂分离。由于酚类化合物的挥发速度会随馏出液体积而变化，因此，馏出液体积应与试样体积相等。被蒸馏出的酚类化合物，于pH 10.0±0.2介质中，在铁氰化钾存在下，与4-氨基安替比林反应生成橙红色的安替比林染料。显色后，在30min内，于510nm波长测量吸光度。

3. 试验方法

按HJ 503规定的方法。

二十、油类的测定

1. 范围

红外分光光度法适用于工业废水、生活污水中石油类和动植物油类的测定。当样品体积为500mL，萃取液体积为50mL，使用4cm石英比色皿时测定下限0.24mg/L。

紫外分光光度法适用于测定0.05～50mg/L的含油水样。

重量法适用于测定10mg/L以上的含油水样。

2. 方法提要

(1) 红外分光光度法　水样在pH≤2的条件下用四氯乙烯萃取后，测定油类；将萃取液用硅酸镁吸附除去动植物油类等极性物质后，测定石油类。油类和石油类的含量均由波数分别为2930cm^{-1}，2960cm^{-1}和3030cm^{-1}处的吸光度A2930、A2960和A3030，根据校正系数进行计算，动植物油类的含量为油类与石油类含量之差。

(2) 紫外分光光度法　石油及其产品在紫外光区有特征吸收，带有苯环的芳香族化合物，主要吸收波长为250～260nm；带有共轭双键的化合物主要吸收波长为215～230nm。一般原油的两个吸收波长为225nm及256nm。石油产品中，如燃料油、润滑油等的吸收峰与原油相近。因此，波长的选择应视实际情况而定，原油和重质油可选256nm，而轻质油及炼油厂的油可选225nm。

(3) 重量法　以硫酸酸化水样，用石油醚萃取水中油，蒸除石油醚后，称其质量。

3. 试验方法

(1) 红外分光光度法按HJ 637规定的方法。

(2) 紫外分光光度法按SL 93.2规定的方法。

(3) 重量法按SL 93.1规定的方法。

二十一、色度的测定

1. 范围

适用于工业废水色度的测定。

2. 方法提要

样品用纯水稀释至目视比较与纯水相比刚好看不见颜色时的稀释倍数作为表达颜色的强度，单位为倍。同时用目视观察样品，检验颜色的性质：颜色的深浅（无色、浅色或深色），色调（红、橙、黄、绿、蓝、紫等），如果可能包括样品的透明度（透明、浑浊或不透明）用文字予以描述。

结果以稀释倍数值和文字描述相结合表达。

3. 试验方法

按GB 11903规定的方法。

4. 注意事项

所取水样应为无树叶、枯枝等漂浮杂物的清液测定。

二十二、氯化氢的测定

1. 范围

适用于二氯甲烷、三氯甲烷生产过程中产生废水中氯化氢的测定。

2. 方法提要

样品以酚酞为指示液，用氢氧化钠标准溶液滴定，得到氯化氢的含量。

3. 试剂和溶液

(1) 氢氧化钠标准滴定溶液 $c(\mathrm{NaOH})=1.0\mathrm{mol/L}$。

(2) 酚酞指示液 10g/L。

4. 测定步骤

称取约 5g（精确至 0.01g）样品于三角瓶中，加 20mL 水，加 2～3 滴酚酞指示液，用 1.0mol/L 氢氧化钠标准溶液滴定至粉红色，且保留 30s 不褪色为滴定终点。

5. 结果表述

氯化氢的质量分数（X）按下式计算：

$$X(\%)=\frac{c(V/1000)\times 36.46}{m}\times 100=\frac{3.646cV}{m}$$

式中 c——氢氧化钠标准滴定溶液的浓度，mol/L；

V——滴定试样时消耗氢氧化钠标准溶液的体积，mL；

m——试样质量，g；

36.46——氯化氢的摩尔质量，g/mol。

二十三、氢氧化钠的测定

1. 范围

适用于二氯甲烷、三氯甲烷生产过程中产生废水中氢氧化钠的测定。

2. 方法提要

样品以酚酞为指示液，用盐酸标准滴定溶液滴定，计算得到氢氧化钠的含量。

3. 试剂和溶液

(1) 盐酸标准滴定溶液 $c(\mathrm{HCl})=1.0\mathrm{mol/L}$。

(2) 酚酞指示液 10g/L。

4. 测定步骤

称取约 10g（精确至 0.01g）样品于三角瓶中，加 50mL 水稀释，再加 3 滴酚酞指示液，以 1.0mol/L 盐酸标准溶液滴定至红色刚好消失为滴定终点。

5. 结果表述

氢氧化钠的质量分数（X）按下式计算：

$$X(\%)=\frac{c(V/1000)\times 40.00}{m}\times 100=\frac{4cV}{m}$$

式中 c——盐酸标准滴定溶液的浓度，mol/L；

V——滴定试样时消耗盐酸标准溶液的体积，mL；

m——试样质量，g；

40.00——氢氧化钠的摩尔质量，g/mol。

二十四、铜的测定

1. 范围

适用于废水中铜含量的测定。

2. 方法提要

溶液中的铜在 pH≈9.2 的条件下，与加入的柠檬酸铵和二乙基二硫代甲酸钠反应生成棕黄色溶液，再由四氯化碳萃取后，使用分光光度计，在 440nm 波长下测定吸光值，得出铜含量。

3. 试剂和溶液

（1）硫酸。

（2）氨水溶液　1+1。

（3）盐酸溶液　1+2。

（4）甲基橙指示液　1g/L。

（5）柠檬酸铵溶液　称取 113g 柠檬酸铵溶解，移入 1000mL 容量瓶中，加水约 900mL，用氨水溶液调节该溶液至 pH 为 9.2 后，用水稀释至刻度。

（6）二乙基二硫代甲酸钠溶液　称取 0.1g 二乙基二硫代甲酸钠溶解，移入 100mL 容量瓶中，稀释至刻度混匀，贮于棕色瓶中。

（7）四氯化碳。

（8）定量滤纸　5C。

（9）铜基准储备液　1mg/mL。准确称取 3.93g（精准至 0.0001g）$CuSO_4 \cdot 5H_2O$ 溶解后，移入 1000mL 容量瓶，稀释至刻度混匀。

（10）铜标准溶液　0.01mg/mL。准确移取 10mL 铜基准储备液于 1000mL 容量瓶中，稀释至刻度混匀。

4. 仪器

分光光度计。

5. 测定步骤

（1）标准工作曲线绘制　取 7 只 150mL 的分液漏斗，分别加入铜标准溶液 0.0mL、1.0mL、2.0mL、4.0mL、6.0mL、8.0mL、10.0mL，再分别加入 2～3 滴甲基橙指示液，用氨水溶液调节溶液颜色由红色变为黄色，用盐酸溶液调节溶液颜色由黄色变为微红色。向分液漏斗中加 5mL 柠檬酸铵溶液和 1mL 二乙基二硫代甲酸钠溶液，再准确移取 50mL 四氯化碳置于分液漏斗中，摇匀，静置 5min，待分层后取下层溶液，用 3cm 比色皿在波长 440nm 下，测定其溶液的吸光度。以铜含量为横坐标，吸光度为纵坐标，绘制标准工作曲线。

（2）试样测定

① 称取 100g（精确至 0.01g）试样于 500mL 的烧杯中，加 2～3 滴浓硫酸，煮沸（加表面皿）至无气味，冷却后，移入 200mL 容量瓶，稀释至刻度混匀。

② 移取 10mL 样品于 150mL 的分液漏斗中，加 2～3 滴甲基橙指示液，用氨水溶液调节溶液颜色由红色至黄色后，再用盐酸溶液调节溶液由黄色至微红色。向分液漏斗中加 5mL 柠檬酸铵溶液和 1mL 二乙基二硫代甲酸钠溶液。准确移取 50mL 四氯化碳置于分液漏斗中，摇匀，静置 5min，待分层后取下层溶液。用滤纸过滤有机层置于 3cm 比色皿中，在波长 440nm 下，测定溶液的吸光度。从标准曲线上查得铜的含量。

6. 结果表述

铜含量（X）按下式计算：

$$X(\mu g/g)=\frac{m_1}{m\times 10/200}$$

式中　m_1——从标准曲线上查得的铜的质量，μg；

m——样品的质量，g。

二十五、皂化残液的分析

（一）氢氧化钙含量的测定

1. 范围

适用于环氧丙烷或环氧氯丙烷装置皂化残液中氢氧化钙含量的测定。

2. 方法提要

利用酸碱中和滴定，测得皂化污水中氢氧化钙的含量。

3. 试剂和溶液

（1）盐酸标准滴定溶液　$c(HCl)=0.1mol/L$。

（2）酚酞指示液　10g/L 或 1g/L。

（3）氯化钡溶液　10%。

4. 测定步骤

称取 3g 试样，精确至 0.001g，放入 250mL 三角瓶中（若样品含有碳酸根，可加入适量氯化钡溶液去除），加 2～3 滴酚酞指示液，用 0.1mol/L 盐酸标准溶液快速滴定至无色为终点。

5. 结果表述

氢氧化钙［$Ca(OH)_2$］的质量分数（X）按下式计算：

$$X(\%)=\frac{c(V/1000)\times 37.05}{m}\times 100=\frac{3.705cV}{m}$$

式中　c——盐酸标准滴定溶液的浓度，mol/L；

V——滴定试样时消耗盐酸标准溶液的体积，mL；

m——试样质量，g；

37.05——氢氧化钙［$1/2Ca(OH)_2$］的摩尔质量，g/mol。

6. 允许差

取平行测定结果的算术平均值为测定结果，平行测定结果之差的绝对值不大于 0.2%。

（二）丙二醇含量的测定

1. 范围

适用于环氧丙烷装置皂化残液及污水中丙二醇含量的测定。

2. 方法提要

过碘酸及其盐类与丙二醇作用，生成碘酸。生成的碘酸及过量的过碘酸与碘化钾作用，可析出碘，析出的碘以淀粉为指示液，用硫代硫酸钠标准溶液滴定。

3. 试剂和溶液

（1）硫代硫酸钠标准滴定溶液　$c(Na_2S_2O_3)=0.1mol/L$。

（2）碘化钾溶液　20%。

（3）淀粉指示液　5g/L。

（4）盐酸溶液　20%。

（5）过碘酸钠溶液　0.5%。

4. 测定步骤

吸取适宜体积的样品置于250mL碘量瓶中，准确加入10mL过碘酸钠溶液，加盖水封，室温下于暗处静置30min后，加入5mL碘化钾溶液及10mL盐酸溶液，用0.1mol/L硫代硫酸钠标准溶液滴定至溶液颜色为浅黄色，加入1mL淀粉指示液，继续滴定至蓝色刚好消失即为终点。同时做空白试验。

5. 结果表述

丙二醇含量（X）按下式计算：

$$X(\text{mg/L})=\frac{c(V_2-V_1)\times 38.05}{V}\times 1000$$

式中 c——硫代硫酸钠标准滴定溶液的浓度，mol/L；

V——吸取试样的体积，mL；

V_1——滴定样品消耗硫代硫酸钠标准溶液的体积，mL；

V_2——空白试验消耗硫代硫酸钠标准溶液的体积，mL；

38.05——丙二醇（$1/2C_3H_8O_2$）的摩尔质量，g/mol。

（三） pH值的测定

1. 范围

适用于清液缓冲池污水、皂化残液等pH值的测定。

2. 方法提要

pH值通过测量电池的电动势而得。该电池通常以饱和甘汞电极为参比电极，以玻璃电极为指示电极。在25℃溶液中每变化1个pH单位，电位差改变为59.16mV，据此在仪器上直接以pH的读数表示。温度差异在仪器上有补偿装置。

3. 试验方法

按GB/T 6920规定的方法。

第二节 废气的分析

一、概述

1. 化工废气分类

（1）化工废气包括有机废气和无机废气。有机废气主要包括各种烃类、醇类、醛类、酸类、酮类和胺类等；无机废气主要包括硫氧化物、氮氧化物、碳氧化物、卤素及其化合物等。

（2）按照污染物存在的形态，化工废气可分为颗粒污染物和气态污染物，颗粒污染物包括尘粒、粉尘、烟尘、雾尘、煤尘等；气态污染物包括含硫化合物、含氯化合物、碳氧化合物、碳氢化合物、卤氧化合物等。

2. 化工废气的特点

（1）易燃、易爆气体 如低沸点的醛、易聚合的不饱和烃等，大量易燃、易爆气体如不采取适当措施，容易引起火灾、爆炸事故，危害极大。

（2）排放物大多都有刺激性或腐蚀性 如二氧化硫、氮氧化物、氯气、氯化氢等气体都有刺激性或腐蚀性。尤其以二氧化硫排放量最大，二氧化硫气体直接损害人体健康，腐蚀金属、建筑物和雕塑的表面，还易氧化成硫酸盐降落到地面，污染土壤、森林、河流、湖泊。

（3）废气中浮游粒子种类多、危害大 化工生产排出的浮游粒子包括粉尘、烟气、酸雾等，种类繁多，对环境的危害较大。特别当浮游粒子与有害气体同时存在时能产生协同作用，对人的危害更为严重。

二、颗粒物测定与气态污染物采样方法

1. 范围

适用于各种锅炉、工业炉窑及其他固定污染源排气中颗粒物的测定和气态污染物的采样。

2. 定义

颗粒物是指燃料和其他物质在燃烧、合成、分解以及各种物料在机械处理中所产生的悬浮于排放气体中的固体和液体颗粒状物质。

气体污染物是指以气体状态分散在排放气体中的各种污染物。

3. 采样方法

按 GB/T 16157 规定的方法。

三、二氧化硫的测定

1. 范围

定电位电解法适用于固定污染源排放气中二氧化硫的测定，检出限为 $3mg/m^3$，检测下限 $12mg/m^3$。四氯汞盐吸收-副玫瑰苯胺分光光度法适用于环境空气中二氧化硫的测定，当使用 5mL 吸收液，采样体积为 30L，测定范围 0.020～$0.18mg/m^3$；当使用 50mL 吸收液，采样体积为 288L，测定范围 0.020～$0.19mg/m^3$。

2. 方法提要

(1) 定电位电解法　抽取样品进入主要由电解槽、电解液和电极（敏感电极、参比电极和对电极）组成的传感器。二氧化硫通过渗透膜扩散到敏感电极表面，在敏感电极上发生氧化反应：

$$SO_2 + 2H_2O \longrightarrow SO_4^{2-} + 4H^+ + 2e$$

由此产生极限扩散电流 i，在规定工作条件下，电子转移数 Z、法拉第常数 F、气体扩散面积 S、扩散系数 D 和扩散层厚度 δ 均为常数，极限扩散电流 i 的大小与二氧化硫浓度 c 成正比，所以可由极限扩散电流 i 来测定二氧化硫浓度 c。

$$i = \frac{ZFSD}{\delta} c$$

(2) 四氯汞盐-盐酸副玫瑰苯胺比色法　二氧化硫被四氯汞钾溶液吸收后，生成稳定的二氯亚硫酸盐络合物，再与甲醛及盐酸副玫瑰苯胺作用，生成紫红色络合物，在 575nm 处测量吸光度。

3. 检测方法、采样和样品保存

按 HJ 57 或 HJ 483 规定的方法。

四、氮氧化物的测定

1. 范围

适用于固定污染源排放气中氮氧化物的测定。检出限为一氧化氮（以 NO_2 计）$3mg/m^3$，二氧化氮 $3mg/m^3$，测定下限一氧化氮（以 NO_2 计）$12mg/m^3$，二氧化氮 $12mg/m^3$。

2. 方法提要

抽取废气样品进入主要由电解槽、电解液和电极（包括三个电极，分别称为敏感电极、

参比电极和对电极）组成的传感器。NO 或 NO_2 通过渗透膜扩散到敏感电极表面，在敏感电极上发生氧化或还原反应，在对电极上发生还原或氧化反应。反应式如下：

$$NO + 2H_2O \longrightarrow HNO_3 + 3H^+ + 3e$$

$$NO_2 + 2H^+ + 2e \longrightarrow NO + H_2O$$

或

$$NO_2 + 2e \longrightarrow NO + O^{2-}$$

与此同时产生极限扩散电流 i。在一定的工作条件下，电子转移数 Z、法拉常数 F、气体扩散面积 S、扩散常数 D 和扩散层厚度 δ 均为常数，因此在一定范围内极限扩散电流 i 的大小与 NO 或 NO_2 的浓度（ρ）成正比。

$$i = \frac{ZFSD}{\delta}\rho$$

3. 检测方法、采样和样品

按 HJ 693 规定的方法。

五、氯气的测定

1. 范围

适用于固定污染源有组织排放和无组织排放的氯气测定。当采集无组织排放样品体积为 30L 时，方法的检出限为 0.03mg/m^3，定量测定的浓度范围为 0.086～3.3mg/m^3。当采集有组织排气样品体积为 5.0L 时，方法的检出限为 0.2mg/m^3，定量测定的浓度范围为 0.52～20mg/m^3。游离溴有和氯相同的反应而产生正干扰，微量二氧化硫对测定有明显负干扰。

2. 方法提要

含溴化钾、甲基橙的酸性溶液和氯气反应，氯气将溴离子氧化成溴，溴能在酸性溶液中将甲基橙溶液的红色减退，用分光光度法测定其褪色的程度来确定氯气的含量。

3. 检测方法、样品采集和保存

按 HJ/T 30 规定的方法。

六、氯乙烯的测定

1. 范围

适用于固定污染源有组织排放和无组织排放氯乙烯的测定，当色谱进样量为 3mL 时，方法的检出限为 0.08mg/m^3，定量测定的浓度范围为 0.26～10000mg/m^3。

2. 方法提要

氯乙烯用注射器直接进样，经色谱柱分离后，被氢火焰离子化检测器测定，以色谱峰的保留时间定性，峰高（或峰面积）定量。

3. 试验方法

按 HJ/T 34 规定的方法。

七、氯化氢的测定

1. 范围

适用于固定污染源有组织排放气和无组织排放气中氯化氢的测定。在无组织排放样品分析中，当采气体积为 60L 时，氯化氢的检出限为 0.05mg/m^3，定量测定的浓度范围为 0.16～0.80mg/m^3，在有组织排放样品分析中，当采气体积为 10L 时，氯化氢的检出限为 0.9mg/m^3，定量测定的浓度范围为 3.0～24mg/m^3。

2. 方法提要

用稀氢氧化钠溶液吸收氯化氢。吸收溶液中的氯离子和硫氰酸汞反应，生成难电离的氯化汞分子，置换出硫氰酸根与三价铁离子反应生成橙红色硫氰酸铁络离子，根据颜色深浅用分光光度法测定。

3. 试验方法、样品采集和保存

按 HJ/T 27 规定的方法及要求。

八、四氯化碳、1，2-二氯乙烷的测定

1. 范围

适用于固定污染源有组织排放和无组织排放四氯化碳、1,2-二氯乙烷的测定。

2. 方法提要

采用与被测组分含量相接近的标准气，在同样的操作条件下，用气相色谱法进行分离，通过被测组分和标准气组分峰值或峰面积的比，求得样品的相应组分含量。

3. 试剂和材料

(1) 标准物质　采用与被测组分含量相接近的标准物质。

(2) 氮气　纯度不得低于 99.99%，使用前应经过硅胶、分子筛或活性炭等净化处理。

(3) 氢气　纯度不得低于 99.99%，使用前应经过硅胶、分子筛或活性炭等净化处理。

(4) 空气　不应含有腐蚀性杂质，使用前应进行脱油、脱水处理。

4. 仪器

(1) 气相色谱仪　具备自动进样装置或手动进样装置氢火焰离子化检测器的色谱仪。

(2) 色谱柱　Φ3mm×2m 不锈钢柱。

(3) 填充物　60～80 目 101 白色担体：聚乙二醇 20M 固定液＝10：1。

(4) 注射器　1mL（精度 0.02mL）或其他适宜体积的注射器。

5. 测定条件

(1) 色谱柱温度　90℃。

(2) 汽化室温度　150℃。

(3) 检测器温度　180℃。

(4) 载气（N_2）流速　30～50mL/min。

(5) 燃气（H_2）流速　30～50mL/min。

(6) 助燃气（空气）流速　300mL/min。

6. 试验方法

(1) 标准色谱图制作　在上述规定的测定条件下，准确量取 1mL 标准气进样，每次待组分完全流出后（至少进行 3 次），选择出最佳的标准色谱图。

(2) 样品测定步骤

① 将仪器设备各项参数调整至规定的测定条件。

② 打开色谱工作站，引入标准色谱图。

③ 准确量样品 1mL 进样，待样品峰完全流出后，得到样品色谱图。

④ 该样品含量可直接从色谱图定量结果中得出。

九、氟化氢的测定

1. 范围

适用于大气固定污染源有组织排放中氟化氢的测定。当采气体积为 150L 时，检出限为

$6\times10^{-2}mg/m^3$，测定的浓度范围为 $1\sim1000mg/m^3$。

2. 方法提要

使用滤筒、氢氧化钠溶液为吸收液采集尘氟和气态氟，滤筒捕集尘氟和部分气态氟，用盐酸溶液浸溶后制备成试样，用氟离子选择电极测定；当溶液的总离子强度为定制而且足够大时，其电极电位与溶液中氟离子活度的对数呈线性关系。

3. 试验方法

按 HJ/T 67 规定的方法。

十、三氯乙烯的测定

1. 范围

适用于尾气、厂区大气及排水沟气体等中三氯乙烯的测定。

2. 方法提要

气体中三氯乙烯注入气相色谱中，其组分在柱中得到分离，由氢火焰离子化检测器（FID）检出，以外标法定量。

3. 试剂和材料

（1）三氯乙烯　纯度 99.5%以上。其中三氯乙烯标准气配制时浓度应与样品中三氯乙烯含量相接近。

（2）氮气　纯度不得低于 99.99%，使用前应经过硅胶、分子筛或活性炭等净化处理。

（3）氢气　纯度不得低于 99.99%，使用前应经过硅胶、分子筛或活性炭等净化处理。

（4）空气　不应含有腐蚀性杂质，使用前应进行脱油、脱水处理。

4. 仪器

（1）气相色谱仪　具有手动进样装置或自动进样装置氢火焰离子化检测器的色谱仪。

（2）色谱柱　$\Phi0.32mm\times0.25\mu m\times30m$ 毛细管色谱柱。

（3）固定相　聚乙二醇-20M。

（4）注射器　1μL、100μL 或其他适宜体积的注射器。

（5）配气瓶　容积为 6L。

5. 测定条件

（1）色谱柱温度　100℃。

（2）汽化室温度　120℃。

（3）检测器温度　150℃。

（4）载气（N_2）流速　1mL/min。

（5）燃气（H_2）流速　30mL/min。

（6）助燃气（空气）流速　300mL/min。

6. 测定步骤

（1）标准气的配制　用干燥洁净的配气瓶抽真空后用新鲜空气置换，经色谱鉴定无三氯乙烯后，再抽真空，然后可用微量注射器吸取 1μL 三氯乙烯注入配气瓶，然后扭转三通阀放入干净的空气至平压，关闭阀门，利用瓶内玻璃珠摇匀气体，待测定。

（2）标准气体测定　色谱仪稳定后，用注射器取 100μL 配气瓶中的标准气注入色谱仪，记录三氯乙烯的峰面积（至少两次取平均值），得到标准色谱图（可参考图 8-1）。

（3）试样测定　取有代表性的气体样品，待色谱仪稳定后，用注射器抽取 100μL 样品注入色谱仪中，待样品出峰后，记录样品中三氯乙烯峰面积。

7. 结果表述

(1) 标准气中三氯乙烯的浓度（$c_{标}$），按下式计算：

$$c_{标}(\mathrm{mg/m^3})=\frac{1.4649V_1}{V}\times 1000$$

式中　V——配气瓶的体积，L；

V_1——用注射器注入配气瓶中三氯乙烯的体积，μL；

1.4649——三氯乙烯的密度，g/cm^3。

(2) 样品中三氯乙烯的含量（c）按下式计算：

$$c(\mathrm{mg/m^3})=\frac{c_{标}A_{样}}{A_{标}}$$

式中　$c_{标}$——配气瓶中三氯乙烯的浓度，mg/m^3；

$A_{标}$——与100μL标准气对应的三氯乙烯峰面积，μV·s；

$A_{样}$——与100μL样品对应的三氯乙烯峰面积，μV·s。

8. 注意事项

注射器采样后应在8h内分析完毕，因为玻璃具有吸附作用，时间过长会导致浓度降低。

9. 废气中三氯乙烯含量标准色谱参考图（图8-1）

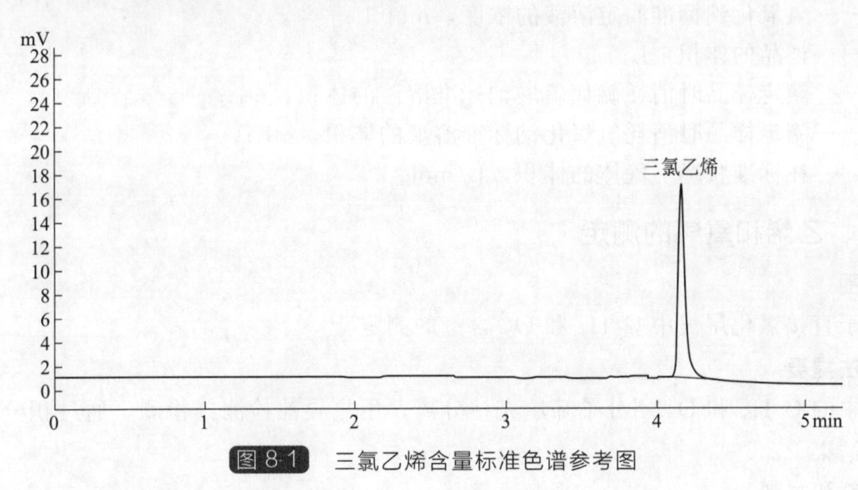

图8-1　三氯乙烯含量标准色谱参考图

十一、氯化氢和氯气的测定

1. 范围

适用于直接氯化尾气中HCl和Cl_2含量的测定。

2. 方法提要

用碘化钾溶液吸收试样，试样中的HCl用氢氧化钠标准溶液滴定；试样中的Cl_2经碘化钾溶液吸收，将I^-氧化为I_2，用硫代硫酸钠标准溶液滴定。反应方程式如下：

$$Cl_2+2I^-\longrightarrow 2Cl^-+I_2$$

$$H^++OH^-\longrightarrow H_2O$$

$$I_2+2S_2O_3^{2-}\longrightarrow 2I^-+S_4O_6^{2-}$$

3. 试剂和溶液

(1) 氢氧化钠标准滴定溶液　$c(NaOH)=1.0mol/L$。

(2) 硫代硫酸钠标准滴定溶液 $c(Na_2S_2O_3)=0.1mol/L$。

(3) 碘化钾溶液 10%。

(4) 淀粉指示液 10g/L。

(5) 甲基红指示液 1g/L。

4. 测定步骤

量取50mL碘化钾溶液，置于250mL洗气瓶内，滴加5滴淀粉指示液，注入10L试样。若有蓝色出现，则用0.1mol/L硫代硫酸钠标准溶液滴定至蓝色消失，记下消耗标准溶液的体积 V_1；再向被滴定溶液中加数滴甲基红指示液，试液呈红色，用1.0mol/L氢氧化钠标准溶液滴定至溶液由红色变为黄色，记下消耗标准溶液的体积 V_2。

5. 结果表述

尾气中 Cl_2 的体积分数（φ_1）和HCl体积分数（φ_2）按下式计算：

$$\varphi_1(\%)=\frac{c_1V_1\times 22.4}{2V\times 1000}\times 100=\frac{1.12c_1V_1}{V}$$

$$\varphi_2(\%)=\frac{c_2V_2\times 22.4}{V\times 1000}\times 100=\frac{2.24c_2V_2}{V}$$

式中 c_1——硫代硫酸钠标准滴定溶液的浓度，mol/L；

c_2——氢氧化钠标准滴定溶液的浓度，mol/L；

V——样品的体积，L；

V_1——滴定样品时消耗硫代硫酸钠标准溶液的体积，mL；

V_2——滴定样品时消耗氢氧化钠标准溶液的体积，mL；

22.4——在标准状况下气体的体积，L/mol。

十二、乙烯和氧气的测定

1. 范围

适用于直接氯化尾气中 C_2H_4 和 O_2 含量的测定。

2. 方法提要

尾气中的 C_2H_4 和 O_2 用分子筛填充柱分离，用热导池检测器检测，通过积分仪绘制谱图并计算结果。

3. 试剂和材料

(1) 标准物质 与样品待测组分相接近的标准物质。

(2) 氦气 纯度不得低于99.999%，使用前应经过硅胶、分子筛或活性炭等净化处理。

4. 仪器

(1) 气相色谱仪 具备自动进样装置或手动进样装置的热导检测器的色谱仪。

(2) 色谱柱 Φ3mm×1m、Φ3mm×3m不锈钢柱。

(3) 填充物 5A分子筛、Porapak Q。

(4) 注射器 30mL或其他适宜的注射器。

5. 测定条件

(1) 色谱柱温度 40～100℃。

(2) 汽化室温度 130℃。

(3) 检测器温度 130℃。

(4) 桥电流 60mA。

(5) 载气流速 20mL/min。

6. 测定步骤

（1）标准色谱图制作　吸取适量的标准气，注入色谱仪中，获得最佳的标准色谱图（参考图 8-2）。

（2）样品测定　在规定的测定条件下，确认切换阀在 Porapak Q 和 5A 分子筛位上。待气路压力平衡后，用玻璃注射器向六通阀内注入约 30mL 样品，按仪器操作步骤，由积分仪或工作站自动绘制谱图自动计算并显示出结果。

7. 直接氯化尾气中 C_2H_4 和 O_2 含量标准色谱参考图（图 8-2）

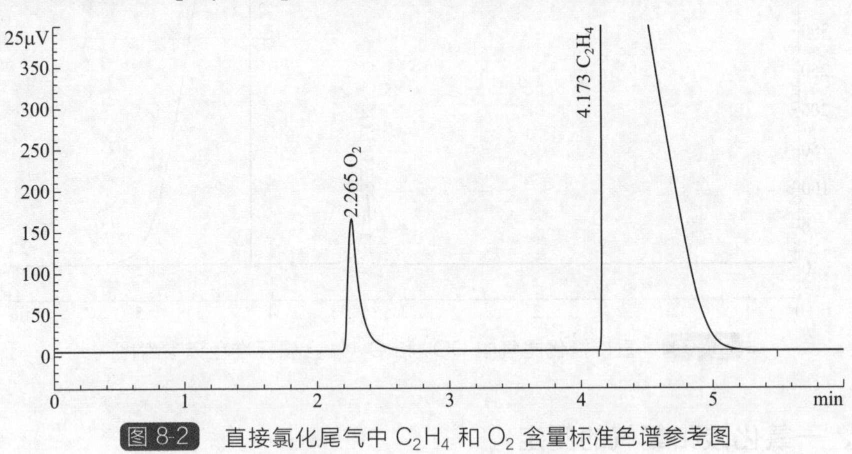

图 8-2　直接氯化尾气中 C_2H_4 和 O_2 含量标准色谱参考图

十三、乙烯和二氧化碳的测定

1. 范围

适用于直接氯化尾气中 C_2H_4 和 CO_2 含量的测定。

2. 方法提要

尾气中的 C_2H_4 和 CO_2 通过 Porapak Q 填充柱分离尾气中各有机组分，用热导池检测器检测，通过积分仪绘制谱图并计算结果。

3. 试剂和材料

（1）标准物质　与样品待测组分相接近的标准物质。

（2）氦气　纯度不得低于 99.999%，使用前应经过硅胶、分子筛或活性炭等净化处理。

4. 仪器

（1）气相色谱仪　具备自动进样装置或手动进样装置的热导检测器的色谱仪。

（2）色谱柱　Φ3mm×3m 不锈钢柱。

（3）填充物　Porapak Q。

（4）注射器　30mL 或其他适宜体积的注射器。

5. 测定条件

（1）色谱柱温度　40～100℃。

（2）汽化室温度　130℃。

（3）检测器温度　130℃。

（4）桥电流　60～180mA。

（5）载气流速　20mL/min。

6. 测定步骤

（1）标准色谱图制作　吸取适量的标准气，注入色谱仪中，获得最佳的标准色谱图（参考图 8-3)。

(2) 样品测定 在规定的测定条件下，确认切换阀在 Porapak Q 位上。待气路压力平衡后，用玻璃注射器向六通阀内注入约 30mL 样品，按仪器操作步骤，由积分仪或工作站自动绘制谱图自动计算并显示出结果。

7. 直接氯化尾气中 CO_2 和 C_2H_4 含量标准色谱参考图（图 8-3）

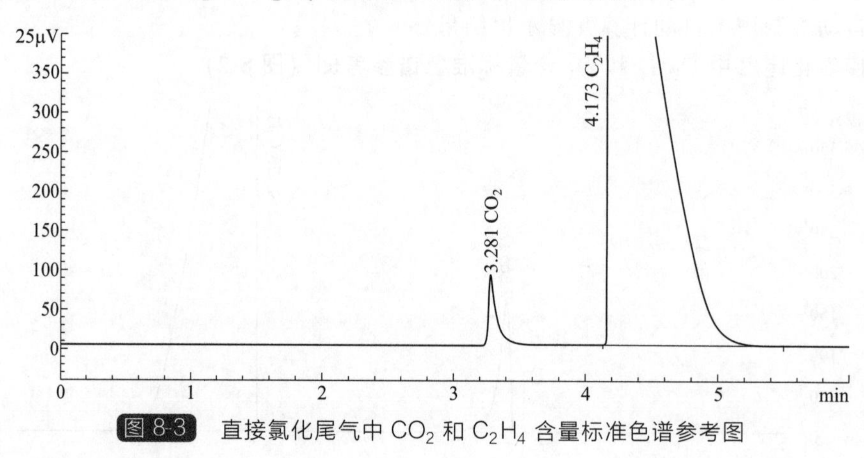

图 8-3 直接氯化尾气中 CO_2 和 C_2H_4 含量标准色谱参考图

十四、一氧化碳和氧气的测定

1. 范围

适用于尾气中 CO 和 O_2 含量的测定。

2. 方法提要

尾气中的永久性气体用分子筛填充柱分离，用热导池检测器检测，通过积分仪绘制谱图并计算结果。

3. 试剂和材料

(1) 标准物质 与样品待测组分相接近的标准物质。

(2) 氦气 纯度不得低于 99.99%，使用前应经过硅胶、分子筛或活性炭等净化处理。

4. 仪器

(1) 气相色谱仪 具备自动进样装置或手动进样装置的热导检测器的色谱仪。

(2) 色谱柱 Φ3mm×1m、Φ3mm×3m 不锈钢柱。

(3) 填充物 5A 分子筛、Porapak Q。

(4) 注射器 100mL 或其他适宜体积的注射器。

5. 测定条件

(1) 色谱柱温度 40～100℃。

(2) 汽化室温度 130℃。

(3) 检测器温度 130℃。

(4) 桥电流 60～180mA。

(5) 载气流速 20mL/min。

6. 测定步骤

(1) 标准色谱图制作 吸取适量的标准气，注入色谱仪中，获得最佳的标准色谱图（参考图 8-4）。

(2) 试样测定 在规定的测定条件下，确认切换阀在 Porapak Q 和 5A 分子筛位上。待气路压力平衡后，用玻璃注射器向六通阀内注入约30mL样品，按仪器操作步骤，由积分仪或工作站自动绘制谱图自动计算并显示出结果。

7. 尾气中CO和O_2含量标准色谱参考图（图8-4）

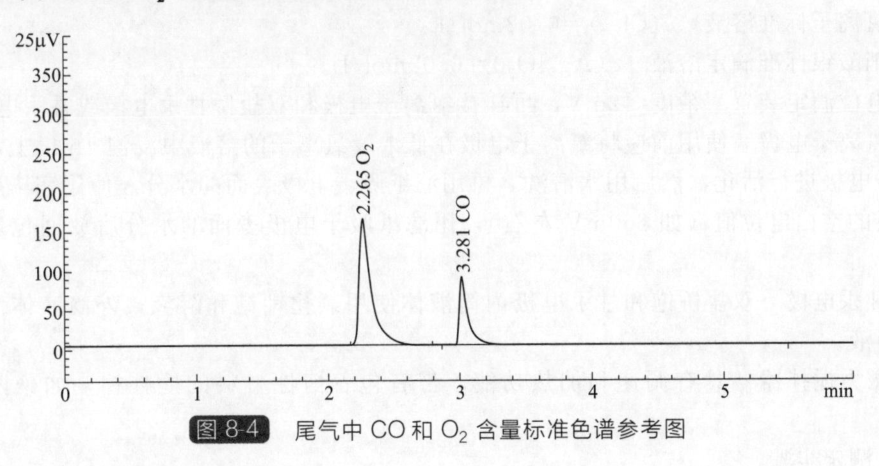

图8-4　尾气中CO和O_2含量标准色谱参考图

十五、烟尘的测定

1. 范围

适用于锅炉出口原始烟尘浓度、锅炉烟尘排放浓度、烟气黑度及有关参数的测试方法。

2. 试验方法

按GB/T 5468规定的方法。

十六、粉尘的测定

1. 范围

适用于用大流量或中流量总悬浮颗粒物采样器（简称采样器）进行空气中总悬浮颗粒物的测定。方法的检测限为$0.001mg/m^3$。总悬浮颗粒物含量过高或雾天采样使滤膜阻力大于10kPa时，本方法不适用。

2. 方法提要

通过具有一定切割特性的采样器，以恒速抽取定量体积的空气，空气中粒径小于100μm的悬浮颗粒物，被截留在已恒重的滤膜上。根据采样前、后滤膜质量之差及采样体积，计算总悬浮颗粒物的浓度。滤膜经处理后，进行组分分析。

3. 试验方法

按GB/T 15432规定的方法。

第三节　固体废弃物的分析

一、电石渣氯离子的测定

1. 范围

本方法适用于电石渣以及其他水泥原料氯离子含量的测定。

2. 电位滴定法

（1）方法提要　用硝酸分解试样。加入氯离子标准溶液，提高检测灵敏度。然后加入过氧化氢以氧化共存的干扰组分，并加热溶液。冷却至室温，用氯离子电位滴定装置测量溶液的电位，用硝酸银标准溶液滴定。

（2）试剂和材料

① 硝酸溶液　1+1。

② 氯离子标准溶液　$c(Cl^-)=0.02mol/L$。

③ 硝酸银标准滴定溶液　$c(AgNO_3)=0.02mol/L$。

④ 电位滴定装置　精度≤2mV，可连接氯离子电极和双盐桥甘汞电极或甘汞电极。

⑤ 氯离子电极　使用前应将氯离子电极在低浓度氯离子的溶液中浸泡1h以上，这样可对氯离子电极进行活化，然后用水清洗，再用滤纸吸干电极表面的水分。使用完毕后用水清洗到电极的空白电位值（如260mV左右），用滤纸吸干电极表面的水分后放回包装盒干燥保存。

⑥ 甘汞电极　双盐桥饱和甘汞电极内筒液体使用氯化钾饱和溶液，外筒液体使用硝酸钾饱和溶液。

⑦ 磁力搅拌器　具有调速和加热功能，带有包着惰性材料的搅拌棒，如聚四氟乙烯材料。

（3）测定步骤

① 试样测定　称取约5g试样（精确至0.0001g）置于250mL于烧杯中，加入20mL水，搅拌使试样完全分散，然后在搅拌下加入25mL硝酸溶液，稀释至100mL。加入2.00mL氯离子标准溶液和2mL过氧化氢，盖上表面皿，加热微沸1～2min。冷却至室温，用水冲洗表面皿和玻璃棒，并从烧杯中取出玻璃棒，放入一根磁力搅拌棒。把烧杯放在磁力搅拌器上，用氯离子电位滴定装置测量溶液的电位，在溶液中插入氯离子电极和甘汞电极，开始搅拌。用0.02mol/L硝酸银标准溶液滴定，化学计量点前后，每次滴加0.10mL硝酸银标准滴定溶液，记录滴定管读数和对应的毫伏计读数。计量点前，毫伏计读数变化越来越大；过计量点后，每滴加一次溶液，变化又将减小。继续滴定至毫伏计读数变化不大时为止。用二次微商法计算或氯离子电位滴定装置计算出消耗的硝酸银标准滴定溶液的体积。

② 空白试验　吸取2.00mL氯离子标准溶液放入250mL烧杯中，加水稀释至100mL。加入2mL硝酸溶液和2mL过氧化氢。盖上表面皿，加热煮沸，微沸1～2min；冷却至室温。按“①”的试验步骤滴定空白试样，并计算消耗硝酸银标准溶液的体积。

（4）结果表述　氯离子的质量分数（ω_{Cl^-}）按下式计算：

$$\omega_{Cl^-}(\%)=\frac{c[(V_1-V_2)/1000]\times 35.45}{m}\times 100=\frac{3.545c(V_1-V_2)}{m}$$

式中　c——硝酸银标准滴定溶液的浓度，mol/L；

V_1——滴定样品时消耗硝酸银标准溶液的体积，mL；

V_2——空白试验消耗硝酸银标准溶液的体积，mL；

m——试样的质量，g；

35.45——氯离子的摩尔质量，g/mol。

3. 磷酸蒸馏-汞盐滴定法

（1）方法提要　用规定的蒸馏装置在250～260℃温度条件下，以过氧化氢和磷酸分解试样，以净化空气做载体，蒸馏分离氯离子，用稀硝酸作吸收液。在pH3.5左右，以二苯偶氮碳酰肼为指示剂，用硝酸汞标准溶液滴定。

（2）仪器和试剂

① 测氯蒸馏装置，见图8-5。

② 硝酸溶液　0.5mol/L。

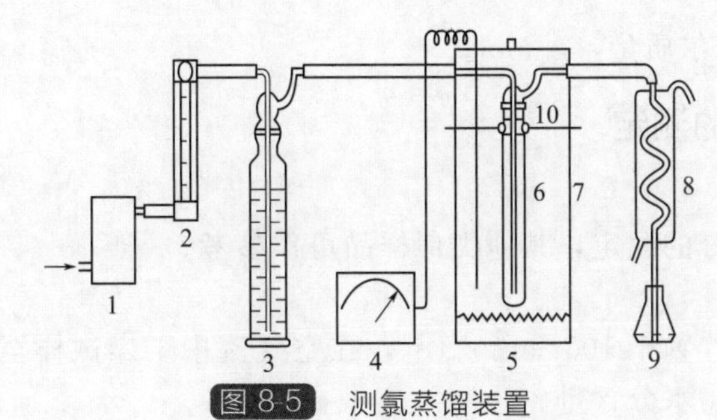

图 8-5　测氯蒸馏装置

1—吹气泵；2—转子流量计；3—洗气瓶，内装硝酸银溶液（5g/L）；
4—温控仪；5—电炉；6—石英蒸馏管；7—炉膛保温罩；
8—蛇形冷凝管；9—50mL 三角瓶；10—固定架

③ 溴酚蓝指示液　2g/L。

④ 氢氧化钠溶液　0.5mol/L。

⑤ 二苯偶氮碳酰肼指示液　10g/L。

⑥ 硝酸汞标准滴定溶液　$c[1/2Hg(NO_3)_2]=0.001mol/L$。

⑦ 硝酸汞标准滴定溶液　$c[1/2Hg(NO_3)_2]=0.005mol/L$。

⑧ 过氧化氢。

⑨ 磷酸。

⑩ 乙醇。

（3）测定步骤　利用测氯蒸馏装置进行测定。在三角瓶中加入约 3mL 水及 5 滴硝酸溶液，放在冷凝管下端用以承接蒸馏液，冷凝管下端的硅胶管插于三角瓶的溶液中。称取约 0.3g（精确至 0.0001g）干燥后试样，置于已烘干的石英蒸馏管中，勿使试样粘附于管壁。

向蒸馏管中加入 5～6 滴过氧化氢溶液，摇动使试样完全溶解后加入 5mL 磷酸，套上磨口塞，摇动，待试样分解产生的二氧化碳气体大部分逸出后，将图 8-5 所示的仪器装置中的固定架套在石英蒸馏管上，置于温度 250～260℃的测氯蒸馏装置炉膛内，迅速地以硅橡胶管连接好蒸馏管的进出口部分（先连出气管，后连进气管），盖上炉盖。

开动气泵，调节气流速度在 100～200mL/min，蒸馏 10～15min 后关闭气泵，拆下连接管，取出蒸馏管置于试管架内。

用乙醇吹洗冷凝管及其下端，洗液收集于三角瓶内（乙醇用量约为 15mL）。由冷凝管下部取出承接蒸馏液的三角瓶，加入 1～2 滴溴酚蓝指示液，用氢氧化钠溶液调节至溶液呈蓝色，然后用硝酸调节至溶液刚好变黄，再过量 1 滴，加入 10 滴二苯偶氮碳酰肼指示液，用硝酸汞标准溶液“⑥”滴定至紫红色出现。记录滴定所用硝酸汞标准溶液的体积。

若氯离子含量为 0.2%～1%时，蒸馏时间应为 15～20min，用硝酸汞标准溶液“⑦”进行滴定。

不加入试样按上述步骤进行空白试验，记录空白滴定所消耗硝酸汞标准溶液的体积。

（4）结果表述　氯离子的质量分数（ω_{Cl^-}）按下式计算：

$$\omega_{Cl^-}(\%)=\frac{2c[(V_1-V_2)/1000]\times 35.45}{m}\times 100=\frac{7.09c(V_1-V_2)}{m}$$

式中　c——硝酸汞［$1/2Hg(NO_3)_2$］标准滴定溶液的浓度，mol/L；

V_1——滴定时消耗硝酸汞［$1/2Hg(NO_3)_2$］标准溶液的体积，mL；

V_2——空白试验消耗硝酸汞［$1/2Hg(NO_3)_2$］标准溶液的体积，mL；

m——试样的质量，g；

35.45——氯离子的摩尔质量，g/mol。

二、电石渣水分的测定

1. 范围

适用于电石渣中水分的测定，其他类似样品可作参考。

2. 方法提要

称取一定量的试样，置于105～110℃下，在空气流中干燥试样至质量恒重。根据试样干燥后的质量损失计算出水分含量。

3. 仪器

电热恒温鼓风干燥箱。

4. 测定步骤

称取约10g（精确至0.0002g）样品置于恒重的称量瓶，打开称量瓶盖，置于105～110℃电热鼓风干燥箱内，烘干2h后，盖上称量瓶盖取出，放置干燥器中冷却至室温并称重。进行干燥性检查至恒重。

5. 结果表述

水分含量（X）按下式计算：

$$X(\%)=\frac{m-m_0}{m}\times 100$$

式中 m_0——干燥后试样的质量，g；

m——试样的质量，g。

三、电石渣固含量的测定

1. 范围

适用于乙炔渣浆浓缩池上清液固含量的测定，其他类似样品可做参考。

2. 方法提要

将一定的试样，在（105±2)℃温度条件下烘干至恒重，干燥后试样的质量占干燥前试样的质量的百分数即为上清液的固含量。

3. 仪器

电热恒温鼓风干燥箱。

4. 测定步骤

称取约10g试样（精确至0.0002g）（或适宜的质量）放置在已恒重的瓷蒸发皿中，置于水浴锅蒸发至近干，然后放入（105±2)℃的电热恒温干燥箱中干燥2h后取出，放入干燥器中冷却至室温后称量，重复操作至恒重。

5. 结果表述

固含量（X）按下式计算：

$$X(\%)=\frac{m_1}{m}\times 100$$

式中 m_1——干燥后试样的质量，g；

m——称取试样的质量，g。

四、电石渣悬浮物的测定

1. 范围

适用于电石渣清液悬浮物的测定。

2. 方法提要

用定量滤纸过滤水样，测定截留在滤纸上经 105～110℃烘干后得到悬浮物的含量。

3. 设备和材料

（1）恒温干燥鼓风干燥箱。

（2）中速定量滤纸。

4. 测定步骤

（1）滤纸的准备　将中速定量滤纸折叠后放入称量瓶中（每个称量瓶放一张滤纸），置于 105～110℃烘箱中，启盖烘 2h 后于干燥器内冷却至室温，恒重后称量。

（2）样品的过滤　量取一定体积混合均匀的试样，通过已恒重的中速定量滤纸过滤，用蒸馏水冲洗 3～5 次，小心取下定量滤纸放入称量瓶内，置于 105～110℃恒温干燥箱中，启盖烘 2h，于干燥器内冷却至室温，恒重后称量。

5. 结果表述

试样中悬浮物的含量（X）按下式计算：

$$X(\mathrm{mg/L})=\frac{m_2-m_1}{V}\times10^6$$

式中　m_2——过滤后滤纸加称量瓶的质量，g；

m_1——过滤前滤纸加称量瓶的质量，g；

V——试样的体积，mL。

6. 注意事项

试样黏度较大时，可加大水量（一般 2～4 倍），摇匀，静置沉降后再滤。

第九章　职业安全健康分析

第一节　概述

1. 职业病危害因素分类

（1）按照职业病危害因素分类　粉尘、化学因素、物理因素、生物因素、放射性因素及其他。

（2）按来源可分类

① 生产工艺过程　随着生产技术、机器设备、使用材料和工艺流程变化不同而变化。如与生产过程有关的原材料、工业毒物、粉尘、噪声、振动、高温、辐射及传染性等因素有关。

② 劳动过程　主要是由于生产工艺的劳动组织情况、生产设备布局、生产制度与作业人员体位和方式以及智能化的程度有关。

③ 作业环境　主要是作业场所的环境，如室外不良气象条件、室内由于厂房狭小、车间位置不合理，照明不良与通风不畅等因素的影响都会对作业人员产生影响。

2. 职业病危害因素检测

对职业工作场所劳动者接触的职业病危害因素进行采样、测定、测量和分析计算。

3. 基本要求

（1）检测工作应遵循国家的相关规定。

（2）评价监测、日常定期检测、监督监测应在正常生产情况下进行。

（3）异常工况下的职业病危害因素检测，应注明检测时工作场所的生产状况。

（4）在易燃、易爆工作场所采样（测量）时，应使用防爆型采样（测量）设备。

（5）工作场所职业卫生调查及现场采样应在现场相关人员陪同下进行。

（6）工作人员在现场调查及采样时，应穿戴必要的个体防护用品。

（7）遇可能影响监测结果的异常天气时不应进行样品采集。

（8）检测部门对检测报告内容的真实性负责。

4. 检测工作程序

（1）工作场所职业卫生调查

① 工作过程中使用的原料、辅助材料，以及生产的产品、副产品和中间产物等种类、用（产）量、主要成分（浓度）及其理化性质等。

② 生产工艺、生产方式、劳动组织及工种（岗位）定员等。

③ 各工种作业人员的工作状况，包括人数、在各工作地点停留时间、工作方式，接触有害物质的程度、频度及持续时间等。

④ 工作地点空气中有害物质的产生和扩散规律、存在状态等。

⑤ 工作地点的卫生状况和环境条件、卫生防护设施及其使用情况、个人防护用品及使用状况等。

⑥ 现场调查应摄取并留存必要的影像资料。

⑦ 工作场所职业卫生有关内容需做好记录。

(2) 职业病危害因素的辨识　根据生产工艺及使用原辅材料，结合工作场所设置的各工种作业人员的工作方式、活动范围等情况，按照《职业病危害因素分类目录》和 GBZ 2 的有害因素范围，辨识出各工种接触的职业病危害因素。

(3) 制定采样方案和样品采集

① 根据检测目的，确定采样天数。按照 GBZ 159 和 GBZ/T 189 的要求，选择采样方法、样品采集地点、采样对象和数量。制定现场采样方案或计划，经审核后实施。

② 工作场所有害物质的样品采集，应根据作业人员现场工作情况和采样方案，按照 GBZ 159 的要求进行采样前采样仪器的准备，采样时应在专用记录表上做好采样记录。

③ 工作场所物理因素的测量按照 GBZ/T 189 有关要求进行现场测量。

(4) 职业病危害因素测定

① 工作场所有毒物质的测定按照 GBZ/T 300、GBZ/T 160 有关标准进行定量分析测定。

② 工作场所粉尘的测定按照 GBZ/T 192 有关标准进行定量分析测定。

③ 工作场所物理因素的测量按照 GBZ/T 189 有关标准进行现场测量。

第二节　工作场所空气中有毒物质的测定

一、氯化物的测定

1. 范围

适用于工作场所空气中氯化物浓度的测定。

2. 氯气甲基橙分光光度法

(1) 检出限为 0.2μg/mL；最低检出浓度为 0.2mg/m^3 (以采集 5L 空气样品计)；测定范围为 0.2～8μg/mL；相对标准偏差为 0.7%～2.8%。采样效率为 98.5%～100%，采样时若吸收液颜色迅速褪去，则应立即结束采样。

(2) 方法提要　空气中氯气用大型气泡吸收管采集，在酸性溶液中，氯置换出溴化钾中的溴，溴破坏甲基橙分子结构使褪色；根据褪色程度，于 515nm 波长处测量吸光度，定量测定。

3. 氯化氢和盐酸的硫氰酸汞分光光度法

(1) 检出限为 0.4μg/mL；最低检出浓度为 0.5mg/m^3 (以采集 7.5L 空气样品计)；测定范围为 0.4～8μg/mL；相对标准偏差为 0.6%～1.0%。采样效率为 94.4%～100%。

(2) 方法提要　空气中氯化氢和盐酸用多孔玻板吸收管采集，在酸性溶液中，氯化氢与硫氰酸汞反应生成红色络合物；于 460nm 波长下测量吸光度，进行测定。

4. 检测方法及样品的采样、运输、保存

按 GBZ/T 160.37 规定的方法及要求。

二、一氧化碳的测定

1. 范围

适用于工作场所空气中一氧化碳浓度的测定。

2. 方法提要 (直接进样-气相色谱法)

空气中的一氧化碳用采气袋采集，直接进样；在氢气中一氧化碳经分子筛与碳多孔小球串联柱分离，通过镍催化剂转化为甲烷，用氢火焰离子化检测器检测，以保留时间定性，峰高或峰面积定量。

3. 检测方法及样品的采样、运输、保存

按 GBZ/T 300.37 规定的方法及要求。

三、磷及其化合物的测定

1. 范围

适用于工作场所空气中蒸气态、雾态和胶状的三氯化磷、五氧化二磷等浓度的检测。

2. 方法提要

空气中的蒸气态和气溶胶态三氯化磷用装有水的多孔玻板吸收管采集，生成的磷酸与钼酸铵反应，并被还原生成磷钼蓝，用分光光度计在 680nm 波长下测量吸光度，进行定量。

3. 检测方法及样品的采样、运输、保存

按 GBZ/T 300.45、GBZ/T 300.46 规定的方法及要求。

四、卤代烷烃类化合物的测定

1. 范围

适用于工作场所空气中气态或蒸气态氯甲烷、二氯甲烷、三氯甲烷和四氯化碳浓度的检测。

2. 方法提要

(1) 氯甲烷和二氯甲烷的直接进样-气相色谱法　空气中的气态和蒸气态氯甲烷和二氯甲烷用采气袋采集，直接进样，经气相色谱柱分离，氢焰离子化检测器检测，以保留时间定性，峰高或峰面积定量。

(2) 三氯甲烷和四氯化碳的溶剂解吸-气相色谱法　空气中的蒸气态三氯甲烷和四氯化碳用活性炭采集，二硫化碳解吸后进样，经气相色谱柱分离，氢焰离子化检测器检测，以保留时间定性，峰高或峰面积定量。

3. 检测方法及样品的采样、运输、保存

按 GBZ/T 300.73 规定的方法及要求。

五、氯乙烯的测定

1. 范围

适用于工作场所空气中蒸气态氯乙烯浓度的测定。

2. 氯乙烯热解吸-气相色谱法

(1) 检出限为 0.004μg/mL；定量下限为 0.013μg/mL；定量测定范围为 0.013～0.30μg/mL；以采集 1.5L 空气样品计，最低检出浓度 0.3mg/m^3；最低定量浓度 0.9mg/m^3；相对标准偏差 0.8%～2.1%。穿透容量 0.47mg，平均解析效率 98.1%。

(2) 方法提要　空气中的气态和蒸气态氯乙烯用活性炭采集，热解吸后进样，经气相色谱柱分离，氢火焰离子化检测器检测，保留时间定性，峰高或峰面积定量。

(3) 检测方法及样品的采样、运输、保存

按 GBZ/T 300.78 规定的方法及要求。

六、钠及其化合物的测定

1. 范围

适用于工作场所空气中溶胶态钠及其化合物（包括氢氧化钠和碳酸钠）浓度的测定。

2. 方法提要

空气中气溶胶态水溶性钠及其化合物（包括氢氧化钠和碳酸钠等）用微孔滤膜采集，水洗脱后，用火焰原子吸收分光光度计在 589.0nm 波长下测定吸光度，进行定量。

3. 试验方法及样品的采样、运输、保存

按 GBZ/T 300.22 规定的方法及要求。

七、甲醇的测定

1. 范围

适用于工作场所空气中甲醇的测定。以 3 倍噪声色谱峰高值计算，当色谱进样量为 1mL 时，方法的检出限为 $2mg/m^3$；定量测定的浓度范围为 $5.0 \sim 10^4 mg/m^3$。

2. 方法提要

载气携带含有甲醇的试样通过装有固定相的色谱柱，流出色谱柱的甲醇由氢火焰离子化检测器测定，以标准样品色谱峰的保留时间进行定性，以峰高（或峰面积）定量。

3. 试验方法

按 HJ/T 33 规定的方法。

八、四氟乙烯的测定

1. 范围

适用于工作场所空气中气态四氟乙烯浓度的测定。

2. 方法提要

空气中的气态四氟乙烯用采气袋采集，直接进样，经气相色谱柱分离，氢焰离子化检测器检测，以保留时间定性，峰高或峰面积定量。

3. 试验方法

按 GBZ/T 300.77 规定的方法。

第三节　工作场所物理因素的测量

一、高温的测量

1. 范围

适用于高温作业的 WBGT 指数的测量。

2. 测量仪器、测量方法、测点选择、测量时间及条件

按 GBZ/T 189.7 规定的方法及要求。

二、噪声的测量

1. 范围

适用于工作场所生产性噪声的测量。

2. 测量方法及注意事项

按 GBZ/T 189.8 规定的方法及要求。

三、工频电场的测量

1. 范围

适用于交流输电系统工作及操作地点工频电场的测量。

2. 测量方法及注意事项

按 GBZ/T 189.3 规定的方法及要求。

第四节　工作场所空气中总粉尘浓度的测定

1. 范围

适用于工作场所空气中总粉尘浓度的测量。

2. 方法提要

空气中的总粉尘用已知质量的滤膜采集，由滤膜的增量和采集量计算出空气中总粉尘的浓度。

3. 检测方法及样品的采样、运输、保存

按 GBZ/T 192.1 规定的方法及要求。

第十章 油品分析

一、机械杂质的测定

1. 范围

适用于石油、液态石油产品和添加剂中机械杂质的测定。

2. 方法提要

称取一定量的试样，溶于所用的溶剂中，用已恒重的滤纸或微孔玻璃过滤器，被留在滤纸或微孔过滤器上的杂质即为机械杂质。

3. 试验方法

按 GB/T 511 规定的方法。

二、运动黏度的测定

1. 范围

适用于石油产品中运动黏度的测定。

2. 方法提要

本方法是在某一恒定的温度下，测定一定体积的液体在重力下流过一个标定好的玻璃毛细管黏度计的时间，黏度计的毛细管常数与流动时间的乘积，即为该温度下测定液体的运动黏度。

3. 试验方法

按 GB/T 265 规定的方法。

三、酸值的测定

1. 范围

适用于液态石油产品酸值的测定。

2. 方法提要

(1) 测定酸值或碱值时，将试样溶解在含有少量水的甲苯和异丙醇混合溶剂中，使其成为均相体系，在室温下分别用标准的碱或酸的醇溶液滴定。通过加入的对-萘酚苯溶液颜色的变化来指示终点（在酸性溶液中显橙色，在碱性溶液中显暗绿色）。测定强酸值时，用热水抽提试样，用氢氧化钾醇标准溶液滴定抽提的水溶液，以甲基橙为指示液。

(2) 用沸腾乙醇抽出试样中的酸性成分，然后用氢氧化钾乙醇溶液进行滴定。

3. 试验方法

按 GB/T 4945 或 GB/T 264 规定的方法。

四、水分的测定

1. 范围

库仑法适用于运行中变压器油和汽轮机油水分含量的测定。蒸馏法适用于石油产品、焦油及其衍生产品的水分含量测定，水含量的测定范围不大于 25%。

2. 库仑法

（1）方法提要　基于有水时，碘被二氧化硫还原，在吡啶和甲醇存在的情况下，生成氢碘酸吡啶和甲基硫酸氢吡啶，反应式如下：

$$H_2O + I_2 + SO_2 + 3C_5H_5N \longrightarrow 2C_5H_5N \cdot HI + C_5H_5N \cdot SO_3$$

$$C_5H_5N \cdot SO_3 + CH_3OH \longrightarrow C_5H_5N \cdot HSO_4CH_3$$

在电解过程中，电极反应如下：

$$阳极：2I^- - 2e \longrightarrow I_2$$

$$阴极：2H^+ + 2e \longrightarrow H_2\uparrow$$

$$I_2 + 2e \longrightarrow 2I^-$$

产生的碘又与试样中的水分反应生成氢碘酸，直至全部水分反应完毕为止，反应终点用一对铂电极所组成的检测单元指示。在整个过程中，二氧化硫有所消耗，其消耗量与水的物质的量相等。

（2）试验方法　按 GB/T 7600 规定的方法。

3. 蒸馏法

（1）方法提要　将被测试样和与水不相溶的溶剂共同加热回流，溶剂可将试样中的水携带出来，不断冷凝下来的溶剂和水在接收器中分离开，水沉积在带刻度的接收器中，溶剂流回蒸馏器中。

（2）试验方法　按 GB/T 260 规定的方法。

五、微量元素的测定

1. 范围

适用于液态石油产品和添加剂、涡轮机所用油品中的钙、锌、镁、硫、磷、钡等常见元素含量的测定。

2. 方法提要

样品在压力溶弹内用过氧化氢和硝酸预处理成酸性水溶液，用电感耦合等离子体发射光谱仪测定试样溶液中的元素含量。

3. 试验方法

按 SH/T 0749 规定的方法。

六、闪点的测定

1. 范围

开口杯法适用于除燃料油以外的开口杯闪点高于 79℃的石油产品的测定。闭口杯法适用于闪点高于 40℃的石油产品的测定。

2. 开口杯法

（1）方法提要　将试样装入试验杯至规定的刻度线。先迅速升高试样的温度，当接近闪点时再缓慢地以恒定的速率升温。在规定的温度间隔，用一个小的试验火焰扫过试验杯，使试验火焰引起试样液面上部蒸气闪火的最低温度即为闪点。如需测定燃点，应继续进行试验，直到试验火焰引起试样液面的蒸气着火并至少维持燃烧 5s 的最低温度即为燃点。在环境大气压下测得的闪点和燃点用公式修正到标准大气压下的闪点和燃点。

（2）试验方法　按 GB/T 3536 规定的方法。

3. 闭口杯法

（1）方法提要　将试样装入试验杯中，在规定的速率下连续搅拌，并以恒定速率加热样品。以规定的温度间隔，在中断搅拌的情况下，将火源引入试验杯开口处，使样品蒸气发生瞬间闪火，且蔓延至液体表面的最低温度，此温度为环境大气压下的闪点，再用公式修正到标准大气压下的闪点。

(2) 试验方法　按 GB/T 261 规定的方法。

七、倾点的测定

1. 范围

适用于燃料油、重质润滑油基础油和含有残渣燃料等其他石油产品倾点的测定。

2. 方法提要

试样经预加热后，在规定的速率下冷却，每隔 3℃检查一次试样的流动性。记录观察到试样能够流动的最低温度作为倾点。

3. 试验方法

按 GB/T 3535 规定的方法。

八、水溶性酸的测定

1. 范围

适用于运行中变压器油及其他矿物油的水溶性酸的测定。

2. 方法提要

在试验条件下，试样与等体积蒸馏水混合后，取其水抽出液部分，通过比色，测定油中水溶性酸，结果用 pH 值表示。

3. 试验方法

按 GB/T 7598 规定的方法。

九、色度的测定

1. 范围

适用于目测法测定各种润滑油、煤油、柴油、石油蜡等石油产品的颜色。

2. 方法提要

将试样注入试样容器中，用一个标准光源从 0.5～8.0 值排列的颜色玻璃圆片进行比较，以相等的色号作为该试样的色号。如果试样颜色找不到确切匹配的颜色，而落在两个标准颜色之间，则报告两个颜色中较高的一个颜色。

3. 试验方法

按 GB/T 6540 规定的方法。

十、界面张力的测定

1. 范围

适用于非平衡条件下矿物油对水的界面张力的测定，实践证明，用本方法能可靠地指出亲水化合物的存在。

2. 方法提要

界面张力是通过一个水平的铂丝测量环从界面张力较高的液体表面拉脱铂丝圆环，也就是从水油界面将铂丝圆环向上拉开所需的力来确定。在计算界面张力时，所测得的力要用一个经验测量系数进行修正，此系数取决于所用的力、油和水的密度以及圆环的直径。测量是在严格、标准化的非平衡条件下进行，即在界面形成后 1min 内完成此测定。

3. 试验方法

按 GB/T 6541 规定的方法。

十一、液相锈蚀的测定

1. 范围

适用于评价加抑制剂矿物油，特别是汽轮机油在与水混合时对铁部件的防锈能力，还适用于液压油、循环油等其他油品及比水密度大的液体。

2. 方法提要

将 300mL 试样和 30mL 蒸馏水或合成海水混合，把圆柱形的试验钢棒全部浸在其中，在 60℃下进行搅拌。建议试验周期为 24h，也可根据合同双方的要求，确定适当的试验周期。试验周期结束后观察试验钢棒锈蚀的痕迹和锈蚀的程度。

3. 试验方法

按 GB/T 11143 规定的方法。

十二、破乳化度的测定

1. 范围

适用于运行中汽轮机油，新油可参照执行。

2. 方法提要

在量筒中装入 40mL 油样和 40mL 蒸馏水并在（54±1）℃下搅拌 5min 形成乳化液，测定乳化液分离（即乳化层的体积不大于 3mL 时）所需要的时间。静止 30min 后，如果乳化液没有完全分离，或乳化层没有减少为 3mL 或更少，则记录此时油层、水层和乳化层的体积。

3. 试验方法

按 GB/T 7605 规定的方法。

十三、空气释放值的测定

1. 范围

规定了测定润滑油分离雾沫空气能力的方法，适用于汽轮机油、液压油等石油产品。

2. 方法提要

将试样加热到 25℃、50℃或 75℃，通过对试样吹入过量的压缩空气，使试样剧烈搅动，空气在试样中形成小气泡，即雾沫空气。停气后记录试样中雾沫空气体积减到 0.2%的时间。

3. 试验方法

按 SH/T 0308 规定的方法。

十四、密度的测定

1. 范围

适用于液体石油化工产品密度的测定。

2. 密度计法

使试样处于规定温度，将其倒入温度大致相同的密度计量筒中，将合适的密度计放入已调好温度的试样中，让它静止。当温度达到平衡后，读取密度计的读数和试样温度，根据需要换算密度或标准密度。如果需要，可以将装有试样的密度计量筒放在恒温浴中，以避免测定期间温度的过大波动。

3. U形振动管法

把少量样品（一般少于1mL）注入可控制温度的试样管中，记录振动频率或周期，用事先得到的试样管常数计算试样的密度。试样管常数是用试样管充满已知密度标定液时的振动频率确定的。新型仪器在样品注入试样管后会直接显示密度值。

4. 比重瓶法

（1）毛细管塞比重瓶法　将试样装入比重瓶，恒温至测定温度，称出试样的质量。由这一质量除以在相同温度下预先测得的比重瓶中水的质量（水值）与其密度之比值，即可计算出试样的密度。

（2）带刻度双毛细管比重瓶法　比重瓶双臂刻度用水校准，以比重瓶内所装水在空气中的表观质量与刻度值作图。将试样注入干燥的比重瓶中，在测定温度下达到恒温后，记下两臂中液面刻度数，并称量，用图表查出等体积水在空气中的表观质量，试样密度的计算与"（1）"相同。

5. 试验方法

按GB/T 2013规定的方法。

十五、灰分的测定

1. 范围

适用于测定石油产品的灰分。不适用于含铅的润滑油和用过的发动机曲轴箱油。

2. 方法提要

用无灰滤纸作引火芯，点燃放在一个适当容器中的试样，使其燃烧到只剩下灰分和残留的碳。碳质残留物再在775℃高温炉中加热转化成灰分，然后冷却并称重。

3. 试验方法

按GB/T 508规定的方法。

十六、碱值的测定

1. 范围

适用于测定石油产品的碱值。

2. 方法提要

试样溶解于无水氯苯和冰乙酸混合物中，以高氯酸冰乙酸标准滴定溶液为滴定剂，以玻璃电极为指示电极，甘汞电极为参比电极进行电位滴定，用电位滴定曲线的电位突跃判定终点。

3. 试验方法

按SH/T 0251规定的方法。

十七、老化特性的测定

1. 范围

规定了石油基高级润滑油老化特性的测定方法。适用于在测定过程中蒸发损失不超过15%（质量分数）、含或不含添加剂的石油基润滑油，也适用于有抗氧添加剂和有灰清净分散剂类型的润滑油。

2. 方法提要

在200℃温度下，将空气两次通入试样中使之老化，每次6h。按GB/T 268测定老化前后试样残炭值，以残炭增值表示润滑油的老化特性。

3. 试验方法

按GB/T 12709规定的方法。

第十一章 水处理剂与工业用水分析

第一节 水处理剂

一、水处理剂氯化铁

1. 范围

适用于水处理剂氯化铁。该产品主要用于工业用水、废水、污水及污泥脱水处理。

2. 技术要求和检测方法

（1）外观　固体应为黄褐色晶体；液体应为红褐色溶液。

（2）理化指标及检测方法应符合表 11-1 的规定

表 11-1　理化指标及检测方法

序号	项 目	参考指标		检测方法
		固体	液体	
1	氯化铁	≥93.0%	≥38.0%	GB/T 4482
2	氯化亚铁	≤3.5%	≤0.40%	GB/T 4482
3	不溶物	≤3.0%	≤0.50%	GB/T 4482

3. 检验规则

（1）产品按批检验，以每次同一厂家所供产品为一批。

（2）采样

① 固体氯化铁从批量总袋数中按表 11-2 规定的采样单元数进行随机采样。当总袋数≤500 时，按表 11-2 确定；当总袋数>500 时，以公式 $n=3\times\sqrt[3]{N}$（N 为总袋数）确定，如遇小数进为整数。

表 11-2　选取采样袋数的规定

总袋数	采样袋数	总袋数	采样袋数	总袋数	采样袋数
1～10	全部	102～123	15	255～296	20
11～49	11	124～151	16	297～343	21
50～64	12	152～181	17	344～394	22
65～81	13	182～216	18	395～450	23
82～101	14	217～254	19	451～512	24

采样时，将采样器自袋的中心垂直插入至料层深度的 3/4 处采样。将采出的样品混匀，用四分法缩分至不少于 500g。

② 液体氯化铁的采样根据包装、贮运工具，按 GB/T 6680 规定进行。将所采样品混匀

后，取出平均样不得少于500mL。

③ 将采取的样品分装于两个洁净干燥具磨口塞的试剂瓶中，密封。瓶上粘贴标签，注明生产厂家名称、产品名称、类别、批号、采样时间和采样者姓名。一瓶供检验用，另一瓶备查，保存期为3个月。

（3）入厂时进行氯化铁含量的检测，应逐批检验；氯化亚铁、不溶物以厂家提供的质量证明为准或抽检；协议或合同中如有其他项目，企业可根据实际情况抽检或以供方提供的质量证明为准。

二、水处理剂硫酸亚铁

1. 范围

适用于硫酸亚铁水处理剂。该产品主要作为铁系水处理剂的生产原料使用，也可用于工业水的处理。

2. 技术要求和检测方法

（1）外观　淡绿色或淡黄绿色结晶。

（2）理化指标及检测方法应符合表11-3的规定。

表11-3　理化指标及检测方法

项目	参考指标	检测方法
硫酸亚铁($FeSO_4 \cdot 7H_2O$)	≥90.0%	GB/T 10531

3. 检验规则

（1）产品按批检验，以每次同一厂家所供产品为一批。

（2）采样　同本节“一、3、（2）”的规定采样。

（3）入厂时进行硫酸亚铁质量分数检测，应逐批检验；协议或合同中如有其他项目，企业可根据实际情况抽检或以供方提供的质量证明为准。

三、阻垢缓蚀剂

1. 范围

适用于中低硬度、碱度的循环冷却水系统中用HP-413E阻垢缓蚀剂的测定。其他类似溶液可作参考。

2. 技术要求和检测方法

（1）外观　黄色透明液体。

（2）理化指标应符合表11-4的规定。

表11-4　理化指标

序号	项目	参考指标
1	总磷酸(以PO_4^{3-}计)含量	≥2.0%
2	固含量	≥25.0%
3	pH(1%水溶液)	1.5～3.0
4	密度(20℃)	1.10～1.25g/cm^3

（3）总磷酸含量的测定

① 方法提要　在酸性溶液中，用过硫酸钾作分解剂，将聚磷酸和有机磷酸转化为磷酸，

磷酸与钼酸铵反应生成黄色的磷钼杂多酸，再用抗坏血酸还原成磷钼蓝，于 710nm 最大吸收波长处进行分光光度测定。

② 试剂和溶液

a. 硫酸溶液　1＋35。

b. 过硫酸钾溶液　40g/L。

c. 抗坏血酸溶液　20g/L。称取 10g 抗坏血酸置于约有 50mL 水的烧杯中溶解，加入 0.2g 乙二胺四乙酸二钠及 8mL 甲酸，移入 500mL 容量瓶，用水稀释至刻度，摇匀，贮存于棕色试剂瓶中，有效期一个月。

d. 钼酸铵溶液　26g/L。称取 13.0g 钼酸铵置于约有 200mL 水的烧杯中溶解，加入 0.5g 酒石酸锑钾及 230mL 硫酸溶液（1＋1），冷却后移入 500mL 容量瓶，用水稀释至刻度，摇匀，贮存于棕色试剂瓶中，有效期两个月。

e. 磷酸标准贮备液浓度　$c(PO_4^{3-})=0.50mg/mL$。称取 0.7165g 预先在 100～105℃干燥至恒重的磷酸二氢钾，精确至 0.0002g，置于烧杯中，加水溶解，移入 1000mL 容量瓶中，用水稀释至刻度，摇匀。

f. 磷酸标准溶液　$c(PO_4^{3-})=0.02mg/mL$。吸取 20.0mL 磷酸标准贮备液于 500mL 容量瓶中，用水稀释至刻度，摇匀。

③ 仪器和设备

a. 分光光度计。

b. 可调电炉。

④ 测定步骤

a. 磷酸（以 PO_4^{3-} 计）标准曲线绘制　分别吸取磷酸标准溶液 0.0mL、1.0mL、2.0mL、3.0mL、4.0mL、5.0mL、6.0mL 于 7 支 50mL 比色管中，依次各加入 20mL 水、2mL 钼酸铵溶液、3mL 抗坏血酸溶液，用水稀释至刻度，摇匀。于 25～30℃下放置 10min，用 1cm 比色皿在波长 710nm 处用分光光度计测定溶液的吸光度，以试剂空白为参比。以磷酸根的含量为横坐标，以吸光度为纵坐标，绘制标准工作曲线。

b. 试样测定　称取约 2.5g 试样于称量瓶中，精确至 0.0002g，用水溶解后转移至 500mL 容量瓶中，稀释至刻度，摇匀。吸取 10mL 于 100mL 容量瓶中，用水稀释至刻度，摇匀。从 100mL 容量瓶中吸取 5mL 试样于 250mL 三角瓶中，分别加入 1mL 硫酸溶液，5mL 过硫酸钾溶液，10mL 水，在电炉上加热至近干并冒少量白烟为止，取下冷却至室温，然后全部移至 50mL 比色管中，加入 2mL 钼酸铵溶液、3mL 抗坏血酸溶液，用水稀释至刻度，摇匀，在 25～30℃下放置 10min，用 1cm 比色皿在波长为 710nm 处，以试剂空白为参比，测定其吸光度。

⑤ 结果表述

总磷酸（以 PO_4^{3-} 计）的质量分数（X_1）按下式计算：

$$X_1(\%)=\frac{m_0/1000}{m\times(10/500)\times5/100}\times100=\frac{100m_0}{m}$$

式中　m_0——为标准曲线上所查得的磷酸根的质量，mg；

m——试样的质量，g。

⑥ 允许差　取平行测定结果的算术平均值为测定结果，平行测定结果的绝对差值不大于 0.50%。

（4）固含量的测定

① 方法提要　将一定的试样，在（105±2）℃温度条件下烘干至恒重，干燥后试样的质

量占干燥前试样的质量的百分数即为阻垢缓蚀剂的固含量。

② 仪器

a. 称量瓶　70mm×35mm。

b. 干燥箱　电热恒温，温度能控制在（105±1）℃。

③ 测定步骤　称取约1g试样（精确至0.0002g）放置在已恒重的称量瓶中，放入（105±2）℃的电热恒温干燥箱中干燥2h后取出，放入干燥器中冷却至室温后称量，重复操作至恒重。

④ 结果表述　固含量（X）按下式计算：

$$X(\%)=\frac{m_1}{m}\times 100$$

式中　m_1——干燥后试样的质量，g；

m——称取试样的质量，g。

（5）pH的测定

① 方法提要　将规定的指示电极和参比电极或复合电极浸入同一被测溶液中，构成一原电池，其电动势与溶液的pH值有关，通过测量原电池的电动势即可得出溶液的pH值。

② 试验方法　称取1.0g试样，精确至0.01g，置于烧杯中，加水溶解，移至100mL容量瓶中，用水稀释至刻度，摇匀。按GB/T 23769规定的方法。

（6）密度的测定

① 方法提要　由密度计在被测液体中达到平衡状态时所浸没的深度读出该溶液的密度。

② 试验方法　按GB/T 4472—2011中"4.3.4"规定的方法。

3. 检验规则

（1）产品按批检检，以每次同一厂家所供产品为一批。

（2）采样　按GB/T 6680规定采样。

（3）入厂时进行总磷酸、固含量、pH（1%水溶液）及密度的检测，应逐批检验；协议或合同中如有其他项目，企业可根据实际情况抽检或以供方提供的质量证明为准。

四、非氧化性杀菌灭藻剂

1. 范围

适用于工业循环冷却水系统中用HP-572非氧化性杀菌灭藻剂的测定，其他类似溶液可作参考。

2. 技术要求和检测方法

（1）外观　淡黄色至黄色透明液体。

（2）理化指标及检测方法应符合表11-5的规定。

表11-5　理化指标及检测方法

序号	项目	参考指标	检测方法
1	pH	2.0～5.0	GB/T 23769
2	密度(20℃)	1.10～1.20g/cm^3	GB/T 4472

3. 检验规则

（1）产品按批检验，以每次同一厂家所供产品为一批。

（2）采样　按GB/T 6680规定采样。

（3）入厂时进行pH、密度的检测，应逐批检验；协议或合同中如有其他项目，企业可根据实际情况抽检或以供方提供的质量证明为准。

第二节 工业循环冷却水

一、pH的测定

1. 范围

适用于工业循环冷却水及锅炉用水中的pH 0～14范围内的测定，还适用于盐水、天然水、污水、除盐水、锅炉给水以及纯水pH的测定。

2. 方法提要

将规定的指示电极和参比电极浸入同一被测溶液中，成一原电池，其电动势与溶液的pH有关。通过测量原电池的电动势即可测出溶液的pH。

3. 试验方法

按GB/T 6904规定的方法。

二、电导率的测定

1. 范围

适用于锅炉用水、冷却水、除盐水中的电导率在0.055～10^5μS/cm（25℃）的测定，也可适用于天然水及生活用水的电导率的测定。

2. 方法提要

溶解于水的酸、碱、盐电解质，在溶液中解离成正、负离子，使电解质溶液具有导电能力，其导电能力的大小用电导率表示。

3. 试验方法

按GB/T 6908规定的方法。

三、浊度的测定

1. 范围

适用于工业循环冷却水、锅炉用水和冷却水中浊度的测定，其中GB/T 15893.1适用于工业循环冷却水中浊度的测定，测定范围0～50NTU；GB/T 12151适用于锅炉用水和冷却水的浊度分析，浊度范围4～400FTU（1FTU=1NTU），其他类似溶液可作参考。

2. 方法提要

以福马肼悬浊液作为标准，采用分光光度计比较被测水样和标准悬浊液的透过光的强度进行测定。水样带有颜色可用0.15μm滤膜过滤器过滤，并以此溶液作为空白。

3. 试验方法

按GB/T 15893.1或GB/T 12151规定的方法。

4. 注意事项

（1）浊度样品需及时测定，以免样品发生变化。

（2）如果水样颜色对光的吸收带在660nm波长时，会对浊度测定产生干扰；对于高色度废水，可使用过滤后的样品代替蒸馏水作为空白，消除颜色带来的干扰。

（3）浊度测定时应使用排气工具或者超声波容器除去气泡。

（4）样品温度的改变，可能对浊度产生干扰。应在与原始样品相同的温度下进行测定。

四、钙、镁离子的测定

1. 范围

适用于工业循环冷却水钙含量在2～200mg/L，镁含量在2～200mg/L的测定，也适用于其他工业用水及原水中钙、镁离子含量的测定。其他类似溶液可作参考。

2. 方法提要

钙离子测定是在pH 12～13时，以钙-羧酸为指示剂，用EDTA标准滴定溶液测定水样中的钙离子含量。滴定时EDTA与溶液中游离的钙离子仅应形成络合物，溶液颜色变化由紫红色变为亮蓝色时即为终点。

镁离子测定是在pH为10时，以铬黑T为指示液，用EDTA标准滴定溶液测定钙、镁离子合量，溶液颜色由紫红色变为纯蓝色时即为终点，由钙、镁合量减去钙离子含量即为镁离子含量。

3. 试验方法

按GB/T 15452规定的方法。

五、碱度的测定

1. 范围

适用于工业循环冷却水中碱度在20mmol/L的范围内的测定，也适用于天然水和废水中碱度的测定。

2. 方法提要

采用指示剂法或电位滴定法，用盐酸标准滴定溶液滴定水样。终点为pH＝8.3时，可认为近似等于碳酸盐和二氧化碳的浓度并表示水样中存在的几乎所有的氢氧化物和一半的碳酸盐已被滴定。终点pH＝4.5时，可认为近似等于氢离子和碳酸氢根离子的等当点，可用于测定水样的总碱度。

3. 试验方法

按GB/T 15451规定的方法。

六、铁含量的测定

1. 范围

适用于含量为5～50μg/L铁的测定。也适用于锅炉用水及原水中低含量铁的测定。

2. 方法提要

在pH为3～4条件下，水样中的Fe^{2+}与4,7-二苯基-1,10-菲啰啉生成红色的络合物，用正丁醇萃取，测定其吸光度进行定量。此配合物最大吸收波长为533nm。磷酸盐对本法测定无干扰。

3. 试验方法

按HG/T 3539规定的方法。

七、氯离子的测定

1. 范围

摩尔法和电位滴定法适用于天然水、循环冷却水、软化水、锅炉炉水中氯离子含量的测定，摩尔法测定范围为3～150mg/L，超过150mg/L时，可适当减少取样体积，稀释后测定；电位滴定法测定范围为5～1000mg/L；共沉淀富集分光光度法适用于除盐水、锅炉给水中氯离子含量的测定，测定范围为10～100μg/L。其他类似溶液可作参考。

2. 方法提要

（1）摩尔法　以铬酸钾为指示剂，在pH为5.0～9.5的范围内用硝酸银标准溶液滴定。硝酸银与氯化物反应生成氯化银白色沉淀。当有过量硝酸银存在时，则与铬酸钾指示液反应，生成砖红色铬酸银沉淀，表示反应达到终点。反应式如下：

$$Ag^{+}+Cl^{-} \longrightarrow AgCl\downarrow$$

$$2Ag^{+}+CrO_4^{2-} \longrightarrow Ag_2CrO_4\downarrow \text{(砖红色)}$$

（2）电位滴定法　以复合银电极为测量电极或以银/氯化银电极为参比电极、以银电极为指示电极，将复合银电极或指示电极和参比电极浸入被测溶液中，用硝酸银标准滴定溶液滴定至出现电位突跃点，即可通过突跃点所消耗的硝酸银标准滴定溶液的体积算出氯离子含量。

（3）共沉淀富集分光光度法　以磷酸铅沉淀做载体，共沉淀富集痕量氯化物，经高速离心机分离后，以硝酸铁-高氯酸溶液完全溶解沉淀，加硫氰酸汞-甲醇溶液显色，用分光光度法间接测定水中痕量氯化物。

3. 试验方法

按GB/T 15453规定的方法。

八、浓缩倍数

1. 范围

适用于工业循环冷却水浓缩倍数的测定，其他类似溶液可作参考。

2. 方法提要

一般是根据循环水中某一种组分的浓度或某一性质与补充水中某一组分的浓度或某一性质之比来计算。即：

$$\text{浓缩倍数}(K)=c_{\text{循环水}}/c_{\text{补充水}}$$

式中　$c_{\text{循环水}}$——循环水中某一种组分的浓度。

$c_{\text{补充水}}$——补充水中某一组分的浓度。

3. 试验方法

同本节“二”的方法测定循环水和补充水的电导率。选用电导率σ，则浓缩倍数K按下式进行计算：

$$\text{浓缩倍数}(K)=\sigma_{\text{循环水}}/\sigma_{\text{补充水}}$$

4. 注意事项

用来检测浓缩倍数的某一组分，要求不受运行中其他条件如加热、投加水处理剂、沉积、结垢等情况的干扰。因此，一般选用的组分有Cl^{-}、Ca^{2+}、SiO_2、K^{+}和电导率等。

九、黏泥真菌的测定

1. 范围

适用于工业循环冷却水中黏泥真菌的测定，也适用于原水、生活用水及其他水中黏泥真菌的测定。其他类似溶液可作参考。

2. 方法提要

本方法采用25号浮游生物网收集循环冷却水中的黏泥，所得的黏泥用石英砂充分研磨使细胞分散，再利用平皿计数技术在(29±1)℃培养72h来测定黏泥中真菌总数。

3. 试验方法

按GB/T 14643.3规定的方法。

十、硅的测定

1. 范围

适用于工业循环冷却水、锅炉用水、天然水中硅含量的测定，分光光度法中常量硅的测定适用于可溶性硅含量为 0.1～5mg/L 的测定；分光光度法中微量硅的测定适用于硅含量 10～200μg/L 的测定；重量法适用于硅含量大于 5mg/L 的测定；氢氟酸转化分光光度法中常量硅的测定适用于全硅含量为 1～5mg/L 的测定；氢氟酸转化分光光度法中微量硅的测定适用于全硅含量小于 100μg/L 的测定。其他类似溶液可作参考。

2. 方法提要

(1) 分光光度法　在 (27±5)℃下，硅酸根与钼酸盐反应生成硅钼黄（硅钼杂多酸）。硅钼黄被 1-氨基-2-奈酚-4-磺酸还原成硅钼蓝，用分光光度法测定。

(2) 重量法　将一定量的酸化水样蒸发至干，用盐酸使硅化合物转变为胶体沉淀，脱水后经过滤、洗涤、灼烧、恒重等操作，进行水样中全硅含量的测定。

(3) 氢氟酸转化分光光度法　水样中的非活性硅经氢氟酸转化为活性硅，过量的氢氟酸用三氯化铝掩蔽后，在 (27±5)℃下，与钼酸铵作用生成硅钼黄，用还原剂将硅钼黄还原成硅钼蓝进行全硅含量测定。

3. 试验方法

按 GB/T 12149 规定的方法。

十一、游离氯的测定

1. 范围

适用于原水和工业循环冷却水中余氯、游离氯的分析，测定范围为 0.03～2.5mg/L。其他类似溶液可作参考。

2. 方法提要

(1) 游离氯的测定　当 pH 为 6.2～6.5 时，试样中的游离氯与 *N*,*N*-二乙基-1,4 苯二胺（以下简称 DPD）直接反应，生成红色化合物，于 510nm 波长处，用分光光度法测定。

(2) 余氯的测定　当 pH 为 6.2～6.5 时，在过量的碘化钾存在下，试样中余氯与 DPD 反应，生成红色化合物，于 510nm 波长处，用分光光度法测定。

3. 试验方法

按 GB/T 14424 规定的方法。

4. 注意事项

(1) 其他氯化物引起的干扰　可能存在的任何二氧化氯的一小部分都会作为游离氯被测定，这些干扰可以通过测定水中的二氧化氯进行校正。

(2) 氯化物以外的物质引起的干扰　DPD 的氧化不仅是由氯化合物引起的，由于浓度和潜在的化学氧化物，反应可被其他氧化剂影响。下列物质被特别提出：溴化物、碘化物、溴胺、碘胺、臭氧、过氧化氢、铬酸盐、锰酸盐、亚硝酸盐、铁离子（Fe^{3+}）以及铜离子。当铜离子的质量浓度<8mg/L，铁离子（Fe^{3+}）的质量浓度<20mg/L 时，该干扰可由 pH 为 6.5 的缓冲溶液和 DPD 中的 EDTA 的加入来消除。

铬酸盐的干扰可通过氯化钡的加入来消除。

十二、缓蚀剂浓度的测定

1. 高温缓蚀剂浓度的测定（HH-012）

(1) 范围　适用于氯碱生产过程中氯乙烯热水槽高温缓蚀剂（HH-012）的测定。其他类似溶液可作参考。

(2) 试剂和溶液

① 甲基橙指示液 1g/L。

② 酚酞指示液 10g/L。

③ 盐酸标准滴定溶液 $c(HCl)=0.1mol/L$。

④ 氢氧化钠标准滴定溶液 $c(NaOH)=0.1mol/L$。

⑤ 中性甘油 取甘油80mL，加水20mL，酚酞指示液1滴，用0.1mol/L的氢氧化钠标准滴定溶液滴至粉红色。

(3) 测定步骤 吸取试样25mL至三角瓶中，加甲基橙指示液1滴，用0.1mol/L盐酸标准溶液滴定至橙红色，煮沸2min，冷却。冷却后加1滴甲基橙指示液。如果溶液呈黄色，继续滴定至溶液呈橙红色（瞬间呈橙红色），加中性甘油80mL，酚酞指示液8滴，用0.1mol/L的氢氧化钠标准溶液滴定至粉红色。

(4) 结果表述 高温缓蚀剂的浓度（$C_{HH\text{-}012}$）按下式计算：

$$C_{HH\text{-}012}(g/L)=\frac{cV\times M_{HH\text{-}012}}{V_{HH\text{-}012}}$$

式中 c——氢氧化钠标准滴定溶液的浓度，mol/L；

V——氢氧化钠标准滴定溶液体积，mL；

$M_{HH\text{-}012}$——高温缓蚀剂有效组分的摩尔质量，$M_{HH\text{-}012}=88.75g/mol$；

$V_{HH\text{-}012}$——试样的体积，mL。

2. 高温缓蚀剂氯离子的测定（BL-207）

(1) 范围 适用于氯碱生产过程中氯乙烯热水槽高温缓蚀剂（BL-207）氯离子的测定。其他类似溶液可作参考。

(2) 方法提要 在中性溶液或微碱性溶液中，硝酸银与氯离子反应生成白色的氯化银沉淀，以铬酸钾为指示液，当氯化钠反应完毕后，硝酸银立即与铬酸钾作用，生成砖红色的铬酸银沉淀。反应如下：

$$Ag^{+}+Cl^{-}\longrightarrow AgCl(\text{白色})\downarrow$$

$$2Ag^{+}+CrO_4^{2-}\longrightarrow Ag_2CrO_4(\text{砖红色})\downarrow$$

(3) 试剂和溶液

① 硝酸银标准滴定溶液 $c(AgNO_3)=0.01mol/L$。

② 硫酸标准溶液 $c(1/2H_2SO_4)=0.5mol/L$。

③ 铬酸钾指示液 50g/L。称取5g铬酸钾溶于100mL水中，搅拌下滴加硝酸银溶液至呈现红棕色沉淀，过滤后使用。

④ 酚酞指示液 10g/L。

⑤ 符合GB/T 6682中二级及以上水或相应纯度的水。

(4) 测定步骤 吸取样品50mL于250mL三角瓶中，滴加1～2滴酚酞指示液，若溶液显微红色，以0.5mol/L硫酸标准溶液中和至微红色消失，加约1mL铬酸钾指示液，用0.01mol/L硝酸银标准溶液滴定至溶液呈稳定的红黄色悬浊液，经充分摇匀后不消失即为终点。同时用做空白试验。

(5) 结果表述 氯离子的含量（X）按下式计算：

$$X(mg/L)=\frac{c(V_1-V_0)\times 35.45}{V}\times 1000$$

式中 c——硝酸银标准滴定溶液的浓度，mol/L；

V_1——滴定样品所消耗硝酸银标准滴定溶液的体积，mL；

V_0——空白试验所消耗硝酸银标准滴定溶液的体积，mL；

V——吸取试样的体积，ml；

35.45——氯离子的摩尔质量，g/mol。

3. 高温缓蚀剂活性物的测定（BL-207）

（1）范围　适用于氯碱生产过程中氯乙烯热水槽高温缓蚀剂（BL-207）活性物的测定。其他类似溶液可作参考。

（2）试剂和溶液

① 硫酸溶液　100g/L。

② 高锰酸钾标准滴定溶液　$c(1/5KMnO_4)=0.1mol/L$。

（3）测定步骤　吸取 10mL 试样于 250mL 三角瓶中，加入 5～8 滴硫酸溶液，用 0.1mol/L 高锰酸钾标准溶液滴至红色出现，并在 20s 内不褪色为终点，记下所消耗的高锰酸钾标准溶液的体积。

（4）结果表述　高温缓蚀剂活性物含量（$C_{BL\text{-}207}$）按下式计算：

$$C_{BL\text{-}207}(g/L)=\frac{cVM_{BL\text{-}207}}{V_{BL\text{-}207}}$$

式中　c——高锰酸钾（$1/5KMnO_4$）标准滴定溶液的浓度，mol/L；

V——滴定样品所消耗高锰酸钾（$1/5KMnO_4$）标准溶液的体积，mL；

$V_{BL\text{-}207}$——吸取试样的体积，mL；

$M_{BL\text{-}207}$——BL-207 高温缓蚀剂中被测组分物质的量，$M_{BL\text{-}207}=30.5g/mol$。

十三、总磷的测定

1. 范围

适用于锅炉用水和冷却水中正磷酸盐、总无机磷酸盐、总磷酸盐含量（以 PO_4^{3-} 计）在 0.05～50mg/L 的测定。其他类似溶液可作参考。

2. 方法提要

（1）正磷酸盐　在酸性条件下，正磷酸盐与钼酸铵溶液反应生成黄色的磷钼盐锑络合物，再用抗坏血酸还原成磷钼蓝，于 710nm 最大吸收波长处用分光光度法测定。

（2）总无机磷酸盐　在酸性溶液中，聚磷酸盐水解成正磷酸盐，正磷酸盐与钼酸铵反应生成黄色的磷钼锑络合物，再用抗坏血酸还原成磷钼蓝，于 710nm 最大吸收波长处分光光度法测定。

（3）总磷酸盐　在酸性溶液中，用过硫酸钾作分解剂，将聚磷酸盐和有机磷转化为正磷酸盐，正璘酸盐与钼酸铵反应生成黄色的磷钼锑络合物，再用抗坏血酸还原成磷钼蓝，于 710nm 最大吸收波长处用分光光度法测定。

3. 试验方法

按 GB/T 6913 规定的方法。

十四、氯乙烯的测定

1. 范围

适用于生活饮用水及其水源中氯乙烯的测定。若取水样 100mL，取 1mL 液上气体进行色谱测定，最低检测质量浓度为 1μg/L。其他类似溶液可作参考。

2. 方法提要

在密闭的顶空瓶内，易挥发的氯乙烯分子从液相逸入液上空间的气相中。在一定的温度下，氯乙烯分子在气液两相之间达到动态平衡，此时氯乙烯在气相中的浓度和在液相中的浓度成正比。取液上气体经色谱柱分离，用氢火焰离子化检测器测定。

3. 试验方法

按 GB/T 5750.8—2006 中“4”规定的方法。

十五、悬浮物的测定

1. 范围

适用于地面水、地下水，也适用于生活污水和工业废水中悬浮物测定。其他类似溶液可作参考。

2. 方法提要

水质中的悬浮物是指水样通过孔径为 0.45μm 的滤膜，截留在滤膜上的固体物质并于 103～105℃烘干至恒重。

3. 试验方法

按 GB/T 11901 规定的方法。

十六、腐蚀速率的测定

1. 范围

适用于生产过程中水介质对钢材腐蚀速率测定的试验方法。其他类似溶液可作参考。

2. 方法提要

在实验室给定条件下或现场使用铁质或铜质挂片模拟循环水对设备、管道的腐蚀情况，用试片的质量损失计算出腐蚀率和缓蚀率来评定水处理剂的缓蚀性能。

3. 试验方法

按 SY/T 0026 规定的方法。

第三节 脱盐水

一、微量杂质的测定

1. 范围

适用于氯碱生产公用工程高纯水微量杂质的检测。

2. 方法提要

根据标准样品和试样中金属离子及非金属离子在电感耦合等离子体原子发射光谱上的特征光谱强度的比例关系来确定试样中各离子的含量。

3. 仪器和试剂

（1）电感耦合等离子体光谱仪（简称 ICP 发射光谱仪）。

（2）高纯氩气　纯度≥99.995%。

（3）Ca 标准溶液　1000μg/mL。

（4）Mg 标准溶液　1000μg/mL。

（5）Fe 标准溶液　1000μg/mL。

（6）Si 标准溶液　500μg/mL。

（7）符合 GB/T 6682 中二级及以上水或相应纯度的水。

4. 测定步骤

（1）标准曲线绘制

① 分别吸取 Ca、Mg、Fe 标准溶液各 2mL，置于 500mL 容量瓶中，稀释至刻度混匀，配制得到混合标准溶液 A。从混合标准溶液 A 中分别吸取 0.0mL、0.5mL、1.0mL、2.0mL 分别置于 4 个 100mL 容量瓶中，稀释至刻度混匀，在 ICP 发射光谱仪上绘制标准曲线。

② 吸取 Si 标准溶液 5mL，置于 250mL 容量瓶中，稀释至刻度，混匀，配制得到标准溶液 B。从标准溶液 B 中分别吸取 0.0mL、1.0mL、2.0mL、4.0mL，分别置于 4 个 100mL 容量瓶中，稀释至刻度混匀，在 ICP 发射光谱仪上绘制标准曲线。

（2）试样测定　移取 100mL 脱盐水样品，根据各种金属元素光谱强度，在 ICP 发射光谱仪标准曲线上查得样品杂质含量，直接读出结果。

5. 注意事项

（1）仪器校正分为矩管校正（观测位置校正）、暗电流扫描、波长校正。一般三个月更换一次矩管，更换后应及时校正。

（2）矩管清洗可用 2%～5%的硝酸（GR）浸泡 1～2h，用纯水清洗后再用空气吹扫干后可继续使用。

二、pH 的测定

1. 范围

适用于无机化工产品水溶液 pH 值的测定。pH 值测定范围为 1～12。

2. 方法提要

同第二章第一节“一、（六）”的方法测定。

三、电导率的测定

1. 范围

适用于锅炉用水、冷却水、除盐水中的电导率在 0.055～10^5 μS/cm（25℃）的测定，也可适用于天然水及生活用水的电导率的测定。

2. 方法提要

溶解于水的酸、碱、盐电解质，在溶液中解离成正、负离子，使电解质溶液具有导电能力，其导电能力的大小用电导率表示。

3. 试验方法

按 GB/T 6908 规定的方法。

第十二章 在线检测分析

第一节 概 述

(1) 在线分析仪器系统的基本要求按 GB/T 34042 规范进行。

(2) 在线分析仪器系统应由样品处理系统、在线分析仪器、数据管理系统和辅助设施等(或部分)组成，实现从样品提取到输出分析结果全过程的系统。

(3) 在线分析仪器系统的组成，见图 12-1。

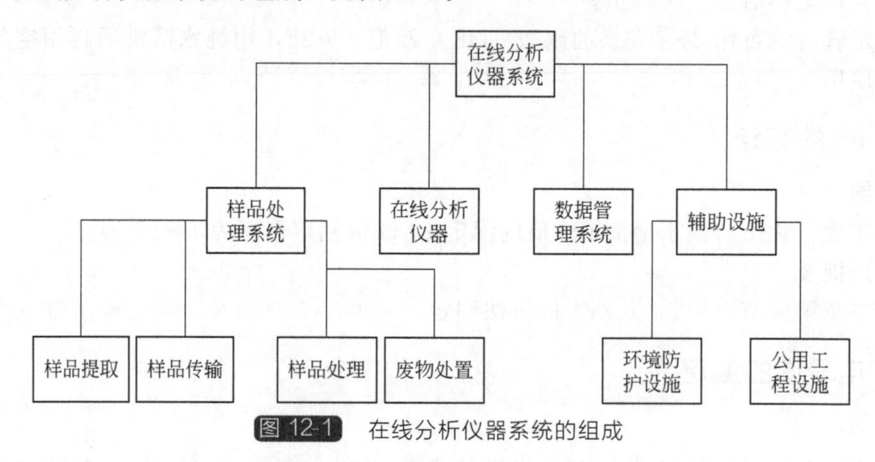

图 12-1 在线分析仪器系统的组成

(4) 在线分析仪的特点

① 全自动运行可实现自动取样、自动检测、自动清洗、自动排料、自动分析等智能化功能。

② 操作简单易懂，非化学专业技术人员也可操作。

③ 在线监测方式多样化，可实现不同测定方式任意选择。

④ 可随时监控生产过程中选定控制节点的样品浓度，现场可显示并储存，同时可传送到 DCS。

(5) 在线分析仪分类

① 按测定方法分类　光学分析仪器、电化学分析仪器、色谱分析仪器、物性分析仪器、热分析仪器等。

② 按被测介质的相态分类　气体分析仪和液体分析仪。

a. 气体分析仪表包括红外线分析仪、热导式气体分析仪(氢表、氩表)、氧化锆、磁力机械氧分析仪、热磁式氧分析仪、磁压式氧分析仪、激光烟气分析仪、折射仪、硫比值分析仪、微量水、微量氧、CEMS 烟气分析仪、烃分析仪、色谱分析仪、质谱分析仪、拉曼光谱分析仪等。

b. 液体分析仪表主要是常见的水分析仪表包括 pH 计、电导仪、COD、TOC、浊度计、氨氮分析仪、余氯分析仪等。

③ 以上分类方法不是绝对的，比如电容式微量水分仪既可以测量气体中的微量水分又可以处理液体中的微量水分。但是习惯上把它归在气体分析仪表中。

（6）安全要求

① 电源引入线与机壳之间的绝缘电阻应符合规定要求。

② 应设有漏电保护装置和过载保护装置，防止人身触电和仪器意外烧毁。

③ 应具有良好的接地端口。

④ 高温、高压、腐蚀、有毒和有害等危险部位应具有警示标识。

⑤ 除非另有规定，环境适应性、防爆性能、防护性能、电磁兼容性、可靠性等应符合相应要求。

（7）标识要求

① 仪器的标识应在适当的明显位置固定铭牌，应包括：制造厂名称、地址；仪器名称、规格型号；出厂编号；制造日期；检测范围、定量下限；工作条件等。

② 主要部件均应具有相应的标识或文字说明。

③ 应在仪器醒目位置标识分析流程图。

（8）维护保养

① 定期巡检仪器使用运转情况，包括仪器各个部件的运转，如取样阀的正常开启关闭、试剂泵的正常工作、检查色谱图状况、载气压力、标气压力、进气流量等参数并记录等。

② 定期检查试剂或催化剂的情况，如试剂或催化剂的有效性、配制的量等情况。

③ 定期检查样品情况，如样品是否可以每次充满定量管以及进入到反应杯；进样阀是否结晶或其他异常情况；检查样品的流量是否符合规定要求等。

④ 定期检查标准溶液标定或标准曲线的情况，如准确性、及时性等，并按要求进行校准或标定。

⑤ 定期按要求做好管路及相关部件的清洗和耗材的更换。

（9）其他

① 显示器应无污点、损伤。无特殊情况，显示界面应为中文，且清晰、屏幕无暗角、黑斑、彩虹、气泡、闪烁等现象，能根据显示屏提示进行全程序操作。

② 机箱外壳应由耐腐蚀材料制成，表面无裂纹，变形、污浊、毛刺等现象，表面涂层均匀，无腐蚀、生锈、脱落及磨损现象。

③ 产品组装应坚固、零部件无松动，按键、开关、门锁等部件灵活可靠。

④ 仪器的操作说明书或操作规程内容应至少包括：仪器原理、仪器构造图、测试流程图、现场安装条件及方法、仪器操作方法、部件标识及注意事项、有毒有害物品（部件）警告标识、仪器校准用等试剂配制方法及使用方法、常见故障处理、废物处置方法、日常维护说明等。

⑤ 测定前应确认测定条件（包括设备参数、试剂有效性、管路情况、是否进行正压保护等）符合规定要求。

第二节　盐水在线检测分析

一、钙镁总量的测定

1. 范围

适用于检测盐水中钙镁离子的浓度。

2. 方法提要

通过测定被测物质在特定波长处或一定波长范围内光的吸收度，对该物质进行定性和定量分析。再根据朗伯-比尔定律，计算出液体的浓度。

3. 试剂和材料

(1) 符合 GB/T 6682 中二级及以上水或相应纯度的水。

(2) 氢氧化钠溶液 2mol/L。溶解约 80g 氢氧化钠（GR）颗粒于 40mL 水中，并定容至 1000mL 聚四氟乙烯容量瓶中。

(3) 钙显色剂 0.1%。称取约 0.1g 钙显色剂粉末，用水溶解后，定容至 100mL 聚四氟乙烯容量瓶中，避免接触玻璃器皿，使粉末完全溶解即可，用避光容器储存。

(4) 乙二胺四乙酸二钠标准滴定溶液 c(EDTA)＝0.5mmol/L。精确称取 0.1862g 乙二胺四乙酸二钠（GR）粉末于少量水中，并定容至 1000mL 聚四氟乙烯容量瓶中。

(5) 钙标准溶液 分别配制浓度为 20μg/L、50μg/L、100μg/L 的钙标准溶液。

4. 仪器和设备

钙镁在线分析仪：具有自动智能化检测分析功能的在线检测装置，测量范围为 0～100μg/L，也可根据实际情况选择适宜的其他在线装置。

5. 测定条件

(1) 确认试剂管路都安装正确，管路接头无松动，漏液现象。

(2) 确认仪器参数设置正确。

(3) 确认试剂管线充满液体，如未充满，打开对应的进料泵，使管道内充满液体至无气泡为止。

(4) 检查盐水压力表，根据实际情况调节适宜的压力。

(5) 设备启动前应进行气体正压保护调节，设定适宜的流量，电磁阀正常工作。

6. 测定步骤

(1) 自动定量加入盐水至光度池中，加入氢氧化钠调节样品的 pH 值，加入钙显色剂搅拌，静置一段时间后，在特定的波长下，测量吸光度，然后加入 EDTA，再次检测吸光度，根据朗伯-比尔定律，计算钙镁的浓度。

(2) 标准曲线制作及样品测定具体操作步骤参考制造商厂家的操作规程或仪器使用说明书。

7. 注意事项

(1) 配制过程中所用的容器应先进行酸浸泡钝化处理，不允许使用玻璃容器。

(2) 配制过程中所用的纯水、试剂应密封保存，防止空气污染。

(3) 配制试剂不宜过多，建议 15～30 天更换一次。

(4) 盐水流量不宜过大或过小，过大容易造成浪费，过小容易堵塞管路。

(5) 保持盐水的适宜温度和流动性，防止结晶堵塞管路。

二、浓度（氯化钠）的测定

1. 范围

适用于检测盐水的浓度。

2. 方法提要

基于折光原理的光电转换技术，利用临界角全反射光线的变化，通过测量被测盐水溶液的全反射率和温度，根据已知浓度盐水溶液的不同温度，绘制全反射率和浓度的标准曲线，从而测得被测盐水溶液的浓度。

3. 设备

盐水浓度在线监测仪：具有自动智能化实时显示盐水浓度、密度和温度的在线监测装置。测量范围0～26%，也可根据实际情况选择其他适宜的在线装置。

4. 标准曲线的绘制

（1）盐水标准曲线　根据盐水的质量情况，分别配制一系列适宜密度的盐水标准溶液。以标准溶液的折光率为横坐标，密度为纵坐标，绘制标准曲线。

（2）试样测定　根据被测溶液的折射率（吸光值）在标准曲线上查得密度，再根据表12-1、表12-2、表12-3自动换算成浓度。

表12-1　氯化钠溶液的密度

浓度/%	不同温度下的密度/(g/cm^3)									
	0℃	10℃	20℃	25℃	30℃	40℃	50℃	60℃	80℃	100℃
1	1.00747	1.00707	1.00534	1.00409	1.00261	0.99908	0.99482	0.9900	0.9785	0.9651
2	1.01509	1.01442	1.01246	1.01112	1.00957	1.00593	1.00161	0.9967	0.9852	0.9719
4	1.03038	1.02920	1.02680	1.02530	1.02361	1.01977	1.01531	1.0103	0.9988	0.9855
6	1.04575	1.04408	1.04127	1.03963	1.03781	1.03378	1.02919	1.0241	1.0125	0.9994
8	1.06121	1.05907	1.05589	1.05412	1.05219	1.04798	1.04326	1.0381	1.0264	1.0134
10	1.07677	1.07419	1.07068	1.06879	1.06676	1.06238	1.05753	1.0523	1.0405	1.0276
12	1.09244	1.08946	1.08566	1.08365	1.08153	1.07699	1.07202	1.0667	1.0549	1.0420
14	1.10824	1.10491	1.10085	1.09872	1.09651	1.09182	1.08674	1.0813	1.0694	1.0565
16	1.12419	1.12056	1.11621	1.11401	1.11171	1.10688	1.10170	1.0962	1.0842	1.0713
18	1.14031	1.13643	1.13190	1.12954	1.12715	1.12218	1.11691	1.1113	1.0993	1.0864
20	1.55683	1.15254	1.14799	1.14533	1.14285	1.13774	1.13238	1.1268	1.1146	1.1017
22	1.17318	1.16891	1.16395	1.16140	1.15883	1.15358	1.14812	1.1425	1.1303	1.1172
24	1.18999	1.18557	1.18040	1.17776	1.17511	1.16971	1.16414	1.1584	1.1463	1.1331
26	1.20709	1.20254	1.19717	1.19443	1.19170	1.18614	1.18045	1.1747	1.1626	1.1492

表12-2　氯化钠溶液密度与浓度的关系（20℃）

密度/(g/cm^3)	浓度(NaCl)/(g/L)									
	+0.000	+0.001	+0.002	+0.003	+0.004	+0.005	+0.006	+0.007	+0.008	+0.009
1.170	266.6	268.2	269.9	271.6	273.2	274.9	276.6	278.2	279.9	281.6
1.180	283.3	285.0	286.7	288.4	289.1	291.8	293.5	295.2	296.9	298.6
1.190	300.3	302.0	303.7	305.5	307.2	308.9	310.6	312.3	314.0	315.7
1.200	317.5	—	—	—	—	—	—	—	—	—

表12-3　不同温度时氯化钠溶液密度的校正系数

温度/℃	校正系数/(g/cm^3)									
	+0	+1	+2	+3	+4	+5	+6	+7	+8	+9
0	−0.010	−0.009	−0.009	−0.008	−0.008	−0.007	−0.007	−0.006	−0.006	−0.006

续表

温度/℃	校正系数/(g/cm³)									
	+0	+1	+2	+3	+4	+5	+6	+7	+8	+9
10	−0.005	−0.005	−0.004	−0.004	−0.003	−0.003	−0.002	−0.002	−0.001	−0.001
20	0.000	+0.001	+0.001	+0.002	+0.002	−0.003	+0.003	+0.004	+0.004	+0.005
30	+0.005	+0.006	+0.006	+0.007	+0.007	+0.008	+0.009	+0.009	+0.010	+0.010
40	+0.011	+0.011	+0.012	+0.012	+0.013	+0.013	+0.014	+0.015	+0.015	+0.016
50	+0.016	+0.017	+0.018	+0.018	+0.019	+0.019	+0.020	+0.020	+0.021	+0.021
60	+0.022	+0.023	+0.023	+0.024	+0.024	+0.025	+0.025	+0.026	+0.027	+0.027
70	+0.028	+0.028	+0.029	+0.030	+0.030	+0.031	+0.032	+0.032	+0.033	+0.034

注：例如，56℃时测得的密度为1.156g/cm³。查表12-3该温度下校正系数为0.020g/cm³，因此溶液在20℃的密度为1.176g/cm³。再查表12-2相应的NaCl浓度为276.6g/L。

5. 测定条件

（1）确认盐水管路都安装正确，管路接头无松动，漏液现象。

（2）确认仪器参数设置正确。

（3）确认盐水管线充满液体，如未充满，打开盐水控制阀，使管道盐水一直保持流动状态。

（4）根据实际情况调节适宜的盐水流速。

6. 测定步骤

（1）样品自动流经盐水浓度在线监测仪，设备触摸屏自动实时显示盐水浓度、温度、密度。

（2）标准曲线制作及样品测定具体操作步骤参考制造商厂家的操作规程或仪器使用说明书。

7. 注意事项

（1）盐水流量不宜过大或过小，过大容易造成浪费，过小容易堵塞管路。

（2）保持盐水的适宜温度和流动性，防止结晶堵塞管路。

三、过碱量的测定

1. 范围

适用于检测盐水中过量氢氧化钠及碳酸钠的含量。

2. 方法提要

采用电位滴定法进行电位滴定时，在待测溶液中插入pH复合电极。随着标准滴定溶液的加入，待测离子或与之有关离子的浓度变化，指示电极电位也发生相应的变化，在化学计量点附近发生电位的突跃，根据测量电动势的变化，确定滴定终点。依据终点时标准滴定溶液的消耗量，计算出液体的浓度。

3. 试剂和材料

盐酸标准滴定溶液　$c(HCl)=0.05mol/L$ 或适宜的浓度。

4. 仪器和设备

过碱量在线分析仪：具有自动智能化检测分析功能的在线检测装置，测量范围为0～1g/L。也可根据实际情况选择适宜的其他在线装置。

5. 测定条件

（1）确认试剂管路都安装正确，管路接头无松动、漏液现象。

（2）确认仪器参数设置正确。

（3）确认试剂管线充满液体，如未充满，打开对应的进料泵，使管道内充满液体至无气泡为止。

（4）检查盐水流通池，保持流通池内盐水流通状态。

（5）设备启动前应进行气体正压保护调节，设定适宜的流量，电磁阀正常工作。

6. 测定步骤

（1）自动过滤盐水、定量加入过滤后的盐水至检测杯中，用盐酸标准滴定溶液滴定，盐酸标准溶液与氢氧化钠及碳酸钠反应，用pH复合电极测定第一个电极电位的“突跃”点为第一等当点，记录盐酸的消耗量；然后继续用盐酸标准溶液滴定，至第二个电极电位的“突跃”为第二等当点，记录盐酸的消耗量，根据盐酸标准溶液滴定的体积计算氢氧化钠和碳酸钠的含量。

（2）pH复合电极的标定和样品测定具体操作步骤参考制造商厂家的操作规程或仪器使用说明书。

7. 注意事项

（1）配制试剂不宜过多，建议15～30天更换一次。

（2）pH电极使用标准缓冲溶液应定期进行标定修正，一般每月一次。

（3）盐水流量不宜过大或过小，过大容易造成浪费，过小容易堵塞管路。

（4）保持盐水的适宜温度和流动性，防止结晶堵塞管路。

四、硫酸根的测定

1. 范围

适用于检测盐水中硫酸根离子的浓度。

2. 方法提要

通过测定被测物质在特定波长处或一定波长范围内光的吸收度，对该物质进行定性和定量分析。再根据朗伯-比尔定律，计算出液体的浓度。

3. 试剂和材料

（1）盐酸溶液　6mol/L。量取500mL浓盐酸缓慢加入纯水中，并稀释至1000mL容量瓶中定容。

（2）氯化钡溶液　2%。称取约20g氯化钡溶于100mL纯水中，并稀释至1000mL容量瓶中定容。必要时可进行过滤。

（3）阿拉伯胶溶液（稳定剂）　1%。称取约10g阿拉伯胶溶于纯水中，使粉末完全溶解即可，并稀释至1000mL容量瓶中定容。

（4）硫酸盐标准溶液　分别配制浓度为10g/L、7.5g/L、5g/L、2.5g/L的硫酸盐标准溶液。标准溶液的准确度应根据实验室测定后的数据进行校准。

4. 仪器和设备

硫酸根在线分析仪：具有自动智能化检测分析功能的在线检测装置，测量范围为0～10g/L，也可根据实际情况选择适宜的其他在线装置。

5. 测定条件

（1）确认试剂管路都安装正确，管路接头无松动、漏液现象。

（2）确认仪器参数设置正确。

(3) 确认试剂管线充满液体，如未充满，打开对应的进料泵，使管道内充满液体至无气泡为止。

(4) 检查盐水流通池，保持流通池内盐水流通状态。

(5) 设备启动前应进行气体正压保护调节，设定适宜的流量。

6. 测定步骤

(1) 自动定量加入盐水至检测杯中，用定量纯水进行稀释，在特定的波长下，测量吸光度，加入少量盐酸进行酸化、加入稳定剂、加入过量的氯化钡与硫酸根反应生成硫酸钡沉淀。静置一段时间后，在特定的波长下，再次测量吸光度。根据朗伯-比尔定律，计算盐水中硫酸根的浓度。

(2) 标准曲线制作及样品测定具体操作步骤参考制造商厂家的操作规程或仪器使用说明书。

7. 注意事项

(1) 配制试剂不宜过多，建议 15～30 天更换一次。

(2) 检测杯应定期进行清洗，防止硫酸钡沉淀影响吸光值的测量。

(3) 盐水流量不宜过大或过小，过大容易造成浪费，过小容易堵塞管路。

(4) 保持盐水的适宜温度和流动性，防止结晶堵塞管路。

五、磷酸根的测定

1. 范围

适用于检测盐水中磷酸根离子的浓度。

2. 方法提要

通过测定被测物质在特定波长处或一定波长范围内光的吸收度，对该物质进行定性和定量分析。再根据朗伯-比尔定律，计算出液体的浓度。

3. 试剂和材料

(1) 钒钼酸铵显色剂　称取 25g 钼酸铵，加入 400mL 水中完全溶解。另称取 1.25g 偏钒酸铵，加入 200mL 水中完全溶解，冷却后加入 250mL 浓硝酸。将钼酸铵溶液缓缓注入偏钒酸铵溶液中，不断搅拌，移入 1000mL 棕色容量瓶中，稀释至刻度，混匀。采用避光容器储存。

(2) 磷酸盐标准溶液　分别配制浓度为 100mg/L、200mg/L、300mg/L、400mg/L 的磷酸盐标准溶液。标准溶液的准确度应根据实验室测定后的数据进行校准。

4. 仪器和设备

磷酸根在线分析仪：具有自动智能化检测分析功能的在线检测装置，测量范围为 0～300g/L，也可根据实际情况选择其他适宜的在线装置。

5. 测定条件

(1) 确认试剂管路都安装正确，管路接头无松动，漏液现象。

(2) 确认仪器参数设置正确。

(3) 确认试剂管线充满液体，如未充满，打开对应的进料泵，使管道内充满液体至无气泡为止。

(4) 检查盐水流通池，保持流通池内盐水流通状态。

(5) 设备启动前应进行气体正压保护调节，设定适宜的流量。

6. 测定步骤

(1) 自动定量加盐水试样至检测杯中，用定量纯水进行稀释，在特定的波长下，测量吸光值；加入钒钼酸铵显色剂，搅拌后静置一段时间后，在特定的波长下，测量吸光值，根据朗伯-比尔定律，计算磷酸根的浓度。

（2）标准曲线制作及样品测定具体操作步骤参考制造商厂家的操作规程或仪器使用说明书。

7. 注意事项

（1）盐水流量不宜过大或过小，过大容易造成浪费，过小容易堵塞管路。

（2）保持盐水的适宜温度和流动性，防止结晶堵塞管路。

六、浊度的测定

1. 范围

适用于检测盐水的浊度。

2. 方法提要

利用悬浮物对光的散射率测定浊度。发射器发射恒定波长的单色光，经过90°折射后，光路经过被测样品，如有悬浮颗粒，光在遇到颗粒时就会改变方向形成所谓的散射光，散射光照射到90°方向的接收器上，接收到的光线强度与被测液体的浊度成正比关系，因此通过测量散射光的强度可以计算出样品的浊度值。

3. 试剂和溶液

（1）零浊度水　将孔径为0.1μm的滤膜放入100mL水中浸泡1h，将250mL水通过滤膜并弃去，然后将500mL水通过滤膜两次，此溶液为零浊度水。（如无0.1μm滤膜可使用0.15μm滤膜代替）以下操作均使用零浊度水。

（2）硫酸肼溶液　10g/L。称取1.000g硫酸肼（硫酸联胺），溶于水后移入100mL容量瓶中，稀释至刻度混匀。

（3）六次甲基四胺溶液　100g/L。称取10.000g六次甲基四胺，溶于水后移入100mL容量瓶中，稀释至刻度混匀。

（4）浊度标准溶液　400NTU。移取5mL硫酸肼溶液和5mL六次甲基四胺溶液至100mL容量瓶中，混匀后在温度（25±1）℃下静置24h，稀释至刻度，混匀。此溶液在25℃暗处保存，可稳定四周。

4. 仪器和设备

盐水浊度在线监测仪：具有自动智能化实时显示盐水浊度的在线监测装置，测量范围0～400NTU，也可根据实际情况选择适宜的其他在线装置。

5. 测定条件

（1）浊度仪直接插入盐水管道，确认盐水管路都安装正确，管路接头无松动、漏液现象。

（2）确认仪器参数设置正确。

6. 测定步骤

（1）浊度曲线绘制　吸取一定的浊度标准溶液，分别配制浊度为0NTU、100NTU、200NTU、400NTU的浊度标准溶液。以标准溶液的吸光值为横坐标，以标准溶液的浊度为纵坐标，绘制标准曲线。

（2）盐水自动流经盐水浊度在线监测仪，设备自动实时显示盐水浊度。根据被测溶液的吸光度测得浊度。

（3）标准曲线制作及样品测定具体操作步骤参考制造商厂家的操作规程或仪器使用说明书。

7. 注意事项

（1）浊度仪探头和主机距离不宜太远，应方便查看和操作。

（2）盐水流量不宜过大或过小，过大容易造成浪费，过小容易堵塞管路。

（3）保持盐水的适宜温度和流动性，防止结晶堵塞管路。

七、pH 的测定

1. 范围

适用于检测盐水 pH。

2. 方法提要

将规定的指示电极和参比电极浸入同一被测溶液中，成一原电池，其电动势与溶液的 pH 有关。通过测量原电池的电动势，测得溶液的 pH。

3. 设备

pH 在线分析仪　在线连续监测仪，由传感器和二次表两部分组成。可配三复合或两复合电极，以满足各种使用场所。也可根据实际情况选择适宜的其他在线装置。

4. 标定和样品测定

具体操作步骤参考制造商厂家的操作规程或仪器使用说明书。

第三节　碱液在线检测分析

一、浓度的测定

1. 范围

适用于检测电解槽排出碱液的浓度。

2. 方法提要

以 pH 电极作为工作电极，盐酸标准溶液作为滴定剂，根据酸碱滴定原理，当电位发生突跃时消耗的盐酸体积，得出碱液的含量。

3. 设备

碱浓度在线分析仪：具有自动智能化检测分析功能的在线检测装置，测量范围为 0～300g/L，也可根据实际情况选择适宜的其他在线装置。

4. 测定条件

（1）确认试剂管路都安装正确，管路接头无松动、漏液现象。

（2）确认仪器参数设置正确。

（3）确认试剂管线充满液体，如未充满，打开对应的进料泵，使管道内充满液体至无气泡为止。

（4）设备启动前应进行气体正压保护调节，设定适宜的流量，保证电磁阀正常工作。

5. 测定步骤

样品测定具体操作步骤参考制造商厂家的操作规程或仪器使用说明书。

6. 注意事项

配制试剂不宜过多，建议 15～30 天更换一次。

二、氯离子的测定

1. 范围

适用于检测电解槽排出碱液的氯离子浓度。

2. 方法提要

在中性条件下，用硝酸银标准溶液进行滴定。加入盐酸中和样品中的氢氧化钠，然后用硝酸银标准溶液进行滴定，根据滴定终点消耗的硝酸银的体积，得出氯离子的含量。

3. 仪器和设备

碱中氯离子在线分析仪：具有自动智能化检测分析功能的在线检测装置，测量范围为0～50mg/L，也可根据实际情况选择适宜的其他在线装置。

4. 测定条件

（1）确认试剂管路都安装正确，管路接头无松动、漏液现象。

（2）确认仪器参数设置正确。

（3）确认试剂管线充满液体，如未充满，打开对应的进料泵，使管道内充满液体至无气泡为止。

（4）设备启动前应进行气体正压保护调节，设定适宜的流量，保证电磁阀正常工作。

5. 测定步骤

样品测定具体操作步骤参考制造商厂家的操作规程或仪器使用说明书。

6. 注意事项

配制试剂不宜过多，建议15～30天更换一次。

第四节　次氯酸钠在线检测分析

一、游离碱的测定

1. 范围

适用于检测生产次氯酸钠过程中游离碱的浓度。

2. 方法提要

采用电位滴定法进行电位滴定时，在待测溶液中插入pH复合电极。随着滴定溶液的加入，待测离子或与之有关离子的浓度变化，指示电极电位也发生相应的变化，在化学计量点附近发生电位的突跃，根据测量电动势的变化，确定滴定终点。依据终点时消耗标准滴定溶液的体积，计算出液体的浓度。

3. 试剂和溶液

（1）盐酸标准滴定溶液　$c(HCl)=0.1mol/L$。

（2）双氧水　3%。

4. 仪器和设备

游离碱在线分析仪：具有自动智能化检测分析功能的在线检测装置，测量范围为0～150g/L，也可根据实际情况选择其他适宜的在线装置。

5. 测定条件

（1）确认试剂管路都安装正确，管路接头无松动、漏液现象。

（2）确认仪器参数设置正确。

（3）确认试剂管线充满液体，如未充满，打开对应的进料泵，使管道内充满液体至无气泡为止。

（4）检查次氯酸钠外循环管路是否流通。

（5）设备启动前应进行气体正压保护调节，设定适宜的流量，保证电磁阀正常工作。

6. 测定步骤

（1）打开电磁阀自动置换管路，吸取定量的纯水冲洗检测杯后，将定量的次氯酸钠加入检测杯中，用双氧水分解次氯酸根后加入少量纯水稀释，搅拌去除气泡后，再用纯水稀释后用盐酸标准溶液滴定，盐酸标准溶液与氢氧化钠反应，用 pH 复合电极测定电位的“突跃”为等当点，此时，氢氧化钠完全被中和，记录盐酸标准溶液的消耗量，根据消耗的体积计算氢氧化钠的含量。

（2）pH 复合电极的标定和样品测定具体操作步骤参考制造商厂家的操作规程或仪器使用说明书。

7. 注意事项

（1）配制试剂不宜过多，建议 15～30 天更换一次。

（2）pH 电极应使用标准缓冲溶液定期进行标定修正，一般每月一次。

（3）外循环次氯酸钠管路应密闭，正常循环，保证检测试样的准确性。

二、有效氯的测定

1. 范围

适用于检测乙炔清净配制次氯酸钠溶液中有效氯的含量。

2. 方法提要

有效氯在线分析仪是通过游离氯与碘化钾反应生产碘，碘与游离氯的含量成比例关系，以被测物质在特定波长处或一定波长范围内对光的吸收度，对该物质进行定性和定量分析。再根据朗伯-比尔定律，计算出液体的浓度。

3. 试剂和材料

（1）无氯纯水，以下操作应使用无氯纯水。

（2）盐酸溶液　1mol/L。

（3）碘化钾　1%。称取 1g 碘化钾，用无氯纯水定容至 1000mL 容量瓶中，使粉末完全溶解即可。采用避光容器。

（4）有效氯标准溶液　分别配制浓度为 0%、0.02%、0.05%、0.10%、0.15%的氯标准溶液。标准溶液的准确度应根据实验室测定后的数据进行校准。

4. 仪器和设备

有效氯在线分析仪：具有自动智能化检测分析功能的在线检测装置，测量范围为 0～0.15%，也可根据实际情况选择其他适宜的在线装置。

5. 测定条件

（1）确认试剂管路都安装正确，管路接头无松动、漏液现象。

（2）确认仪器参数设置正确。

（3）确认试剂管线充满液体，如未充满，打开对应的进料泵，使管道内充满液体至无气泡为止。

（4）检查次氯酸钠外循环管路是否流通。

（5）设备启动前应进行气体正压保护调节，设定适宜的流量，保证电磁阀正常工作。

6. 测定步骤

（1）打开电磁阀自动置换管路，吸取定量的无氯纯水冲洗检测杯后，将定量的次氯酸钠溶液加入检测杯中，用定量盐酸溶液进行酸化，测得吸光值；再加入定量的碘化钾，次氯酸钠与碘化钾发生氧化还原反应，释放出等量的碘，测得吸光值。根据朗伯-比尔定律，计算有效氯的浓度。

（2）标准曲线制作及样品测定具体操作步骤参考制造商厂家的操作规程或仪器使用说明书。

7. 注意事项

(1) 试剂所用容器应用无氯纯水清洗干净。

(2) 配制试剂不宜过多，建议 15～30 天更换一次。

(3) 外循环次氯酸钠管路应密闭，正常循环，保证检测试样的准确性。

第五节 气体在线检测分析

一、氯气中水含量的测定

1. 范围

适用于检测氯气中的微量水分。

2. 方法提要

干燥氯气中存在的水分由涂在两个铑电极上的吸湿材料五氧化二磷吸收，在两个电极之间施加电压，吸收的水分发生电解，解离为氢气和氧气，通过传感器的连续电流与水分含量成正比。根据法拉第电解定律和气体状态方程，测得水分含量。

3. 设备

氯气中微量水分分析仪：具有自动智能化检测分析功能的在线检测装置，测量范围为 0～0.005%，也可根据实际情况选择适宜的在线装置。

4. 测定条件

(1) 应保证预处理系统、分析仪表、废气回收管路等的密封性，防止泄漏。

(2) 确认仪器参数设置正确，量程选取正确。

(3) 管路氯气压力应在规定范围内，并保持流通。

5. 测定步骤

样品测定具体操作步骤参考制造商厂家的操作规程或仪器使用说明书。

6. 注意事项

预处理系统停车状态下应采用干燥、无尘、无油氮气进行吹扫，保护传感器。

二、气体组分的测定

1. 范围

适用于检测气体组分的含量，包括气体中氧或一氧化碳含量、氯乙烯中高/低沸物含量、电石筒仓及提升机中乙炔含量。

2. 方法提要

通过被测气体吸收不同波段红外激光的选择性，得到气体的浓度。或根据待测组分的性质，选择适宜的色谱柱，采用与被测组分相接近的标准气，在同样操作条件下，用气相色谱法进行分离，通过外标法测得样品的相应组分含量。

3. 设备

在线分析仪：具有自动智能化检测分析功能的在线检测装置，企业可根据实际情况选择适宜的其他在线装置。

4. 测定条件

(1) 确认气体钢瓶总压力、减压阀压力，保证氢气钢瓶总压力＞2.0kPa，减压阀压力 0.6～0.8MPa，如压力不在要求范围，需进行调整，待压力达到设定值。

(2) 检查样品流量情况，查看每一个样品流路的压力及流量，压力表压力显示应在≤0.1MPa，流量值为40～100L/h，流量计上显示值偏高或偏低，可适当调整。

（3）确认样品输送泵运转正常，定期切换样品输送泵，保证每个在线的样品输送正常。

（4）检查仪表气压力，正常情况下，压力应为0.4～0.5MPa。检查过滤器是否有水。

（5）应保证预处理系统、分析仪表、废气回收管路等的密封性，防止泄漏。

（6）确认仪器参数设置正确。

5. 测定步骤

标定和样品测定具体操作步骤参考制造商厂家的操作规程或仪器使用说明书。

6. 注意事项

（1）温度较低时，建议管路采取保温措施，如氯乙烯中高/低沸物的在线测定。

（2）根据在线装置及待测组分的情况，定期采用干燥、无尘、无油氮气进行管路吹扫。

第六节 废水在线检测分析

一、化学需氧量（COD）的测定

1. 范围

适用于检测废水中的化学需氧量（COD）。

2. 方法提要

水样、重铬酸钾、硫酸银溶液（催化剂）和浓硫酸的混合液在消解池中被加热到175℃，在此期间铬离子作为氧化剂从六价被还原成三价而改变了颜色，颜色的改变度与样品中被氧化物质的含量成对应关系，仪器通过比色换算，直接测得样品的COD。

3. 设备

COD在线分析仪：测量范围为0～300mg/L，也可根据实际情况选择适宜的其他在线装置。

4. 测定条件

（1）确认试剂管路都安装正确，管路接头无松动、漏液现象。

（2）确认仪器参数设置正确。

5. 测定步骤

（1）测试前仪器自动抽取新鲜的样品清洗进样管道。

（2）试样和试剂（硫酸汞、重铬酸钾、硫酸、催化剂等）通过活塞泵进入检测池，通过气泡的方式混匀，进入消解试管，活塞泵不与样品、试剂直接接触。

（3）关闭消解试管两端的阀门后，加热电阻丝将样品和试剂的混合溶液迅速地加热至175℃；测量系统按照仪器参数的设定值自动控制消解时间。

（4）标定和样品测定具体操作步骤参考制造商厂家的操作规程或仪器使用说明书。

6. 注意事项

（1）配制试剂不宜过多，一般1～2个月更换一次。

（2）在线维护保养时，设备需换到待机状态后再进行管道清洗、试剂更换等工作。

（3）在线设备停止运行48h，应用蒸馏水冲洗整个系统。

二、氨氮的测定

1. 范围

适用于检测废水中氨氮的含量。

2. 方法提要

在 pH 大于 11 的环境下，铵根离子向氨转变，氨通过氨敏电极的疏水膜转移，造成氨敏电极的电动势的变化，仪器根据电动势的变化测量出氨氮的浓度。

3. 设备

氨氮在线分析仪：测量范围为 0～25mg/L，也可根据实际情况选择其他适宜的在线装置。

4. 测定步骤

(1) 水样进入检测池，加入定量氢氧化钠溶液搅拌。在 pH 大于 11 的条件下，所有氨根离子转化为氨气，通过气敏膜测定。

(2) 标定和样品测定具体操作步骤参考制造商厂家的操作规程或仪器使用说明书。

5. 注意事项

(1) 定期对预处理器膜及水箱用专用海绵清洗，切不可使用尖锐物品，以免划伤过滤膜。

(2) 更换电解液时最好更换过滤膜，加电解液时需要在待机状态下，断开电极的电源后进行添加，添加后确保电极容器内无气泡。更换电极、膜及电解液后 24h 内不得进行校验操作。

(3) 更换试剂、洗液或标准溶液后，需要进行重置操作，填充管路。

(4) 更换蠕动泵管路后，需要添加润滑油。

三、pH 的分析

1. 范围

适用于检测废水的 pH。配上纯水和超纯水电极，可适用于电导率小于 3μS/cm 的水体(如化学补给水、饱和蒸汽、凝结水等) 的 pH 值测量。

2. 方法提要

将规定的指示电极和参比电极浸入同一被测溶液中，成一原电池，其电动势与溶液的 pH 有关。通过测量原电池的电动势，测得溶液的 pH。

3. 设备

pH 在线分析仪：在线连续监测仪，由传感器和二次表两部分组成。可配三复合或两复合电极，以满足各种使用场所。也可根据实际情况选择适宜的其他在线装置。

4. 标定和样品测定

具体操作步骤参考制造商厂家的操作规程或仪器使用说明书。

第十三章 实验室分析基础

第一节 实验室基础设施

一、实验室布局

1.范围

适用于新建实验的选址、布置及土建等设计参照，可参照GB/T 37140、JGJ 91、SH/T 3103等。

2.实验室选址

（1）实验室应远离振源、电磁干扰、噪声源、粉尘及其他有害介质散发的场所。

（2）实验室建筑物宜南北朝向。

（3）实验室的使用面积应根据其分析工作内容、仪器设备配备、人员生活必需和辅助需要等因素而确定。

（4）实验室内应安装高温感烟器和火灾报警装置：应按GB 50140规定要求设置消火栓和二氧化碳型灭火器。

（5）实验室的特殊排放物，如废液及废渣等应集中收集进行处理。

（6）实验室应位于爆炸危险区以外，应位于风向上风侧。

3.土建

（1）实验室的土建设计应符合GB 50016的规定，建筑物的耐火等级不应低于二级。

（2）实验室内地面应高于室外自然地面，等于或大于0.6m。

（3）实验室建筑物不宜超过三层，层高不应低于3.6m；房间单面设置时，走廊宽度不应小于1.8m，房间双面布置时，走廊宽度不应小于2.4m。如果室内设有吊顶，房间净高不应低于2.8m。

（4）四层及以上的实验室宜设电梯。

（5）实验室经常通行的楼梯，其踏步宽度不应小于0.28m，高度不应大于0.17m。

（6）实验室走道有高差时，当高差不足二级踏步时，不得设置台阶，应设坡道，其坡度不宜大于1∶8。

（7）在满足采光要求的前提下，应减少外窗的面积；设置空气调节的实验室外窗应具有良好的密闭性及隔热性，且宜设不少于窗面积1/3的可开启窗扇。

（8）实验室门应向外开启并设观察镜。

（9）天平室、热值分析室和无菌室宜设前室（即缓冲间）、双层活动窗及纱窗。

（10）布置大型分析设备的房间门的宽度应方便最大设备的进出。

（11）分析房间内地面应根据需要满足耐酸、耐碱、耐油的要求。

（12）室内面积超过40m^2的房间应至少设置两个门，因条件限制只能设置一个门时，应加大门的宽度。

（13）建筑物为多层布置时，楼面计算活荷载不宜小于3.0kN/m^2，楼板垫层厚度不应小于 40mm。

（14）钢瓶间的设计应满足如下要求：

① 宜设在实验室非主入口侧，并应采取遮阳防晒措施，当钢瓶间与建筑物建为一体时，隔墙应为钢筋混凝土防爆墙。

② 通风良好，并具有足够的泄爆面积，室内地面应有防火花、防静电措施。

③ 可燃气体钢瓶与助燃气体钢瓶应隔开布置。

（15）布置有振动或噪声设备的房间，应考虑减振和降噪措施。

（16）实验室安全出口不宜少于两个，安全出口应有明显的标志。

4. 实验室的组成及布置

（1）实验室的组成由实验分析房间及辅助房间组成。

① 实验分析房间的设置应根据分析测试内容、分析频率及配置的仪器设备确定，通常宜设化学分析室、仪器分析室、色谱室、物性检验室、天平室、高温室、ICP 分析室、无菌室等。

② 辅助房间宜设试剂库、器材库、样品贮存室、配电室、钢瓶间、交接班室、办公室、更衣室、资料室、数据处理室等。

（2）布置

① 房间布置

a. 化验室分析房间宜设大开间、特殊分析项目宜设专用分析房间。

b. 气相色谱分析室、仪器分析室、热值测定室、试剂配制室、试剂库、样品贮存间及天平室应避免阳光直射。

c. 对温度、湿度、清洁度等有严格要求的检测室，应将其空调机房布置于附近。

d. 配电室的上方不宜布置仪器分析室，其上层房间不应设置给排水点。

e. 使用钢瓶气的房间宜布置在靠近钢瓶间的一侧，且应按防雨、遮阳、防火防爆建筑物设计。

f. 当上下房间都需要布置通风柜时，通风柜的布置应考虑风管和风机布置的合理性；风机室宜集中布置在建筑物的屋顶。

② 内部布置

a. 实验室分析房间应根据需要设置化验台、设备台、洗涤盆及通风柜。各房间内的布置应考虑统一性和灵活性。

b. 实验室分析房间的化验台、设备台宜布置在房间的中央或两侧，通风柜宜布置在房间的两侧。

c. 使用钢瓶气管道的设备应离墙布置，留出的维修空间不宜小于 0.6m。

d. 台、柜的选型和布置应满足各种管道安装、使用和检修的要求。

e. 实验室内各种台、柜之间的间距应符合人体工程学的要求，并满足操作要求。

f. 实验室内实验台、柜大小可参照 GB 24820 要求制作。

g. 底层、半地下室及地下室的外窗、实验室外门应采取防虫及防啮齿动物的措施。

③ 分析仪器布置

a. 对分析精度要求较高的分析仪器，宜布置在不受磁场、振动、噪声等干扰的房间内。

b. 大型精密仪器或有振动的仪器宜布置在建筑物的底层。

二、实验室给排水系统

1. 范围

适用于新建、改建或扩建实验室前给排水的设计参照。

2. 给排水设计

（1）实验室给水

① 根据实验室所需，引入公用工程管道系统，包括自来水、实验室纯水、消防水或冷却水等管道，管道的设置应满足化验分析和洗涤的要求。

② 进入实验室的给水总管应设阀门和计量设施，阀门应布置在便于操作、检修的位置。

③ 使用腐蚀物质或其他有毒试剂或有飞溅爆炸可能的分析房间，应设置应急洗眼器及喷淋冲洗器。

④ 无菌室的操作间，应采用脚踏开关、肘式开关或光电开关，并应有热水供应，热水水量、水温、水压应按工艺要求确定，同时尚应配有热水淋浴装置。

⑤ 给水管道入口通常应设置洁净区，采用上行下给式给水管网，以免扩散污染。

⑥ 实验室给水系统应保证必需的压力、水质和水量，根据实际需求可设置直接供水、高位水箱给水、加压水泵等给水方式，确保实验室检验、仪器及安全应急用水源的正常使用。

（2）实验室排水

① 根据实验室排出废水的成分、性质、流量、排放规律的不同而设置相应的排水系统。

② 对于含有多种成分、有毒有害物质，以及可互相作用、损害管道或可能造成事故的废水，应与生活污水分开，做预处理使之符合国家标准方可排入室外排水管网或分流排出。

③ 排水管道应选择耐腐蚀、耐有机溶剂的材质。

④ 实验室所有地漏均应带水封；化验台、通风柜的排水管应设水封；不同作用的实验室的水封不能共用。

（3）给排水设计注意事项

① 给排水系统应与实验室模块相符合，合理布局，便于维修，避免交叉。

a. 不应布置在遇水分解、引起燃烧、爆炸或损坏的物品旁。

b. 不应穿过仪器分析室以及对温度、湿度要求严格的物性检验室和天平室等房间。

c. 配电室及其上层不应有给排水管道穿过。

② 实验室的给排水系统应设计科学，保证饮用水源不受污染，若实验用水与饮用水的水源不一，则应将饮用水与实验用水的水龙头分别注明，以免混淆。

③ 根据当地气候条件，必要时需对给排水管道做好保温工作。

④ 实验室应设有备用水源，在公共自来水供水不足或停止时，备用水源保证仪器用水、洗眼器等必要用水的正常供给。

⑤ 实验室内部各用水点的位置必须科学定位并提前敷设，尽量把用水点设在靠墙位置，方便下水点的设置及满足未来改造的需要。

（4）采暖

① 位于累年日平均温度稳定低于或等于5℃的日数大于90天的地区，应设置集中采暖。

② 集中采暖，采暖管道宜采用无缝钢管，并宜明装。

③ 采暖管道不应穿过与之接触能引起燃烧或爆炸的危险物质的房间，宜避免穿越风机室，穿越分析房间的采暖管道应采取必要的密封措施。

④ 散发腐蚀性气体的房间，采暖设施应加强防腐措施。

（5）消防

① 实验室应设置消防水专用管道，确保消防栓用水的正常供给。

②室内消火栓设置在清洁区内，给水管道入口通常应设置洁净区，采用上行下给式给水管网，以免扩散污染。

③ 室内消火栓应设置在楼梯间及其休息平台和走道等明显易于取用，以及便于火灾扑救的位置。

④ 消防给水及相关技术规范应符合 GB 50974 规定的要求。

三、实验室供电系统

1. 范围

适用于实验室电气、信息管理系统、电子安全防范监控等设计参照。

2. 电控设计

(1) 电气

① 实验室应设置 220V、380V 配电室。

② 动力、照明、电信线路应分别配线并宜在暗处。

③ 每间分析房间均宜设动力配电箱；每个实验台应设置电源插座箱。动力配电箱、电源插座箱的进线开关应设带漏电保护的开关，插座设置应远离水源和易燃易爆气体。

④ 实验室所有用电仪器，均应有安全接地措施。

⑤ 钢瓶间、试剂库、产生易燃易爆介质分析房间及样品储存房间的开关、插座、灯具应防爆，其配电线路穿越隔墙处，应隔离密封。

⑥ 在确定化验室设备用电负荷时，应按照设备的同时使用系数考虑。一般给大功率仪器单独设一条线路，微电子仪器与大功率用电器不能共接一条线路。

⑦ 分析房间照明宜采用荧光照明，一般分析房间最低照度宜不低于 200lx，天平室、滴定及比色的工作场所最低照度宜为 300lx。通风柜内也应设置照明灯具。

⑧ 对于需要不间断供电的精密仪器，应配稳压的 UPS 电源。

⑨ 化学实验室若有腐蚀性气体，配电导线采用铜芯。物理实验室可以采用铝芯导线。

⑩ 实验室应设置应急照明、疏散照明。

(2) 电信及信息管理系统设计

① 实验室应配备行政电话、生产调度电话。

② 实验室宜设置化验室信息管理系统（LIMS），分析化验的数据处理及管理实现网络化，并与主网络联网。

③ 当实验室设置化验室信息管理系统（LIMS）时，应在实验区和办公区设置网络数据接口，其数量应满足各类仪器需要。

④ 化验室信息管理系统（LIMS）宜配备不间断电源。

(3) 电子安全防范设计

① 化验分析操作中可能散发可燃气体或蒸汽的岗位，应安装可燃气体检测报警器；操作中有可能散发有害气体的岗位，可安装有毒气体检测报警器。

② 使用氢气、乙炔气等可燃易爆气体管道的房间应设可燃气体检测报警器。

③ 设置安全防范电视监控系统，对重要分析室、功能室等出入口进行电视监控。

四、实验室供气系统

1. 范围

适用于实验室供气管道、钢瓶等设计参照。

2. 实验室供气

(1) 分散供气　即将气瓶或气体发生器分别放在各个仪器分析室，优点是使用方便、节约用气、投资少；但由于气瓶接近实验人员，安全性欠佳，一般要求采用防爆气瓶柜，并带报警功能与排风功能。报警器分为可燃性气体报警器及非可燃性气体报警器。气瓶柜应设有气瓶安全提示标志和气瓶安全固定装置。

（2）集中供气　即将各种实验分析仪器需要使用的各类气体钢瓶，全部放置在实验室以外独立的气瓶间内进行集中管理，各类气体从气瓶间以管道形式，按照不同实验仪器的用气要求输送到每个实验室不同的实验仪器上。整套系统包括气源集合压力控制部分（汇流排）、输气管线部分（EP级不锈钢管）、二次调压分流部分（功能柱）以及与仪器连接的终端部分（接头、截止阀）。整套系统要求具有良好的气密性、高洁净度、耐用性和安全可靠性，能满足对各类气体不间断连续使用的要求，并且在使用过程中可根据实验仪器工作条件对整体或局部气体压力、流量进行全量程调整，以满足不同的实验条件的要求。集中供气可实现气源集中管理，远离实验室，保障实验人员的安全。但气管道长，导致浪费气体，开启或关闭气源要到气瓶间，使用欠方便。

3. 气体管道设计规范

（1）氢气、氧气以及引入实验室的各种气体管道支管宜明敷。

（2）穿过实验室墙体或楼板的气体管道应敷在预埋套管内，套管内的管段不应有焊缝。管道与套管之间应采用非燃烧材料严密封堵。

（3）氢气、氧气、乙炔气、氮气、氩气等气体管道的末端和最高点宜设放空管。放空管应高出层顶2m以上，并应设在防雷保护区内。气体管道上还应设取样口和吹扫口。放空管、取样口和吹扫口的位置应能满足管道内气体吹扫置换的要求。

（4）氢气、氧气等气体管道应有导除静电的接地装置。有接地要求的气体管道其接地和跨接措施应按国家现行有关规定执行。

① 输送干燥气体的管道宜水平安装，输送潮湿气体的管道应设不小于0.3%的坡度，坡向冷凝液体收集器。

② 氧气管道与其他气体管道可同架敷设，其间距不得小于0.25m，氧气管道应处于除氢气管道外的其他气体管道之上。

③ 氢气管道与其他可燃气体管道平行敷设时，其间距不应小于0.50m；交叉敷设时其间距不应小于0.25m。分层敷设时，氢气管道应位于上方。室内氢气管不应敷设在地沟内或直接埋地，不得穿过不使用氢气的房间。

④ 气体管道不得和电缆、导电线路同架敷设。

（5）气体管道宜采用无缝钢管。气体纯度大于或等于99.99%的气体管道宜采用不锈钢管、铜管或无缝钢管。

（6）管道与设备的连接宜采用金属管道，如为非金属软管宜采用聚四氟乙烯管、聚氯乙烯管，不得采用乳胶管。

（7）阀门与附件的材质　对氢气管道不得采用铜质材料，其他气体管道可采用铜、碳钢和可锻铸铁等材料。氢气、氧气管道所用管件和仪表应是适用于该介质的专用产品，不得代用。

（8）阀门与氧气接触部分应采用非燃烧材料。

（9）气体管道中的法兰垫片，其材质应依管内输送的介质确定。

（10）气体管道的连接应采用焊接或法兰连接等形式，氢气管道不得用螺纹连接，高纯气体管道应采用承插焊接。

（11）各种气体管道应设置明显标志。

4. 气瓶间气瓶的安全规范

（1）气瓶应专瓶专用，不能随意改装其他种类的气体。

(2) 气瓶室严禁靠近火源、热源、有腐蚀性的环境。

(3) 气瓶室必须使用防爆开关和灯具，周围禁止动用明火。

(4) 气瓶室应有通风设备，保持阴凉，气瓶室顶部应留有泄流孔，防止氢气的聚集。

(5) 空瓶与满瓶分区放置。气瓶室内的易燃易爆气瓶应该与助燃气瓶隔离。

(6) 瓶阀、接管螺丝和减压阀等附件完好齐全，无漏气、滑丝、表针松动等危险情况，各种气压表一般不得混用。

(7) 气瓶在储存、使用时必须直立放置，工作地点不固定且移动较频繁时，应固定在专用手推车上，防止倾倒，严禁卧放使用。

(8) 气瓶严禁靠近火源、热源和电气设备，与明火距离不少于15m，氧气瓶和乙炔气瓶等易燃易爆气体同时使用时，不能放在一起。

(9) 使用后的空瓶，应移至空瓶存放区，在空瓶区应进行标示，严禁空瓶与满瓶混存。

(10) 气瓶中气体不可用尽，必须保留一定余压。

(11) 气瓶应定期检验，不得超期使用，如氧气瓶、乙炔气瓶、氩气瓶、氮气瓶等，一般检验周期为5年。

(12) 气瓶应放在主体建筑物之外的气瓶存放间。对日用气量不超过一瓶的气体，实验室内可放置一个该种气体的气瓶，但气瓶应有安全防护设施。

(13) 氢气和氮气的气瓶存放间应有每小时不小于三次换气的通风设施。

五、实验室通风系统

1. 范围

适用于实验室通风及空气调节设计参照。

2. 实验室环境要求

(1) 一般分析房间内的温度：冬季为18～24℃，夏季22～28℃。相对湿度：冬季为30%～60%，夏季为40%～70%。

(2) 对室内温度、湿度及洁净度有特殊要求的分析仪器房间，应设置空气调节设施，室内空气的温度、湿度应符合仪器生产商提出的要求。

3. 空调系统

(1) 实验室空调除对温、湿度需严格控制外，需要足够的通风量处理烟尘、异味、空气中污物，满足排风设备通风以及实验室内热负荷要求。

(2) 实验室之间的气流不能交叉污染，实验区的气流不能流向办公区等。按布置方式可分为以下类型。

① 分散型　适用于实验室间没有特别压差或洁净度要求的普通实验室，常见于投资少、规模小的实验室。

② 集中型　适用于大楼内的大型办公区，但不推荐用于实验区与办公区同时使用的综合区域。

③ 局部集中型　综合分散型和集中型空调的优点，广泛应用于实验室建筑。

(3) 对于排毒较多的理化实验室，为了达到节能的目的，除了通风系统采用VAV控制系统外，还需要合理设置空调系统的补风系统，并应根据需要，对补风进行加热或冷却处理；补风口应布置合理，补风气流不应影响排风装置的排风效果，补风系统应与排风系统实行电气连锁控制。

4. 通风系统

(1) 产生较多有毒、异味、有腐蚀性或易爆的气体、粉尘等物质的分析应在通风柜内进行，对于产生有腐蚀性气体的实验室，风管应采用耐腐蚀的 PVC 风管或玻璃钢风管。

(2) 散发少量有毒有异味气体的分析房间，当不设通风柜时，宜设轴流风机或排气罩对外排气。

(3) 排出气体性质相同或相近的几个通风柜，可合用一个排风系统；同一排风系统每台通风柜应与该系统排风机实行电气连锁控制。

(4) 排出含有浓度较高的爆炸危险性物质的通风柜，应采用防爆风机。当排出的气体含有极度危害、高度危害物质或极难闻气味物质且浓度超过规定的允许排放标准时，应采取净化处理措施，排放口高度应符合国家相关规定。

(5) 风机宜集中布置且应有减振措施，风机应选用低噪声风机（小于 55dB）。

(6) 通风柜的选型与布置应符合以下规定：

① 宜采用常风型通风柜，在散发比空气重的有毒气体房间内宜采用下侧抽风式通风柜。

② 宜布置在分析房间内气流稳定的区域。

(7) 钢瓶间宜采用自然通风。

第二节 实验室环保

1. 范围

适用于实验室的环保管理工作参照。

2. 要求

在设计实验室时要充分考虑实验涉及的化学品与产生的污染物，尽可能地做到零排放，不污染环境。不得因检测工作而影响环境和健康，正确配置相应的设施和设备，确保检测过程中产生的废气、废液、粉尘、噪声、固体废弃物等得到合理合规的处置，处置的效果应符合环保要求，并做好相应的记录。超出实验室处置范围的，必须委托其他有处置资格的单位进行处理，外委处置要有合同、有记录，特别是对危险废弃物的处置更应严格落实。

3. 实验室“三废”处理

通常，从实验室排出的“三废”，虽然与工业“三废”相比在数量上是很少的，但是，由于其种类多，加上组成经常变化，最好不要集中处理，而由各分析室根据废弃物的性质，分别加以处理。严禁把废气、废液、废渣和废弃化学品等污染物直接向外界排放。在保证实验效果的前提下，尽量采用无毒害、无污染或低毒害、低污染的试剂替代毒性较强的试剂，在一些特定实验要用到高毒性药品时，一定要用封闭的收集桶收集废液，全面推行绿色科学、清洁实验。

(1) 废水

① 废水的组成与危害　实验室产生的废水包括多余的样品、标准曲线及样品分析残液、失效的贮藏液和洗液、大量洗涤水等。包括最常见的有机物、重金属离子等及相对少见的氰化物、各种残留等。在废水排入地面水中时，要按排放要求来确定处理程度，同时应结合水体的自净能力，通常根据有害物质和溶解氧的指标来确定水体的容许负荷，即排入水体的容许浓度。

② 水污染防治要求

a. 禁止向水体排放油类、酸类、碱液或者剧毒废液。

b. 禁止将含有砷、铬等可溶性剧毒废渣向水体排放、倾倒或直接埋入地下。

c. 禁止利用渗井、渗坑、裂隙和溶洞排放、倾倒含有毒污染物的废水和其他废弃物。

d. 其他的可按照国家有关规定执行。

③ 废水的处理方法 一般有物理法、化学法、生物法。物理法主要利用物理作用以分离废水中的悬浮物；化学法主要利用化学反应来处理废水中的溶解物质或胶体物质；生物法是去除废水中的胶体和有机物质。上述三种基本处理方法各有其特点和适用条件。

a. 对酸性废水的处理 利用碱性废水进行中和，使混合废水 pH 值接近中性；在酸性废水中投加中和剂；酸性废水通过碱性滤层过滤中和。

b. 对碱性废水的处理 利用酸性废水进行中和；在碱性物质中投放酸性中和剂；可向碱性废水中鼓入烟道废气；利用水中二氧化碳中和碱性废水。

c. 对综合废液的处理 采用“水质均化＋中和过滤→中和混凝→置换内电解→生物吸附池→沉淀池和清水池”工艺进行处理。

d. 对实验室特殊废水的处理

(a) 含砷废液的处理 碱性条件下，加氯化亚铁处理。

(b) 含六价铬废液的处理 在酸性条件下加硫酸亚铁使之还原为三价铬，再加入氢氧化钠至沉淀出现。

e. 普通工业废水、生活污水类作废样品应经稀释至安全浓度后排入固定的下水道。

f. 实验室分析用的过期作废的一般化学试剂集中分类处理；受铅、镉等重金属类、砷化物等非金属类和苯系物等有机物类剧毒物质严重污染的液体形态样品，作废后要及时进行固定处理，分类收集；有机类试剂不得随意丢弃，要分类收集。

(2) 废气

① 废气的组成与危害 实验室空气污染物主要包括有机气体和无机气体两大类。有机气体包括四氯化碳、甲烷、乙醚、苯等。无机气体包括一氧化氮、二氧化氮、硫化氢、二氧化硫等。

② 大气污染防治要求

a. 新建、扩建、改建向大气排放污染物的建设项目必须遵守国家有关建设项目环境保护管理规定，必须对建设项目可能产生的大气污染和对生态环境的影响作出评价，规定防治措施。项目投入使用前，其大气污染防治设施必须经过环保行政主管部门验收。

b. 严格限制向大气排放含有毒物质的废气和粉尘；确需排放的，必须经过净化处理，不超过规定的排放标准。

c. 向大气排放恶臭气体的排污单位，必须采取措施防止居民区受到污染。

d. 向大气排放污染物的，其浓度不得超过国家和地方规定的排放标准。

③ 废气的处理方法

a. 湿法废气处理 采用酸雾进化塔进行处理，适用于净化氯化氢气体、氟化氢气体、氨气、硫酸雾、硫化氢气体、低浓度的 NO_x 废气等水溶性气体。

b. 干法废气处理 指气体混合物与多孔性固体接触时，利用固体表面存在的未平衡的分子引力或者化学键力，把混合物中某一组分或某些组分吸附在固体表面上的过程。

(3) 固体废弃物

① 固体废弃物的组成与危害 实验室产生的固体废物包括多余样品、分析产物、消耗或破损的实验用品、残留或失效的化学试剂等。这些固体废物成分复杂，涵盖各类化学、生物污染物，尤其是不少过期失效的化学试剂，处理不慎，很容易导致严重的污染事故。

② 固体废弃物污染防治要求

a. 当产生固体废物时，应当采取措施，防止或者减少固体废物对环境的污染，按相关规定处置。

b. 对不能利用或暂时不利用的固体废物，必须按照相关规定建设存贮或者处理的设施、场所。

c. 产生危险废物的单位，必须按国家相关规定处置。

d. 对危险废物的容器和包装物以及收集、贮存、运输、处置危险废物的设施、场所、必须设置危险废物识别标志。

e. 转移危险废物的，必须按照国家有关规定填写危险废物转移单，并向危险废物移出地和接受地的县级以上地方人民政府环保部门报告。

③ 固体废弃物的处理方法　为防止实验室的污染扩散，对实验室固体废物的一般处理原则为分类收集、存放、处理。尽可能采用废物回收以及固化、焚烧处理，在实际工作中选择合适的方法进行检测，尽可能减少废物量、减少污染。废弃物排放应符合国家有关环境排放标准。

（4）安全处理措施

① 处理实验室废弃物时，应配备专用的防护眼罩、手套和工作服。

② 在通风柜内倾倒会释放出烟和蒸汽的废液，每次倾倒废弃物之后立刻盖紧容器。

③ 在特殊情况下于通风柜外处理废弃物时，操作人员必须带上具有过滤功能的防毒面具。

第三节　实验室安全与职业安全健康

1. 范围

适用于实验室安全与职业安全健康管理工作参照。

2. 要求

实验室安全防护系统是保证实验室安全的前提条件，是为了将实验室潜在的职业危险降至最低，以创造健康安全的工作环境。保护对象包括人员的安全、样品的安全、仪器的安全、运行系统的安全及环境的安全。

3. 实验室安全防护一般规定

（1）实验建筑底层的门、窗宜采取安全防盗措施。

（2）有毒有害、放射性物质贮存场所应设置防盗门、防盗窗及报警装置等设施。

（3）对限制人员进入的实验区应在其明显部位或门上设置警告装置或标志，对放射源的贮存室除应设置警告装置或标志外，还应设有防火、防盗及报警装置等设施。

（4）有贵重仪器设备的实验室的隔墙应采用耐火极限不低于1h的非燃烧体。

（5）由一个以上标准单元组成的通用实验室的安全出口不宜少于两个。

（6）易发生火灾、爆炸、化学品伤害等事故的实验室的门宜向疏散方向开启。

（7）凡进行对人体有害气体、蒸汽、烟雾、挥发物质等实验工作的实验室，应设置排毒柜，具有良好的通风。

（8）含汞的实验室应设置特制的排毒柜，该类实验室的地面、楼面、墙面、天花板、实验台、门、窗等均应采用不开裂、不吸附、不渗漏的材料，并应设有集汞槽、沟、瓶等设施，地面、楼面应有不小于1%的坡度，地沟、地漏应具有收集散失汞的功能，室内下部应设排风口。

（9）凡经常使用强酸、强碱，有化学品烧伤危险的实验室，在出口附近宜设置紧急喷淋器及紧急洗眼器，紧急喷淋器及紧急洗眼器的给水管须配置过滤系统，以保证水质的洁净。

（10）必须存放少量日常使用的化学危险品的实验室，应设置24h持续通风的专用化学品储存柜或排毒柜。

（11）所有弱电机房及弱电竖井均就近与强电接地系统相连，作为局部等电位。接电电阻不大于1Ω，所有弱电系统进出建筑物缆线均应加保护器。

（12）对于空调设备、真空泵、给排水设备、空气压缩机等产生高分贝噪声的设备，应集中在一个可控的公共区域内存放，并适当增加隔音设施。

4. 实验室消防

（1）实验室消防系统应采用给水系统与干冰系统相结合的方式。室内消防给水系统包括普通消防系统、自动喷洒消防给水系统和水幕消防给水系统等。实验楼、库房等建筑物在必要时应设立室外消防给水系统，由室外消防给水管道、室外消火栓、消防水泵等组成，应对距消火栓以及消防水池最近处的消防泵进行试压实验。

（2）仪器室不能用喷水灭火，避免喷水损坏仪器，应采用干冰灭火。灭火器设于走廊内，每个消火栓的控制保护范围15m。

（3）消防栓通风管道经过防火分区的地方，无论是墙面还是结构楼层，都应配防火闸，防火闸启动后必须可以复位。

（4）风量小于$7m^3/s$的空调机组、统一防火分区的空调机组以及满布喷淋的建筑无需设风管烟气探测。风管烟气探测为光电式，应与大楼火灾报警系统联动，以实现同时调控空调机组。

（5）每个实验室模块均应设热感或烟感火警探头，与中央火警系统连接，配声光报警，最好与当地消防机构联网，消防人员可根据声光报警的信号及时找到火警的位置并马上作出反应，以保证安全。

5. 其他

（1）要牢固树立“安全第一”的思想，切实抓好安全教育，落实安全防范措施，并定期检查水、电、气及防火、防盗等设施情况。

（2）分析操作人员必须加强安全意识，懂得测试样品及各种化学试剂物品的理化性质，掌握有关测试仪器、分析装置与电气设备的原理、性能及使用方法；定期做好培训工作，掌握化学安全、消防安全操作及有关有毒有害危险品相关知识、防护、救护和安全用电等知识。

第四节　实验室用药品药剂

1. 范围

适用于规范实验室药品药剂管理的参考。

2. 要求

实验室药品药剂品种繁多，大多数具有一定的毒性及危险性，应对其加强管理，保证分析数据质量和实验室安全。

3. 化学药品药剂的贮存

（1）危险化学品存放房间应选择朝北向，避免阳光直射，室内设有温度计和湿度计，防潮、通风，有防盗门窗；电源和照明应符合防火、防爆要求，并配有防火器材。

（2）贮存化学危险品的建筑应有避雷设备；安装通风设备，通风管应采用非燃烧材料制作，通风管道不宜穿过防火墙，如必须穿过时应用非燃烧材料分隔。通排风系统应设有导出静电的接地装置，热水采暖不应超过80℃，不得使用蒸汽采暖和机械采暖，采暖管道和设备的保温材料，必须采用非燃烧材料。

（3）化学药品存放时，一般无机物可按酸、碱、盐分类；有机物可按官能团分类；另外还可按应用基准物、指示剂、色谱固定液等进行分类。

① 爆炸物品不准和其他类物品同贮。

② 压缩气体和液化气体应与易燃易爆、腐蚀性等物品隔离；易燃气体不得与助燃气体、剧毒气体同贮；氧气不得与油脂混合贮存；易燃液体、遇湿易燃物品、易燃固体不得与氧化剂混合贮存；氧化剂应单独存放。

③ 如受光易变质的应装在避光容器内；易挥发、溶解的，要密封；长期不用的，应蜡封；装碱的玻璃瓶不能用玻璃塞等。

(4) 存放药品要专人管理，建立必要的出入记录；所有药品应有明显的标识，对字迹不清楚的标签要及时更换，过期失效和没有标签的药品不准使用，并要进行妥善处理。

4. 其他实验室物品的管理

除精密仪器外可以把其他实验物品分为三类：低值品、易耗品和材料。材料一般指消耗品，如金属、非金属原材料、试剂等；易耗品指玻璃仪器、元器件等；低值品则指价格不够固定资产标准又不属于材料范围的用品，如电表、工具等。这些物品使用频率高，流动性大，要建立必要的账目，分类别存放。有腐蚀性蒸气的物质勿与精密仪器置于同一室中。

5. 化学药品药剂的使用

(1) 使用化学试剂前应检查试剂的外观、生产日期，不得使用失效的试剂。如怀疑有变质可能时，应经检验合格后方可使用。使用中要注意保护瓶上的标签，如有脱落应及时贴好，如有损毁则应照原样补全并贴牢。

(2) 开启易挥发液体试剂之前，先将试剂瓶放在自来水中冷却几分钟，开启时瓶口切勿对人，最好在通风橱内进行。

(3) 严禁化学物品入口，严禁试验器皿作食具。进行嗅味鉴别时，不可直接用鼻子对着瓶口闻，应用手轻轻在瓶口扇动，离开瓶口闻挥发的气味。

(4) 领用液体试剂只准倾出使用，不得在试剂瓶中直接吸取，倒出的试剂不得再倾回原瓶中。倾倒液体试剂时应使瓶签朝向虎口，以免淌下的试剂沾污或腐蚀标签。

(5) 取用固体试剂时应遵守“只出不回，量用为出”的原则，倾出的试剂有余量者不得倒回原瓶。所用牛角匙应清洁干燥，不允许一匙多用。

(6) 用水稀释浓酸时，应在耐热耐酸的容器中进行，将浓硫酸慢慢倒入水中，并不断搅拌以防酸液溅出，切不可将水倒入浓硫酸中。溶解碱时，应在耐热耐碱的容器内进行，并不断搅拌至完全溶解。

第五节 实验室通用分析准则

一、化工产品采样总则

1. 范围

适用于化工产品采样。

2. 采样要求

按 GB/T 6678 的规定。

二、固体化工产品采样通则

1. 范围

适用于固体化工产品的采样。不适用于气体中的固体悬浮物和浆状物的采样。

2. 固体化工产品采样

按 GB/T 6679 规定的方法。

三、液体化工产品采样通则

1. 范围

适用于温度不超过 100℃，压力为常压或接近常压的液体化工产品。不适用于在产品标准中有特殊要求液体产品的采样。

2. 液体化工产品采样

按 GB/T 6680 规定的方法。

四、气体化工产品采样通则

1. 范围

适用于气体、液化气体化工产品采样。

2. 气体化工产品采样

按 GB/T 6681 规定的方法。

五、分析实验室用水规格和实验方法

1. 范围

适用于化学分析和无机痕量分析等试验用水。可根据实际工作需要选用不同级别的水。

2. 分析实验室用水规格和试验方法

按 GB/T 6682 规定的方法。

六、化学试剂标准滴定溶液的制备

1. 范围

适用于以滴定法测定化学试剂纯度及杂质含量的标准滴定溶液配制和标定。其他领域也可选用。

2. 标准滴定溶液的制备

按 GB/T 601 规定的方法。

七、化学试剂杂质测定用标准溶液的制备

1. 范围

适用于制备单位容积内含有准确数量物质（元素、离子或分子）的溶液，适用于化学试剂中杂质的测定，也可供其他行业选用。

2. 杂质测定用标准溶液的制备

按 GB/T 602 规定的方法。

八、化学试剂试验方法中所用制剂及制品的制备

1. 范围

适用于化学试剂分析中所需制剂及制品的制备，也可供其他行业选用。

2. 制剂及制品的制备

按 GB/T 603 规定的方法。

九、气相色谱仪测试用标准色谱柱

1. 范围

适用于气相色谱仪测试用标准色谱柱。

2. 气相色谱仪测试用标准色谱柱

按 GB/T 30430 规定的方法。

十、液相色谱仪测试用标准色谱柱

1. 范围

适用于高效液相色谱仪测试用标准色谱柱。

2. 液相色谱仪测试用标准色谱柱

按 GB/T 30433 规定的方法。

十一、数值修约规则与极限数值的表示和判定

1. 范围

适用于科学技术与生产活动中测试和计算得出的各种数值。当所得数值需要修约时，应按本标准给出的规则进行。适用于各种标准或其他技术规范的编写和对测试结果的判定。

2. 数值修约规则

按 GB/T 8170 规定的方法。

第十四章 危险化学品安全常识

一、硫酸

1. 化学品标识

（1）中文名称　硫酸。

（2）英文名称　sulfuric acid。

（3）分子式　H_2SO_4。

（4）相对分子质量　98.08。

（5）CAS 号　7664-93-9。

（6）化学品的推荐及限制用途　用于生产化学肥料，在化工、医药、塑料、染料、石油提炼等工业也有广泛的应用。

2. 成分/组成信息

组分：硫酸。

3. 危险性概述

（1）紧急情况概述　造成严重的皮肤灼伤和眼损伤。

（2）GHS 危险性类别　皮肤腐蚀/刺激，类别 1A；严重眼损伤/眼刺激，类别 1；危害水生环境-急性危害，类别 3。

（3）危险性说明　造成严重的皮肤灼伤和眼损伤，对水生生物有害。

（4）防范说明

① 预防措施　避免吸入烟雾。避免接触眼睛、皮肤，操作后彻底清洗。戴防护手套，穿防护服，戴防护眼镜、防护面罩。禁止排入环境。

② 事故响应　如吸入：将患者转移到空气新鲜处，休息，保持利于呼吸的体位。立即呼叫中毒控制中心或就医。皮肤（或头发）接触：立即脱掉所有被污染的衣服，用水冲洗皮肤、淋浴。污染的衣服须洗净后方可重新使用。接触眼睛：用水细心冲洗数分钟。如戴隐形眼镜并可方便地取出，取出隐形眼镜继续冲洗。食入：漱口。不要催吐。

③ 安全储存　上锁保管。

④ 废弃处置　本品及内装物、容器依据国家和地方法规处置。

（5）物理和化学危险　不燃，无特殊燃爆特性。浓硫酸与可燃物接触易着火燃烧。

（6）健康危害　对皮肤、黏膜等组织有强烈的刺激和腐蚀作用。蒸气或雾可引起结膜炎、结膜水肿、角膜混浊，以致失明；可引起呼吸道刺激，重者发生呼吸困难和肺水肿；高浓度可引起喉痉挛或声门水肿而窒息死亡。口服后可引起消化道灼伤以致溃疡形成；严重者可能有胃穿孔、腹膜炎、肾损害、休克等。皮肤灼伤轻者出现红斑、重者形成溃疡，愈后瘢痕收缩影响功能。溅入眼内可造成灼伤，甚至角膜穿孔、全眼炎以至失明。慢性影响：牙齿酸蚀症、慢性支气管炎、肺气肿和肺硬化。

（7）环境危害　对水生生物有害。

4. 急救措施

（1）吸入　迅速脱离现场至空气新鲜处。保持呼吸道通畅。如呼吸困难，给输氧。如呼吸、心跳停止，立即进行心肺复苏术。就医。

(2) 皮肤接触　立即脱去污染的衣物，用大量流动清水彻底冲洗至少15min。就医。

(3) 眼睛接触　立即分开眼睑，用流动清水或生理盐水彻底冲洗5～10min。就医。

(4) 食入　用水漱口，禁止催吐。给饮牛奶或蛋清。就医。

(5) 对保护施救者的忠告　根据需要使用个人防护设备。

(6) 对医生的特别提示　对症处理。

5. 消防措施

(1) 灭火剂　本品不燃。根据着火原因选择适当灭火剂灭火。

(2) 特别危险性　遇水大量放热，可发生沸溅。与易燃物（如苯）和可燃物（如糖、纤维素等）接触会发生剧烈反应，甚至引起燃烧。遇电石、高氯酸盐、雷酸盐、硝酸盐、苦味酸盐、金属粉末等发生猛烈反应，引起爆炸或燃烧。有强烈的腐蚀性和吸水性。

(3) 灭火注意事项及防护措施　消防人员必须穿全身耐酸碱消防服、佩戴空气呼吸器灭火。尽可能将容器从火场移至空旷处。喷水保持火场容器冷却，直至灭火结束。避免水流冲击物品，以免遇水会放出大量热量发生喷溅而灼伤皮肤。

6. 泄漏应急处理

(1) 作业人员防护措施、防护装备和应急处置程序　根据液体流动和蒸气扩散的影响区域划定警戒区，无关人员从侧风、上风向撤离至安全区。建议应急处理人员戴正压自给式呼吸器，穿防酸碱服，戴橡胶耐酸碱手套。穿上适当的防护服前严禁接触破裂的容器和泄漏物。尽可能切断泄漏源。勿使泄漏物与可燃物质（如木材、纸、油等）接触。

(2) 环境保护措施　防止泄漏物进入水体、下水道、地下室或有限空间。

(3) 泄漏化学品的收容、清除方法及所使用的处置材料

① 小量泄漏　用干燥的砂土或其他不燃材料覆盖泄漏物，用洁净的无火花工具收集泄漏物，置于一盖子较松的塑料容器中，待处置。

② 大量泄漏　构筑围堤或挖坑收容。用砂土、惰性物质或蛭石吸收大量液体。用石灰(CaO)、碎石灰石（$CaCO_3$）或碳酸氢钠（$NaHCO_3$）中和。用耐腐蚀泵转移至槽车或专用收集器内。

7. 操作处置与储存

(1) 操作注意事项　密闭操作，注意通风。操作尽可能机械化、自动化。操作人员必须经过专门培训，严格遵守操作规程。建议操作人员佩戴自吸过滤式防毒面具（全面罩），穿橡胶耐酸碱服，戴橡胶耐酸碱手套。远离火种、热源。工作场所严禁吸烟。远离易燃、可燃物。防止蒸气泄漏到工作场所空气中。避免与还原剂、碱类、碱金属接触。搬运时要轻装轻卸，防止包装及容器损坏。配备相应品种和数量的消防器材及泄漏应急处理设备。倒空的容器可能残留有害物。稀释或制备溶液时，应把酸加入水中，避免沸腾和飞溅。

(2) 储存注意事项　储存于阴凉、通风的库房。保持容器密封。应与易（可）燃物、还原剂、碱类、碱金属、食用化学品分开存放，切忌混储。储区应备有泄漏应急处理设备和合适的收容材料。

8. 理化特性

(1) 外观与性状　纯品为无色透明油状液体，无臭。

(2) 熔点（℃）　10～10.49。

(3) 沸点（℃）　330。

(4) 相对密度（水=1）　1.84。

(5) 相对蒸气密度（空气=1）　3.4。

(6) 饱和蒸气压（kPa）　0.13（145.8℃）。

(7) 临界压力（MPa）　6.4。

(8) 辛醇/水分配系数　−2.2。

(9) 黏度（mPa·s）　21（25℃）。

(10) 溶解性　与水、乙醇混溶。

9. 稳定性和反应性

(1) 稳定性　稳定。

(2) 危险反应　与易燃或可燃物、电石、高氯酸盐、金属粉末等发生剧烈反应，有发生火。

(3) 避免接触的条件　水。

(4) 禁配物　碱类、强还原剂、易燃或可燃物、电石、高氯酸盐、雷酸盐、硝酸盐、苦味酸盐、金属粉末等。

(5) 危险的分解产物　氧化硫。

10. 废弃处置

(1) 废弃化学品　缓慢加入碱液（石灰水）中，并不断搅拌，反应停止后，用大量水冲入废水系统。

(2) 污染包装物　将容器返还生产商或按照国家和地方法规处置。

(3) 废弃注意事项　处置前应参阅国家或地方有关法规。

11. 运输信息

(1) 联合国危险货物编号（UN号）　1830（>51%）；2796（≤51%）。

(2) 联合国运输名称　硫酸。

(3) 联合国危险性类别　8。

(4) 包装类别　Ⅱ类包装。

(5) 运输注意事项　本品铁路运输时限使用钢制企业自备罐车装运，装运前需报有关部门批准。铁路非罐装运输时应严格按照《危险货物运输规则》中的危险货物配装表进行配装。起运时包装要完整，装载应稳妥。运输过程中要确保容器不泄漏、不倒塌、不坠落、不损坏。严禁与易燃物或可燃物、还原剂、碱类、碱金属、食用化学品等混装混运。运输时运输车辆应配备泄漏应急处理设备。运输途中应防曝晒、雨淋，防高温。公路运输时要按规定路线行驶，勿在居民区和人口稠密区停留。本品属第三类易制毒化学品，托运时，须持有运出地县级人民政府发给的备案证明。

二、盐酸

1. 化学品标识

(1) 中文名称　盐酸；氢氯酸。

(2) 英文名称　hydrochloric acid；chlorohydric acid；muriatic acid。

(3) 分子式　HCl。

(4) 相对分子质量　36.46。

(5) CAS号　7647-01-0。

(6) 化学品的推荐及限制用途　重要的无机化工原料，广泛用于染料、医药、食品、印染、皮革、冶金等行业。

2. 成分/组成信息

组分：氯化氢。

3. 危险性概述

（1）紧急情况概述　造成严重的皮肤灼伤或眼损伤。

（2）GHS危险性类别　皮肤腐蚀/刺激，类别1B；严重眼损伤/眼刺激，类别1；特异性靶器官毒性-一次接触，类别3（呼吸道刺激）；危害水生环境-急性危害，类别2。

（3）危险性说明　造成严重的皮肤灼伤和眼损伤，造成严重眼损伤，可能引起呼吸道刺激，对水生生物有毒。

（4）防范说明

① 预防措施　避免吸入烟雾。避免接触眼睛、皮肤，操作后彻底清洗。戴防护手套，穿防护服，戴防护眼镜、防护面罩。禁止排入环境。

② 事故响应　如吸入：将患者转移到空气新鲜处，休息，保持利于呼吸的体位。立即呼叫中毒控制中心或就医。皮肤（或头发）接触：立即脱掉所有被污染的衣服，用水冲洗皮肤，淋浴。污染的衣服须洗净后方可重新使用。接触眼睛：用水细心冲洗数分钟。如戴隐形眼镜并可方便地取出，则取出隐形眼镜继续冲洗。食入：漱口，不要催吐。

③ 安全储存　上锁保管。

④ 废弃处置　本品及内装物、容器依据国家和地方法规处置。

（5）物理和化学危险　不燃，无特殊燃爆特性。

（6）健康危害　接触其蒸气或雾，可引起急性中毒，出现眼结膜炎，鼻及口腔黏膜有烧灼感，鼻衄，齿龈出血，气管炎等。误服可引起消化道灼伤、溃疡形成，有可能引起胃穿孔、腹膜炎等。眼和皮肤接触可致灼伤。慢性影响：长期接触，引起慢性鼻炎、慢性支气管炎、牙齿酸蚀症及皮肤损害。

（7）环境危害　对水生生物有毒。

4. 急救措施

（1）吸入　迅速脱离现场至空气新鲜处。保持呼吸道通畅。如呼吸困难，给输氧。如呼吸、心跳停止，立即进行心肺复苏术，就医。

（2）皮肤接触　立即脱去污染的衣着，用大量流动清水彻底冲洗至少15min。就医。

（3）眼睛接触　立即分开眼睑，用流动清水或生理盐水彻底冲洗5～10min。就医。

（4）食入　用水漱口，禁止催吐。给饮牛奶或蛋清。就医。

（5）对保护施救者的忠告　根据需要使用个人防护设备。

（6）对医生的特别提示　对症处理。

5. 消防措施

（1）灭火剂　本品不燃。根据着火原因选择适当灭火剂灭火。

（2）特别危险性　能与一些活性金属粉末发生反应，放出氢气。遇氰化物能产生剧毒的氰化氢气体。与碱发生中和反应，并放出大量的热。具有较强的腐蚀性。

（3）灭火注意事项及防护措施　消防人员必须穿全身耐酸碱消防服、佩戴空气呼吸器灭火。尽可能将容器从火场移至空旷处。喷水保持火场容器冷却，直至灭火结束。

6. 泄漏应急处理

（1）作业人员防护措施、防护装备和应急处置程序　根据液体流动和蒸气扩散的影响区域划定警戒区，无关人员从侧风、上风向撤离至安全区。建议应急处理人员戴正压自给式呼吸器，穿防酸碱服，戴橡胶耐酸碱手套。作业时使用的所有设备应接地。穿上适当的防护服前严禁接触破裂的容器和泄漏物。喷雾状水抑制蒸气或改变蒸气去流向，避免水流接触泄漏物。勿使水进入包装容器内。尽可能切断泄漏源。

（2）环境保护措施　防止泄漏物进入水体、下水道、地下室或有限空间。

（3）泄漏化学品的收容、清除方法及所使用的处置材料

① 小量泄漏　用干燥的砂土或其他不燃材料覆盖泄漏物，也可以用大量水冲洗，洗水稀释后放入废水系统。

② 大量泄漏　构筑围堤或挖坑收容。用粉状石灰石（$CaCO_3$）、熟石灰、苏打灰（Na_2CO_3）或碳酸氢钠（$NaHCO_3$）中和。用抗溶性泡沫覆盖，减少蒸发。用耐腐蚀泵转移至槽车或专用收集器内。

7. 操作处置与储存

（1）操作注意事项　密闭操作，注意通风。操作尽可能机械化、自动化。操作人员必须经过专门培训，严格遵守操作规程。建议操作人员佩戴自吸过滤式防毒面具（全面罩），穿橡胶耐酸碱服，戴橡胶耐酸碱手套。远离易燃、可燃物。防止蒸气泄漏到工作场所空气中。避免与碱类、胺类、碱金属接触。搬运时要轻装轻卸，防止包装及容器损坏。配备泄漏应急处理设备。倒空的容器可能残留有害物。

（2）储存注意事项　储存于阴凉、通风的库房。库温不超过30℃，相对湿度不超过80%。保持容器密封。应与碱类、胺类、碱金属、易（可）燃物分开存放，切忌混储。储区应备有泄漏应急处理设备和合适的收容材料。

8. 理化特性

（1）外观与性状　无色或微黄色发烟液体，有刺鼻的酸味。

（2）pH值　0.1（1mol/L）。

（3）熔点（℃）　−114.8（纯）。

（4）沸点（℃）　108.6（20%）。

（5）相对密度（水=1）　1.1（20%）。

（6）相对蒸气密度（空气=1）　1.26。

（7）饱和蒸气压（kPa）　30.66（21℃）。

（8）溶解性　与水混溶，溶于甲醇、乙醇、乙醚、苯，不溶于烃类。

9. 稳定性和反应性

（1）稳定性　稳定。

（2）危险反应　与强碱等禁配物发生反应。与活性金属粉末反应放出易燃气体。

（3）避免接触的条件　受热。

（4）禁配物　碱类、胺类、碱金属。

（5）危险的分解产物　氯化氢。

10. 废弃处置

（1）废弃化学品　用碱液（石灰水）中和，生成氯化钠和氯化钙，用水稀释后排入废水系统。

（2）污染包装物　将容器返还生产商或按照国家和地方法规处置。

（3）废弃注意事项　处置前应参阅国家或地方有关法规。

11. 运输信息

（1）联合国危险货物编号（UN号）　1789。

（2）联合国运输名称　氢氯酸。

（3）联合国危险性类别　8。

（4）包装类别　Ⅱ类包装。

（5）运输注意事项　本品铁路运输时限使用有橡胶衬里钢制罐车或特制塑料企业自备罐车装运，装运前需报有关部门批准。起运时包装要完整，装载应稳妥。运输过程中要确保容

器不泄漏、不倒塌、不坠落、不损坏。严禁与碱类、胺类、碱金属、易燃物或可燃物、食用化学品等混装混运，运输时运输车辆应配备泄漏应急处理设备。运输途中应防曝晒、雨淋，防高温。公路运输时要按规定路线行驶，勿在居民区和人口稠密区停留。

三、磷酸

1. 化学品标识

（1）中文名称　磷酸。

（2）英文名称　phosphoric acid；orthophosphoric acid。

（3）分子式　H_3PO_4

（4）相对分子质量　98.00。

（5）CAS号　7664-38-2。

（6）化学品的推荐及限制用途　用于制药、颜料、电镀、防锈等。

2. 成分/组成信息

组分：磷酸。

3. 危险性概述

（1）紧急情况概述　造成严重的皮肤灼伤和眼损伤。

（2）GHS危险性类别　皮肤腐蚀/刺激，类别1B；严重眼损伤/眼刺激，类别1；危害水生环境-急性危害，类别3。

（3）危险性说明　造成严重的皮肤灼伤和眼损伤，对水生生物有害。

（4）防范说明

① 预防措施　避免吸入烟雾。避免接触眼睛、皮肤，操作后彻底清洗。戴防护手套，穿防护服，戴防护眼镜、防护面罩。禁止排入环境。

② 事故响应　如吸入：将患者转移到空气新鲜处，休息，保持利于呼吸的体位。立即呼叫中毒控制中心或就医。皮肤（或头发）接触：立即脱掉所有被污染的衣服，用水冲洗皮肤、淋浴。污染的衣服须洗净后方可重新使用。接触眼睛：用水细心冲洗数分钟。如戴隐形眼镜并可方便地取出，取出隐形眼镜继续冲洗。食入：漱口。不要催吐。

③ 安全储存　上锁保管。

④ 废弃处置　本品及内装物、容器依据国家和地方法规处置。

（5）物理和化学危险　不燃，无特殊燃爆特性。

（6）健康危害　蒸气或雾对眼、鼻、喉有刺激性。口服液体可引起恶心、呕吐、腹痛、血便或休克。皮肤或眼接触可致灼伤。慢性影响：鼻黏膜萎缩、鼻中隔穿孔。长期反复皮肤接触，可引起皮肤刺激。

（7）环境危害　对水生生物有害。

4. 急救措施

（1）吸入　迅速脱离现场至空气新鲜处。保持呼吸道通畅。如呼吸困难，给输氧。如呼吸、心跳停止，立即进行心肺复苏术。就医。

（2）皮肤接触　立即脱去污染的衣着，用大量流动清水彻底冲洗至少15min，就医。

（3）眼睛接触　立即分开眼睑，用流动清水或生理盐水彻底冲洗5～10min。就医。

（4）食入　用水漱口，禁止催吐。给饮牛奶或蛋清。就医。

（5）对保护施救者的忠告　根据需要使用个人防护设备。

（6）对医生的特别提示　对症处理。

5. 消防措施

（1）灭火剂　本品不燃。根据着火原因选择适当灭火剂灭火。

（2）特别危险性　遇金属反应放出氢气，能与空气形成爆炸性混合物。受热分解产生有毒的氧化磷烟气。具有腐蚀性。

（3）灭火注意事项及防护措施　消防人员必须穿全身耐酸碱消防服、佩戴空气呼吸器灭火。尽可能将容器从火场移至空旷处。喷水保持火场容器冷却，直至灭火结束。

6. 泄漏应急处理

（1）作业人员防护措施、防护装备和应急处置程序　隔离泄漏污染区，限制出入。建议应急处理人员戴防尘口罩，穿防酸碱服，戴橡胶耐酸碱手套。穿上适当的防护服前严禁接触破裂的容器和泄漏物。尽可能切断泄漏源。用塑料布覆盖泄漏物，减少飞散。勿使水进入包装容器内。

（2）泄漏化学品的收容、清除方法及所使用的处置材料　用洁净的铲子收集泄漏物，置于干净、干燥、盖子较松的容器中，将容器移离泄漏区。

7. 操作处置与储存

（1）操作注意事项　密闭操作，注意通风。操作尽可能机械化、自动化。操作人员必须经过专门培训，严格遵守操作规程。建议操作人员佩戴自吸过滤式防毒面具（半面罩），戴化学安全防护眼镜，穿橡胶耐酸碱服，戴橡胶耐酸碱手套。远离易燃、可燃物。避免产生粉尘。避免与碱类、活性金属粉末接触。搬运时要轻装轻卸，防止包装及容器损坏。配备泄漏应急处理设备。倒空的容器可能残留有害物。稀释或制备溶液时，应小心把酸慢慢加入水中，防止发生过热和飞溅。

（2）储存注意事项　储存于阴凉、通风的库房。远离火种、热源。库房温度不超过30℃，相对湿度不超过80%。包装密封。应与易（可）燃物、碱类、活性金属粉末分开存放，切忌混储。储区应备有合适的材料收容泄漏物。

8. 理化特性

（1）外观与性状　纯磷酸为无色结晶，无臭，具有酸味。

（2）熔点（℃）　42.4（纯品）。

（3）沸点（℃）　260。

（4）相对密度（水=1）　1.87（纯品）。

（5）相对蒸气密度（空气=1）　3.38。

（6）饱和蒸气压（kPa）　0.0038（20℃）。

（7）辛醇/水分配系数　−0.77。

（8）临界压力（MPa）　5.07。

（9）溶解性　与水混溶，可混溶于乙醇等许多有机溶剂。

9. 稳定性和反应性

（1）稳定性　稳定。

（2）危险反应　与强碱禁配物发生反应，与活性金属反应放出易燃气体。

（3）避免接触的条件　受热、潮湿空气。

（4）禁配物　强碱、活性金属粉末、易燃或可燃物。

（5）危险的分解产物　氧化磷。

10. 废弃处置

（1）废弃化学品　缓慢加入碱液（石灰水）中，并不断搅拌，反应停止后，用大量水冲入废水系统。

（2）污染包装物　将容器返还生产商或按照国家和地方法规处置。

（3）废弃注意事项　处置前应参阅国家或地方有关法规。

11. 运输信息

(1) 联合国危险货物编号(UN号) 1805(溶液);3453(固态)。

(2) 联合国运输名称 磷酸溶液(溶液);固态磷酸(固态)。

(3) 联合国危险性类别 8。

(4) 包装类别 Ⅲ类包装。

(5) 运输注意事项 起运时包装要完整,装载应稳妥。运输过程中要确保容器不泄漏、不倒塌、不坠落、不损坏。严禁与易燃物或可燃物、碱类、活性金属粉末、食用化学品等混装混运。运输时运输车辆应配备泄漏应急处理设备。运输途中应防曝晒、雨淋,防高温。

四、氯

1. 化学品标识

(1) 中文名称 氯;氯气。

(2) 英文名称 chlorine。

(3) 分子式 Cl_2。

(4) 相对分子质量 70.90。

(5) CAS号 7782-50-5。

(6) 化学品的推荐及限制用途 用于漂白,制造氯化合物、盐酸、聚氯乙烯等。

2. 成分/组成信息

组分:氯。

3. 危险性概述

(1) 紧急情况概述 吸入致命。

(2) GHS危险性类别 急性毒性-吸入,类别2;皮肤腐蚀/刺激,类别2;严重眼损伤/眼刺激,类别2;特异性靶器官毒性--一次接触,类别3(呼吸道刺激);危害水生环境-急性危害,类别1。

(3) 危险性说明 吸入致命,造成皮肤刺激,造成严重眼刺激,可能引起呼吸道刺激,对水生生物毒性非常大。

(4) 防范说明

① 预防措施 避免吸入气体。仅在室外或通风良好处操作。戴呼吸防护器具。避免接触眼睛、皮肤,操作后彻底清洗。戴防护手套、防护眼镜、防护面罩。禁止排入环境。

② 事故响应 如吸入:将患者转移到空气新鲜处,休息,保持利于呼吸的体位。立即呼叫中毒控制中心或就医。皮肤接触:用大量肥皂水和水清洗。如发生皮肤刺激,就医。被污染的衣服须洗净后方可重新使用。如接触眼睛:用水细心冲洗数分钟。如戴隐形眼镜并可方便地取出,取出隐形眼镜继续冲洗。如果眼睛刺激持续,就医。收集泄漏物。

③ 安全储存 在通风良好处储存。保持容器密闭。上锁保管。

④ 废弃处置 本品及内装物、容器依据国家和地方法规处置。

(5) 物理和化学危险 助燃。与可燃物混合会发生爆炸。

(6) 健康危害 氯是一种强烈的刺激性气体。急性中毒:轻度者有流泪、咳嗽、咳少量痰、胸闷,出现气管-支气管炎或支气管周围炎的表现;中度中毒发生支气管肺炎、局限性肺泡性肺水肿、间质性肺水肿,或哮喘样发作,病人除有上述症状的加重外,出现呼吸困难、轻度发绀等;重者发生肺泡性水肿、急性呼吸窘迫综合征、严重窒息、昏迷和休克,可出现气胸、纵隔气肿等并发症。吸入极高浓度的氯气,可引起迷走神经反射性心跳骤停或喉头痉挛而发生“电击样”死亡。眼接触可引起急性结膜炎,高浓度造成角膜损伤。皮肤接触液氯或高浓度氯，在暴露部位可有灼伤或急性皮炎。慢性影响：长期低浓度接触，可引起慢性牙龈炎、慢性咽炎、慢性支气管炎、肺气肿、支气管哮喘等。可引起牙齿酸蚀症。

(7) 环境危害　对水生生物毒性非常大。

4. 急救措施

(1) 吸入　迅速脱离现场至空气新鲜处。保持呼吸道通畅。如呼吸困难，给输氧。如呼吸、心跳停止，立即进行心肺复苏术。就医。

(2) 皮肤接触　立即脱去污染的衣着，用流动清水彻底冲洗。就医。

(3) 眼睛接触　立即分开眼睑，用流动清水或生理盐水彻底冲洗。就医。

(4) 对保护施救者的忠告　根据需要使用个人防护设备。

(5) 对医生的特别提示　对症处理。

5. 消防措施

(1) 灭火剂　本品不燃。根据着火原因选择适当的灭火剂灭火。

(2) 特别危险性　一般可燃物大都能在氯气中燃烧，一般易燃气体或蒸气也都能与氯气形成爆炸性混合物。氯气能与许多化学品如乙炔、松节油、乙醚、氨、燃料气、烃类、氢气、金属粉末等猛烈反应发生爆炸或生成爆炸性物质，它对金属和非金属几乎都有腐蚀作用。

(3) 灭火注意事项及防护措施　消防人员必须佩戴空气呼吸器、穿全身防火防毒服，在上风向灭火。切断气源。尽可能将容器从火场移至空旷处。喷水保持火场容器冷却，直至灭火结束。

6. 泄漏应急处理

(1) 作业人员防护措施、防护装备和应急处置程序　根据气体扩散的影响区域划定警戒区，无关人员从侧风、上风向撤离至安全区。建议应急处理人员穿内置正压自给式呼吸器的全封闭防化服，戴橡胶手套。如果是液化气体泄漏，还应注意防冻伤。勿使泄漏物与可燃物质（如木材、纸、油等）接触。尽可能切断泄漏源，喷雾状水抑制蒸气或改变蒸气云流向，避免水流接触泄漏物。禁止用水直接冲击泄漏物或泄漏源。若可能翻转容器，使之逸出气体而非液体。

(2) 环境保护措施　防止气体通过下水道、通风系统和有限空间扩散。

(3) 泄漏化学品的收容、清除方法及所使用的处置材料　构筑围堤堵截液体泄漏物。喷稀碱液中和、稀释。也可将泄漏的储罐或钢瓶浸入石灰乳池中。隔离泄漏区直至气体散尽。泄漏场所保持通风。

7. 操作处置与储存

(1) 操作注意事项　严加密闭，提供充分的局部排风和全面通风。操作人员必须经过专门培训，严格遵守操作规程。建议操作人员佩戴空气呼吸器，穿戴面罩式防毒衣，戴橡胶手套。远离火种、热源。工作场所严禁吸烟。远离易燃、可燃物。防止气体泄漏到工作场所空气中。避免与醇类接触。搬运时轻装轻卸，防止钢瓶及附件破损。配备相应品种和数量的消防器材及泄漏应急处理设备。

(2) 储存注意事项　储存于阴凉、通风的有毒气体专用库房。实行“双人收发、双人保管”制度。远离火种、热源。库房温度不宜超过30℃。应与易（可）燃物、醇类、食用化学品分开存放，切忌混储。储区应备有泄漏应急处理设备。

8. 理化特性

(1) 外观与性状　黄绿色、有刺激性气味的气体。

(2) 熔点（℃）　−101。

（3）沸点（℃） －34.0。

（4）相对密度（水＝1） 1.41（20℃）。

（5）相对蒸气密度（空气＝1） 2.5。

（6）饱和蒸气压（kPa） 673（20℃）。

（7）临界温度（℃） 144。

（8）临界压力（MPa） 7.71。

（9）辛醇/水分配系数 0.85。

（10）溶解性 微溶于冷水，溶于碱、氯化物和醇类。

9. 稳定性和反应性

（1）稳定性 稳定。

（2）危险反应 与易燃或可燃物、烷烃、芳香烃、金属、非金属氧化物等禁配物发生剧烈反应，有发生火灾和爆炸的危险。

（3）禁配物 易燃或可燃物、烷烃、炔烃、卤代烷烃、芳香烃、胺类、醇类、乙醚、氢、金属、苛性碱、非金属单质、非金属氧化物、金属氢化物等。

10. 废弃处置

（1）废弃化学品 把废气通入过量的还原性溶液（亚硫酸氢盐、亚铁盐、硫代亚硫酸钠溶液）中，中和后用水冲入下水道。

（2）污染包装物 将容器返还生产商或按照国家和地方法规处置。

（3）废弃注意事项 处置前应参阅国家和地方有关法规。

11. 运输信息

（1）联合国危险货物编号（UN 号） 1017。

（2）联合国运输名称 氯。

（3）联合国危险性类别 2.3，5.1/8。

（4）包装类别 Ⅱ类包装。

（5）运输注意事项 本品铁路运输时限使用耐压液化气企业自备罐车装运，装运前需报有关部门批准。采用钢瓶运输时必须戴好钢瓶上的安全帽。钢瓶一般平放，并应将瓶口朝同一方向，不可交叉；高度不得超过车辆的防护栏板，并用三角木垫卡牢，防止滚动。严禁与易燃物或可燃物、醇类、食用化学品等混装混运。夏季应早晚运输，防止日光曝晒。运输时运输车辆应配备泄漏应急处理设备。公路运输时要按规定路线行驶，禁止在居民区和人口稠密区停留。铁路运输时要禁止溜放。每年 4～9 月使用 2 包装时，限按冷藏运输。

五、氢（压缩的）

1. 化学品标识

（1）中文名称 氢（压缩的）；氢气。

（2）英文名称 hydrogen（compressed）。

（3）分子式 H_2。

（4）相对分子质量 2.02。

（5）CAS 号 1333-74-0。

（6）化学品的推荐及限制用途 用于合成氨和甲醇，石油精制，有机物氢化及用作火箭燃料等。

2. 成分/组成信息

组分：氢。

3. 危险性概述

（1）紧急情况概述　极易燃气体，内装加压气体：遇热可能爆炸。

（2）GHS危险性类别　易燃气体，类别1；加压气体。

（3）危险性说明　极易燃气体，内装加压气体：遇热可能爆炸。

（4）防范说明

① 预防措施　远离热源、火花、明火、热表面。禁止吸烟。

② 事故响应　漏气着火：切勿灭火，除非漏气能够安全地制止。如果没有危险，消除一切点火源。

③ 安全储存　防日晒。存放在通风良好的地方。

（5）物理和化学危险　极易燃，与空气混合能形成爆炸性混合物。

（6）健康危害　本品在生理学上是惰性气体，仅在高浓度时，由于空气中氧分压降低才引起窒息。在很高的分压下，氢气可呈现出麻醉作用。缺氧性窒息发生后，轻者表现为心悸、气促、头昏、头痛、无力、眩晕、恶心、呕吐、耳鸣、视力模糊、思维判断能力下降等缺氧表现。重者除表现为上述症状外，很快发生精神错乱、意识障碍，甚至呼吸、循环衰竭。液氢可引起冻伤。

（7）环境危害　无环境危害。

4. 急救措施

（1）吸入　迅速脱离现场至空气新鲜处。保持呼吸道通畅。如呼吸困难，给输氧。如呼吸、心跳停止，立即进行心肺复苏术。就医。

（2）皮肤接触　如发生冻伤，用温水38～42℃复温，忌用热水或辐射热，不要揉搓。就医。

（3）对保护施救者的忠告　根据需要使用个人防护设备。

（4）对医生的特别提示　对症处理。

5. 消防措施

（1）灭火剂　用雾状水、泡沫、二氧化碳、干粉灭火。

（2）特别危险性　气体比空气轻，在室内使用和储存时，漏气上升滞留屋顶不易排出，遇火星会引起爆炸。氢气与氟、氯、溴等卤素会发生剧烈反应。

（3）灭火注意事项及防护措施　切断气源。若不能切断气源，则不允许熄灭泄漏处的火焰。消防人员必须佩戴空气呼吸器、穿全身防火防毒服，在上风向灭火。尽可能将容器从火场移至空旷处。喷水保持火场容器冷却，甚至灭火结束。

6. 泄漏应急处理

（1）作业人员防护措施、防护装备和应急处置程序　消除所有点火源。根据气体扩散的影响区域划定警戒区，无关人员从侧风、上风向撤离至安全区。建议应急处理人员戴正压自给式呼吸器，穿防静电服。作业时使用的所有设备应接地。尽可能切断泄漏源。喷雾状水抑制蒸气或改变蒸气云流向。

（2）环境保护措施　防止气体通过下水道、通风系统和有限空间扩散。

（3）泄漏化学品的收容、清除方法及所使用的处置材料　隔离泄漏区直至气体散尽。

7. 操作处置与储存

（1）操作注意事项　密闭操作，加强通风。操作人员必须经过专门培训，严格遵守操作规程。建议操作人员穿防静电工作服。远离火种、热源，工作场所严禁吸烟。使用防爆型的通风系统和设备。防止气体泄漏到工作场所空气中。避免与氧化剂、卤素接触。在传送过程中，钢瓶和容器必须接地和跨接，防止产生静电。搬运时轻装轻卸，防止钢瓶及附件破损。

配备相应品种和数量的消防器材及泄漏应急处理设备。

（2）储存注意事项　储存于阴凉、通风的易燃气体专用库房。远离火种、热源。库温不宜超过 30℃。应与氧化剂、卤素分开存放，切忌混储。采用防爆型照明、通风设施。禁止使用易产生火花的机械设备和工具。储区应备有泄漏应急处理设备。

8. 理化特性

（1）外观与性状　无色无味气体。

（2）熔点（℃）　−259.2。

（3）沸点（℃）　−252.8。

（4）相对密度（水＝1）　0.07（−252℃）。

（5）相对蒸气密度（空气＝1）0.07。

（6）饱和蒸气压（kPa）　13.33（−257.9℃）。

（7）燃烧热（kJ/mol）　−241.0。

（8）临界温度（℃）　−240。

（9）临界压力（MPa）　1.30。

（10）辛醇/水分配系数　−0.45。

（11）自燃温度（℃）　500～571。

（12）爆炸下限（%）　4.1。

（13）爆炸上限（%）　75。

（14）溶解性　不溶于水、微溶于乙醇、乙醚。

9. 稳定性和反应性

（1）稳定性　稳定。

（2）危险反应　与强氧化剂、卤素等禁配物接触，有发生火灾和爆炸的危险。

（3）禁配物　强氧化剂、卤素。

10. 废弃处置

（1）废弃化学品　根据国家和地方有关法规的要求处置。或与制造商联系，确定处置方法。

（2）污染包装物　将容器返还生产商或按照国家和地方法规处置。

（3）废弃注意事项　把空容器归还厂商。

11. 运输信息

（1）联合国危险货物编号（UN 号）　1049（压缩）；1699（冷冻液化）。

（2）联合国运输名称　压缩氢（压缩）；冷冻液态氢（冷冻液化）。

（3）联合国危险性类别　2.1。

（4）运输注意事项　采用钢瓶运输时必须戴好钢瓶上的安全帽。钢瓶一般平放，并应将瓶口朝同一方向，不可交叉；高度不得超过车辆的防护栏板，并用三角木垫卡牢，防止滚动。运输时运输车辆应配备相应品种和数量的消防器材。装运该物品的车辆排气管必须配备阻火装置，禁止使用易产生火花的机械设备和工具装卸。严禁与氧化剂、卤素等混装混运。夏季应早晚运输，防止日光曝晒。中途停留时应远离火种、热源。公路运输时要按规定路线行驶，勿在居民区和人口稠密区停留。铁路运输时要禁止溜放。

六、氢氧化钠

1. 化学品标识

（1）中文名称　氢氧化钠；苛性钠；烧碱。

(2) 英文名称　sodium hydroxide；caustic soda。

(3) 分子式　$NaOH$。

(4) 相对分子质量　40.00。

(5) CAS号　1310-73-2。

(6) 化学品的推荐及限制用途　广泛用作中和剂，用于制造各种钠盐、肥皂、纸浆，整理棉织品、丝、黏胶纤维，橡胶制品的再生，金属清洗，电镀，漂白等。

2. 成分/组成信息

组分：氢氧化钠。

3. 危险性概述

(1) 紧急情况概述　造成严重的皮肤灼伤和眼损伤。

(2) GHS危险性类别　皮肤腐蚀/刺激，类别1A；严重眼损伤/眼刺激，类别1；危害水生环境-急性危害，类别3。

(3) 危险性说明　造成严重的皮肤灼伤和眼损伤，对水生生物有害。

(4) 防范说明

① 预防措施　避免吸入粉尘或烟雾。避免接触眼睛、皮肤，操作后彻底清洗。戴防护手套，穿防护服，戴防护眼镜、防护面罩。禁止排入环境。

② 事故响应　如吸入：将患者转移到空气新鲜处，休息，保持利于呼吸的体位。立即呼叫中毒控制中心或就医。皮肤（或头发）接触：立即脱掉所有被污染的衣服，用水冲洗皮肤，淋浴。污染的衣服须洗净后方可重新使用。眼睛接触用水细心冲洗数分钟。如戴隐形眼镜并可方便地取出，则取出隐形眼镜继续冲洗。食入：漱口，不要催吐。

③ 安全储存　上锁保管。

④ 废弃处置　本品及内装物、容器依据国家和地方法规处置。

(5) 物理和化学危险　不燃，无特殊燃爆特性。

(6) 健康危害　本品有强烈刺激和腐蚀性。粉尘刺激眼和呼吸道，腐蚀鼻中隔；皮肤和眼直接接触可引起灼伤；误服可造成消化道灼伤，黏膜糜烂、出血和休克。

(7) 环境危害　对水生生物有害。

4. 急救措施

(1) 吸入　迅速脱离现场至空气新鲜处。保持呼吸道畅通。如呼吸困难，给输氧。如呼吸、心跳停止，立即进行心肺复苏术。就医。

(2) 皮肤接触　立即脱去污染的衣着，用大量流动清水彻底冲洗至少15min。就医。

(3) 眼睛接触　立即分开眼睑，用流动清水或生理盐水彻底冲洗5～10min。就医。

(4) 食入　用水漱口，禁止催吐。给饮牛奶或蛋清。就医。

(5) 对保护施救者的忠告　根据需要使用个人防护设备。

(6) 对医生的特别提示　对症处理。

5. 消防措施

(1) 灭火剂　本品不燃。根据着火原因选择适当灭火剂灭火。

(2) 特别危险性　遇潮时对铝、锌和锡有腐蚀性，并放出易燃易爆的氢气。遇水和水蒸气大量放热，形成腐蚀性溶液。具有强腐蚀性。

(3) 灭火注意事项及防护措施　消防人员必须穿全身耐酸碱消防服、佩戴空气呼吸器灭火。尽可能将容器从火场移至空旷处。喷水保持火场容器冷却，直至灭火结束。

6. 泄漏应急处理

(1) 作业人员防护措施、防护装备和应急处置程序　隔离泄漏污染区，限制出入。建议应急处理人员戴防尘口罩，穿防酸碱服，戴橡胶耐酸碱手套。穿上适当的防护服前严禁接触破裂的容器和泄漏物。尽可能切断泄漏源。用塑料布覆盖泄漏物，减少飞散。勿使水进入包装容器内。

(2) 泄漏化学品的收容、清除方法及所使用的处置材料　用洁净的铲子收集泄漏物，置于干净、干燥、盖子较松的容器中，将容器移离泄漏区。

7. 操作处置与储存

(1) 操作注意事项　密闭操作。操作人员必须经过专门培训，严格遵守操作规程，建议操作人员佩戴头罩型电动送风过滤式防尘呼吸器，穿橡胶耐酸碱服，戴橡胶耐酸碱手套。远离易燃、可燃物。避免产生粉尘。避免与酸类接触。搬运时要轻装轻卸，防止包装及容器损坏。配备泄漏应急处理设备。倒空的容器可能残留有害物。稀释或制备溶液时，应把碱加入水中，避免沸腾和飞溅。

(2) 储存注意事项　储存于阴凉、干燥、通风良好的库房。远离火种、热源。库房温度不超过35℃。相对湿度不超过80%。包装必须密封，切勿受潮。应与易（可）燃物、酸类等分开存放，切忌混储。储区应备有合适的材料收容泄漏物。

8. 理化特性

(1) 外观与性状　纯品为无色透明晶体。吸湿性强。

(2) pH值　12.7（1%溶液）。

(3) 熔点（℃）　318.4。

(4) 沸点（℃）　1390。

(5) 相对密度（水=1）　2.13。

(6) 饱和蒸气压（kPa）　0.13（739℃）。

(7) 临界压力（MPa）　25。

(8) 辛醇/水分配系数　−3.88。

(9) 溶解性　易溶于水、乙醇、甘油，不溶于丙酮、乙醚。

9. 稳定性和反应性

(1) 稳定性　稳定。

(2) 危险反应　与酸类等禁配物发生反应。

(3) 避免接触的条件　潮湿空气。

(4) 禁配物　强酸、易燃或可燃物、二氧化碳、过氧化物、水。

(5) 危险的分解产物　氧化钠。

10. 废弃处置

(1) 废弃化学品　中和、稀释后，排入废水系统。

(2) 污染包装物　将容器返还生产商或按照国家和地方法规处置。

(3) 废弃注意事项　处置前应参阅国家和地方有关法规。把倒空的容器归还厂商或在规定场所掩埋。

11. 运输信息

(1) 联合国危险货物编号（UN号）　1823；1824（溶液）。

(2) 联合国运输名称　氢氧化钠；氢氧化钠溶液（溶液）。

(3) 联合国危险性类别　8。

(4) 包装类别　Ⅱ类包装。

(5) 运输注意事项　铁路运输时，钢桶包装的可用敞车运输。起运时包装要完整，装载应稳妥。运输过程中要确保容器不泄漏、不倒塌、不坠落、不损坏。严禁与易燃物或可燃物、酸类、食用化学品等混装混运。运输时运输车辆应配备泄漏应急处理设备。

七、氢氧化钾

1. 化学品标识

（1）中文名称　氢氧化钾；苛性钾。

（2）英文名称　potassium hydroxide；caustic potash。

（3）分子式　KOH。

（4）相对分子质量　56.11。

（5）CAS号　1310-58-3。

（6）化学品的推荐及限制用途　可用作生产聚醚、破乳剂、净洗剂、表面活性剂等的催化剂，也用于医药、染料、轻工等工业。

2. 成分/组成信息

组分：氢氧化钾。

3. 危险性概述

（1）紧急情况概述　吞咽有害，造成严重的皮肤灼伤和眼损伤。

（2）GHS危险性类别　急性毒性-经口，类别4；皮肤腐蚀/刺激，类别1A；严重眼损伤/眼刺激，类别1；危害水生环境-急性危害，类别3。

（3）危险性说明　吞咽有害，造成严重的皮肤灼伤和眼损伤，对水生生物有害。

（4）防范说明

① 预防措施　避免接触眼睛、皮肤，操作后彻底清洗。作业场所不得进食、饮水或吸烟。避免吸入粉尘或烟雾。戴防护手套，穿防护服，戴防护眼镜、防护面罩。禁止排入环境。

② 事故响应　如吸入：将患者转移到空气新鲜处，休息，保持利于呼吸的体位。皮肤（或头发）接触：立即脱掉所有被污染的衣服，用水冲洗皮肤，淋浴。污染的衣服须洗净后方可重新使用。眼睛接触：用水细心冲洗数分钟。如戴隐形眼镜并可方便地取出，则取出隐形眼镜继续冲洗。食入：漱口，不要催吐。如感觉不适，立即呼叫中毒控制中心或就医。

③ 安全储存　上锁保管。

④ 废弃处置　本品及内装物、容器依据国家和地方法规处置。

（5）物理和化学危险　不燃，无特殊燃爆特性。

（6）健康危害　本品具有强腐蚀性。粉尘刺激眼或呼吸道，腐蚀鼻中隔；皮肤和眼直接接触可引起灼伤；误服可造成消化道灼伤，黏膜糜烂、出血，休克。

（7）环境危害　对水生生物有害。

4. 急救措施

（1）吸入　迅速脱离现场至空气新鲜处。保持呼吸道畅通。如呼吸困难，给输氧。如呼吸、心跳停止，立即进行心肺复苏术。就医。

（2）皮肤接触　立即脱去污染的衣着，用大量流动清水彻底冲洗至少15min。就医。

（3）眼睛接触　立即分开眼睑，用流动清水或生理盐水彻底冲洗5～10min。就医。

（4）食入　用水漱口，禁止催吐。给饮牛奶或蛋清。就医。

（5）对保护施救者的忠告　根据需要使用个人防护设备。

（6）对医生的特别提示　对症处理。

5. 消防措施

（1）灭火剂　本品不燃。根据着火原因选择适当灭火剂灭火。

（2）特别危险性　遇水和水蒸气大量放热，形成腐蚀性溶液。具有强腐蚀性。

（3）灭火注意事项及防护措施　消防人员必须穿全身耐酸碱消防服、佩戴空气呼吸器灭火。尽可能将容器从火场移至空旷处。喷水保持火场容器冷却，直至灭火结束。

6. 泄漏应急处理

（1）作业人员防护措施、防护装备和应急处置程序　隔离泄漏污染区，限制出入。建议应急处理人员戴防尘口罩，穿防酸碱服，戴橡胶耐酸碱手套。穿上适当的防护服前严禁接触破裂的容器和泄漏物。尽可能切断泄漏源。用塑料布覆盖泄漏物，减少飞散。勿使水进入包装容器内。

（2）泄漏化学品的收容、清除方法及所使用的处置材料　用洁净的铲子收集泄漏物，置于干净、干燥、盖子较松的容器中，将容器移离泄漏区。

7. 操作处置与储存

（1）操作注意事项　密闭操作。操作人员必须经过专门培训，严格遵守操作规程。建议操作人员佩戴头罩型电动送风过滤式防尘呼吸器，穿橡胶耐酸碱服，戴橡胶耐酸碱手套。远离易燃、可燃物。避免产生粉尘。避免与酸类接触。搬运时要轻装轻卸，防止包装及容器损坏。配备泄漏应急处理设备。倒空的容器可能残留有害物。稀释或制备溶液时，应把碱加入水中，避免沸腾和飞溅。

（2）储存注意事项　储存于阴凉、干燥、通风良好的库房。远离火种、热源。库房温度不超过35℃。相对湿度不超过80%。包装必须密封，切勿受潮。应与易（可）燃物、酸类等分开存放，切忌混储。储区应备有合适的材料收容泄漏物。

8. 理化特性

（1）外观与性状　纯品为白色半透明晶体，工业品为灰白、蓝绿或淡紫色片状或块状固体。易潮解。

（2）pH　13.5（0.1mol/L水溶液）

（3）熔点（℃）　360～406。

（4）沸点（℃）　1320～1324。

（5）相对密度（水＝1）　2.04。

（6）饱和蒸气压（kPa）　0.13（719℃）。

（7）溶解性　溶于水、乙醇，微溶于乙醚。

9. 稳定性和反应性

（1）稳定性　稳定。

（2）危险反应　与酸类等禁配物发生反应。

（3）避免接触的条件　潮湿空气。

（4）禁配物　强酸、易燃或可燃物、二氧化碳、酸酐、酰基氯。

（5）危险的分解产物　氧化钾。

10. 废弃处置

（1）废弃化学品　中和、稀释后，排入废水系统。

（2）污染包装物　将容器返还生产商或按照国家和地方法规处置。

（3）废弃注意事项　处置前应参阅国家和地方有关法规。

11. 运输信息

（1）联合国危险货物编号（UN号）　1813；1814（溶液）。

（2）联合国运输名称　固态氢氧化钾；氢氧化钾溶液（溶液）。

（3）联合国危险性类别　8。

（4）包装类别　Ⅱ类包装。

（5）运输注意事项　铁路运输时，钢桶包装的可用敞车运输。起运时包装要完整，装载应稳妥。运输过程中要确保容器不泄漏、不倒塌、不坠落、不损坏。严禁与易燃物或可燃物、酸类、食用化学品等混装混运。运输时运输车辆应配备泄漏应急处理设备。

八、过氧化氢

1. 化学品标识

（1）中文名称　过氧化氢；双氧水。

（2）英文名称　hydrogen peroxide。

（3）分子式　H_2O_2。

（4）相对分子质量　34.02。

（5）CAS号　7722-84-1。

（6）化学品的推荐及限制用途　用于漂白、医药，也用作分析试剂。

2. 成分/组成信息

组分：过氧化氢。

3. 危险性概述

（1）紧急情况概述　可引起燃烧和爆炸：强氧化剂，吞咽有害，吸入有害，造成严重的皮肤灼伤和眼损伤。

（2）GHS危险性类别　氧化性液体，类别1；急性毒性-经口，类别4；急性毒性-吸入，类别4；皮肤腐蚀/刺激，类别1A；严重眼损伤/眼刺激，类别1；特异性靶器官毒--次接触，类别3（呼吸道刺激）；危害水生环境-急性危害，类别3。

（3）危险性说明　可引起燃烧或爆炸：强氧化剂，吞咽有害，吸入有害，造成严重的皮肤灼伤和眼损伤，可能引起呼吸道刺激，对水生生物有害。

（4）防范说明

① 预防措施　远离热源。远离衣物和其他可燃物保存。采取一切预防措施，避免与可燃物混合。穿防火、阻燃服。避免接触眼睛、皮肤，操作后彻底清洗。作业场所不得进食、饮水或吸烟。避免吸入蒸气、雾。仅在室外或通风良好处操作。戴防护手套，穿防护服，戴防护眼镜、防护面罩。禁止排入环境。

② 事故响应　如果发生大火和大量物质着火：撤离现场。因有爆炸危险，应远距离灭火。火灾时，根据着火原因选择适当灭火剂灭火。如吸入：将患者转移到空气新鲜处，休息，保持利于呼吸的体位；如感觉不适，呼叫中毒控制中心或就医。皮肤（或头发）接触：如溅到衣服上立即用大量清水冲洗污染的衣物和皮肤，然后脱去衣服。或者立即脱掉所有被污染的衣服，用水冲洗皮肤，淋浴。污染的衣服须洗净后方可重新使用。眼睛接触：用水细心地冲洗数分钟。如戴隐形眼镜并可方便地取出，则取出隐形眼镜继续冲洗。食入：漱口，不要催吐；如果感觉不适，立即呼叫中毒控制中心或就医。

③ 安全储存　上锁保管。

④ 废弃处置　本品及内装物、容器依据国家和地方法规处置。

（5）物理和化学危险　助燃，与可燃物混合会发生爆炸。在有限空间中加热有爆炸危险。

（6）健康危害　吸入本品蒸气或雾对呼吸道有强烈刺激性，一次大量吸入可引起肺炎或肺水肿。眼直接接接触液体可致不可逆损伤甚至失明。皮肤接触引起灼伤。口服中毒出现腹痛、胸口痛、呼吸困难、呕吐、一时性运动和感觉障碍、体温升高等。个别病例出现视力障碍、癫痫样痉挛、轻瘫。长期接触本品可致接触性皮炎。

(7) 环境危害 对水生生物有害。

4. 急救措施

(1) 吸入 迅速脱离现场至空气新鲜处。保持呼吸道通畅。如呼吸困难，给输氧。如呼吸、心跳停止，立即进行心肺复苏术。就医。

(2) 皮肤接触 立即脱去污染的衣着，用大量流动清水彻底冲洗至少15min。就医。

(3) 眼睛接触 立即分开眼睑，用流动清水或生理盐水彻底冲洗5～10min。就医。

(4) 食入 用水漱口，禁止催吐。给饮牛奶或蛋清。就医。

(5) 对保护施救者的忠告 根据需要使用个人防护设备。

(6) 对医生的特别提示 对症处理。

5. 消防措施

(1) 灭火剂 本品不燃。根据着火原因选择适当灭火剂灭火。

(2) 特别危险性 本身不燃，但能与可燃物反应放出大量热量和氧气而引起着火爆炸。过氧化氢在pH为3.5～4.5时最稳定；在碱性溶液中极易分解；在遇强光，特别是短波射线照射时也能发生分解。当加热到100℃以上时，开始急剧分解。它与许多有机物如糖、淀粉、醇类、石油产品等形成爆炸性混合物，在撞击、受热或电火花作用下能发生爆炸。过氧化氢与许多无机化合物或杂质接触后会迅速分解而导致爆炸，放出大量的热量、氧和水蒸气。大多数重金属（如铁、铜、银、铅、汞、锌、钴、镍、铬、锰等）及其氧化物和盐类都是活性催化剂，尘土、香烟灰、碳粉、铁锈等也能加速分解。浓度超过74%的过氧化氢，在具有适当的点火源或温度的密闭容器中，能产生气相爆炸。

(3) 灭火注意事项及防护措施 消防人员须戴好防毒面具，在安全距离以外，在上风向灭火。尽可能将容器从火场移至空旷处。喷水保持火场容器冷却，直至灭火结束。容器突然发出异常声音或出现异常现象，应立即撤离。禁止用砂土压盖。

6. 泄漏应急处理

(1) 作业人员防护措施、防护装备和应急处置程序 根据液体流动和蒸气扩散的影响区域划定警戒区，无关人员从侧风、上风向撤离至安全区。建议应急处理人员戴正压自给式呼吸器，穿防腐蚀、防毒服，戴氯丁橡胶手套。远离易燃、可燃物（如木材、纸张、油品等）。尽可能切断泄漏源。

(2) 环境保护措施

① 小量泄漏 用砂土、蛭石或其他惰性材料吸收。也可以用大量水冲洗，洗水稀释后放入废水系统。

② 大量泄漏 构筑围堤或挖坑收容。喷雾状水冷却和稀释蒸气，保护现场人员，把泄漏物稀释成不燃物。用泵转移至槽车或专用收集器内。

(3) 泄漏化学品的收容、清除方法及所使用的处置材料 防止泄漏物进入水体、下水道、地下室或有限空间。

7. 操作处置与储存

(1) 操作注意事项 密闭操作，全面通风。操作人员必须经过专门培训，严格遵守操作规程。建议操作人员佩戴自吸过滤式防毒面具（全面罩），穿聚乙烯防毒服，戴氯丁橡胶手套。远离火种、热源。工作场所严禁吸烟。远离易燃、可燃物。防止蒸气泄漏到工作场所空气中。避免与还原剂、活性金属粉末接触。搬运时要轻装轻卸，防止包装及容器损坏。配备相应品种和数量的消防器材及泄漏应急处理设备。倒空的容器可能残留有害物。

(2) 储存注意事项 储存于阴凉、干燥、通风良好的专用库房内。远离火种、热源，库温不超过30℃，相对湿度不超过80%。保持容器密封。应与易（可）燃物、还原剂、活性金属粉末等分开存放，切忌混储。储区应备有泄漏应急处理设备和合适的收容材料。

8. 理化特性

（1）外观与性状　无色透明液体，有微弱的特殊气味。

（2）熔点（℃）　−0.4。

（3）沸点（℃）　150.2。

（4）相对密度（水=1）　1.46（无水）。

（5）相对蒸气密度（空气=1）　1。

（6）饱和蒸气压（kPa）　0.67（30℃）。

（7）临界压力（MPa）　20.99。

（8）辛醇/水分配系数　−1.36。

（9）溶解性　溶于水、乙醇、乙醚，不溶于苯、石油醚。

9. 稳定性和反应性

（1）稳定性　不稳定。

（2）危险反应　与强还原剂、易燃或可燃等禁配物接触，有发生火灾和爆炸的危险。

（3）避免接触的条件　强光、受热、撞击。

（4）禁配物　易燃或可燃物、强还原剂、铜、铁、铁盐、锌、活性金属粉末。

（5）危险的分解产物　氧气、水。

10. 废弃处置

（1）废弃化学品　经水稀释后，发生分解放出氧气，待充分分解后，把废液排入废水系统。

（2）污染包装物　将容器返还生产商或按照国家和地方法规处置。

（3）废弃注意事项　处置前应参阅国家和地方有关法规。

11. 运输信息

（1）联合国危险货物编号（UN号）　2014（20%≤含量<40%）；2015（含量≥40%）。

（2）联合国运输名称　过氧化氢水溶液（20%≤含量<40%）；过氧化氢，稳定的或过氧化氢水溶液，稳定的（含量≥40%）。

（3）联合国危险性类别　5.1，8。

（4）包装类别　Ⅰ类包装（含量≥40%）；Ⅱ类包装（20%≤含量<40%）。

（5）运输注意事项　双氧水应添加足够的稳定剂。含量≥40%的双氧水，运输时须经主管部门批准。双氧水限用全钢棚车按规定办理运输。试剂包装（含量<40%），可以按零担办理。设计的桶、罐、箱，须包装试验合格，并经主管部门批准；含量≤3%的双氧水，可按普通货物条件运输。运输时单独装运，运输过程中要确保容器不泄漏、不倒塌、不坠落、不损坏。严禁与酸类、易燃物、有机物、还原剂、自燃物品、遇湿易燃物品等并车混运。运输时车速不宜过快，不得强行超车。公路运输时要按规定路线行驶，运输车辆应配备泄漏应急处理设备。运输车辆装卸前后，均应彻底清扫、洗净，严禁混入有机物、易燃物等杂质。

九、碳化钙

1. 化学品标识

（1）中文名称　碳化钙；电石。

（2）英文名称　calcium carbide；acetylenogen。

（3）分子式　CaC_2。

（4）相对分子质量 64.10。

（5）CAS号 75-20-7。

（6）化学品的推荐及限制用途 是重要的基本化工原料，主要用于产生乙炔气、氰氨化钙，也用于有机合成等。

2. 成分/组成信息

组分：碳化钙。

3. 危险性概述

（1）紧急情况概述 遇水放出可自燃的易燃气体。

（2）GHS危险性类别 遇水放出易燃气体的物质和混合物，类别1。

（3）危险性说明 遇水放出可自燃的易燃气体。

（4）防范说明

① 预防措施 因与水发生剧烈反应和可能发生爆燃，应避免与水接触。在惰性气体中操作。防潮。戴防护手套、防护眼镜、防护面罩。

② 事故响应 火灾时，使用干燥石墨粉或其他干粉灭火。擦掉皮肤上的微粒，将接触部位浸入冷水中，用湿绷带包扎。

③ 安全储存 在干燥处和密闭的容器中储存。

④ 废弃处置 本品及内装物、容器依据国家和地方法规处置。

（5）物理和化学危险 遇水剧烈反应，产生高度易燃气体。

（6）健康危害 损害皮肤，引起皮肤瘙痒、炎症、“鸟眼”样溃疡、黑皮病。皮肤灼伤表现为创面长期不愈及慢性溃疡型。接触工人出现汗少、牙釉质损害、龋齿发病率增高。

（7）环境危害 对环境可能有害。

4. 急救措施

（1）吸入 迅速脱离现场至空气新鲜处。保持呼吸道通畅。如呼吸困难，给输氧。如呼吸、心跳停止，立即进行心肺复苏术。就医。

（2）皮肤接触 立即脱去污染的衣着，用流动清水彻底冲洗。就医。

（3）眼睛接触 立即分开眼睑，用流动清水或生理盐水彻底冲洗。就医。

（4）食入 漱口，饮水。就医。

（5）对保护施救者的忠告 根据需要使用个人防护设备。

（6）对医生的特别提示 对症处理。

5. 消防措施

（1）灭火剂 用干燥石墨粉或其他干粉灭火。

（2）特别危险性 遇水或湿气能迅速产生高度易燃的乙炔气体，在空气中达到一定的浓度时，可发生爆炸性灾害。与酸类物质能发生剧烈反应。

（3）灭火注意事项及防护措施 消防人员必须佩戴空气呼吸器、穿全身防火防毒服，在上风向灭火。尽可能将容器从火场移至空旷处。禁止用水、泡沫和酸碱灭火剂灭火。

6. 泄漏应急处理

（1）作业人员防护措施、防护装备和应急处置程序 严禁用水处理。隔离泄漏污染区，限制出入。消除所有点火源。建议应急处理人员戴防尘口罩，穿防酸碱服，戴橡胶手套。禁止接触或跨越泄漏物。尽可能切断泄漏源。保持泄漏物干燥。

（2）泄漏化学品的收容、清除方法及所使用的处置材料

① 小量泄漏 用干燥的砂土或其他不燃材料覆盖泄漏物，然后用塑料布覆盖，减少飞散、避免雨淋。

② 粉末泄漏　用塑料布或帆布覆盖泄漏物，减少飞散，保持干燥。在专家指导下清除。

7. 操作处置与储存

(1) 操作注意事项　密闭操作，全面排风。操作人员必须经过专门培训，严格遵守操作规程。建议操作人员佩戴自吸过滤式防尘口罩，戴化学安全防护眼镜，穿化学防护服，戴橡胶手套。避免产生粉尘。避免与酸类、醇类接触。尤其要注意避免与水接触。搬运时要轻装轻卸，防止包装及容器损坏。配备泄漏应急处理设备。倒空的容器可能残留有害物。

(2) 储存注意事项　储存于阴凉、干燥、通风良好的专用库房内，库房温度不超过32℃，相对湿度不超过75%。远离火种、热源。包装必须密封，切勿受潮。应与酸类、醇类等分开存放，切忌混储。储区应备有合适的材料收容泄漏物。

8. 理化特性

(1) 外观与性状　无色晶体，工业品为灰黑色块状物，断面为紫色或灰色。

(2) 熔点（℃）　2300。

(3) 相对密度（水=1）　2.22。

(4) 辛醇/水分配系数　−0.30。

(5) 自燃温度（℃）　>325。

9. 稳定性和反应性

(1) 稳定性　稳定。

(2) 危险反应　与水、醇类、酸类等禁配物接触生成乙炔，有发生火灾和爆炸的危险。

(3) 避免接触的条件　潮湿空气。

(4) 禁配物　水、醇类、酸类。

10. 废弃处置

(1) 废弃化学品　根据国家和地方有关法规的要求处置。或与制造商联系，确定处置方法。

(2) 污染包装物　将容器返还生产商或按照国家和地方法规处置。

(3) 废弃注意事项　把倒空的容器归还厂商或在规定场所掩埋。

11. 运输信息

(1) 联合国危险货物编号（UN号）　1402。

(2) 联合国运输名称　碳化钙。

(3) 联合国危险性类别　4.3。

(4) 包装类别　Ⅰ类包装。

(5) 运输注意事项　运输时铁桶禁止倒置。桶内充有氮气时，应在包装上标明，并在货物运单上注明。运输时运输车辆应配备相应品种和数量的消防器材及泄漏应急处理设备。装运本品的车辆排气管须有阻火装置。运输过程中要确保容器不泄漏、不倒塌、不坠落、不损坏。严禁与酸类、醇类等混装混运。运输途中应防曝晒、雨淋，防高温。中途停留时应远离火种、热源。运输用车、船必须干燥，并有良好的防雨设施。车辆运输完毕应进行彻底清扫。铁路运输时要禁止溜放。

十、甲苯

1. 化学品标识

(1) 中文名称　甲苯；甲基苯。

(2) 英文名称　methylbenzene；toluene。

(3) 分子式　C_7H_8。

（4）相对分子质量　92.15。

（5）CAS号　108-88-3。

（6）化学品的推荐及限制用途　用作汽油添加剂及作为生产甲苯衍生物、炸药、染料中间体、药物等的主要原料。

2. 成分/组成信息

组分：甲苯。

3. 危险性概述

（1）紧急情况概述　高度易燃液体和蒸气，可能引起昏昏欲睡或眩晕，吞咽及进入呼吸道可能致命。

（2）GHS危险性类别　易燃液体，类别2；皮肤腐蚀/刺激，类别2；生殖毒性，类别2；特异性靶器官毒性-一次接触，类别3（麻醉效应）；特异性靶器官毒性-反复接触，类别2；吸入危害，类别1；危害水生环境-急性危害，类别2；危害水生环境-长期危害，类别3。

（3）危险性说明　高度易燃液体和蒸气。造成皮肤刺激，怀疑对生育力或胎儿造成伤害，可能引起昏昏欲睡或眩晕，长时间或反复接触可能对器官造成损伤，吞咽及进入呼吸道可能致命，对水生生物有害并具有长期持续影响。

（4）防范说明

① 预防措施　远离热源、火花、明火、热表面。禁止吸烟。保持容器密闭。容器和接收设备接地连接。使用防爆电器、通风、照明设备。只能使用不产生火花的工具。采取防止静电措施。戴防护手套、防护眼镜、防护面罩。避免接触眼睛、皮肤，操作后彻底清洗。得到专门指导后操作。在阅读并了解所有安全预防措施之前，切勿操作。按要求使用个体防护装备。避免吸入蒸气、雾。禁止排入环境。

② 事故响应　火灾时，使用泡沫、干粉、二氧化碳、砂土灭火。如皮肤（或头发）接触：立即脱掉所有被污染的衣服，用大量肥皂水和水清洗，如发生皮肤刺激，就医。被污染的衣服经洗净后方可重新使用。如果接触或有担心，就医。

③ 安全储存　存放在通风良好的地方。保持低温。上锁保管。

④ 废弃处置　本品及内装物、容器依据国家和地方法规处置。

（5）物理和化学危险　高度易燃，其蒸气与空气混合，能形成爆炸性混合物。

（6）健康危害　对皮肤、黏膜有刺激性，对中枢神经系统有麻醉作用。急性中毒：短时间内吸入较高浓度本品表现为中枢神经系统麻醉作用，出现头晕、头痛、恶心、呕吐、胸闷、四肢无力、步态蹒跚、意识模糊。重症者可有躁动、抽搐、昏迷。呼吸道和眼结膜可有明显刺激症状。液体吸入肺内可引起肺炎，肺水肿和肺出血。可出现明显的心脏损害。液态本品吸入呼吸道可引起吸入性肺炎。慢性影响：长期接触可发生神经衰弱综合征、肝肿大、女工月经异常等。皮肤干燥、皲裂、皮炎。

（7）环境危害　对水生生物有害并具有长期持续影响。

4. 急救措施

（1）吸入　迅速脱离现场至空气新鲜处。保持呼吸道通畅。如呼吸困难，给吸氧。如呼吸、心跳停止，立即进行心肺复苏术。就医。

（2）皮肤接触　立即脱去污染衣着，用肥皂水或清水彻底冲洗。就医。

（3）眼睛接触　分开眼睑，用清水或生理盐水冲洗。就医。

（4）食入　漱口，饮水。禁止催吐。就医。

（5）对保护施救者的忠告　根据需要使用个人防护设备。

（6）对医生的特别提示　对症处理。

5. 消防措施

（1）灭火剂 用泡沫、干粉、二氧化碳、砂土灭火。

（2）特别危险性 与氧化剂能发生强烈反应。流速过快，容易产生和积聚静电。蒸气比空气重，沿地面扩散并易积存于低洼处，遇火源会着火回燃。燃烧生成有害的一氧化碳。

（3）灭火注意事项及防护措施 消防人员必须佩戴空气呼吸器、穿全身防火防毒服，在上风向灭火。喷水冷却容器，尽可能将容器从火场移至空旷处。容器突然发出异常声音或出现异常现象，应立即撤离。

6. 泄漏应急处理

（1）作业人员防护措施、防护装备和应急处置程序 消除所有点火源。根据液体流动和蒸气扩散的影响区域划定警戒区，无关人员从侧风、上风向撤离至安全区。建议应急处理人员戴正压自给式呼吸器，穿防毒、防静电服，戴橡胶耐油手套。作业时使用的所有设备应接地。禁止接触或跨越泄漏物。尽可能切断泄漏源。

（2）环境保护措施 防止泄漏物进入水体、下水道、地下室或有限空间。

（3）泄漏化学品的收容、清除方法及所使用的处置材料

① 小量泄漏 用砂土或其他不燃材料吸收，使用洁净的无火花工具收集吸收材料。

② 大量泄漏 构筑围堤或挖坑收容。用砂土、惰性物质或蛭石吸收大量液体。用泡沫覆盖，减少蒸发。喷水雾能减少蒸发，但不能降低泄漏物在有限空间内的易燃性。用防爆泵转移至槽车或专用收集器内。

7. 操作处置与储存

（1）操作注意事项 密闭操作，加强通风。操作人员必须经过专门培训，严格遵守操作规程。建议操作人员佩戴自吸过滤式防毒面具（半面罩），戴化学安全防护安全眼镜，穿防毒物渗透工作服，戴橡胶耐油手套。远离火种、热源。工作场所严禁吸烟。使用防爆型的通风系统和设备。防止蒸气泄漏到工作场所空气中。避免与氧化剂接触。灌装时应控制流速，且有接地装置，防止静电积聚。搬运时要轻装轻卸，防止包装及容器损坏。配备相应品种和数量的消防器材及泄漏应急处理设备。倒空的容器可能残留有害物。

（2）储存注意事项 储存于阴凉、通风的库房。远离火种、热源。库温不宜超过 37℃。保持容器密封。应与氧化剂分开存放，切忌混储。采用防爆型照明、通风设施。禁止使用易产生火花的机械设备和工具。储区应备有泄漏应急处理设备和合适的收容材料。

8. 理化特性

（1）外观与性状 无色透明液体，有类似苯的芳香气味。

（2）熔点（℃） －94.9。

（3）沸点（℃） 110.6。

（4）相对密度（水＝1） 0.87。

（5）相对蒸气密度（空气＝1） 3.14。

（6）饱和蒸气压（kPa） 3.8（25℃）。

（7）燃烧热（kJ/mol） －3910.3。

（8）临界温度（℃） 318.6。

（9）临界压力（MPa） 4.11。

（10）辛醇/水分配系数 2.73。

（11）闪点（℃） 4（CC）；16（OC）。

（12）自燃温度（℃） 480。

（13）爆炸下限（%） 1.1。

(14) 爆炸上限(%) 7.1。

(15) 黏度(mPa·s) 0.56(25℃)。

(16) 溶解性 不溶于水，可混溶于苯、乙醇、乙醚、氯仿等多数有机溶剂。

9. 稳定性和反应性

(1) 稳定性 稳定。

(2) 危险反应 与强氧化剂等禁配物接触，有发生火灾和爆炸的危险。

(3) 禁配物 强氧化剂、酸类、卤素等。

10. 废弃处置

(1) 废弃化学品 用焚烧法处置。

(2) 污染包装物 将容器返还生产商或按照国家和地方法规处置。

(3) 废弃注意事项 把倒空的容器归还厂商或在规定场所掩埋。

11. 运输信息

(1) 联合国危险货物编号(UN号) 1294。

(2) 联合国运输名称 甲苯。

(3) 联合国危险性类别 3。

(4) 包装类别 Ⅱ类包装。

(5) 运输注意事项 本品铁路运输时限使用钢制企业自备罐车装运，装运前需报有关部门批准。运输时运输车辆应配备相应品种和数量的消防器材及泄漏应急处理设备。夏季最好早晚运输。运输时所用的槽(罐)车应有接地链，槽内可设孔隔板以减少震荡产生的静电。严禁与氧化剂、食用化学品等混装混运。运输途中应防曝晒、雨淋，防高温。中途停留时应远离火种、热源、高温区。装运该物品的车辆排气管必须配备阻火装置，禁止使用易产生火花的机械设备和工具装卸。公路运输时要按规定路线行驶，勿在居民区和人口稠密区停留。铁路运输时要禁止溜放。严禁用木船、水泥船散装运输。

十一、甲醇

1. 化学品标识

(1) 中文名称 甲醇；木精。

(2) 英文名称 methyl alcohol；methanol；wood spirits。

(3) 分子式 CH_4O。

(4) 相对分子质量 32.0。

(5) CAS号 67-56-1。

(6) 化学品的推荐及限制用途 主要用于制甲醛、香精、染料、医药、火药，也用作防冻剂、溶剂等。

2. 成分/组成信息

组分：甲醇。

3. 危险性概述

(1) 紧急情况概述 高度易燃液体和蒸气，吞咽会中毒，皮肤接触会中毒，吸入会中毒。

(2) GHS危险性类别 易燃液体，类别2；急性毒性-经口，类别3；急性毒性-经皮，类别3；急性毒性-吸入，类别3；特异性靶器官毒性--次接触，类别1。

(3) 危险性说明 高度易燃液体和蒸气，吞咽会中毒，皮肤接触会中毒，吸入会中毒，对器官造成损害。

（4）防范说明

① 预防措施　远离热源、火花、明火、热表面。禁止吸烟。保持容器密闭。容器和接收设备接地连接。使用防爆电器、通风、照明设备。只能使用不产生火花的工具。采取防止静电措施。戴防护手套、防护眼镜、防护面罩、穿防护服。避免接触眼睛、皮肤，操作后彻底清洗。作业场所不得进食、饮水或吸烟。避免吸入蒸气、雾，仅在室外或通风良好处操作。

② 事故响应　火灾时，使用抗溶性泡沫、干粉、二氧化碳、砂土灭火。如吸入：将患者转移到空气新鲜处，休息，保持利于呼吸的体位。如皮肤（或头发）接触：立即脱掉所有被污染的衣服，用大量肥皂水和水冲洗。被污染的衣服须经洗净后方可重新使用。如感觉不适，呼叫中毒控制中心或就医。食入：漱口，立即呼叫中毒控制中心或就医。如果接触：立即呼叫中毒控制中心或就医。

③ 安全储存　存放在通风良好的地方。保持低温。保持容器密闭。上锁保管。

④ 废弃处置　本品及内装物、容器依据国家和地方法规处置。

（5）物理和化学危险　高度易燃，其蒸气与空气混合，能形成爆炸性混合物。

（6）健康危害　急性中毒：大多数为饮用掺有甲醇的酒或饮料所致口服中毒。短期内吸入高浓度甲醇蒸气或容器破裂泄漏经皮肤吸收大量甲醇溶液亦可引起急性或亚急性中毒。中枢神经系统损害轻者表现为头痛、眩晕、乏力、嗜睡和轻度意识等，重者出现昏迷和癫痫样抽搐。少数严重口服中毒者在急性期或恢复期可有锥体外系损害或帕金森综合征的表现。眼部最初表现为眼前黑影、飞雪感、闪光感、视物模糊、眼球疼痛、畏光、幻视等。重者视力急剧下降，甚至失明。视神经损害严重者可出现视神经萎缩。引起代谢性酸中毒。高浓度对眼和上呼吸道轻度刺激症状。口服中毒者恶心、呕吐和上腹部疼痛等胃肠道症状较明显，并发急性胰腺炎的比例较高，少数可伴有心、肝、肾损害。慢性中毒：主要为神经系统症状，有头晕、无力、眩晕、震颤性麻痹及视神经损害。皮肤反复接触甲醇溶液，可引起局部脱脂和皮炎。

（7）环境危害　对环境可能有害。

4. 急救措施

（1）吸入　迅速脱离现场至空气新鲜处。保持呼吸道通畅。如呼吸困难，给输氧。如呼吸、心跳停止，立即进行心肺复苏术。就医。

（2）皮肤接触　立即脱去污染的衣着，用流动清水彻底冲洗。就医。

（3）眼睛接触　立即分开眼睑，用流动清水或生理盐水彻底冲洗。就医。

（4）食入　饮适量温水，催吐（仅限于清醒者）。就医。

（5）对保护施救者的忠告　根据需要使用个人防护设备。

（6）对医生的特别提示　给予乙醇。

5. 消防措施

（1）灭火剂　用抗溶性泡沫、干粉、二氧化碳、砂土灭火。

（2）特别危险性　在火场中，受热的容器有爆炸危险。蒸气比空气重，沿地面扩散并易积存于低洼处，遇火源会着火回燃。燃烧生成有害的一氧化碳。

（3）灭火注意事项及防护措施　消防人员须佩戴防毒面具、穿全身消防服，在上风向灭火，尽可能将容器从火场移至空旷处。喷水保持火场容器冷却，直至灭火结束。容器突然发出异常声音或出现异常现象，应立即撤离。

6. 泄漏应急处理

（1）作业人员防护措施、防护装备和应急处置程序　消除所有点火源。根据液体流动和蒸气扩散的影响区域划定警戒区，无关人员从侧风、上风向撤离至安全区。建议应急处理人员戴正压自给式呼吸器，穿防毒、防静电服，戴橡胶手套。作业时使用的所有设备应接地，禁止接触或跨越泄漏物。尽可能切断泄漏源。

(2) 环境保护措施　防止泄漏物进入水体、下水道、地下室或有限空间。

(3) 泄漏化学品的收容、清除方法及所使用的处置材料

① 小量泄漏　用砂土或其他不燃材料吸收，用洁净的无火花工具收集吸收材料。

② 大量泄漏　构筑围堤或挖坑收容，用抗溶性泡沫覆盖，减少蒸发。喷水雾能减少蒸发，但不能降低泄漏物在有限空间内的易燃性。用防爆泵转移至槽车或专用收集器内。喷雾状水驱散蒸气、稀释液体泄漏物。

7. 操作处置与储存

(1) 操作注意事项　密闭操作，加强通风。操作人员必须经过专门培训，严格遵守操作规程。建议操作人员佩戴过滤式防毒面具（半面罩），戴化学安全防护眼镜，穿防静电工作服，戴橡胶手套。远离火种、热源。工作场所严禁吸烟。使用防爆型的通风系统和设备。防止蒸气泄漏到工作场所空气中。避免与氧化剂、酸类、碱金属接触。灌装时应控制流速，且有接地装置，防止静电积聚。配备相应品种和数量的消防器材及泄漏应急处理设备。倒空的容器可能残留有害物。

(2) 储存注意事项　储存于阴凉、通风良好的专用库房内，远离火种、热源。库温不宜超过37℃。保持容器密封。应与氧化剂、酸类、碱金属等分开存放，切忌混储。采用防爆型照明、通风设施。禁止使用易产生火花的机械设备和工具。储区应备有泄漏应急处理设备和合适的收容材料。

8. 理化特性

(1) 外观与性状　无色透明液体，有刺激性气味。

(2) 熔点（℃）　－97.8。

(3) 沸点（℃）　64.7。

(4) 相对密度（水＝1）　0.79。

(5) 相对蒸气密度（空气＝1）　1.1。

(6) 饱和蒸气压（kPa）　12.3（20℃）。

(7) 燃烧热（kJ/mol）　－723。

(8) 临界压力（MPa）　7.95。

(9) 临界温度（℃）　240。

(10) 辛醇/水分配系数　－0.82～－0.77。

(11) 闪点（℃）　12（CC）；12.2（OC）

(12) 自燃温度（℃）　464。

(13) 爆炸下限（%）　6。

(14) 爆炸上限（%）　36.5。

(15) 黏度（mPa·s）　0.544（25℃）。

(16) 溶解性　溶于水，可混溶于醇类、乙醚等多数有机溶剂。

9. 稳定性和反应性

(1) 稳定性　稳定。

(2) 危险反应　与强氧化剂等禁配物接触，有发生火灾和爆炸的危险。

(3) 禁配物　酸类、酸酐、强氧化剂、碱金属。

10. 废弃处置

（1）废弃化学品　用焚烧法处置。

（2）污染包装物　将容器返还生产商或按照国家和地方法规处置。

（3）废弃注意事项　把倒空的容器归还厂商或在规定场所掩埋。

11. 运输信息

（1）联合国危险货物编号（UN 号）　1230。

（2）联合国运输名称　甲醇。

（3）联合国危险性类别　3，6.1。

（4）包装类别　Ⅱ类包装。

（5）运输注意事项　本品铁路运输时限使用钢制企业自备罐车装运，装运前需报有关部门批准。运输时运输车辆应配备相应品种和数量的消防器材及泄漏应急处理设备。夏季最好早晚运输，运输时所用的槽（罐）车应有接地链，槽内可设孔隔板以减少震荡产生静电。严禁与氧化剂、酸类、碱金属、食用化学品等混装混运。运输途中应防曝晒、雨淋，防高温，中途停留时应远离火种、热源、高温区。装运该物品的车辆排气管必须配备阻火装置，禁止使用易产生火花的机械设备和工具装卸。公路运输时要按规定路线行驶，勿在居民区和人口稠密区停留。铁路运输时要禁止溜放，严禁用木船、水泥船散装运输。

十二、乙酸

1. 化学品标识

（1）中文名称　乙酸；醋酸；冰醋酸。

（2）英文名称　acetic acid；glacial acetic acid；vinegar acid。

（3）分子式　$C_2H_4O_2$

（4）相对分子质量　60.06。

（5）CAS 号　64-19-7。

（6）化学品的推荐及限制用途　用于制造醋酸盐、醋酸纤维素、药物、颜料、酯类、塑料、香料等。

2. 成分/组成信息

组分：乙酸。

3. 危险性概述

（1）紧急情况概述　易燃液体和蒸气，造成严重的皮肤灼伤和眼损伤。

（2）GHS 危险性类别　易燃液体，类别 3；皮肤腐蚀/刺激，类别 1A；严重眼损伤/眼刺激，类别 1。

（3）危险性说明　易燃液体和蒸气，造成严重的皮肤灼伤和眼损伤，造成严重眼损伤。

（4）防范说明

① 预防措施　远离热源、火花、明火、热表面。禁止吸烟。保持容器密闭。容器和接收设备接地连接。使用防爆电器、通风、照明设备。只能使用不产生火花的工具。采取防止静电措施。避免吸入烟雾。避免接触眼睛、皮肤，操作后彻底清洗。戴防护手套，穿防护服，戴防护眼镜、防护面罩。

② 事故响应　火灾时，使用雾状水、抗溶性泡沫、干粉、二氧化碳灭火。如吸入：将患者转移到空气新鲜处，休息，保持利于呼吸的体位，立即呼叫中毒控制中心或就医。如皮肤（或头发）接触：立即脱掉所有被污染的衣服，用水冲洗皮肤、淋浴。污染的衣服须洗净后方可重新使用。眼睛接触：用水细心冲洗数分钟。如戴隐形眼镜并可方便地取出，则取出

隐形眼镜继续冲洗。食入：漱口，不要催吐。

③ 安全储存　存放在通风良好的地方。保持低温。上锁保管。

④ 废弃处置　本品及内装物、容器依据国家和地方法规处置。

(5) 物理和化学危险　易燃，其蒸气与空气混合，能形成爆炸性混合物。

(6) 健康危害　吸入本品蒸气对鼻、喉和呼吸道有刺激性。眼和皮肤接触可致灼伤。误服浓乙酸，口腔和消化道可产生糜烂，重者可因休克而致死。慢性影响：眼睑水肿、结膜充血、慢性咽炎和支气管炎。长期反复接触，可致皮肤干燥、脱脂和皮炎。

(7) 环境危害　对环境可能有害。

4. 急救措施

(1) 吸入　迅速脱离现场至空气新鲜处。保持呼吸道通畅。如呼吸困难，给输氧。如呼吸、心跳停止，立即进行心肺复苏术。就医。

(2) 皮肤接触　立即脱去污染的衣着，用大量流动清水彻底冲洗至少 15min。就医。

(3) 眼睛接触　立即分开眼睑，用流动清水或生理盐水彻底冲洗 5～10min。就医。

(4) 食入　用水漱口，禁止催吐。给饮牛奶或蛋清。就医。

(5) 对保护施救者的忠告　根据需要使用个人防护设备。

(6) 对医生的特别提示　对症处理。

5. 消防措施

(1) 灭火剂　用雾状水、抗溶性泡沫、干粉、二氧化碳灭火。

(2) 特别危险性　与铬酸、过氧化钠、硝酸或其他氧化剂接触，有爆炸危险。具有腐蚀性。燃烧生成有害的一氧化碳。

(3) 灭火注意事项及防护措施　消防人员必须穿全身耐酸碱消防服、佩戴空气呼吸器灭火。尽可能将容器从火场移至空旷处。喷水保持火场容器冷却，直至灭火结束。容器突然发出异常声音或出现异常现象，应立即撤离。

6. 泄漏应急处理

(1) 作业人员防护措施、防护装备和应急处置程序　消除所有点火源。根据液体流动和蒸气扩散的影响区域划定警戒区，无关人员从侧风、上风向撤离至安全区。建议应急处理人员戴正压自给式呼吸器，穿防静电、防腐蚀、防毒服，戴橡胶耐酸碱手套。作业时使用的所有设备应接地。禁止接触或跨越泄漏物。尽可能切断泄漏源。

(2) 环境保护措施　防止泄漏物进入水体、下水道、地下室或有限空间。

(3) 泄漏化学品的收容、清除方法及所使用的处置材料

① 小量泄漏　用砂土或其他不燃材料吸收，使用洁净的无火花工具收集吸收材料。

② 大量泄漏　构筑围堤或挖坑收容。用抗溶性泡沫覆盖，减少蒸发。喷水雾能减少蒸发，但不能降低泄漏物在有限空间的易燃性。用砂土、惰性物质或蛭石吸收大量液体。用稀苛性钠（NaOH）或苏打灰（Na_2CO_3）中和。用防爆、耐腐蚀泵转移至槽车或专用收集器内。

7. 操作处置与储存

(1) 操作注意事项　密闭操作，加强通风。操作人员必须经过专门培训，严格遵守操作规程。建议操作人员佩戴自吸过滤式防毒面具（半面罩），戴化学安全防护眼镜，穿防酸碱塑料工作服，戴橡胶耐酸碱手套。远离火种、热源。工作场所严禁吸烟。使用防爆型的通风系统和设备。防止蒸气泄漏到工作场所空气中。避免与氧化剂、碱类接触。搬运时要轻装轻卸，防止包装及容器损坏。配备相应品种和数量的消防器材及泄漏应急处理设备。倒空的容器可能残留有害物。

（2）储存注意事项 储存于阴凉、通风的库房。远离火种、热源。冻季应保持库温高于16℃，以防凝固。保持容器密封。应与氧化剂、碱类分开存放，切忌混储。采用防爆型照明、通风设施。禁止使用易产生火花的机械设备和工具。储区应备有泄漏应急处理设备和合适的收容材料。

8. 理化特性

（1）外观与性状 无色透明液体，有刺激性酸臭。

（2）pH 2.4（1.0mol/L水溶液）

（3）熔点（℃） 16.6。

（4）沸点（℃） 118.1（101.7kPa）。

（5）相对密度（水=1） 1.05（20℃）。

（6）相对蒸气密度（空气=1） 2.07。

（7）饱和蒸气压（kPa） 1.52（20℃）。

（8）临界压力（MPa） 5.78。

（9）临界温度（℃） 321.6。

（10）辛醇/水分配系数 −0.31～0.17。

（11）黏度（mPa·s） 1.22（25℃）。

（12）燃烧热（kJ/mol） −873.7。

（13）闪点（℃） 39（CC）；43（OC）。

（14）自燃温度（℃） 426。

（15）爆炸下限（%） 5.4。

（16）爆炸上限（%） 16.0。

（17）溶解性 溶于水、乙醇、乙醚、甘油，不溶于二硫化碳。

9. 稳定性和反应性

（1）稳定性 稳定。

（2）危险反应 与强氧化剂等禁配物接触，有发生火灾和爆炸的危险。

（3）禁配物 碱类、强氧化剂。

10. 废弃处置

（1）废弃化学品 用焚烧法处置。

（2）污染包装物 将容器返还生产商或按照国家和地方法规处置。

（3）废弃注意事项 处置前应参阅国家和地方有关法规。

11. 运输信息

（1）联合国危险货物编号（UN号） 2789。

（2）联合国运输名称 冰醋酸。

（3）联合国危险性类别 8，3。

（4）包装类别 Ⅱ类包装。

（5）运输注意事项 本品铁路运输时限使用铝制企业自备罐车装运，装运前需报有关部门批准。起运时包装要完整，装载应稳妥。运输过程中要确保容器不泄漏、不倒塌、不坠落、不损坏。运输时所用的槽（罐）车应有接地链，槽内可设孔隔板以减少震荡产生的静电。严禁与氧化剂、碱类、食用化学品等混装混运。运输时运输车辆应配备相应品种和数量的消防器材及泄漏应急处理设备。公路运输时要按规定路线行驶，勿在居民区和人口稠密区停留。

十三、1,2-二氯乙烷

1. 化学品名称

（1）中文名称　1,2-二氯乙烷；二氯乙烷（对称）。

（2）英文名称　1,2-dichloroethane；sym-dichloroethane。

（3）分子式　$C_2H_4Cl_2$。

（4）相对分子质量　98.96。

（5）CAS号　107-06-2。

（6）化学品的推荐及限制用途　用作蜡、脂肪、橡胶等的溶剂及谷物杀虫剂。

2. 成分/组成信息

组分：1,2-二氯乙烷。

3. 危险性概述

（1）紧急情况概述　高度易燃液体和蒸气，吞咽有害。

（2）GHS危险性类别　易燃液体，类别2；急性毒性-经口，类别4；严重眼损伤/眼刺激，类别2；特异性靶器官毒性-一次接触，类别3（呼吸道刺激）；危害水生环境-急性危害，类别3；危害水生环境-长期危害，类别3。

（3）危险性说明　高度易燃液体和蒸气，吞咽有害，造成严重眼刺激，可能引起呼吸道刺激，对水生生物有害并具有长期持续影响。

（4）防范说明

① 预防措施　远离热源、火花、明火、热表面。禁止吸烟。保持容器密闭。容器和接收设备接地连接。使用防爆电器、通风、照明设备。只能使用不产生火花的工具。采取防止静电措施。戴防护手套、防护眼镜、防护面罩。避免接触眼睛、皮肤，操作后彻底清洗。作业场所不得进食、饮水或吸烟。禁止排入环境。

② 事故响应　火灾时，使用泡沫、干粉、二氧化碳、砂土灭火。如皮肤（或头发）接触：立即脱掉所有被污染的衣服，用水冲洗皮肤，淋浴。如接触眼睛：用水细心冲洗数分钟。如戴隐形眼镜并可方便的取出，取出隐形眼镜继续冲洗。如果眼睛刺激持续：就医。食入：漱口。如果感觉不适，立即呼叫中毒控制中心或就医。

③ 安全储存　存放在通风良好的地方。保持低温。

④ 废弃处置　本品及内装物、容器依据国家和地方法规处置。

（5）物理和化学危险　高度易燃，其蒸气与空气混合，能形成爆炸性混合物。

（6）健康危害　本品毒作用的主要靶器官是中枢神经系统及肝、肾。麻醉作用尤为突出。对皮肤、黏膜和呼吸道有刺激作用。急性中毒：短期接触较高浓度二氯乙烷后可引起接触反应，出现头晕、头痛、乏力等中枢神经系统症状，可伴恶心、呕吐或眼及上呼吸道刺激症状，脱离接触后短时间消失。轻度中毒出现步态蹒跚、轻度意识障碍、轻度中毒性肝病、轻度中毒性肾病。重度中毒出现中度或重度意识障碍、癫痫大发作样抽搐、脑局灶受损表现（如小脑性共济失调等）、中度或重度中毒性肝病。吸入高浓度尚可引起肺水肿。慢性影响：长期接触可出现头痛、失眠、乏力、腹泻、咳嗽等，也可有肝损害、肾损害、肌肉震颤和眼球震颤。皮肤接触可引起干燥、皲裂和脱屑。

（7）环境危害　对水生生物有害并具有长期持续影响。

4. 急救措施

（1）吸入　迅速脱离现场至空气新鲜处。保持呼吸道通畅。如呼吸困难，给输氧。如呼吸、心跳停止，立即进行心肺复苏术。就医。

（2）皮肤接触　立即脱去污染的衣着，用流动清水彻底冲洗。就医。

（3）眼睛接触　立即分开眼睑，用流动清水或生理盐水彻底冲洗。就医。

（4）食入　漱口，饮水。就医。

（5）对保护施救者的忠告　根据需要使用个人防护设备。

（6）对医生的特别提示　对症处理。

5. 消防措施

（1）灭火剂　用泡沫、干粉、二氧化碳、砂土灭火。

（2）特别危险性　受高热分解产生有毒的腐蚀性烟气。与氧化剂接触发生反应，遇明火、高热易引起燃烧，并放出有毒气体。蒸气比空气重，沿地面扩散并易积存于低洼处，遇火源会着火回燃。燃烧生成有害的一氧化碳、氯化氢、光气。

（3）灭火注意事项及防护措施　消防人员必须佩戴空气呼吸器、穿全身防火防毒服，在上风向灭火。喷水冷却容器，尽可能将容器从火场移至空旷处。容器突然发出异常声音或出现异常现象，应立即撤离。

6. 泄漏应急处理

（1）作业人员防护措施、防护装备和应急处置程序　消除所有点火源。根据液体流动和蒸气扩散的影响区域划定警戒区，无关人员从侧风、上风向撤离至安全区。建议应急处理人员戴正压自给式呼吸器，穿防静电服，戴橡胶耐油手套。作业时使用的所有设备应接地。禁止接触或跨越泄漏物。尽可能切断泄漏源。

（2）环境保护措施　防止泄漏物进入水体、下水道、地下室或有限空间。

（3）泄漏化学品的收容、清除方法及所使用的处置材料

① 小量泄漏　用砂土或其他不燃材料吸收，使用洁净的无火花工具收集吸收材料。

② 大量泄漏　构筑围堤或挖坑收容。用泡沫覆盖，减少蒸发。喷水雾能减少蒸发，但不能降低泄漏物在有限空间内的易燃性。用防爆泵转移至槽车或专用收集器内。

7. 操作处置与储存

（1）操作注意事项　密闭操作，局部排风。操作人员必须经过专门培训，严格遵守操作规程。建议操作人员佩戴过滤式防毒面具（半面罩），戴化学安全防护眼镜，穿防静电工作服，戴橡胶耐油手套。远离火种、热源，工作场所严禁吸烟。使用防爆型的通风系统和设备。防止蒸气泄漏到工作场所空气中。避免与氧化剂、酸类、碱类接触。灌装时应控制流速，且有接地装置，防止静电积聚。搬运时要轻装轻卸，防止包装及容器损坏。配备相应品种和数量的消防器材及泄漏应急处理设备。倒空的容器可能残留有害物。

（2）储存注意事项　储存于阴凉、通风的库房。远离火种、热源。库温不宜超过37℃。保持容器密封。应与氧化剂、酸类、碱类、食用化学品分开存放，切忌混储。采用防爆型照明、通风设施。禁止使用易产生火花的机械设备和工具。储区应备有泄漏应急处理设备和合适的收容材料。

8. 理化特性

（1）外观与性状　无色或浅黄色透明液体，有类似氯仿的气味。

（2）熔点（℃）　−35.7。

（3）沸点（℃）　83.5。

（4）相对密度（水＝1）　1.26。

（5）相对蒸气密度（空气＝1）　3.42。

（6）饱和蒸气压（kPa）　13.33（29.4℃）。

（7）燃烧热（kJ/mol）　−1243.9。

（8）临界温度（℃） 290。

（9）临界压力（MPa） 5.36。

（10）辛醇/水分配系数 1.48。

（11）闪点（℃） 13（CC）。

（12）自燃温度（℃） 413。

（13）爆炸上限（%） 16.0。

（14）爆炸下限（%） 6.2。

（15）黏度（mPa·s） 0.84（20℃）。

（16）溶解性 微溶于水，可混溶于乙醇、乙醚、氯仿和多数普通溶剂。

9. 稳定性和反应性

（1）稳定性 稳定。

（2）危险反应 与强氧化剂等禁配物接触，有发生火灾和爆炸的危险。

（3）避免接触的条件 受热。

（4）禁配物 强氧化剂、酸类、碱类。

（5）危险的分解产物 氯化氢。

10. 废弃处置

（1）废弃化学品 用焚烧法处置。与燃料混合后，再焚烧。焚烧炉排出的气体通过洗涤器除去。

（2）污染包装物 将容器返还生产商或按照国家和地方法规处置。

（3）废弃注意事项 处置前应参阅国家和地方有关法规。把倒空的容器归还厂商或在规定场所掩埋。

11. 运输信息

（1）联合国危险货物编号（UN 号） 1184。

（2）联合国运输名称 二氯化乙烯。

（3）联合国危险性类别 3，6.1。

（4）包装类别 Ⅱ类包装。

（5）运输注意事项 运输时运输车辆应配备相应品种和数量的消防器材及泄漏应急处理设备。夏季最好早晚运输。运输时所用的槽（罐）车应有接地链，槽内可设孔隔板以减少震荡产生静电。严禁与氧化剂、酸类、碱类、食用化学品等混装混运。运输途中应防曝晒、雨淋，防高温。中途停留时应远离火种、热源、高温区。装运该物品的车辆排气管必须配备阻火装置，禁止使用易产生火花的机械设备和工具装卸。公路运输时要按规定路线行驶，勿在居民区和人口稠密区停留。铁路运输时要禁止溜放。严禁用木船、水泥船散装运输。

十四、乙炔

1. 化学品标识

（1）中文名称 乙炔；电石气。

（2）英文名称 acetylene；ethyne。

（3）分子式 C_2H_2。

（4）相对分子质量 26.04。

（5）CAS 号 74-86-2。

（6）化学品的推荐及限制用途 是有机合成的重要原料之一。亦是合成橡胶、合成纤维和塑料的单体，也用于氧炔焊割。

2. 成分/组成信息

组分：乙炔。

3. 危险性概述

（1）紧急情况概述　极易燃气体，无空气也可能迅速反应。内装加压气体：遇热可能爆炸。

（2）GHS危险性类别　易燃气体，类别1；化学不稳定性气体，类别A；加压气体。

（3）危险性说明　极易燃气体，无空气也可能迅速反应。内装加压气体：遇热可能爆炸。

（4）防范说明

① 预防措施　远离热源、火花、明火、热表面。禁止吸烟。在阅读和明了所有安全措施前切勿搬动。

② 事故响应　漏气着火：切勿灭火，除非漏气能够安全地制止。如果没有危险，消除一切点火源。

③ 安全储存　防日晒。存放在通风良好的地方。

（5）物理和化学危险　极易燃，与空气混合能形成爆炸性混合物。

（6）健康危害　具有弱麻醉作用。高浓度吸入可引起单纯窒息。暴露于20%浓度时，出现明显缺氧症状；吸入高浓度，初期兴奋、多语、哭笑不安，后出现眩晕、头痛、恶心、呕吐、共济失调、嗜睡；严重者昏迷、发绀、瞳孔对光反射消失、脉弱而不齐。当混有磷化氢、硫化氢时，毒性增大，应予以注意。

（7）环境危害　对环境可能有害。

4. 急救措施

（1）吸入　迅速脱离现场至空气新鲜处。保持呼吸道通畅。如呼吸困难，给输氧。如呼吸、心跳停止，立即进行心肺复苏术。就医。

（2）对保护施救者的忠告　根据需要使用个人防护设备。

（3）对医生的特别提示　对症处理。

5. 消防措施

（1）灭火剂　用雾状水、泡沫、二氧化碳、干粉灭火。

（2）特别危险性　与氧化剂接触发生猛烈反应。经压缩或加热可造成剧烈爆炸。与氟、氯等接触会发生剧烈的化学反应。能与铜、银、汞等的化合物生成爆炸性物质。燃烧生成有害的一氧化碳。

（3）灭火注意事项及防护措施　切断气源。若不能切断气源，则不允许熄灭泄漏处的火焰。消防人员必须佩戴空气呼吸器、穿全身防火防毒服，在上风向灭火。尽可能将容器从火场移至空旷处。喷水保持火场容器冷却，直至灭火结束。

6. 泄漏应急处理

（1）作业人员防护措施、防护装备和应急处置程序　消除所有点火源。根据气体扩散的影响区域划定警戒区，无关人员从侧风、上风向撤离至安全区。建议应急处理人员戴正压自给式呼吸器，穿防静电服。作业时使用的所有设备应接地。尽可能切断泄漏源。若可能翻转容器，使之逸出气体而非液体。喷雾状水抑制蒸气或改变蒸气云流向，避免水流接触泄漏物。禁止用水直接冲击泄漏物或泄漏源。

（2）环境保护措施　防止气体通过下水道，通风系统和有限空间扩散。

（3）泄漏化学品的收容、清除方法及所使用的处置材料　隔离泄漏区直至气体散尽。

7. 操作处置与储存

（1）操作注意事项　密闭操作，全面通风。操作人员必须经过专门培训，严格遵守操作规程。建议操作人员穿防静电工作服。远离火种、热源，工作场所严禁吸烟。使用防爆型的通风系统和设备。防止气体泄漏到工作场所空气中。避免与氧化剂、酸类、卤素接触。在传送过程中，钢瓶和容器必须接地和跨接，防止产生静电。搬运时轻装轻卸，防止钢瓶及附件破损。配备相应品种和数量的消防器材及泄漏应急处理设备。

（2）储存注意事项　乙炔的包装法通常是溶解在溶剂及多孔物中，装入钢瓶内。储存于阴凉、通风的易燃气体专用库房。远离火种、热源。库温不宜超过30℃。应与氧化剂、酸类、卤素分开存放，切忌混储。采用防爆型照明、通风设施。禁止使用易产生火花的机械设备和工具。储区应备有泄漏应急处理设备。

8. 理化特性

（1）外观与性状　无色无味气体，工业品有使人不愉快的大蒜气味。

（2）熔点（℃）　−81.8（119kPa）。

（3）沸点（℃）　−83.8（升华）。

（4）相对密度（水=1）　0.62（−82℃）。

（5）相对蒸发密度（空气=1）　0.91。

（6）饱和蒸气压（kPa）　4460（20℃）。

（7）燃烧热（kJ/mol）　−1298.4。

（8）临界温度（℃）　35.2。

（9）临界压力（MPa）　6.19。

（10）辛醇/水分配系数　0.37。

（11）闪点（℃）　−18.15。

（12）自燃温度（℃）　305。

（13）爆炸上限（%）　82。

（14）爆炸下限（%）　2.5。

（15）溶解性　微溶于水，溶于乙醇、丙酮、氯仿、苯，混溶于乙醚。

9. 稳定性和反应性

（1）稳定性　稳定。

（2）危险反应　与强氧化剂等禁配物接触，有发生火灾和爆炸的危险。能与铜、银、汞等的化合物反应生成爆炸性物质。

（3）禁配物　强氧化剂、碱金属、碱土金属、重金属（尤其是铜）、重金属盐、卤素。

（4）危险的分解产物　碳、氢。

10. 废弃处置

（1）废弃化学品　建议用焚烧法处置。

（2）污染包装物　将容器返还生产商或按照国家和地方法规处置。

（3）废弃注意事项　处置前应参阅国家和地方有关法规。把空容器归还厂商。

11. 运输信息

（1）联合国危险货物编号（UN号）　1001（溶解）；3374（无溶剂）。

（2）联合国运输名称　溶解乙炔（溶解）；乙炔，无溶剂（无溶剂）。

（3）联合国危险性类别　2.1。

（4）运输注意事项　采用钢瓶运输时必须戴好钢瓶上的安全帽。钢瓶一般平放，并应将瓶口朝同一方向，不可交叉；高度不得超过车辆的防护栏板，并用三角木垫卡牢，防止滚动。运输时运输车辆应配备相应品种和数量的消防器材。装运该物品的车辆排气管必须配备阻火装置，禁止使用易产生火花的机械设备和工具装卸。严禁与氧化剂、酸类、卤素等混装混运。夏季应早晚运输，防止日光曝晒。中途停留时应远离火种、热源。公路运输时要按规定路线行驶，勿在居民区和人口稠密区停留。铁路运输时要禁止溜放。

十五、乙烯

1. 化学品标识

（1）中文名称　乙烯。

（2）英文名称　ethylene；ethene。

（3）分子式　C_2H_4。

（4）相对分子质量　28.06。

（5）CAS 号　74-85-1。

（6）化学品的推荐及限制用途　用于制聚乙烯、聚氯乙烯、醋酸等。

2. 成分/组成信息

组分：乙烯。

3. 危险性概述

（1）紧急情况概述　极易燃气体，内装加压气体：遇热可能爆炸，可能引起昏昏欲睡或眩晕。

（2）GHS 危险性类别　易燃气体，类别 1；加压气体；特异性靶器官毒性-一次接触，类别 3（麻醉效应）。

（3）危险性说明　极易燃气体，内装加压气体：遇热可能爆炸，可能引起昏昏欲睡或眩晕。

（4）防范说明

① 预防措施　远离热源、火花、明火、热表面。禁止吸烟。

② 事故响应　漏气着火：切勿灭火，除非漏气能够安全地制止。如果没有危险，消除一切点火源。

③ 安全储存　存放在通风良好的地方。防日晒。存放在通风良好的地方。

（5）物理和化学危险　极易燃，与空气混合能形成爆炸性混合物。

（6）健康危害　具有较强的麻醉作用。急性中毒：吸入高浓度乙烯可立即引起意识丧失，无明显的兴奋期，但吸入新鲜空气后，可很快苏醒。对眼及呼吸道黏膜有轻微刺激性。液态乙烯可致皮肤冻伤。慢性影响：长期接触，可引起头昏、全身不适、乏力、思维不集中。个别人有胃肠道功能紊乱。

（7）环境危害　对环境可能有害。

4. 急救措施

（1）吸入　迅速脱离现场至空气新鲜处。保持呼吸道通畅。如呼吸困难，给输氧。如呼吸、心跳停止，立即进行心肺复苏术。就医。

（2）皮肤接触　如发生冻伤，用温水 38～42℃复温，忌用热水或辐射热，不要揉搓。就医。

（3）对保护施救者的忠告　根据需要使用个人防护设备。

（4）对医生的特别提示　对症处理。

5. 消防措施

（1）灭火剂　用雾状水、泡沫、二氧化碳、干粉灭火。

（2）特别危险性　与氟、氯等接触会发生剧烈的化学反应。燃烧生成有害的一氧化碳。

（3）灭火注意事项及防护措施　切断气源。若不能切断气源，则不允许熄灭泄漏处的火焰。消防人员必须佩戴空气呼吸器、穿全身防火防毒服，在上风向灭火。尽可能将容器从火场移至空旷处。喷水保持火场容器冷却，直至灭火结束。

6. 泄漏应急处理

（1）作业人员防护措施、防护装备和应急处置程序　消除所有点火源。根据气体扩散的影响区域划定警戒区，无关人员从侧风、上风向撤离至安全区。建议应急处理人员戴正压自给式呼吸器，穿防静电服。作业时使用的所有设备应接地。尽可能切断泄漏源。若可能翻转容器，使之逸出气体而非液体。喷雾状水抑制蒸气或改变蒸气云流向，避免水流接触泄漏物。禁止用水直接冲击泄漏物或泄漏源。

（2）环境保护措施　防止气体通过下水道、通风系统和有限空间扩散。

（3）泄漏化学品的收容、清除方法及所使用的处置材料　隔离泄漏区直至气体散尽。

7. 操作处置与储存

（1）操作注意事项　密闭操作，全面通风。操作人员必须经过专门培训，严格遵守操作规程。建议操作人员穿防静电工作服。远离火种、热源。工作场所严禁吸烟。使用防爆型的通风系统和设备。防止气体泄漏到工作场所空气中。避免与氧化剂、卤素接触。在传送过程中，钢瓶和容器必须接地和跨接，防止产生静电。搬运时轻装轻卸，防止钢瓶及附件破损。配备相应品种和数量的消防器材及泄漏应急处理设备。

（2）储存注意事项　储存于阴凉、通风的易燃气体专用库房。远离火种、热源。库温不宜超过30℃。应与氧化剂、卤素分开存放，切忌混储。采用防爆型照明、通风设施。禁止使用易产生火花的机械设备和工具。储区应备有泄漏应急处理设备。

8. 理化特性

（1）外观与性状　无色气体，略具烃类特有的臭味。

（2）熔点（℃）　－169.4。

（3）沸点（℃）　－104。

（4）相对密度（水＝1）　0.61（0℃）。

（5）相对蒸气密度（空气＝1）　0.98。

（6）饱和蒸气压（kPa）　4083.40（0℃）。

（7）燃烧热（kJ/mol）　－1323.8。

（8）临界温度（℃）　9.6。

（9）临界压力（MPa）　5.07。

（10）辛醇/水分配系数　1.13。

（11）闪点（℃）　－135。

（12）自燃温度（℃）　450。

（13）爆炸下限（％）　2.7。

（14）爆炸上限（％）　36.0。

（15）黏度（mPa·s）　0.01（20℃）。

（16）溶解性　不溶于水，微溶于乙醇，溶于乙醚、丙酮、苯。

9. 稳定性和反应性

（1）稳定性　稳定。

（2）危险反应　与强氧化剂、卤素等禁配物接触，有发生火灾和爆炸的危险。

（3）禁配物　强氧化剂、强酸、氯化铝、金属氧化物、卤素等。

10. 废弃处置

（1）废弃化学品　建议用焚烧法处置。

（2）污染包装物　将容器返还生产商或按照国家和地方法规处置。

（3）废弃注意事项　处置前应参阅国家和地方有关法规。把空容器归还厂商。

11. 运输信息

（1）联合国危险货物编号（UN 号）　1962；1038（液化）。

（2）联合国运输名称　乙烯；冷冻液态乙烯（液化）。

（3）联合国危险性类别　2.1。

（4）运输注意事项　采用钢瓶运输时必须戴好钢瓶上的安全帽。钢瓶一般平放，并应将瓶口朝同一方向，不可交叉；高度不得超过车辆的防护栏板，并用三角木垫卡牢，防止滚动。运输时运输车辆应配备相应品种和数量的消防器材。装运该物品的车辆排气管必须配备阻火装置，禁止使用易产生火花的机械设备和工具装卸。严禁与氧化剂、卤素等混装混运。夏季应早晚运输，防止日光曝晒。中途停留时应远离火种、热源。公路运输时要按规定路线行驶，勿在居民区和人口稠密区停留。铁路运输时要禁止溜放。

十六、丙烯

1. 化学品标识

（1）中文名称　丙烯；甲基乙烯。

（2）英文名称　propylene；propene；methylethylene。

（3）分子式　C_3H_6。

（4）相对分子质量　42.09。

（5）CAS 号　115-07-1。

（6）化学品的推荐及限制用途　用于制丙烯腈、环氧丙烷、丙酮等。

2. 成分/组成信息

组分：丙烯。

3. 危险性概述

（1）紧急情况概述　极易燃气体，内装加压气体：遇热可能爆炸。

（2）GHS 危险性类别　易燃气体，类别 1；加压气体。

（3）危险性说明　极易燃气体，内装加压气体：遇热可能爆炸。

（4）防范说明

① 预防措施　远离热源、火花、明火、热表面。禁止吸烟。

② 事故响应　漏气着火：切勿灭火，除非漏气能够安全地制止。如果没有危险，消除一切点火源。

③ 安全储存　防日晒。存放在通风良好的地方。

（5）物理和化学危险　极易燃，与空气混合能形成爆炸性混合物。

（6）健康危害　本品为单纯窒息剂及轻度麻醉剂。眼和上呼吸道刺激症状有流泪、咳嗽、胸闷等。中枢神经系统抑制症状有注意力不集中、表情淡漠、感觉异常、呕吐、眩晕、四肢无力、步态蹒跚、肌张力和肌力下降、膝反射亢进等。可有食欲不振及肝酶异常。严重中毒时出现血压下降和心律失常。直接接触液态产品可引起冻伤。

（7）环境危害　对环境可能有害。

4. 急救措施

（1）吸入　迅速脱离现场至空气新鲜处。保持呼吸道通畅。如呼吸困难，给输氧。如呼吸、心跳停止，立即进行心肺复苏术。就医。

（2）皮肤接触　如发生冻伤，用温水 38～42℃复温，忌用热水或辐射热，不要揉搓。就医。

（3）眼睛接触　立即分开眼睑，用流动清水或生理盐水彻底冲洗。就医。

（4）对保护施救者的忠告　根据需要使用个人防护设备。

（5）对医生的特别提示　对症处理。

5. 消防措施

（1）灭火剂　用雾状水、泡沫、二氧化碳、干粉灭火。

（2）特别危险性　与二氧化氮、四氧化二氮、氧化二氮等激烈化合，与其他氧化剂接触发生剧烈反应。火场温度下易发生危险的聚合反应。气体比空气重，沿地面扩散并易积存于低洼处，遇火源会着火回燃。燃烧生成有害的一氧化碳。

（3）灭火注意事项及防护措施　切断气源。若不能切断气源，则不允许熄灭泄漏处的火焰。消防人员必须佩戴空气呼吸器、穿全身防火防毒服，在上风向灭火。尽可能将容器从火场移至空旷处。喷水保持火场容器冷却，直至灭火结束。

6. 泄漏应急处理

（1）作业人员防护措施、防护装备和应急处置程序　消除所有点火源。根据气体的影响区域划定警戒区，无关人员从侧风、上风向撤离至安全区。建议应急处理人员戴正压自给式呼吸器，穿防静电服。作业时使用的所有设备应接地。尽可能切断泄漏源。喷雾状水抑制蒸气或改变蒸气云流向，避免水流接触泄漏物。禁止用水直接冲击泄漏物或泄漏源。

（2）环境保护措施　防止气体通过下水道、通风系统和有限空间扩散。

（3）泄漏化学品的收容、清除方法及所使用的处置材料　隔离泄漏区直至气体散尽。

7. 操作处置与储存

（1）操作注意事项　密闭操作，全面通风。操作人员必须经过专门培训，严格遵守操作规程。远离火种、热源。工作场所严禁吸烟。使用防爆型的通风系统和设备。防止气体泄漏到工作场所空气中。避免与氧化剂、酸类接触。在传送过程中，钢瓶和容器必须接地和跨接，防止产生静电。搬运时轻装轻卸，防止钢瓶及附件破损。配备相应品种和数量的消防器材及泄漏应急处理设备。

（2）储存注意事项　储存于阴凉、通风的易燃气体专用库房。远离火种、热源。库温不宜超过 30℃。应与氧化剂、酸类分开存放，切忌混储。采用防爆型照明、通风设施。禁止使用易产生火花的机械设备和工具。储区应备有泄漏应急处理设备。

8. 理化特性

（1）外观与性状　无色、有烃类气味的气体。

（2）熔点（℃）　－185。

（3）沸点（℃）　－48。

（4）相对密度（水＝1）　0.5。

（5）相对蒸气密度（空气＝1）　1.5。

（6）饱和蒸气压（kPa）　1158（25℃）。

（7）燃烧热（kJ/mol）　－1927.26。

（8）临界温度（℃）　91.9。

（9）临界压力（MPa）　4.62。

（10）辛醇/水分配系数　1.77。

（11）闪点（℃）　－108。

(12) 自燃温度(℃) 460。

(13) 爆炸下限(%) 2.4。

(14) 爆炸上限(%) 10.3。

(15) 溶解性 微溶于水,溶于乙醇、乙醚。

9. 稳定性和反应性

(1) 稳定性 稳定。

(2) 危险反应 与强氧化剂等禁配物接触,有发生火灾和爆炸的危险。高热下易发生危险的聚合反应。

(3) 禁配物 强氧化剂、强酸、二氧化氮、四氧化二氮、氧化二氮。

10. 废弃处置

(1) 废弃化学品 建议用焚烧法处置。

(2) 污染包装物 将容器返还生产商或按照国家和地方法规处置。

(3) 废弃注意事项 处置前应参阅国家和地方有关法规。

11. 运输信息

(1) 联合国危险货物编号(UN号) 1077。

(2) 联合国运输名称 丙烯。

(3) 联合国危险性类别 2.1。

(4) 运输注意事项 本品铁路运输时限使用耐压液化气企业自备罐车装运,装运前需报有关部门批准。采用钢瓶运输时必须戴好钢瓶上的安全帽。钢瓶一般平放,并应将瓶口朝同一方向,不可交叉;高度不得超过车辆的防护栏板,并用三角木垫卡牢,防止滚动。运输时运输车辆应配备相应品种和数量的消防器材。装运该物品的车辆排气管必须配备阻火装置,禁止使用易产生火花的机械设备和工具装卸。严禁与氧化剂、酸类等混装混运。夏季应早晚运输,防止日光曝晒。中途停留时应远离火种、热源。公路运输时要按规定路线行驶,勿在居民区和人口稠密区停留。铁路运输时要禁止溜放。

十七、氯乙烯

1. 化学品标识

(1) 中文名称 氯乙烯;乙烯基氯。

(2) 英文名称 chloroethylene; vinyl chloride。

(3) 分子式 C_2H_3Cl。

(4) 相对分子质量 62.50。

(5) CAS号 75-01-4。

(6) 化学品的推荐及限制用途 用作塑料原料及用于有机合成,也用作冷冻剂等。

2. 成分/组成信息

组分:氯乙烯。

3. 危险性概述

(1) 紧急情况概述 极易燃气体,在高压和高温条件下,即使没有空气仍可能发生爆炸反应。内装加压气体:遇热可能爆炸。

(2) GHS危险性类别 易燃气体,类别1;化学不稳定性气体,类别B;加压气体;致癌性,类别1A。

(3) 危险性说明 极易燃气体,在高压和高温条件下,即使没有空气仍可能发生爆炸反应。内装加压气体:遇热可能爆炸,可能致癌。

（4）防范说明

① 预防措施　远离热源、火花、明火、热表面。禁止吸烟。得到专门指导后操作。在阅读并了解所有安全预防措施之前，切勿操作。按要求使用个体防护装备。

② 事故响应　漏气着火：切勿灭火，除非漏气能够安全地制止。如果没有危险，消除一切点火源。如果接触或有担心，就医。

③ 安全储存　防日晒。存放在通风良好的地方。上锁保管。

④ 废弃处置　本品及内装物、容器依据国家和地方法规处置。

（5）物理和化学危险　极易燃，与空气混合能形成爆炸性混合物。

（6）健康危害　急性毒性表现为麻醉作用；长期接触可引起氯乙烯病；本品为致癌物，可致肝血管肉瘤。急性中毒：轻度中毒时病人出现眩晕、胸闷、嗜睡、步态蹒跚等；严重中毒可发生昏迷、抽搐、呼吸循环衰竭，甚至造成死亡。皮肤接触氯乙烯液体可致冻伤，出现局部麻木，继之出现红斑、水肿，以致坏死。眼部接触有明显刺激症状。慢性中毒：表现为神经衰弱综合征、肝肿大、肝功能异常、消化功能障碍、雷诺现象及肢端溶骨症。重度中毒可引起肝硬化。皮肤经常接触，见干燥、皲裂，或引起丘疹、粉刺、手掌皮肤角化、指甲变薄等；有时偶见秃发。少数人出现硬皮病样改变。肝血管肉瘤系氯乙烯所致的一种恶性程度很高的职业性肿瘤，本症主要见于清釜工。

（7）环境危害　对环境可能有害。

4. 急救措施

（1）吸入　迅速脱离现场至空气新鲜处。保持呼吸道通畅。如呼吸困难，给输氧。如呼吸、心跳停止，立即进行心肺复苏术。就医。

（2）皮肤接触　如发生冻伤，用温水 38～42℃复温，忌用热水或辐射热，不要揉搓。就医。

（3）眼睛接触　立即分开眼睑，用流动清水或生理盐水彻底冲洗。就医。

（4）对保护施救者的忠告　根据需要使用个人防护设备。

（5）对医生的特别提示　对症处理。

5. 消防措施

（1）灭火剂　用雾状水、泡沫、二氧化碳灭火。

（2）特别危险性　燃烧或无抑制剂时可发生剧烈聚合。蒸气比空气重，沿地面扩散并易积存于低洼处，遇火源会着火回燃。燃烧生成有害的一氧化碳、氯化氢。

（3）灭火注意事项及防护措施　切断气源。若不能切断气源，则不允许熄灭泄漏处的火焰。消防人员必须佩戴空气呼吸器、穿全身防火防毒服，在上风向灭火。尽可能将容器从火场移至空旷处。喷水保持火场容器冷却，直至灭火结束。

6. 泄漏应急处理

（1）作业人员防护措施、防护装备和应急处置程序　消除所有点火源。根据气体扩散的影响区域划定警戒区，无关人员从侧风、上风向撤离安全区。建议应急处理人员戴正压自给式呼吸器、穿防静电服。液化气体泄漏时穿防静电服、防寒服，戴防化学品手套。作业时使用的所有设备应接地。尽可能切断泄漏源。若可能翻转容器，使之逸出气体而非液体。喷雾状水抑制蒸气或改变蒸气云流向，避免水流接触泄漏物。禁止用水直接冲击泄漏物或泄漏源。

（2）环境保护措施　防止气体通过下水道、通风系统和有限空间扩散。

（3）泄漏化学品的收容、清除方法及所使用的处置材料　隔离泄漏区直至气体散尽。

7. 操作处置与储存

(1) 操作注意事项 密闭操作，全面通风。操作人员必须经过专门培训，严格遵守操作规程。建议操作人员佩戴过滤式防毒面具（半面罩），戴化学安全防护眼镜，穿防静电工作服，戴防化学品手套。远离火种、热源。工作场所严禁吸烟。使用防爆型的通风系统和设备。防止气体泄漏到工作场所空气中。避免与氧化剂接触。在传送过程中，钢瓶和容器必须接地和跨接，防止产生静电。搬运时轻装轻卸，防止钢瓶及附件破损。配备相应品种和数量的消防器材及泄漏应急处理设备。

(2) 储存注意事项 储存于阴凉、通风的易燃气体专用库房。远离火种、热源。库温不宜超过 30℃。应于氧化剂分开存放，切忌混储。采用防爆型照明、通风设施。禁止使用易产生火花的机械设备和工具。储区应备有泄漏应急处理设备。

8. 理化特性

(1) 外观与性状 无色、有醚样气味的气体。

(2) 熔点（℃） −153.8。

(3) 沸点（℃） −13.4。

(4) 相对密度（水=1） 0.91。

(5) 相对蒸气密度（空气=1） 2.2。

(6) 饱和蒸气压（kPa） 343.5（20℃）。

(7) 临界温度（℃） 151.5。

(8) 临界压力（MPa） 5.60。

(9) 辛醇/水分配系数 1.62。

(10) 自燃温度（℃） 472。

(11) 闪点（℃） −78（OC）。

(12) 爆炸下限（%） 3.6。

(13) 爆炸上限（%） 33.0。

(14) 黏度（mPa·s） 0.01（20℃）。

(15) 溶解性 微溶于水，溶于乙醇、乙醚、丙酮、苯等多数有机溶剂。

9. 稳定性和反应性

(1) 稳定性 稳定。

(2) 危险反应 与强氧化剂等禁配物接触，有发生火灾和爆炸的危险。燃烧或无抑制剂时可发生剧烈聚合。

(3) 避免接触的条件 受热。

(4) 禁配物 强氧化剂。

(5) 危险的分解产物 氯化氢。

10. 废弃处置

(1) 废弃化学品 用焚烧法处置。与燃料混合后，再焚烧。焚烧炉排出的卤化氢通过酸洗涤器除去。

(2) 污染包装物 将容器返还生产商或按照国家和地方法规处置。

(3) 废弃注意事项 处置前应参阅国家和地方有关法规。把空容器归还厂商。

11. 运输信息

(1) 联合国危险货物编号（UN 号） 1086。

(2) 联合国运输名称 乙烯基氯，稳定的。

(3) 联合国危险性类别 2.1。

（4）运输注意事项　采用钢瓶运输时必须戴好钢瓶上的安全帽。钢瓶一般平放，并应将瓶口朝同一方向，不可交叉；高度不得超过车辆的防护栏版，并用三角木垫卡牢，防止滚动。运输时运输车辆应配备相应品种和数量的消防器材。装运该物品的车辆排气管必须配备阻火装置，禁止使用易产生火花的机械设备和工具装卸。严禁与氧化剂、食用化学品等混装混运。夏季应早晚运输，防止日光曝晒。中途停留时应远离火种、热源。公路运输时要按规定路线行驶，禁止在居民区和人口稠密区停留。铁路运输时要禁止溜放。

十八、三氯乙烯

1. 化学品标识

（1）中文名称　三氯乙烯。

（2）英文名称　trichloroethylene；trichloroethene。

（3）分子式　C_2HCl_3。

（4）相对分子质量　131.38。

（5）CAS 号　79-01-6。

（6）化学品的推荐及限制用途　用作溶剂，用于脱脂、冷冻、农药、香料、橡胶工业、洗涤织物等。

2. 成分/组成信息

组分：三氯乙烯

3. 危险性概述

（1）紧急情况概述　可能致癌，可能引起昏昏欲睡或眩晕。

（2）GHS 危险性类别　皮肤腐蚀/刺激，类别 2；严重眼损伤/眼刺激，类别 2；生殖细胞致突变性，类别 2；致癌性，类别 1B；特异性靶器官毒性-一次接触，类别 3（麻醉效应）；危害水生环境-急性危害，类别 3；危害水生环境-长期危害，类别 3。

（3）危险性说明　造成皮肤刺激，造成严重眼刺激，怀疑可造成遗传性缺陷，可能致癌，可能引起昏昏欲睡或眩晕，对水生生物有害并具有长期持续影响。

（4）防范说明

① 预防措施　避免接触眼睛、皮肤，操作后彻底清洗。戴防护手套、防护眼镜、防护面罩。得到专门指导后操作。在阅读并了解所有安全预防措施之前，切勿操作。按要求使用个体防护装备。禁止排入环境。

② 事故响应　皮肤接触：用大量肥皂水和水清洗。如发生皮肤刺激，就医。脱去被污染的衣服，洗净后方可重新使用。如接触眼睛：用水细心冲洗数分钟。如戴隐形眼镜并可方便的取出，取出隐形眼镜继续冲洗。如果眼睛刺激持续：就医。如果接触或有担心，就医。

③ 安全储存　上锁保管

④ 废弃处置　本品及内装物、容器依据国家和地方法规处置。

（5）物理和化学危险　可燃，其蒸气与空气混合，能形成爆炸性混合物。

（6）健康危害　本品主要对中枢神经系统有麻醉作用。亦可引起肝、肾、心脏、三叉神经损害。急性中毒：短时间内接触（吸入、经皮或口服）大量本品可引起急性中毒。吸入极高浓度可迅速昏迷。吸入高浓度后可有眼和上呼吸道刺激症状。接触数小时后出现头痛，头晕，酩酊感，嗜睡等，重者发生谵妄、抽搐、昏迷、呼吸麻痹、循环衰竭。可出现以三叉神经损害为主的颅神经损害，心脏损害主要为心律失常。可有肝肾损害。口服消化道症状明显，肝肾损害突出。慢性中毒：出现头痛、头晕、乏力、睡眠障碍、胃肠功能紊乱、周围神经炎、心肌损害、三叉神经麻痹和肝损害。可引起药疹性皮炎，重者出现剥脱性皮炎，并出现浅淋巴结肿大和肝损害。

（7）环境危害 对水生生物有害并具有长期持续影响。

4. 急救措施

（1）吸入 迅速脱离现场至空气新鲜处。保持呼吸道通畅。如呼吸困难，给输氧。呼吸、心跳停止，立即进行心肺复苏术。就医。

（2）皮肤接触 立即脱去污染的衣着，用流动清水彻底冲洗。就医。

（3）眼睛接触 立即分开眼睑，用流动清水或生理盐水彻底冲洗。就医。

（4）食入 漱口，饮水。就医。

（5）对保护施救者的忠告 根据需要使用个人防护设备。

（6）对医生的特别提示 对症处理。

5. 消防措施

（1）灭火剂 用雾状水、泡沫、干粉、二氧化碳、砂土灭火。

（2）特别危险性 受紫外光照射或在燃烧或加热时分解产生有毒的光气和腐蚀性的盐酸烟雾。燃烧生成有害的一氧化碳、氯化氢、光气。

（3）灭火注意事项及防护措施 消防人员须佩戴防毒面具、穿全身消防服，在上风向灭火。尽可能将容器从火场移至空旷处。喷水保持火场容器冷却，直至灭火结束。容器突然发出异常声音或出现异常现象，应立即撤离。

6. 泄漏应急处理

（1）作业人员防护措施、防护装备和应急处置程序 根据液体流动和蒸气扩散的影响区域划定警戒区，无关人员从侧风、上风向撤离至安全区。建议应急处理人员戴正压自给式呼吸器，穿防毒服，戴防化学品手套。尽可能切断泄漏源。

（2）环境保护措施 防止泄漏物进入水体、下水道、地下室或有限空间。

（3）泄漏化学品的收容、清除方法及所使用的处置材料

① 小量泄漏 用砂土或其他不燃材料吸收。

② 大量泄漏 构筑围堤或挖坑收容。用泡沫覆盖，减少蒸发。用砂土、惰性物质或蛭石吸收大量液体。用防爆泵转移至槽车或专用收集器内。

7. 操作处置与储存

（1）操作注意事项 密闭操作，加强通风。操作人员必须经过专门培训，严格遵守操作规程。建议操作人员佩戴自吸过滤式防毒面具（半面罩），戴化学安全防护眼镜，穿防毒物渗透工作服，戴防化学品手套。远离火种、热源。工作场所严禁吸烟。使用防爆型的通风系统和设备。防止蒸气泄漏到工作场所空气中。避免与氧化剂、还原剂、碱类、金属粉末接触。搬运时要轻装轻卸，防止包装及容器损坏。配备相应品种和数量的消防器材及泄漏应急处理设备。倒空的容器可能残留有害物。

（2）储存注意事项 储存于阴凉、通风的库房。远离火种、热源。库房温度不超过32℃，相对湿度不超过80%。包装要求密封，不可与空气接触。应与氧化剂、还原剂、碱类、金属粉末、食用化学品分开存放，切忌混储。不宜大量储存或久放。配备相应品种和数量的消防器材。储区应备有泄漏应急处理设备和合适的收容材料。

8. 理化特性

（1）外观与性状 无色透明液体，有似氯仿的气味。

（2）熔点（℃） −73～−84.7。

（3）沸点（℃） 87.1。

（4）相对密度（水=1） 1.46（20℃）。

（5）相对蒸气密度（空气＝1） 4.54。

（6）饱和蒸气压（kPa） 7.87（20℃）。

（7）燃烧热（kJ/mol） －961.4。

（8）临界温度（℃） 299。

（9）临界压力（MPa） 5.02。

（10）辛醇/水分配系数 2.42。

（11）自燃温度（℃） 420。

（12）爆炸下限（%） 12.5。

（13）爆炸上限（%） 90.0。

（14）黏度（mPa·s） 0.550（25℃）。

（15）溶解性 不溶于水，溶于乙醇、乙醚，可混溶于多数有机溶剂。

9. 稳定性和反应性

（1）稳定性 稳定。

（2）危险反应 与强氧化剂等禁配物发生反应。

（3）避免接触的条件 光照、紫外线。

（4）禁配物 强氧化剂、强还原剂、强碱、铝、镁。

（5）危险的分解产物 氯化氢。

10. 废弃处置

（1）废弃化学品 用焚烧法处置。与燃料混合后，再焚烧。焚烧炉排出的气体通过酸洗涤器除去。

（2）污染包装物 将容器返还生产商或按照国家和地方法规处置。

（3）废弃注意事项 处置前应参阅国家和地方有关法规，把倒空的容器归还厂商或在规定产所掩埋。

11. 运输信息

（1）联合国危险货物编号（UN 号） 1710。

（2）联合国运输名称 三氯乙烯。

（3）联合国危险性类别 6.1。

（4）包装类别 Ⅲ类包装。

（5）运输注意事项 运输前应先检查包装容器是否完整、密封，运输过程中要确保容器不泄漏、不倒塌、不坠落、不损坏。严禁与酸类、氧化剂、食品及食品添加剂混运。运输时运输车辆应配备相应品种和数量的消防器材及泄漏应急处理设备。运输途中应防曝晒、雨淋，防高温。公路运输时要按规定路线行驶。

十九、四氯乙烯

1. 化学品标识

（1）中文名称 四氯乙烯；全氯乙烯。

（2）英文名称 tetrachloroethylene；perchloroethylene。

（3）分子式 C_2Cl_4。

（4）相对分子质量 165.82。

（5）CAS 号 127-18-4。

（6）化学品的推荐及限制用途 用作溶剂。

2. 成分/组成信息

组分：四氯乙烯。

3. 危险性概述

（1）紧急情况概述　可能致癌。

（2）GHS危险性类别　致癌性，类别1B；危害水生环境-急性危害，类别2；危害水生环境-长期危害，类别2。

（3）危险性说明　可能致癌，对水生生物有毒并具有长期持续影响。

（4）防范说明

① 预防措施　得到专门指导后操作。在阅读并了解所有安全预防措施之前，切勿操作。按要求使用个体防护装备。禁止排入环境。

② 事故响应　如果有接触或有担心，就医。收集泄漏物。

③ 安全储存　上锁保管。

④ 废弃处置　本品及内装物、容器依据国家和地方法规处置。

（5）物理和化学危险　可燃，其蒸气与空气混合，能形成爆炸性混合物。

（6）健康危害　本品有刺激和麻醉作用。吸入急性中毒者有上呼吸道刺激症状、流泪、流涎，随之出现头晕、头痛、恶心、运动失调及酒醉样症状。口服后出现头晕、头痛、嗜睡、恶心、呕吐、腹痛、视力模糊、四肢麻木，甚至出现兴奋不安、抽搐乃至昏迷，可致死。慢性影响：有乏力、眩晕、恶心、酩酊感等。可有肝损害。皮肤反复接触，可致皮炎和湿疹。

（7）环境危害　对水生生物有毒并具有长期持续影响。

4. 急救措施

（1）吸入　迅速脱离现场至空气新鲜处。保持呼吸道通畅。如呼吸困难，给输氧。如呼吸、心跳停止，立即进行心肺复苏术。及时就医。

（2）皮肤接触　立即脱去污染的衣着，用流动清水彻底冲洗。就医。

（3）眼睛接触　立即分开眼睑，用流动清水或生理盐水彻底冲洗。就医。

（4）食入　漱口，饮水。就医。

（5）对保护施救者的忠告　根据需要使用个人防护设备。

（6）对医生的特别提示　对症处理。

5. 消防措施

（1）灭火剂　用雾状水、泡沫、干粉、二氧化碳、砂土灭火。

（2）特别危险性　长时间暴露在明火及高温下仍能燃烧。受高热分解产生有毒的腐蚀性烟气。燃烧生成有害的氯化氢、光气。

（3）灭火注意事项及防护措施　消防人员须佩戴防毒面具，穿全身消防服，在上风向灭火。尽可能将容器从火场移至空旷处。喷水保持火场容器冷却，直至灭火结束。

6. 泄漏应急处理

（1）作业人员防护措施、防护装备和应急处置程序　根据液体流动和蒸汽扩散的影响区域划定警戒区，无关人员从侧风、上风向撤离至安全区。建议应急处理人员戴正压自给式呼吸器，穿防毒服，戴防化学品手套。尽可能切断泄漏源。

（2）环境保护措施　防止泄漏物进入水体、下水道、地下室或有限空间。

（3）泄漏化学品的收容、清除方法及所使用的处置材料

① 小量泄漏　用砂土或其他不燃材料吸收。

② 大量泄漏　构建围堤或挖坑收容。用泡沫覆盖，减少蒸发。用砂土、惰性物质或蛭石吸收大量液体。用泵转移至槽车或专用收集器内。

7. 操作处置与储存

(1) 操作注意事项　密闭操作，加强通风。操作人员必须经过专门培训，严格遵守操作规程。建议操作人员佩戴自吸过滤式防毒面具（半面罩），戴化学安全防护眼镜，穿透气型防毒服，戴防化学品手套。远离火种、热源。工作场所严禁吸烟。使用防爆型的通风系统和设备。防止蒸气泄漏到工作场所空气中。避免与碱类、活性金属粉末、碱金属接触。搬运时要轻装轻卸，防止包装及容器损坏。配备相应品种和数量的消防器材及泄漏应急处理设备。倒空的容器可能残留有害物。

(2) 储存注意事项　储存于阴凉、通风的库房。远离火种、热源。包装要求密封，不可与空气接触。应与碱类、活性金属粉末、碱金属、食用化学品分开存放，切忌混储。配备相应品种和数量的消防器材。储区应备有泄漏应急处理设备和合适收容材料。

8. 理化特性

(1) 外观与性状　无色液体，有氯仿样气味。

(2) 熔点（℃）　−22.3。

(3) 沸点（℃）121.2。

(4) 相对密度（水=1）　1.63。

(5) 相对蒸气密度（空气=1）　5.83。

(6) 饱和蒸气压（kPa）　2.11（20℃）。

(7) 燃烧热（kJ/mol）　−679.3。

(8) 临界温度（℃）　347.1。

(9) 临界压力（MPa）　9.74。

(10) 辛醇/水分配系数　2.6～3.4。

(11) 黏度（mPa·s）　0.84（25℃）。

(12) 溶解性　不溶于水，可混溶于乙醇、乙醚、氯仿等多数有机溶剂。

9. 稳定性和反应性

(1) 稳定性　稳定。

(2) 危险反应　与活性金属等禁配物发生反应。

(3) 避免接触的条件　受热。

(4) 禁配物　强碱、活性金属粉末、碱金属。

10. 废弃处置

(1) 废弃化学品　用焚烧法处置。与燃料混合后，再焚烧。焚烧炉排出的气体通过洗涤器除去。

(2) 污染包装物　将容器返还生产商或按照国家和地方法规处置。

(3) 废弃注意事项　处置前应参阅国家和地方有关法规。

11. 运输信息

(1) 联合国危险货物编号（UN号）　1897。

(2) 联合国运输名称　四氯乙烯。

(3) 联合国危险性类别　6.1。

(4) 包装类别　Ⅲ类包装。

(5) 运输注意事项　医药用的四氯乙烯可按普通货物条件运输。运输前应先检查包装容器是否完整、密封，运输过程中要确保容器不泄漏、不倒塌、不坠落、不损害。严禁与酸类、氧化剂、食品及食品添加剂混运。运输时运输车辆应配备相应品种和数量的消防器材及泄漏应急处理设备。运输途中应防曝晒、雨淋、防高温。公路运输时要按规定路线行驶。

二十、氯甲烷

1. 化学品标识

（1）中文名称　氯甲烷；甲基氯；制冷剂R-40。

（2）英文名称　chloromethane；methyl chloride。

（3）分子式　CH_3Cl。

（4）相对分子质量　50.49。

（5）CAS号　74-87-3。

（6）化学品的推荐及限制用途　用作制冷剂，甲基化剂，还用于有机合成。

2. 成分/组成信息

组分：氯甲烷。

3. 危险性概述

（1）紧急情况概述　极易燃气体，内装加压气体：遇热可能爆炸。

（2）GHS危险性类别　易燃气体，类别1；加压气体；特异性靶器官毒性-反复接触，类别2。

（3）危险性说明　极易燃气体，内装加压气体：遇热可能爆炸，长时间或反复接触可能对器官造成损伤。

（4）防范说明

① 预防措施　远离热源、火花、明火、热表面。禁止吸烟。避免吸入气体。

② 事故响应　漏气着火：切勿灭火，除非漏气能够安全地制止。如果没有危险，消除一切点火源。如感觉不适，就医。

③ 安全储存　防日晒。存放在通风良好的地方。

④ 废弃处置　本品及内装物，容器依据国家和地方法规处置。

（5）物理和化学危险　极易燃，其蒸气与空气混合，能形成爆炸性混合物。

（6）健康危害　本品有刺激和麻醉作用，严重损伤中枢神经系统，亦能损害肝、肾和睾丸。急性中毒：轻度者有头痛、眩晕、恶心、呕吐、视力模糊、步态蹒跚、精神错乱等。严重中毒时，可出现谵妄、躁动、抽搐、震颤、视力障碍、昏迷，呼气中有酮体味。尿中检出甲酸盐和酮体有助于诊断。皮肤接触可因氯甲烷在体表温度迅速蒸发而致冻伤。慢性影响：低浓度长期接触，可发生困倦、嗜睡、头疼、感觉异常、情绪不稳等症状，较重者有步态蹒跚，视力障碍及震颤等症状。

（7）环境危害　对环境可能有害。

4. 急救措施

（1）吸入　迅速脱离现场至空气新鲜处。保持呼吸道通畅。如呼吸困难，给输氧。如呼吸、心跳停止，立即进行心肺复苏术。就医。

（2）皮肤接触　如发生冻伤，用温水38～42℃复温，忌用热水或辐射热，不要揉搓。就医。

（3）对保护施救者的忠告　根据需要使用个人防护设备。

（4）对医生的特别提示　对症处理。

5. 消防措施

（1）灭火剂　用雾状水、泡沫、二氧化碳灭火。

（2）特别危险性　与空气混合能形成爆炸性混合物，遇火花或高热能引起爆炸，并有光气生成。接触铝及其合金能生成自燃性的铝化合物。燃烧生成有害的一氧化碳、氯化氢、光气。

(3) 灭火注意事项及防护措施　切断气源。若不能切断气源，则不允许熄灭泄漏处的火焰。消防人员必须佩戴空气呼吸器、穿全身防火防毒服，在上风向灭火。尽可能将容器从火场移至空旷处。喷水保持火场容器冷却，直至灭火结束。

6. 泄漏应急处理

(1) 作业人员防护措施、防护装备和应急处置程序　消除所有点火源。根据气体扩散的影响区域划定警戒区，无关人员从侧风、上风向撤离至安全区。建议应急处理人员穿内置正压自给式呼吸器的全封闭防化服。如果是液化气体泄漏，还应注意防冻伤。作业时使用的所有设备应接地。尽可能切断泄漏源。若可能翻转容器，使之逸出气体而非液体。喷雾状水抑制蒸气或改变蒸气云流向，避免水流接触泄漏物。禁止用水直接冲击泄漏物或泄漏源。

(2) 环境保护措施　防止气体通过下水道、通风系统和有限空间扩散。

(3) 泄漏化学品的收容、清除方法及所使用的处置材料　隔离泄漏区直至气体散尽。

7. 操作处置与储存

(1) 操作注意事项　严加密闭，提供充分的局部排风和全面通风。操作人员必须经过专门培训，严格遵守操作规程。建议操作人员佩戴过滤式防毒面具（半面罩），戴化学安全防护眼镜，穿透气型防毒服，戴防化学品手套。远离火种、热源，工作场所严禁吸烟。使用防爆型的通风系统和设备。防止气体泄漏到工作场所空气中。避免与氧化剂接触。搬运时轻装轻卸，防止钢瓶及附件破损。配备相应品种和数量的消防器材及泄漏应急处理设备。

(2) 储存注意事项　储存于阴凉、通风的有毒气体专用库房。远离火种、热源。库温不宜超过30℃，应与氧化剂分开存放，切忌混储。采用防爆型照明、通风设施。禁止使用易产生火花的机械设备和工具。储区应备有泄漏应急处理设备。

8. 理化特性

(1) 外观与性状　无色气体，有醚样的微甜气味。

(2) 熔点（℃）　−97.6。

(3) 沸点（℃）　−23.7。

(4) 相对密度（水=1）　0.92。

(5) 相对蒸气密度（空气=1）　1.8。

(6) 饱和蒸气压（kPa）　506.62（22℃）。

(7) 燃烧热（kJ/mol）　−620.27。

(8) 临界温度（℃）　143.8。

(9) 临界压力（MPa）　6.68。

(10) 辛醇/水分配系数　0.91。

(11) 闪点（℃）　−46。

(12) 自燃温度（℃）　632。

(13) 爆炸下限（%）　8.1。

(14) 爆炸上限（%）　17.4。

(15) 黏度（mPa·s）　0.18（20℃）。

(16) 溶解性　微溶于水，溶于乙醇、氯仿、苯、四氯化碳、冰醋酸等。

9. 稳定性和反应性

(1) 稳定性　稳定。

(2) 危险反应　与强氧化剂、活性金属等禁配物接触，有发生火灾和爆炸的危险。

(3) 避免接触的条件　潮湿空气。

（4）禁配物 强氧化剂、镁、钾、钠及其合金等。

（5）危险的分解产物 氯化氢。

10. 废弃处置

（1）废弃化学品 用控制焚烧法处置。焚烧炉排出的卤化氢通过酸洗涤器除去。

（2）污染包装物 将容器返还生产商或按照国家和地方法规处置。

（3）废弃注意事项 处置前应参阅国家和地方有关法规。把倒空的容器归还厂商或在规定场所掩埋。

11. 运输信息

（1）联合国危险货物编号（UN 号） 1063。

（2）联合国运输名称 甲基氯。

（3）联合国危险性类别 2.1。

（4）运输注意事项 采用钢瓶运输时必须戴好钢瓶上的安全帽。钢瓶一般平放，并应将瓶口朝同一方向，不可交叉；高度不得超过车辆的防护栏板，并用三角木垫卡牢，防止滚动。运输时运输车辆应配备相应品种和数量的消防器材。装运该物品的车辆排气管必须配备阻火装置，禁止使用易产生火花的机械设备和工具装卸。严禁与氧化剂、食用化学品等混装混运。夏季应早晚运输，防止日光曝晒。中途停留时应远离火种、热源。公路运输要按规定路线行驶，禁止在居民区和人口稠密区停留。铁路运输时要禁止溜放。

二十一、二氯甲烷

1. 化学品标识

（1）中文名称 二氯甲烷；甲叉二氯

（2）英文名称 dichloromethane；methylene dichloride。

（3）分子式 CH_2Cl_2。

（4）相对分子质量 84.93。

（5）CAS 号 75-09-2。

（6）化学品的推荐及限制用途 用作树脂及塑料工业的溶剂。

2. 成分/组成信息

组分：二氯甲烷。

3. 危险性概述

（1）紧急情况概述 吞咽有害，造成皮肤刺激，可能引起昏昏欲睡或眩晕。

（2）GHS 危险性类别 急性毒性-经口，类别 4；皮肤腐蚀/刺激，类别 2；严重眼损伤/眼刺激，类别 2A；致癌性，类别 2；特异性靶器官毒性-一次接触，类别 1；特异性靶器官毒性-一次接触，类别 3（麻醉效应）；特异性靶器官毒性-反复接触，类别 1；危害水生环境-急性危害，类别 3。

（3）危险性说明 吞咽有害，造成皮肤刺激，造成严重眼刺激，怀疑致癌，对器官造成损害，可能引起昏昏欲睡或眩晕，长时间或反复接触对器官造成损伤，对水生生物有害

（4）防范说明

① 预防措施 避免接触眼睛、皮肤，操作后彻底清洗。作业场所不得进食、饮水或吸烟。戴防护手套、防护眼镜、防护面罩。得到专门指导后操作。在阅读并了解所有安全预防措施之前，切勿操作。按要求使用个体防护装备。避免吸入蒸气、雾。禁止排入环境。

② 事故响应 皮肤接触：用大量肥皂水和水清洗。如发生皮肤刺激，就医。脱去被污染的衣服，洗净后方可重新使用。如接触眼睛：用水细心冲洗数分钟。如戴隐形眼镜并可方

便的取出，取出隐形眼镜继续冲洗。如果眼睛刺激持续：就医。食入：漱口。如果感觉不适，立即呼叫中毒控制中心或就医。如果接触，立即呼叫中毒控制中心或就医。

③ 安全储存 上锁保管。

④ 废弃处置 本品及内装物、容器依据国家和地方法规处置。

(5) 物理和化学危险 可燃，其蒸气与空气混合，能形成爆炸性混合物。

(6) 健康危害 本品有麻醉作用，主要损害中枢神经和呼吸系统。急性中毒：轻者可有眩晕、头痛、呕吐以及眼和上呼吸道黏膜刺激症状；较重者则出现易激动、步态不稳、共济失调、嗜睡，可引起化学性支气管炎；重者昏迷，可有肺水肿。可有明显的肝、肾损害。血中碳氧血红蛋白含量增高。慢性影响：长期接触主要有头痛、乏力、眩晕、食欲减退、动作迟钝、嗜睡等。对皮肤有脱脂作用，引起干燥、脱屑和皲裂等。

(7) 环境危害 对水生生物有害。

4. 急救措施

(1) 吸入 迅速脱离现场至空气新鲜处。保持呼吸道通畅。如呼吸困难，给输氧。如呼吸、心跳停止，立即进行心肺复苏术。就医。

(2) 皮肤接触 立即脱去污染的衣着，用流动清水彻底冲洗。就医。

(3) 眼睛接触 立即分开眼睑，用流动清水或生理盐水彻底冲洗。就医。

(4) 食入 漱口，饮水。就医。

(5) 对保护施救者的忠告 根据需要使用个人防护设备。

(6) 对医生的特别提示 对症处理。

5. 消防措施

(1) 灭火剂 用雾状水、泡沫、二氧化碳、砂土灭火。

(2) 特别危险性 与明火或灼热的物体接触时能产生剧毒的光气。遇潮湿空气能水解生成微量的氯化氢，光照亦能促进水解而对金属的腐蚀性增强。燃烧生成有害的一氧化碳、氯化氢、光气。

(3) 灭火注意事项及防护措施 消防人员必须佩戴空气呼吸器、穿全身防火防毒服，在上风向灭火。喷水冷却容器，尽可能将容器从火场移至空旷处。容器突然发出异常声音或出现异常现象，应立即撤离。

6. 泄漏应急处理

(1) 作业人员防护措施、防护装备和应急处置程序 根据液体流动和蒸气扩散的影响区域划定警戒区，无关人员从侧风向、上风向撤离至安全区。建议应急处理人员戴正压自给式呼吸器，穿防毒服，戴防化学品手套。尽可能切断泄漏源。

(2) 环境保护措施 防止泄漏物进入水体、下水道、地下室或有限空间。

(3) 泄漏化学品的收容、清除方法及所使用的处置材料

① 小量泄漏 用砂土或其他不燃材料吸收。

② 大量泄漏 构筑围堤或挖坑收容。用泡沫覆盖，减少蒸发。用砂土、惰性物质或蛭石吸收大量液体。用泵转移至槽车或专用收集器内。

7. 操作处置与储存

(1) 操作注意事项 密闭操作，局部排风。操作人员必须经过专门培训，严格遵守操作规程。建议操作人员佩戴直接式防毒面具（半面罩），戴化学安全防护眼镜，穿防毒物渗透工作服，戴防化学品手套。远离火种、热源。工作场所严禁吸烟。使用防爆型的通风系统和设备。防止蒸气泄漏到工作场所空气中。避免与碱金属接触。搬运时要轻装轻卸，防止包装及容器损坏。配备相应品种和数量的消防器材及泄漏应急处理设备。倒空的容器可能残留有害物。

（2）储存注意事项　储存于阴凉、通风的库房。远离火种、热源。库房温度不超过32℃，相对湿度不超过80％。保持容器密封。应与碱金属、食用化学品分开存放，切忌混储。配备相应品种和数量的消防器材。储区应备有泄漏应急处理设备和合适的收容材料。

8. 理化特性

（1）外观与性状　无色透明液体，有芳香气味。

（2）熔点（℃）　−95。

（3）沸点（℃）　39.8。

（4）相对密度（水＝1）　1.33。

（5）相对蒸气密度（空气＝1）　2.93。

（6）饱和蒸气压（kPa）　46.5（20℃）。

（7）燃烧热（kJ/mol）　−604.9。

（8）临界温度（℃）　237。

（9）临界压力（MPa）　6.08。

（10）辛醇/水分配系数　1.25。

（11）自燃温度（℃）　556。

（12）爆炸下限（％）　14。

（13）爆炸上限（％）　22。

（14）黏度（mPa·s）　0.43（20℃）。

（15）溶解性　微溶于水，溶于乙醇、乙醚。

9. 稳定性和反应性

（1）稳定性　稳定。

（2）危险反应　与碱金属、水等禁配物发生反应。

（3）避免接触的条件　光照、潮湿空气。

（4）禁配物　碱金属、铝。

（5）危险的分解产物　氯化氢、光气。

10. 废弃处置

（1）废弃化学品　用焚烧法处置。与燃料混合后，再焚烧，焚烧炉排出的气体通过洗涤器除去。

（2）污染包装物　将容器返还生产商或按照国家和地方法规处置。

（3）废弃注意事项　把倒空的容器归还厂商或在规定场所掩埋。

11. 运输信息

（1）联合国危险货物编号（UN号）　1593。

（2）联合国运输名称　二氯甲烷。

（3）联合国危险性类别　6.1。

（4）包装类别　Ⅲ类包装。

（5）运输注意事项　运输前应先检查包装容器是否完整、密封，运输过程中要确保容器不泄漏、不倒塌、不坠落、不损坏。严禁与酸类、氧化剂、食品及食品添加剂混运。运输时运输车辆应配备相应品种和数量的消防器材及泄漏应急处理设备。运输途中应防曝晒、雨淋，防高温。公路运输时要按规定路线行驶。

二十二、三氯甲烷

1. 化学品标识

（1）中文名称　三氯甲烷；氯仿。

（2）英文名称 trichloromethane、chloroform。

（3）分子式 $CHCl_3$。

（4）相对分子质量 119.38。

（5）CAS号 67-66-3。

（6）化学品的推荐及限制用途 用于有机合成，用作溶剂及麻醉剂等。

2. 成分/组成信息

组分：三氯甲烷。

3. 危险性概述

（1）紧急情况概述 吞咽有害，吸入会中毒。

（2）GHS危险性类别 急性毒性-吸入，类别3；急性毒性-经口，类别4；皮肤腐蚀/刺激，类别2；严重眼损伤/眼刺激，类别2；致癌性，类别2；生殖毒性，类别2；特异性靶器官毒性-反复接触，类别1；危害水生环境-急性危害，类别3。

（3）危险性说明 吞咽有害，吸入会中毒，造成皮肤刺激，造成严重眼刺激，怀疑致癌，怀疑对生育力或胎儿造成伤害，长时间或反复接触对器官造成损伤，对水生生物有害。

（4）防范说明

① 预防措施 避免接触眼睛、皮肤，操作后彻底清洗。作业场所不得进食、饮水或吸烟。避免吸入蒸气、雾。仅在室外或通风良好处操作。戴防护手套、防护眼镜、防护面罩。得到专门指导后操作。在阅读并了解所有安全预防措施之前，切勿操作。按要求使用个体防护装备。禁止排入环境。

② 事故响应 如吸入：将患者转移到空气新鲜处，休息，保持利于呼吸的体位。皮肤接触：用大量肥皂水和水清洗。如发生皮肤刺激，就医。脱去被污染的衣服，污染的衣服须洗净后方可重新使用。如接触眼睛：用水细心冲洗数分钟。如戴隐形眼镜并可方便的取出，取出隐形眼镜继续冲洗。如果眼睛刺激持续：就医。食入：漱口，如果感觉不适，立即呼叫中毒控制中心或就医。如果接触或有担心，就医。

③ 安全储存 在通风良好处储存，保持容器密闭。上锁保管。

④ 废弃处置 本品及内装物、容器依据国家和地方法规处置。

（5）物理和化学危险 不燃，无特殊燃爆特性。

（6）健康危害 主要作用于中枢神经系统，具有麻醉作用，对心、肝、肾有损害。急性中毒：吸入或经皮肤吸收引起急性中毒。初期有头痛、头晕、恶心、呕吐、兴奋、皮肤湿热和黏膜刺激症状。以后呈现精神紊乱、呼吸表浅、反射消失、昏迷等，重者发生呼吸麻痹、心室纤维性颤动。同时可伴有肝、肾损害。误服中毒时，胃有烧灼感，伴恶心、呕吐、腹痛、腹泻。以后出现麻醉症状。液态可致皮炎、湿疹，甚至皮肤灼伤。慢性影响：主要引起肝脏损害，并有消化不良、乏力、头痛、失眠等症状，少数有肾损害及嗜氯仿癖。

（7）环境危害 对水生生物有害。

4. 急救措施

（1）吸入 迅速脱离现场至空气新鲜处。保持呼吸道通畅。如呼吸困难，给输氧。如呼吸、心跳停止，立即进行心肺复苏术。就医。

（2）皮肤接触 立即脱去污染的衣着，用流动清水彻底冲洗。就医。

（3）眼睛接触 立即分开眼睑，用流动清水或生理盐水彻底冲洗。就医。

（4）食入 漱口，饮水。就医。

（5）对保护施救者的忠告 根据需要使用个人防护设备。

（6）对医生的特别提示 对症处理。

5. 消防措施

(1) 灭火剂　用雾状水、二氧化碳、砂土灭火。

(2) 特别危险性　与明火或灼热的物体接触时能产生剧毒的光气。在空气、水分和光的作用下，酸度增加，因而对金属有强烈的腐蚀性。

(3) 灭火注意事项及防护措施　消防人员必须佩戴空气呼吸器、穿全身防火防毒服，在上风向灭火。尽可能将容器从火场移至空旷处。喷水保持火场容器冷却，直至灭火结束，容器突然发出异常声音或出现异常现象，应立即撤离。

6. 泄漏应急处理

(1) 作业人员防护措施、防护装备和应急处置程序　根据液体流动和蒸气扩散的影响区域划定警戒区，无关人员从侧风、上风向撤离至安全区。建议应急处理人员戴正压自给式呼吸器，穿防毒服，戴防化学品手套。穿上适当的防护服前严禁接触破裂的容器和泄漏物。尽可能切断泄漏源。

(2) 环境保护措施　防止泄漏物进入水体、下水道、地下室或有限空间。

(3) 泄漏化学品的收容、清除方法及所使用的处置材料

① 小量泄漏　用干燥的砂土或其他不燃材料吸收或覆盖，收集于容器中。

② 大量泄漏　构筑围堤或挖坑收容。用砂土、惰性物质或蛭石吸收大量液体。用泵转移至槽车或专用收集器内。

7. 操作处置与储存

(1) 操作注意事项　密闭操作，局部排风。操作人员必须经过专门培训，严格遵守操作规程。建议操作人员佩戴直接式防毒面具（半面罩），戴化学安全防护眼镜，穿防毒物渗透工作服，戴防化学品手套。防止蒸气泄漏到工作场所空气中。避免与碱类、铝接触。搬运时要轻装轻卸，防止包装及容器损坏。配备泄漏应急处理设备。倒空的容器可能残留有害物。

(2) 储存注意事项　储存于阴凉、通风的库房。远离火种、热源。库房温度不超过35℃，相对湿度不超过85%。保持容器密封。应与碱类、铝、食用化学品分开存放，切忌混储。储区应备有泄漏应急处理设备和合适的收容材料。

8. 理化特性

(1) 外观与性状　无色透明重质液体，极易挥发，有特殊气味。

(2) 熔点（℃）　−63.5。

(3) 沸点（℃）　61.3。

(4) 相对密度（水＝1）　1.50。

(5) 相对蒸气密度（空气＝1）　4.12。

(6) 饱和蒸气压（kPa）　21.2（20℃）。

(7) 临界温度（℃）　263.4。

(8) 临界压力（MPa）　5.47。

(9) 辛醇/水分配系数　1.97。

(10) 黏度（mPa·s）　0.563（20℃）。

(11) 溶解性　不溶于水，混溶于乙醇、乙醚、苯、丙酮、二硫化碳、四氯化碳。

9. 稳定性和反应性

(1) 稳定性　稳定。

(2) 危险反应　受热易产生剧毒光气；与碱类等禁配物发生反应。三氯甲烷室温下（约22℃）即可与发烟硫酸发生化学反应产生光气。

(3) 避免接触的条件　灼热、光照。

(4) 禁配物　碱类、铝。

(5) 危险的分解产物　氯化氢。

10. 废弃处置

(1) 废弃化学品　用焚烧法处置。与燃料混合后，再焚烧。焚烧炉排出的卤化氢通过酸洗涤器除去。

(2) 污染包装物　将容器返还生产商或按照国家和地方法规处置。

(3) 废弃注意事项　处置前应参阅国家和地方有关法规。把倒空的容器归还厂商或在规定场所掩埋。

11. 运输信息

(1) 联合国危险货物编号（UN 号）　1888。

(2) 联合国运输名称　三氯甲烷。

(3) 联合国危险性类别　6.1。

(4) 包装类别　Ⅲ类包装。

(5) 运输注意事项　运输前应先检查包装容器是否完整、密封，运输过程中要确保容器不泄漏、不倒塌、不坠落、不损坏。严禁与酸类、氧化剂、食品及食品添加剂混运。运输时运输车辆应配备泄漏应急处理设备。运输途中应防曝晒、雨淋，防高温。公路运输时要按规定路线行驶。勿在居民区和人口稠密区停留。本品属第二类易制毒化学品，托运时，须持有运出地县级人民政府公安机关审批的、有效期为 3 个月的易制毒化学品运输许可证。

二十三、四氯化碳

1. 化学品标识

(1) 中文名称　四氯化碳；四氯甲烷。

(2) 英文名称　carbon tetrachloride；tetrachloromethane。

(3) 分子式　CCl_4。

(4) 相对分子质量　153.81。

(5) CAS 号　56-23-5。

(6) 化学品的推荐及限制用途　用于有机合成，用作溶剂、制冷剂、有机物的氯化剂、香料的浸出剂、纤维的脱脂剂等。

2. 成分/组成信息

组分：四氯化碳。

3. 危险性概述

(1) 紧急情况概述　吞咽会中毒，皮肤接触会中毒，吸入会中毒。

(2) GHS 危险性类别　急性毒性-经口，类别 3；急性毒性-经皮，类别 3；急性毒性-吸入，类别 3；致癌性，类别 2；特异性靶器官毒性-反复接触，类别 1；危害水生环境-急性危害，类别 3；危害水生环境-长期危害，类别 3；危害臭氧层，类别 1。

(3) 危险性说明　吞咽会中毒，皮肤接触会中毒，吸入会中毒，怀疑致癌，长时间或反复接触对器官造成损伤，对水生生物有害并具有长期持续影响，破坏高层大气中的臭氧，危害公共健康和环境。

(4) 防范说明

① 预防措施　避免接触眼睛、皮肤，操作后彻底清洗。作业场所不得进食、饮水或吸烟。戴防护手套、穿防护服。避免吸入蒸气、雾。仅在室外或通风良好处操作。得到专门指导后操作。在阅读并了解所有安全预防措施之前，切勿操作。按要求使用个体防护装备，禁

止排入环境。

② 事故响应　如吸入：将患者转移到空气新鲜处，休息，保持利于呼吸的体位。皮肤接触：用大量肥皂水和水清洗。如感觉不适，呼叫中毒控制中心或就医。立即脱去所有被污染的衣服。被污染的衣服须经洗净后方可重新使用。食入：漱口，立即呼叫中毒控制中心或就医。如果接触或有担心，就医。

③ 安全储存　在通风良好处储存。保持容器密闭。上锁保管。

④ 废弃处置　本品及内装物、容器依据国家和地方法规处置。

(5) 物理和化学危险　不燃，无特殊燃爆特性。

(6) 健康危害　高浓度本品蒸气对黏膜有刺激作用，对中枢神经系统有麻醉作用，对肝、肾有严重损害。急性中毒：吸入较高浓度本品蒸气，常伴有眼及上呼吸道刺激症状，有时可发生肺水肿。神经系统症状有头痛、头晕、乏力、精神恍惚、步态蹒跚、昏迷等。出现消化道症状。较严重病例数小时或数天后出现中毒性肝、肾损伤。重者甚至发生肝坏死、肝昏迷或急性肾功能衰竭，吸入极高浓度可迅速出现昏迷、抽搐，可因室颤和呼吸中枢麻痹而猝死。口服中毒肝、肾损害明显。少数病例发生周围神经炎、球后视神经炎。皮肤直接接触可致损害。慢性中毒：神经衰弱综合征、肝肾损害、皮炎。

(7) 环境危害　对水生生物有害并具有长期持续影响，破坏高层大气中的臭氧，危害公共健康和环境。

4. 急救措施

(1) 吸入　迅速脱离现场至空气新鲜处。保持呼吸道通畅。如呼吸困难，给输氧。如呼吸、心跳停止，立即进行心肺复苏术。就医。

(2) 皮肤接触　立即脱去污染的衣着，用流动清水彻底冲洗。就医。

(3) 眼睛接触　立即分开眼睑，用流动清水或生理盐水彻底冲洗。就医。

(4) 食入　漱口，饮水。就医。

(5) 对保护施救者的忠告　根据需要使用个人防护设备。

(6) 对医生的特别提示　对症处理。

5. 消防措施

(1) 灭火剂　用雾状水、二氧化碳、砂土灭火。

(2) 特别危险性　遇明火或高温易产生剧毒的光气和氯化氢烟雾。在潮湿的空气中逐渐分解成光气和氯化氢。

(3) 灭火注意事项及防护措施　消防人员必须佩戴空气呼吸器、穿全身防火防毒服，在上风向灭火。尽可能将容器从火场移至空旷处。喷水保持火场容器冷却，直至灭火结束。

6. 泄漏应急处理

(1) 作业人员防护措施、防护装备和应急处置程序　根据液体流动和蒸气扩散的影响区域划定警戒区，无关人员从侧风、上风向撤离至安全区。建议应急处理人员戴正压自给式呼吸器，穿防毒服，戴防化学品手套。穿上适当的防护服前禁止接触破裂的容器和泄漏物。尽可能切断泄漏源。

(2) 环境保护措施　防止泄漏物进入水体、下水道、地下室或有限空间。

(3) 泄漏化学品的收容、清除方法及所使用的处置材料

① 小量泄漏　用干燥的砂土或其他不燃材料吸收或覆盖，收集于容器中。

② 大量泄漏　构筑围堤或挖坑收容。用砂土、惰性物质或蛭石吸收大量液体。用泵转移至槽车或专用收集器内。

7. 操作处置与储存

(1) 操作注意事项　密闭操作，加强通风。操作人员必须经过专门培训，严格遵守操作规程。建议操作人员佩戴直接式防毒面具（半面罩），戴安全护目镜，穿防毒物渗透工作服，戴防化学品手套。防止蒸气泄漏到工作场所空气中。避免与氧化剂、活性金属粉末接触。搬运时要轻装轻卸，防止包装及容器损坏。配备泄漏应急处理设备。倒空的容器可能残留有害物。

(2) 储存注意事项　储存于阴凉、通风的库房。远离火种、热源。库房温度不超过32℃，相对湿度不超过80%。保持容器密封。应与氧化剂、活性金属粉末、食用化学品分开存放，切忌混储。储区应备有泄漏应急处理设备和合适收容材料。

8. 理化特性

(1) 外观与性状　无色有特臭的透明液体，极易挥发。

(2) 熔点（℃）　−23。

(3) 沸点（℃）　76.8。

(4) 相对密度（水=1）　1.60。

(5) 相对蒸气密度（空气=1）　5.3。

(6) 饱和蒸气压（kPa）　12.13（20℃）。

(7) 燃烧热（kJ/mol）　−364.9。

(8) 临界温度（℃）　283.2。

(9) 临界压力（MPa）　4.56。

(10) 辛醇/水分配系数　2.62～2.83。

(11) 黏度（mPa·s）　2.03（−23℃）。

(12) 溶解性　微溶于水，易溶于多数有机溶剂。

9. 稳定性和反应性

(1) 稳定性　稳定。

(2) 危险反应　与强氧化剂等禁配物发生反应。四氯化碳与发烟硫酸在55℃时就反应产生光气。

(3) 避免接触的条件　潮湿空气、光照。

(4) 禁配物　活性金属粉末、强氧化剂。

10. 废弃处置

(1) 废弃化学品　用焚烧法处置。与燃料混合后，再焚烧。焚烧炉排出的气体通过洗涤器除去。

(2) 污染包装物　将容器返还生产商或按照国家和地方法规处置。

(3) 废弃注意事项　处置前应参阅国家和地方有关法规。把空容器归还厂商。

11. 运输信息

(1) 联合国危险货物编号（UN号）　1846。

(2) 联合国运输名称　四氯化碳。

(3) 联合国危险性类别　6.1。

(4) 包装类别　Ⅱ类包装。

(5) 运输注意事项　运输前应先检查包装容器是否完整、密封，运输过程中要确保容器不泄漏、不倒塌、不坠落、不损坏。严禁与酸类、氧化剂、食品及食品添加剂混运。运输时运输车辆应配备泄漏应急处理设备。运输途中应防曝晒、雨淋、防高温。公路运输时要按规定路线行驶。

二十四、环氧氯丙烷

1. 化学品标识

（1）中文名称　环氧氯丙烷；3-氯-1,2-环氧丙烷；表氯醇。

（2）英文名称　3-chloro-1,2-epoxypropane；epichlorohy-drin。

（3）分子式　C_3H_5ClO。

（4）相对分子质量　92.52。

（5）CAS 号　106-89-8。

（6）化学品的推荐及限制用途　用于制环氧树脂，也是一种含氧物质的稳定剂和化学中间体。

2. 成分/组成信息

组分：环氧氯丙烷。

3. 危险性概述

（1）紧急情况概述　易燃液体和蒸气，吞咽会中毒，吸入会中毒，皮肤接触会中毒，造成严重的皮肤灼伤和眼损伤，可能导致皮肤过敏反应，可能致癌。

（2）GHS 危险性类别　易燃液体，类别 3；急性毒性-经口，类别 3；急性毒性-经皮，类别 3；急性毒性-吸入，类别 3；皮肤腐蚀/刺激，类别 1B；严重眼损伤/眼刺激，类别 1；皮肤致敏物，类别 1；致癌性，类别 1B；危害水生环境-急性危害，类别 3。

（3）危险性说明　易燃液体和蒸气，吞咽会中毒，吸入会中毒，皮肤接触会中毒，造成严重的皮肤灼伤和眼损伤，可能导致皮肤过敏反应，可能致癌。对水生生物有害。

（4）防范说明

① 预防措施　远离热源、火花、明火、热表面。禁止吸烟，保持容器密闭。容器和接收设备接地连接。使用防爆型电器、通风、照明设备。只能使用不产生火花的工具。采取防止静电措施。避免接触眼睛、皮肤，操作后彻底清洗。作业场所不得进食、饮水或吸烟，避免吸入蒸气、雾。仅在室外或通风良好处操作，穿防护服，戴防护眼镜、防护手套、防护面罩。污染的工作服不得带出工作场所。得到专门指导后操作。在阅读并了解所有安全预防措施之前，切勿操作，按要求使用个体防护装备，禁止排入环境。

② 事故响应　火灾时，使用雾状水、泡沫、干粉、二氧化碳、砂土灭火。如吸入：将患者转移到空气新鲜处，休息，保持利于呼吸的体位。如皮肤（或头发）接触：立即脱掉所有被污染的衣服，用水冲洗皮肤，淋浴。如感觉不适，呼叫中毒控制中心或就医。被污染的衣服必须经洗净后方可重新使用。如出现皮肤刺激或皮疹：就医。眼睛接触：用水细心冲洗数分钟。如戴隐形眼镜并可方便地取出，则取出隐形眼镜，继续冲洗。食入：漱口，不要催吐。如果接触或有担心，就医。

③ 安全储存　存放在通风良好的地方。保持低温，保持容器密闭。上锁保管。

④ 废弃处置　本品及内装物、容器依据国家和地方法规处置。

（5）物理和化学危险　易燃，其蒸气与空气混合，能形成爆炸性混合物。

（6）健康危害　蒸气对呼吸道有强烈刺激性。反复和长时间吸入能引起肺、肝和肾损害。高浓度吸入致中枢神经系统抑制，可致死。蒸气对眼有强烈刺激性，液体可致眼灼伤。皮肤直接接触液体可致灼伤。口服引起肝、肾损害，可致死。慢性中毒：长期少量吸入可出现神经衰弱综合征和周围神经病变。

（7）环境危害　对水生生物有害。

4. 急救措施

（1）吸入　迅速脱离现场至空气新鲜处。保持呼吸道通畅。如呼吸困难，给输氧。呼吸、心跳停止，立即进行心肺复苏术。就医。

（2）皮肤接触　立即脱去污染的衣着，用大量流动清水彻底冲洗至少15min，就医。

（3）眼睛接触　立即分开眼睑，用流动清水或生理盐水彻底冲洗5～10min。就医。

（4）食入　用水漱口，禁止催吐。给饮牛奶或蛋清。就医。

（5）对保护施救者的忠告　根据需要使用个人防护设备。

（6）对医生的特别提示　对症处理。

5. 消防措施

（1）灭火剂　用雾状水、泡沫、干粉、二氧化碳、砂土灭火。

（2）特别危险性　其蒸气与空气可形成爆炸性混合物，遇明火、高温能引起分解爆炸和燃烧，若遇高热可发生剧烈分解，引起容器破裂或爆炸事故。

（3）灭火注意事项及防护措施　消防人员必须佩戴防毒面具、穿全身消防服，在上风向灭火。尽可能将容器从火场移至空旷处。喷水保持火场容器冷却，直至灭火结束。处在火场中的容器若已变色或从安全泄压装置中发出声音，必须马上撤离。

6. 泄漏应急处理

（1）作业人员防护措施、防护装备和应急处置程序　消除所有点火源。根据液体流动和蒸气扩散的影响区域划定警戒区，无关人员从侧风、上风向撤离至安全区。建议应急处理人员戴防毒面具，穿防静电、防腐、防毒服。作业时使用的所有设备应接地。禁止接触或跨越泄漏物。尽可能切断泄漏源。

（2）环境保护措施　防止泄漏物进入水体、下水道、地下室或有限空间。

（3）泄漏化学品的收容、清除方法及所使用的处置材料

① 小量泄漏　用砂土或其他不燃材料吸收。使用洁净的无火花工具收集、吸收材料。

② 大量泄漏　构筑围堤或挖坑收容。用粉煤灰或石灰粉吸收大量液体。用泡沫覆盖，减少蒸发。喷水雾能减少蒸发，但不能降低泄漏物在有限空间内的易燃性。用防爆、耐腐蚀泵转移至槽车或专用收集器内。喷雾状水驱散蒸气、稀释液体泄漏物。

7. 操作处置与储存

（1）操作注意事项　密闭操作，全面排风。操作人员必须经过专门培训，严格遵守操作规程。建议操作人员佩戴自吸过滤式防毒面具（全面罩），穿连体式防毒衣，戴橡胶耐油手套。远离火种、热源，工作场所严禁吸烟。使用防爆型的通风系统和设备。防止蒸气泄漏到工作场所空气中。避免与酸类、碱类接触。搬运时要轻装轻卸，防止包装及容器损坏。配备相应品种和数量的消防器材及泄漏应急处理设备。倒空的容器可能残留有害物。

（2）储存注意事项　储存于阴凉、通风的库房。远离火种、热源。库温不宜超过30℃。应与酸类、碱类、食用化学品分开放，切忌混储。采用防爆型照明、通风设施。禁止使用易产生火花的机械设备和工具。储区应备有泄漏应急处理设备和合适收容材料。

8. 理化特性

（1）外观与性状　无色油状液体，有氯仿样刺激气味。

（2）熔点（℃）　－57。

（3）沸点（℃）　116。

（4）相对密度（水＝1）　1.18（20℃）。

（5）相对蒸气密度（空气＝1）　3.29。

（6）饱和蒸气压（kPa）　1.8（20℃）。

（7）辛醇/水分配系数　0.3。

（8）闪点（℃）　33。

（9）自燃温度（℃）　411。

（10）爆炸下限（%）　3.8。

（11）爆炸上限（%）　21。

（12）分解温度（℃）　105。

（13）溶解性　微溶于水，可混溶于醇、醚、四氯化碳、苯。

9. 稳定性和反应性

（1）稳定性　稳定。

（2）危险反应　与酸类、碱类、氨、胺类、铜、镁、铝及其合金等禁配物发生反应，有发生火灾和爆炸的危险。

（3）避免接触的条件　高温。

（4）禁配物　酸类、碱类、氨、胺类、铜、镁、铝及其合金。

（5）危险的分解产物　氯化氢。

10. 废弃处置

（1）废弃化学品　用焚烧法处置。与燃料混合后，再焚烧。焚烧炉排出的卤化氢通过酸洗涤器除去。

（2）污染包装物　将容器返还生产商或按照国家和地方法规处置。

（3）废弃注意事项　把倒空的容器归还厂商或在规定场所掩埋。

11. 运输信息

（1）联合国危险货物编号（UN号）　2023。

（2）联合国运输名称　3-氯-1,2-环氧丙烷（表氯醇）。

（3）联合国危险性类别　6.1,3。

（4）包装类别　Ⅱ类包装。

（5）运输注意事项　运输前应先检查包装容器是否完整、密封，运输过程中要确保容器不泄漏、不倒塌、不坠落、不损坏。运输时运输车辆应配备相应品种和数量的消防器材和泄漏应急处理设备。夏季最好早晚运输。运输时所用的槽（罐）车应有接地链，槽内可设孔隔板以减少震荡产生静电。严禁与酸类、碱类、食用化学品等混装混运。运输途中应防曝晒、雨淋，防高温。中途停留时要远离火种、热源、高温区。装运该物品的车辆排气管必须配备阻火装置，禁止使用易产生火花的机械设备和工具装卸。运输车船必须彻底清洗、消毒，否则不得装运其他物品。船运时，配装位置应远离卧室、厨房，并与机舱、电源、火源等部位隔离。公路运输要按规定路线行驶，勿在居民区和人口稠密区停留。

二十五、1,2-环氧丙烷

1. 化学品标识

（1）中文名称　1，2-环氧丙烷；氧化丙烯；甲基环氧乙烷。

（2）英文名称　1,2-epoxypropane；propylene oxide；methyl ethylene oxide。

（3）分子式　C_3H_6O。

（4）相对分子质量　58.08。

（5）CAS号　75-56-9。

（6）化学品的推荐及限制用途　是有机合成的重要原料。用于合成润滑剂、表面活性剂、去垢剂，以及制造杀虫剂、生产聚氨酯泡沫和树脂等。

2. 成分/组成信息

组分：1,2-环氧丙烷。

3. 危险性概述

（1）紧急情况概述　极易燃液体和蒸气，吞咽有害，皮肤接触有害，吸入有害。

（2）GHS危险性类别　易燃液体，类别1；急性毒性-经口，类别4；急性毒性-经皮，类别4；急性毒性-吸入，类别4；皮肤腐蚀/刺激，类别2；严重眼损伤/眼刺激，类别2；生殖细胞致突变性，类别1B；致癌性，类别2；特异性靶器官毒性-一次接触，类别3（呼吸道刺激）；危害水生环境-急性危害，类别3。

（3）危险性说明　极易燃液体和蒸气，吞咽有害，皮肤接触有害，吸入有害，造成皮肤刺激，造成严重眼刺激，可造成遗传性缺陷，怀疑对生育力或胎儿造成伤害，可能引起呼吸道刺激，对水生生物有害。

（4）防范说明

① 预防措施　远离热源、火花、明火、热表面。禁止吸烟。保持容器密闭。容器和接收设备接地连接，使用防爆电器、通风、照明设备。只能使用不产生火花的工具。采取防止静电措施。避免接触眼睛、皮肤，操作后彻底清洗。作业场所不得进食、饮水或吸烟。戴防护手套、穿防护服、戴防护眼镜、防护面罩。避免吸入蒸气、雾。仅在室外或通风良好处操作。得到专门指导后操作。在阅读并了解所有安全预防措施之前，切勿操作。按要求使用个体防护装备。禁止排入环境。

② 事故响应　火灾时，使用抗溶性泡沫、二氧化碳、干粉、砂土灭火。如吸入：将患者转移到空气新鲜处，休息，保持利于呼吸的体位。皮肤接触：立即脱掉所有被污染的衣服，用大量肥皂水和水清洗。被污染的衣服须经洗净后方可重新使用。如发生皮肤刺激，就医。如接触眼睛：用水细心冲洗数分钟。如戴隐形眼镜并可方便地取出，取出隐形眼镜继续冲洗。如果眼睛刺激持续：就医。食入：漱口。如果感觉不适，立即呼叫中毒控制中心或就医。如果接触或有担心，就医。

③ 安全储存　存放在通风良好的地方。保持低温。上锁保管。

④ 废弃处置　本品及内装物、容器依据国家和地方法规处置。

（5）物理和化学危害　极易燃，其蒸气与空气混合，能形成爆炸性混合物。

（6）健康危害　在工业生产中主要经呼吸道吸收。液态也可经皮肤吸收。是一种原发性刺激剂，轻度中枢神经系统抑制剂和原浆毒。接触高浓度蒸气，出现结膜充血、流泪、咽痛、咳嗽、呼吸困难；并伴有头胀、头晕、步态不稳、共济失调、恶心和呕吐。重者可见有烦躁不安、多语、谵妄，甚至昏迷。少数出现血压升高、心律不齐、心肌损害、中毒性肠麻痹、消化道出血以及肝、肾损害。液体可致角膜灼伤。皮肤接触有刺激作用，严重者可引起皮肤坏死。

（7）环境危害　对水生生物有害。

4. 急救措施

（1）吸入　迅速脱离现场至空气新鲜处。保持呼吸道通畅。如呼吸困难，给输氧。如呼吸、心跳停止，立即进行心肺复苏术。就医。

（2）皮肤接触　立即脱去污染的衣着，用大量流动清水彻底冲洗至少15min，就医。

（3）眼睛接触　立即分开眼睑，用流动清水或生理盐水彻底冲洗5～10min。就医。

（4）食入　用水漱口，禁止催吐。给饮牛奶或蛋清。就医。

（5）对保护施救者的忠告　根据需要使用个人防护设备。

（6）对医生的特别提示　对症处理。

5. 消防措施

（1）灭火剂　用抗溶性泡沫、二氧化碳、干粉、砂土灭火。

（2）特别危险性　与铁、锡、铝的无水氯化物，铁、铝的过氧化物以及碱金属氢氧化物等催化剂的活性表面接触能聚合放热，使容器爆破。遇氨水、氯磺酸、盐酸、氟化氢、硝酸、硫酸、发烟硫酸猛烈反应，有爆炸危险。燃烧生成有害的一氧化碳。

（3）灭火注意事项及防护措施　消防人员须佩戴好防毒面具，穿全身消防服，在上风向灭火。尽可能将容器从火场移至空旷处。喷水保持火场容器冷却，直至灭火结束。容器突然发出异常声音或出现异常现象，应立即撤离。

6. 泄漏应急处理

（1）作业人员防护措施、防护装备和应急处置程序　消除所有点火源，根据液体流动和蒸气扩散的影响区域划定警戒区，无关人员从侧风、上风向撤离至安全区。建议应急处理人员戴正压自给式呼吸器，穿防毒、防静电服，戴橡胶耐油手套。作业时使用的所有设备应接地。禁止接触或跨越泄漏物。尽可能切断泄漏源。

（2）环境保护措施　防止泄漏物进入水体、下水道、地下室或有限空间。

（3）泄漏化学品的收容、清除方法及所使用的处置材料

① 小量泄漏　用砂土或其他不燃材料吸收，使用洁净的无火花工具收集吸收材料。

② 大量泄漏　构筑围堤或挖坑收容。用砂土、惰性物质或蛭石吸收大量液体。用抗溶性泡沫覆盖，减少蒸发。喷水雾能减少蒸发，但不能降低泄漏物在有限空间内的易燃性。用防爆泵转移至槽车或专用收集器内。喷雾状水驱散蒸气、稀释液体泄漏物。

7. 操作处置与储存

（1）操作注意事项　密闭操作，全面通风。操作人员必须经过专门培训，严格遵守操作规程。建议操作人员佩戴自吸过滤式防毒面具（全面罩），穿防静电工作服，戴橡胶耐油手套。远离火种、热源。工作场所严禁吸烟。使用防爆型的通风系统和设备。防止蒸气泄漏到工作场所空气中。避免与氧化剂、酸类、碱类接触。灌装时应控制流速，且有接地装置，防止静电积聚。搬运时要轻装轻卸，防止包装及容器损坏。配备相应品种和数量的消防器材及泄漏应急处理设备。倒空的容器可能残留有害物。

（2）储存注意事项　储存于阴凉、通风的库房。库温不宜超过29℃。远离火种、热源。保持容器密封，应与氧化剂、酸类、碱类分开存放，切忌混储。采用防爆型照明、通风设施，禁止使用易产生火花的机械设备和工具。储区应备有泄漏应急处理设备和合适的收容材料。

8. 理化特性

（1）外观与性状　无色液体，有类似乙醚的气味。

（2）熔点（℃）　－112。

（3）沸点（℃）　34。

（4）相对密度（水＝1）　0.83。

（5）相对蒸气密度（空气＝1）　2.0。

（6）饱和蒸气压（kPa）　71.7（25℃）。

（7）燃烧热（kJ/mol）　－1755.8。

（8）临界温度（℃）　209.1。

（9）临界压力（MPa）　4.93。

（10）辛醇/水分配系数　0.03。

（11）闪点（℃）　－37（CC）；－28.8（OC）。

（12）自燃温度（℃）　449。

（13）爆炸下限（%）　2.3。

(14) 爆炸上限（%） 36.0。

(15) 黏度（mPa·s） 0.28（25℃）。

(16) 溶解性 溶于水，混溶于甲醇、乙醚、丙酮、苯、四氯化碳等多数有机溶剂。

9. 稳定性和反应性

(1) 稳定性 稳定。

(2) 危险反应 与强氧化剂、硝酸、硫酸等禁配物接触，有发生火灾爆炸的危险。与铁、锡、铝的无水氯化物，铁、铝的过氧化物以及碱金属氢氧化物等催化剂的活性表面接触能聚合放热。

(3) 避免接触的条件 受热。

(4) 禁配物 酸类、碱类、强氧化剂。铁、锡、铝的无水氯化物，铁、铝的过氧化物，氨水、氯磺酸、盐酸、氟化氢、硝酸、硫酸、发烟硫酸等。

10. 废弃处置

(1) 废弃化学品 不含过氧化物的废液经浓缩后，控制一定的速度燃烧。含过氧化物的废液经浓缩后，在安全距离外敞口燃烧。

(2) 污染包装物 将容器返还生产商或按照国家和地方法规处置。

(3) 废弃注意事项 处置前应参阅国家和地方有关法规。

11. 运输信息

(1) 联合国危险货物编号（UN号） 1280。

(2) 联合国运输名称 氧化丙烯。

(3) 联合国危险性类别 3。

(4) 包装类别 Ⅰ类包装。

(5) 运输注意事项 运输时运输车辆应配备相应品种和数量的消防器材及泄漏应急处理设备。夏季最好早晚运输。运输时所用的槽（罐）车应有接地链，槽内可设孔隔板以减少震荡产生静电。严禁与氧化剂、酸类、碱类、食用化学品等混装混运。运输途中应防曝晒、雨淋，防高温。中途停留时应远离火种、热源、高温区。装运该物品的车辆排气管必须配备阻火装置，禁止使用易产生火花的机械设备和工具装卸。公路运输时要按规定路线行驶，勿在居民区和人口稠密区停留。铁路运输时要禁止溜放。严禁用木船、水泥船散装运输。

二十六、邻二氯苯

1. 化学品标识

(1) 中文名称 1,2-二氯苯、邻二氯苯。

(2) 英文名称 1,2-dichlorobenzene；*o*-dichlorobenzene。

(3) 分子式 $C_6H_4Cl_2$。

(4) 相对分子质量 147。

(5) CAS号 95-50-1。

(6) 化学品的推荐及限制用途 广泛用作有机物和有色金属氧化物的溶剂、防腐剂，也可作杀虫剂。

2. 成分/组成信息

组分：1,2-二氯苯。

3. 危险性概述

(1) 紧急情况概述 吞咽有害。

(2) GHS危险性类别 急性毒性-经口，类别4；皮肤腐蚀/刺激，类别2；严重眼损伤/

眼刺激，类别2；特异性靶器官毒性-一次接触，类别3（呼吸道刺激）；危害水生环境-急性危害，类别1；危害水生环境-长期危害，类别1。

（3）危险性说明　吞咽有毒，造成皮肤刺激，造成严重眼刺激，可能引起呼吸道刺激，对水生生物毒性非常大并具有长期持续影响。

（4）防范说明

① 预防措施　避免接触眼睛、皮肤，操作后彻底清洗。作业场所不得进食、饮水或吸烟。戴防护手套、防护眼镜、防护面罩。避免接触眼睛、皮肤，操作后彻底清洗。禁止排入环境。

② 事故响应　皮肤接触：用大量肥皂水和水清洗。如发生皮肤刺激，就医。脱去被污染的衣服，洗净后方可重新使用。如眼睛接触：用水细心冲洗数分钟。如戴隐形眼镜并可方便地取出，取出隐形眼镜继续冲洗。如果眼睛刺激持续：就医。食入：漱口。如果感觉不适，立即呼叫中毒控制中心或就医。收集泄漏物。

③ 废弃处置　本品及内装物、容器依据国家和地方法规处置。

（5）物理和化学危险　可燃，其蒸气与空气混合，能形成爆炸性混合物。

（6）健康危害　吸入本品后，出现呼吸道刺激、头痛、头晕、焦虑、麻醉作用，以致意识不清。可引起溶血性贫血和严重贫血。液体及高浓度蒸气对眼有刺激性，口服引起胃肠道反应。皮肤接触可引起红斑、水肿。

（7）环境危害　对水生生物毒性非常大并具有长期持续影响。

4. 急救措施

（1）吸入　迅速脱离现场至空气新鲜处。保持呼吸道通畅。如呼吸困难，给输氧。如呼吸、心跳停止，立即进行心肺复苏术。就医。

（2）皮肤接触　立即脱去污染的衣着，用流动清水彻底冲洗，就医。

（3）眼睛接触　立即分开眼睑，用流动清水或生理盐水彻底冲洗。就医。

（4）食入　漱口，饮水。就医。

（5）对保护施救者的忠告　根据需要使用个人防护设备。

（6）对医生的特别提示　对症处理。

5. 消防措施

（1）灭火剂　用雾状水、泡沫、二氧化碳、砂土灭火。

（2）特别危险性　受高热分解产生有毒的腐蚀性烟气。与强氧化剂接触可发生化学反应。在潮湿空气存在下，放出热和近似白色烟雾状有刺激性和腐蚀性的氯化氢气体。与活泼金属粉末（如镁、铝等）能发生反应，引起分解。燃烧生成有害的一氧化碳、氯化氢。

（3）灭火注意事项及防护措施　消防人员必须佩戴空气呼吸器、穿全身防火防毒服，在上风向灭火。尽可能将容器从火场移至空旷处。喷水保持火场容器冷却，直至灭火结束。容器突然发出异常声音或出现异常现象，应立即撤离。

6. 泄漏应急处理

（1）作业人员防护措施、防护装备和应急处置程序　根据液体流动和蒸气扩散的影响区域划定警戒区，无关人员从侧风、上风向撤离至安全区。建议应急处理人员戴正压自给式呼吸器，穿防毒服，戴橡胶耐油手套。穿上适当的防护服前严禁接触破裂的容器和泄漏物。尽可能切断泄漏源。

（2）环境保护措施　防止泄漏物进入水体、下水道、地下室或有限空间。

（3）泄漏化学品的收容、清除方法及所使用的处置材料

① 小量泄漏　用干燥的砂土或其他不燃材料吸收或覆盖，收集于容器中。

② 大量泄漏　构筑围堤或挖坑收容。用砂土、惰性物质或蛭石吸收大量液体。用泵转移至槽车或专用收集器内。

7. 操作处置与储存

(1) 操作注意事项　密闭操作，提供充分的局部排风。操作人员必须经过专门培训，严格遵守操作规程。建议操作人员佩戴自吸过滤式防毒面具（半面罩），戴安全防护眼镜，穿防毒物渗透工作服，戴橡胶耐油手套。远离火种、热源。工作场所严禁吸烟。使用防爆型的通风系统和设备。防止蒸气泄漏到工作场所空气中。避免与氧化剂、铝接触。搬运时要轻装轻卸，防止包装及容器损坏。配备相应品种和数量的消防器材及泄漏应急处理设备。倒空的容器可能残留有害物。

(2) 储存注意事项　储存于阴凉、通风的库房。远离火种、热源。保持容器密封。应与氧化剂、铝、食用化学品分开存放，切忌混储。配备相应品种和数量的消防器材。储区应备有泄漏应急处理设备和合适的收容材料。

8. 理化特性

(1) 外观与性状　无色易挥发的液体，有芳香气味。

(2) 熔点（℃）　−17.5。

(3) 沸点（℃）　180.4。

(4) 相对密度（水=1）　1.30。

(5) 相对蒸气密度（空气=1）　5.05。

(6) 饱和蒸气压（kPa）　0.133（20℃）。

(7) 燃烧热（kJ/mol）　−2725.38。

(8) 临界温度（℃）　417.2。

(9) 临界压力（MPa）　4.03。

(10) 辛醇/水分配系数　3.43。

(11) 闪点（℃）　66（CC）；68（OC）。

(12) 自燃温度（℃）　647。

(13) 爆炸下限（%）　2。

(14) 爆炸上限（%）　9.2。

(15) 黏度（mPa·s）　1.324（25℃）。

(16) 溶解性　不溶于水，溶于乙醇、乙醚、苯等多数有机溶剂。

9. 稳定性和反应性

(1) 稳定性　稳定。

(2) 危险反应　与强氧化剂、活性金属等禁配物发生反应。

(3) 避免接触的条件　潮湿空气、受热。

(4) 禁配物　强氧化剂、铝、

(5) 危险的分解产物　氯化氢。

10. 废弃处置

(1) 废弃化学品　用焚烧法处置。与燃料混合后，再焚烧。焚烧炉排出的卤化氢通过酸洗涤器除去。

(2) 污染包装物　将容器返还生产商或按照国家和地方法规处置。

(3) 废弃注意事项　把倒空的容器归还厂商或在规定场所掩埋。

11. 运输信息

(1) 联合国危险货物编号（UN 号）　1591。

（2）联合国运输名称　邻二氯苯。

（3）联合国危险性类别　6.1。

（4）包装类别　Ⅲ类包装。

（5）运输注意事项　运输前应先检查包装容器是否完整、密封，运输过程中要确保容器不泄漏、不倒塌、不坠落、不损坏。严禁与酸类、氧化剂、食品及食品添加剂混运。运输时运输车辆应配备相应品种和数量的消防器材及泄漏应急处理设备。运输途中应防曝晒、雨淋，防高温。公路运输时要按规定路线行驶。

二十七、对二氯苯

1. 化学品标识

（1）中文名称　1,4-二氯苯、对二氯苯。

（2）英文名称　1,4-dichlorobenzene；*p*-dichlorobenzene。

（3）分子式　$C_6H_4Cl_2$。

（4）相对分子质量　147。

（5）CAS号　106-46-7。

（6）化学品的推荐及限制用途　用作杀虫剂、防霉剂、分析试剂及用于有机合成。

2. 成分/组成信息

组分：1,4-二氯苯。

3. 危险性概述

（1）紧急情况概述　皮肤接触可能有害，造成严重眼刺激，怀疑致癌。

（2）GHS危险性类别　急性毒性-经皮，类别5；严重眼损伤/眼刺激，类别2A；致癌性，类别2；危害水生环境-急性危害，类别1；危害水生环境-长期危害，类别1。

（3）危险性说明　皮肤接触可能有害，造成严重眼刺激，怀疑致癌。对水生生物毒性非常大并具有长期持续影响。

（4）防范说明

① 预防措施　避免接触眼睛、皮肤，操作后彻底清洗。戴防护眼镜、防护面罩。得到专门指导后操作，在阅读并了解所有安全预防措施之前，切勿操作，按要求使用个体防护装备。禁止排入环境。

② 事故响应　如感觉不适，呼叫中毒控制中心或就医。如接触眼睛：用水细心冲洗数分钟。如戴隐形眼镜并可方便地取出，取出隐形眼镜继续冲洗。如果接触或有担心，就医。收集泄漏物。

③ 安全储存　上锁保管。

④ 废弃处置　本品及内装物、容器依据国家和地方法规处置。

（5）物理和化学危险　可燃，其粉体与空气混合，能形成爆炸性混合物。

（6）健康危害　本品对眼和上呼吸道有刺激性，对中枢神经有抑制作用，致肝、肾损害，人在接触高浓度时，可出现虚弱、眩晕、呕吐。严重时损害肝脏，出现黄疸、肝损害可发展为肝坏死或肝硬化。长时间接触本品对皮肤有轻微刺激性，引起烧灼感。

（7）环境危害　对水生生物毒性非常大并具有长期持续影响。

4. 急救措施

（1）吸入　迅速脱离现场至空气新鲜处。保持呼吸道通畅。如呼吸困难，给输氧。如呼吸、心跳停止，立即进行心肺复苏术。就医。

（2）皮肤接触　立即脱去污染的衣着，用流动清水彻底冲洗。就医。

（3）眼睛接触　立即分开眼睑，用流动清水或生理盐水彻底冲洗。就医。

（4）食入　漱口，饮水。就医。

（5）对保护施救者的忠告　根据需要使用个人防护设备。

（6）对医生的特别提示　对症处理。

5. 消防措施

（1）灭火剂　用雾状水、泡沫、二氧化碳、砂土灭火。

（2）特别危险性　受高热分解产生有毒的腐蚀性烟气。与强氧化剂接触可发生化学反应。与活泼金属粉末（如镁、铝等）能发生反应，引起分解。燃烧生成有害的一氧化碳、氯化氢。

（3）灭火注意事项及防护措施　消防人员必须佩戴空气呼吸器，穿全身防火防毒服服，在上风向灭火。尽可能将容器从火场移至空旷处。喷水保持火场容器冷却，直至灭火结束。

6. 泄漏应急处理

（1）作业人员防护措施、防护装备和应急处置程序　隔离泄漏污染区，限制出入。建议应急处理人员戴防尘口罩，穿防毒服，戴橡胶手套。穿上适当的防护服前严禁接触破裂的容器和泄漏物。尽可能切断泄漏源。用塑料布覆盖泄漏物，减少飞散，勿使水进入包装容器内。

（2）泄漏化学品的收容、清除方法及所使用的处置材料　用洁净的铲子收集泄漏物，置于干净、干燥、盖子较松的容器中，将容器移离泄漏区。

7. 操作处置与储存

（1）操作注意事项　密闭操作，局部排风。操作人员必须经过专门培训，严格遵守操作规程。建议操作人员佩戴过滤式防毒面具（半面罩），戴安全防护眼镜，穿防毒物渗透工作服，戴橡胶手套。远离火种、热源。工作场所严禁吸烟。使用防爆的通风系统和设备。避免产生粉尘。避免与氧化剂、铝接触。搬运时要轻装轻卸，防止包装及容器损坏。配备相应品种和数量的消防器材及泄漏应急处理设备。倒空的容器可能残留有害物。

（2）储存注意事项　储存于阴凉、通风的库房。远离火种、热源，包装密封。应与氧化剂、铝、食用化学品分开存放，切忌混储。配备相应品种和数量的消防器材。储区应备有合适的材料收容泄漏物。

8. 理化特性

（1）外观与性状　白色结晶，有樟脑气味。

（2）熔点（℃）　53.1。

（3）沸点（℃）　174。

（4）相对密度（水＝1）　1.46。

（5）相对蒸气密度（空气＝1）　5.08。

（6）饱和蒸气压（kPa）　1.33（54.8℃）。

（7）燃烧热（kJ/mol）　－2931.3。

（8）临界温度（℃）　407.5。

（9）临界压力（MPa）　4.11。

（10）辛醇/水分配系数　3.37。

（11）闪点（℃）　66（CC）。

（12）自燃温度（℃）　646。

（13）爆炸下限（%）　1.8。

（14）爆炸上限（%）　7.8。

（15）黏度（mPa·s）　0.839（55℃）。

（16）溶解性　不溶于水，溶于乙醇、乙醚、苯。

9. 稳定性和反应性

（1）稳定性　稳定。

（2）危险反应　与强氧化剂、活性金属等禁配物发生反应。

（3）避免接触的条件　受热。

（4）禁配物　强氧化剂、铝。

（5）危险的分解产物　氯化氢。

10. 废弃处置

（1）废弃化学品　用焚烧法处置。与燃料混合后，再焚烧。焚烧炉排出的卤化氢通过酸洗涤器除去。

（2）污染包装物　将容器返还生产商或按照国家和地方法规处置。

（3）废弃注意事项　处置前应参阅国家和地方有关法规。将空容器归还厂商。

11. 运输信息

（1）联合国危险货物编号（UN号）　3077。

（2）联合国运输名称　对环境有害的固态物质，未另作规定的（1,4-二氯苯）。

（3）联合国危险性类别 9。

（4）包装类别　Ⅲ类包装。

（5）运输注意事项　运输前应先检查包装容器是否完整、密封，运输过程中要确保容器不泄漏、不倒塌、不坠落、不损坏。严禁与酸类、氧化剂、食品及食品添加剂混运。运输车辆应配备相应品种和数量的消防器材及泄漏应急处理设备。运输途中应防曝晒、雨淋，防高温。

二十八、间二氯苯

1. 化学品标识

（1）中文名称　1,3-二氯苯、间二氯苯。

（2）英文名称　1,3-dichlorobenzene；*m*-dichlorobenzene。

（3）分子式　$C_6H_4Cl_2$。

（4）相对分子质量　147。

（5）CAS号　541-73-1。

（6）化学品的推荐及限制用途　用于染料制造、有机合成中间体、溶剂。

2. 成分/组成信息

组分：1,3-二氯苯。

3. 危险性概述

（1）紧急情况概述　吞咽有害。

（2）GHS危险性类别　急性毒性-经口，类别 4；危害水生环境-急性危害，类别 2；危害水生环境-长期危害，类别 2。

（3）危险性说明　吞咽有害。对水生生物有毒并具有长期持续影响。

（4）防范说明

① 预防措施　避免接触眼睛、皮肤，操作后彻底清洗。作业场所不得进食、饮水或吸烟。禁止排入环境。

② 事故响应　食入：漱口。如果感觉不适，立即呼叫中毒控制中心或就医。收集泄

漏物。

③ 废弃处置　本品及内装物、容器依据国家和地方法规处置。

（5）物理和化学危险　可燃，其蒸气与空气混合，能形成爆炸性混合物。

（6）健康危害　吸入后引起头痛、困倦、不安和呼吸道黏膜刺激。对眼和皮肤有强烈刺激性。口服出现胃黏膜刺激、恶心、呕吐、腹泻、腹绞痛和发绀；慢性影响：可能引起肝肾损害。

（7）环境危害　对水生生物有毒并具有长期持续影响。

4. 急救措施

（1）吸入　迅速脱离现场至空气新鲜处。保持呼吸道通畅。如呼吸困难，给输氧。如呼吸、心跳停止，立即进行心肺复苏术。就医。

（2）皮肤接触　立即脱去污染的衣着，用流动清水彻底冲洗。就医。

（3）眼睛接触　立即分开眼睑，用流动清水或生理盐水彻底冲洗。就医。

（4）食入　漱口，饮水。就医。

（5）对保护施救者的忠告　根据需要使用个人防护设备。

（6）对医生的特别提示　对症处理。

5. 消防措施

（1）灭火剂　用雾状水、泡沫、二氧化碳、砂土灭火。

（2）特别危险性　受高热分解放出有毒的气体。遇氧化剂及铝反应剧烈。燃烧生成有害的一氧化碳、氯化氢。

（3）灭火注意事项及防护措施　消防人员佩戴空气呼吸器、穿全身防火防毒服，在上风向灭火。尽可能将容器从火场移至空旷处。喷水保持火场容器冷却，直至灭火结束。容器突然发出异常声音或出现异常现象，应立即撤离。

6. 泄漏应急处理

（1）作业人员防护措施、防护装备和应急处置程序　根据液体流动和蒸气扩散的影响区域划定警戒区，无关人员从侧风、上风向撤离至安全区。消除所有点火源。建议应急处理人员戴正压自给式呼吸器，穿防毒服，戴橡胶耐油手套。穿上适当的防护服前严禁接触破裂的容器和泄漏物。尽可能切断泄漏源。

（2）环境保护措施　防止泄漏物进入水体、下水道、地下室或有限空间。

（3）泄漏化学品的收容、清除方法及所使用的处置材料

① 小量泄漏　用干燥的砂土或其他不燃材料吸收或覆盖，收集于容器中。

② 大量泄漏　构筑围堤或挖坑收容。用泵转移至槽车或专用收集器内。

7. 操作处置与储存

（1）操作注意事项　密闭操作，提供充分的局部排风。操作人员必须经过专门培训，严格遵守操作规程。建议操作人员佩戴自吸过滤式防毒面具（半面罩），戴化学安全防护眼镜，穿防毒物渗透工作服，戴橡胶耐油手套。远离火种、热源。工作场所严禁吸烟。使用防爆型的通风系统和设备。防止蒸气泄漏到工作场所空气中。避免与氧化剂、铝接触。搬运时要轻装轻卸，防止包装及容器损坏。配备相应品种和数量的消防器材及泄漏应急处理设备。倒空的容器可能残留有害物。

（2）储存注意事项　储存于阴凉、通风的库房。远离火种、热源。保持容器密封。应与氧化剂、铝、食用化学品分开存放，切忌混储。配备相应品种和数量的消防器材。储区应备有泄漏应急处理设备和合适的收容材料。

8. 理化特性

(1) 外观与性状 无色液体，有刺激性气味。

(2) 熔点（℃） −24.8。

(3) 沸点（℃） 173。

(4) 相对密度（水=1） 1.29。

(5) 相对蒸气密度（空气=1） 5.08。

(6) 饱和蒸气压（kPa） 0.13（12.1℃）。

(7) 燃烧热（kJ/mol） −2952.9。

(8) 临界温度（℃） 415.3。

(9) 临界压力（MPa） 4.86。

(10) 辛醇/水分配系数 3.53。

(11) 闪点（℃） 72。

(12) 自燃温度（℃） 647。

(13) 爆炸下限（%） 1.8。

(14) 爆炸上限（%） 7.8。

(15) 黏度（mPa·s） 1.044（25℃）。

(16) 溶解性 不溶于水，溶于乙醇、乙醚，易溶于丙酮。

9. 稳定性和反应性

(1) 稳定性 稳定。

(2) 危险反应 与强氧化剂、活性金属等禁配物发生反应。

(3) 避免接触的条件 受热。

(4) 禁配物 强氧化剂、铝。

(5) 危险的分解产物 氯化氢。

10. 废弃处置

(1) 废弃化学品 用焚烧法处置。与燃料混合后，再焚烧。焚烧炉排出的卤化氢通过酸洗涤器除去。

(2) 污染包装物 将容器返还生产商或按照国家和地方法规处置。

(3) 废弃注意事项 将倒空的容器归还厂商或在规定场所掩埋。

11. 运输信息

(1) 联合国危险货物编号（UN号） 3082。

(2) 联合国运输名称 对环境有害的液态物质，未另作规定的（1,3-二氯苯）。

(3) 联合国危险性类别 9。

(4) 包装类别 Ⅲ类包装。

(5) 运输注意事项 运输前应先检查包装容器是否完整、密封。运输过程中要确保容器不泄漏、不倒塌、不坠落、不损坏。严禁与酸类、氧化剂、食品及食品添加剂混运。运输时运输车辆应配备相应品种和数量的消防器材及泄漏应急处理设备。运输途中应防曝晒、雨淋，防高温。公路运输时要按规定路线行驶。

二十九、氯化苄

1. 化学品标识

(1) 中文名称 氯化苄；苄基氯；α-氯甲苯。

(2) 英文名称 benzyl chloride；alpha-chlorotoluene。

(3) 分子式　C_7H_7Cl。

(4) 相对分子质量　126.6。

(5) CAS号　100-44-7。

(6) 化学品的推荐及限制用途　用作染料中间体及用于单宁、香料、药品等的合成。

2. 成分/组成信息

组分：氯化苄。

3. 危险性概述

(1) 紧急情况概述　吞咽有害，吸入会中毒。

(2) GHS危险性类别　急性毒性-经口，类别4；急性毒性-吸入，类别3；皮肤腐蚀/刺激，类别2；严重眼损伤/眼刺激，类别1；致癌性，类别1B；特异性靶器官毒性-一次接触，类别3（呼吸道刺激）；特异性靶器官毒性-反复接触，类别2；危害水生环境-急性危害，类别2。

(3) 危险性说明　吞咽有害，吸入会中毒，造成皮肤刺激，造成严重眼损伤，可能致癌，可能引起呼吸道刺激，长时间或反复接触可能对器官造成损伤，对水生生物有毒。

(4) 防范说明

① 预防措施　避免接触眼睛、皮肤，操作后彻底清洗。作业场所不得进食、饮水或吸烟，避免吸入蒸气、雾，仅在室外或通风良好处操作。避免接触眼睛、皮肤，操作后彻底清洗。戴防护手套、防护眼镜、防护面罩。得到专门指导后操作。在阅读并了解所有安全预防措施之前，切勿操作。按要求使用个体防护装备。禁止排入环境。

② 事故响应　如吸入：将患者转移到空气新鲜处，休息，保持利于呼吸的体位。皮肤接触：用大量肥皂水和水清洗。如发生皮肤刺激，就医。脱去被污染的衣服，洗净后方可重新使用。接触眼睛：用水细心冲洗数分钟。如戴隐形眼镜并可方便地取出，取出隐形眼镜继续冲洗。食入：漱口。如果感觉不适，立即呼叫中毒控制中心或就医。如果接触或有担心，就医。

③ 安全储存　在通风良好处储存。保持容器密闭。上锁保管。

④ 废弃处置　本品及内装物、容器依据国家和地方法规处置。

(5) 物理和化学危险　可燃，其蒸气与空气混合，能形成爆炸性混合物。

(6) 健康危害　持续吸入高浓度蒸气可出现呼吸道炎症，甚至发生肺水肿。蒸气对眼有刺激性，液体溅入眼内引起结膜和角膜蛋白变性。皮肤接触可引起红斑、大疱或发生湿疹。口服引起胃肠道刺激反应、头痛、头晕、恶心、呕吐及中枢神经系统抑制。慢性影响：肝、肾损害。

(7) 环境危害　对水生生物有毒。

4. 急救措施

(1) 吸入　迅速脱离现场至空气新鲜处。保持呼吸道通畅。如呼吸困难，给输氧。如呼吸、心跳停止，立即进行心肺复苏术。就医。

(2) 皮肤接触　立即脱去污染的衣着，用流动清水彻底冲洗，就医。

(3) 眼睛接触　立即分开眼睑，用流动清水或生理盐水彻底冲洗5～10min。就医。

(4) 食入　漱口，饮水。就医。

(5) 对保护施救者的忠告　根据需要使用个人防护设备。

(6) 对医生的特别提示　对症处理。

5. 消防措施

(1) 灭火剂　用雾状水、泡沫、干粉、二氧化碳灭火。

（2）特别危险性　受高热分解产生有毒的腐蚀性烟气。与铜、铝、镁、锌及锡等接触放出热量及氯化氢气体。燃烧生成有害的一氧化碳、氯化氢。

（3）灭火注意事项及防护措施　消防人员须佩戴防毒面具，穿全身消防服，在上风向灭火。尽可能将容器从火场移至空旷处。喷水保持火场容器冷却，直至灭火结束。容器突然发出异常声音或出现异常现象，应立即撤离。

6. 泄漏应急处理

（1）作业人员防护措施、防护装备和应急处置程序　根据液体流动和蒸气扩散的影响区域划定警戒区，无关人员从侧风、上风向撤离至安全区。建议应急处理人员戴正压自给式呼吸器，穿防毒服，戴橡胶耐油手套。作业时使用的所有设备应接地。穿上适当的防护服前严禁接触破裂的容器和泄漏物。尽可能切断泄漏源。

（2）环境保护措施　防止泄漏物进入水体、下水道、地下室或有限空间。严禁用水处理。

（3）泄漏化学品的收容、清除方法及所使用的处置材料

① 小量泄漏　用干燥的砂土或其他不燃材料覆盖泄漏物。

② 大量泄漏　构筑围堤或挖坑收容。用泵转移至槽车或专用收集器内。

7. 操作处置与储存

（1）操作注意事项　密闭操作，提供充分的局部排风。操作人员必须经过专门培训，严格遵守操作规程。建议操作人员佩戴自吸过滤式防毒面具（半面罩），戴化学安全防护眼镜，穿透气型防毒服，戴橡胶耐油手套。远离火种、热源。工作场所严禁吸烟。使用防爆型的通风系统和设备。防止蒸气泄漏到工作场所空气中。避免与氧化剂、金属粉末、醇类接触。搬运时要轻装轻卸，防止包装及容器损坏。配备相应品种和数量的消防器材及泄漏应急处理设备。倒空的容器可能残留有害物。

（2）储存注意事项　储存于阴凉、干燥、通风良好的库房。远离火种、热源。库房温度不超过30℃，相对湿度不超过70%。包装必须密封，切勿受潮。应与氧化剂、金属粉末、醇类、食用化学品分开存放，切忌混储。配备相应品种和数量的消防器材。储区应备有泄漏应急处理设备和合适的收容材料。

8. 理化特性

（1）外观与性状　无色至黄色液体，有不愉快的刺激性气味。

（2）熔点（℃）　－48～－39。

（3）沸点（℃）　175～179。

（4）相对密度（水＝1）　1.10。

（5）相对蒸气密度（空气＝1）　4.36。

（6）饱和蒸气压（kPa）　2.93（78℃）。

（7）燃烧热（kJ/mol）　－3705.2。

（8）临界压力（MPa）　3.91。

（9）辛醇/水分配系数　2.3。

（10）闪点（℃）　67（CC）；74（OC）。

（11）自燃温度（℃）　585。

（12）爆炸下限（%）　1.1。

（13）爆炸上限（%）　14。

（14）溶解性　不溶于水，可混溶于乙醇、氯仿、乙醚等多数有机溶剂。

9. 稳定性和反应性

（1）稳定性　稳定。

（2）危险反应　与强氧化剂、活泼金属等禁配物发生反应。

（3）避免接触的条件　潮湿空气、受热。

（4）禁配物　强氧化剂、铁、铁盐、铝、水、醇类。

（5）危险的分解产物　氯化氢。

10. 废弃处置

（1）废弃化学品　用焚烧法处置，燃烧过程中要喷入蒸汽或甲烷，以免生成氯气，焚烧炉排出的卤化氢通过酸洗涤器除去。

（2）污染包装物　将容器返还生产商或按照国家和地方法规处置。

（3）废弃注意事项　处置前应参阅国家和地方有关法规。

11. 运输信息

（1）联合国危险货物编号（UN 号）　1738。

（2）联合国运输名称　苄基氯。

（3）联合国危险性类别　6.1，8。

（4）包装类别　Ⅱ类包装。

（5）运输注意事项　运输前应先检查包装容器是否完整、密封，运输过程中要确保容器不泄漏、不倒塌、不坠落、不损坏。严禁与酸类、氧化剂、食品及食品添加剂混运。运输时运输车辆应配备相应品种和数量的消防器材及泄漏应急处理设备。运输途中应防曝晒、雨淋，防高温。公路运输时要按规定路线行驶，勿在居民区和人口稠密区停留。

三十、水合肼（含水 36%）

1. 化学品标识

（1）中文名称　水合肼（含水 36%）；水合联氨。

（2）英文名称　hydrazine hydrate (containing 36% water); diamide hydrate。

（3）分子式　$H_4N_2 \cdot H_2O$。

（4）相对分子质量　50.08。

（5）CAS 号　10217-52-4。

（6）化学品的推荐及限制用途　用作还原剂、溶剂、抗氧剂，用于制取药物、发泡剂 N 等。

2. 成分/组成信息

组分：水合肼（含水 36%）。

3. 危险性概述

（1）紧急情况概述　可燃液体，造成严重的皮肤灼伤和眼损伤，可能导致皮肤过敏反应。

（2）GHS 危险性类别　易燃液体，类别 4；急性毒性-经口，类别 3；急性毒性-经皮，类别 3；急性毒性-吸入，类别 3；皮肤腐蚀/刺激，类别 1B；严重眼损伤/眼刺激，类别 1；皮肤致敏物，类别 1；致癌性，类别 2；危害水生环境-急性危害，类别 1；危害水生环境-长期危害，类别 1。

（3）危险性说明　可燃液体，吞咽有害，皮肤接触有害，吸入有害，造成严重的皮肤灼伤和眼损伤，可能导致皮肤过敏反应，怀疑致癌，对水生生物毒性非常大并具有长期持续影响。

（4）防范说明

① 预防措施　远离火焰和热表面。禁止吸烟。戴防护手套、防护眼镜、防护面罩，穿防护服。避免接触眼睛、皮肤，操作后彻底清洗。作业场所不得进食、饮水或吸烟。避免吸入蒸气、雾。仅在室外或通风良好处操作。污染的工作服不得带出工作场所。得到专门指导后操作。在阅读并了解所有安全预防措施之前，切勿操作。按要求使用个体防护装备。禁止排入环境。

② 事故响应　火灾时，使用雾状水、抗溶性泡沫、二氧化碳、干粉灭火。如吸入：将患者转移到空气新鲜处，休息，保持利于呼吸的体位。如感觉不适，呼叫中毒控制中心或就医。皮肤接触：立即脱掉所有被污染的衣物，用大量肥皂水和水清洗，如出现皮肤刺激或皮疹：就医。被污染的衣物须经洗净后方可重新使用。眼睛接触：用水细心地冲洗数分钟。如戴隐形眼镜并可方便地取出，则取出隐形眼镜继续冲洗。食入：漱口，不要催吐。如果感觉不适，立即呼叫中毒控制中心或就医。如果接触或有担心，就医。收集泄漏物。

③ 安全储存　存放在通风良好的地方。保持低温。上锁保管。

④ 废弃处置　本品及内装物、容器依据国家和地方法规处置。

（5）物理和化学危险　可燃。与氧化性物质混合会发生爆炸。

（6）健康危害　吸入本品蒸气，刺激鼻和上呼吸道。此外，尚可出现头晕、恶心、呕吐和中枢神经系统症状。液体或蒸气对眼有刺激作用，可致眼的永久性损害。对皮肤有刺激性，可造成严重灼伤。可经皮肤吸收引起中毒。可致皮炎。口服引起头晕、恶心，以后出现暂时性中枢性呼吸抑制、心律失常，以及中枢神经系统症状，如嗜睡、运动障碍、共济失调、麻木等。肝功能可出现异常。慢性影响：长期接触可出现神经衰弱综合征，肝大及肝功能异常。

（7）环境危害　对水生生物毒性非常大并具有长期持续影响。

4. 急救措施

（1）吸入　迅速脱离现场至空气新鲜处，保持呼吸道通畅。如呼吸困难，给输氧。如呼吸、心跳停止，立即进行心肺复苏术。就医。

（2）皮肤接触　立即脱去污染的衣着，用大量流动清水彻底冲洗至少15min，就医。

（3）眼睛接触　立即分开眼睑，用流动清水或生理盐水彻底冲洗5～10min。就医。

（4）食入　用水漱口，禁止催吐。给饮牛奶或蛋清。就医。

（5）对保护施救者的忠告　根据需要使用个人防护设备。

（6）对医生的特别提示　对症处理。

5. 消防措施

（1）灭火剂　用雾状水、抗溶性泡沫、二氧化碳、干粉灭火。

（2）特别危险性　与氧化剂能发生强烈反应，引起燃烧或爆炸。遇氧化汞、金属钠、氯化亚锡、2,4-二硝基氯化苯发生剧烈反应。燃烧生成有害的氮氧化物。

（3）灭火注意事项及防护措施　消防人员须戴好防毒面具，在安全距离以外，在上风向灭火。尽可能将容器从火场移至空旷处。喷水保持火场容器冷却，直至灭火结束。容器突然发出异常声音或出现异常现象，应立即撤离。遇大火，消防人员须在有防护遮蔽处操作。

6. 泄漏应急处理

（1）作业人员防护措施、防护装备和应急处置程序　清除所有点火源，根据液体流动和蒸气扩散的影响区域划定警戒区，无关人员从侧风、上风向撤离至安全区。建议应急处理人员戴正压自给式呼吸器，穿防静电、防腐蚀服，戴橡胶手套。穿上适当的防护服前严禁接触破裂的容器和泄漏物。尽可能切断泄漏源。

（2）环境保护措施　防止泄漏物进入水体、下水道、地下室或有限空间。

（3）泄漏化学品的收容、清除方法及所使用的处置材料

① 小量泄漏　用干燥的砂土或其他不燃材料吸收或覆盖，收集于容器中。

② 大量泄漏　构筑围堤或挖坑收容。用防爆、耐腐蚀泵转移至槽车或专用收集器内。喷雾状水驱散蒸气、稀释液体泄漏物。

7. 操作处置与储存

（1）操作注意事项　密闭操作，局部排风。操作人员必须经过专门培训，严格遵守操作规程。建议操作人员佩戴自吸过滤式防毒面具（全面罩），穿橡胶耐酸碱服，戴橡胶手套。远离火种、热源。工作场所严禁吸烟。使用防爆型的通风系统和设备。防止蒸气泄漏到工作场所空气中。避免与氧化剂、酸类、金属粉末接触。搬运时要轻装轻卸，防止包装及容器损坏。配备相应品种和数量的消防器材及泄漏应急处理设备。倒空的容器可能残留有害物。

（2）储存注意事项　储存于阴凉、通风的库房。远离火种、热源。库房温度不超过30℃，相对湿度不超过80%。保持容器密封。应与氧化剂、酸类、金属粉末、食用化学品分开存放，切忌混储。配备相应品种和数量的消防器材。储区应备有泄漏应急处理设备和合适的收容材料。

8. 理化特性

（1）外观与性状　无色发烟液体，微有特殊的氨臭味。

（2）熔点（℃）　－64.9～－51.6。

（3）沸点（℃）　118。

（4）相对密度（水＝1）　1.03。

（5）相对蒸气密度（空气＝1）　1.1。

（6）饱和蒸气压（kPa）0.67（25℃）。

（7）闪点（℃）　72.8。

（8）自燃温度（℃）　270。

（9）爆炸下限（%）　4.7。

（10）爆炸上限（%）　100。

（11）溶解性　与水混溶，不溶于氯仿、乙醚，可混溶于乙醇。

9. 稳定性和反应性

（1）稳定性　稳定。

（2）危险反应　与强氧化剂等禁配物接触，有发生火灾和爆炸的危险。遇氧化汞、金属钠、氯化亚锡、2,4-二硝基氯化苯发生剧烈反应。

（3）避免接触的条件　空气、紫外线。

（4）禁配物　强氧化剂、强酸、铜、锌、氧化汞、金属钠、氯化亚锡、2,4-二硝基氯化苯。

（5）危险的分解产物　氨、氢气。

10. 废弃处置

（1）废弃化学品　建议用焚烧法处置。焚烧炉排出的氮氧化物通过洗涤器除去。

（2）污染包装物　将容器返还生产商或按照国家和地方法规处置。

（3）废弃注意事项　处置前应参阅国家和地方有关法规。

11. 运输信息

（1）联合国危险货物编号（UN号）　2030。

（2）联合国运输名称　肼水溶液。

（3）联合国危险性类别　8，6.1。

（4）包装类别　Ⅱ类包装。

（5）运输注意事项　起运时包装要完整，装载应稳妥。运输过程中要确保容器不泄漏、不倒塌、不坠落、不损坏。严禁与氧化剂、酸类、金属粉末、食用化学品等混装混运。运输时运输车辆应配备相应品种和数量的消防器材及泄漏应急处理设备。运输途中应防曝晒、雨淋，防高温。公路运输时要按规定路线行驶。勿在居民区和人口稠密区停留。

三十一、氯乙酸

1. 化学品标识

（1）中文名称　氯乙酸；一氯醋酸；氯醋酸。

（2）英文名称　chloroacetic acid，monochloroacetic acid。

（3）分子式　$C_2H_3ClO_2$。

（4）相对分子质量　94.50。

（5）CAS 号　79-11-8。

（6）化学品的推荐及限制用途　用于制农药和用作有机合成中间体。

2. 成分/组成信息

组分：氯乙酸。

3. 危险性概述

（1）紧急情况概述　吞咽会中毒，皮肤接触会中毒，吸入致命，造成严重的皮肤灼伤和眼损伤。

（2）GHS 危险性类别　急性毒性-经口，类别 3；急性毒性-经皮，类别 3；急性毒性-吸入，类别 2；皮肤腐蚀/刺激，类别 1B；严重眼损伤/眼刺激，类别 1；特异性靶器官毒性-一次接触，类别 3（呼吸道刺激）；危害水生环境-急性危害，类别 1。

（3）危险性说明　吞咽会中毒，皮肤接触会中毒，吸入致命，造成严重的皮肤灼伤和眼损伤，可能引起呼吸道刺激，对水生生物毒性非常大。

（4）防范说明

① 预防措施　避免接触眼睛、皮肤，操作后彻底清洗。作业场所不得进食、饮水或吸烟。避免吸入蒸气、雾。仅在室外或通风良好处操作。戴呼吸防护器具。戴防护手套，穿防护服，戴防护眼镜、防护面罩。禁止排入环境。

② 事故响应　如吸入：将患者转移到空气新鲜处，休息，保持利于呼吸的体位。皮肤（或头发）接触：立即脱掉所有被污染的衣服，用大量肥皂水和水清洗，如感觉不适，呼叫中毒控制中心或就医。被污染的衣服须经洗净后方可重新使用。眼睛接触：用水细心冲洗数分钟。如戴隐形眼镜并可方便地取出，则取出隐形眼镜继续冲洗。食入：漱口，不要催吐，立即呼叫中毒控制中心或就医。收集泄漏物。

③ 安全储存　在通风良好处储存。保持容器密闭。上锁保管。

④ 废弃处置　本品及内装物、容器依据国家和地方法规处置。

（5）物理和化学危险　可燃，其粉体与空气混合，能形成爆炸性混合物。

（6）健康危害　氯乙酸经皮吸收后引起中毒，甚至导致死亡。皮肤接触后，出现水疱，伴有剧痛，随后水疱吸收，出现角化过度，经 3～4 次脱皮后始愈。中毒者早期可有呕吐、腹泻、视力模糊、定向力障碍等症状，随后出现烦躁、抽搐、昏迷、血压下降；检查可见深浅反射消失，呼吸困难，心电图示心肌损害。还可出现低血钾和严重的酸中毒及进行性的肾功能衰竭。接触氯乙酸烟雾，可有眼部疼痛、流泪、羞明、结膜充血等症状及上呼吸道刺激症状，以后发生支气管炎，严重者发生肺水肿。眼部直接接触本品酸雾，即刻引起严重刺激症状及角膜损伤。

（7）环境危害　对水生生物毒性非常大。

4. 急救措施

（1）吸入　迅速脱离现场至空气新鲜处。保持呼吸道通畅。如呼吸困难，给输氧。如呼吸、心跳停止，立即进行心肺复苏术。就医。

（2）皮肤接触　立即脱去污染的衣着，用大量流动清水彻底冲洗至少15min，就医。

（3）眼睛接触　立即分开眼睑，用流动清水或生理盐水彻底冲洗5～10min。就医。

（4）食入　用水漱口，禁止催吐。给饮牛奶或蛋清。就医。

（5）对保护施救者的忠告　根据需要使用个人防护设备。

（6）对医生的特别提示　对症处理。

5. 消防措施

（1）灭火剂　用雾状水、泡沫、二氧化碳灭火。

（2）特别危险性　受高热分解产生有毒的腐蚀性烟气。与强氧化剂接触可发生化学反应。遇潮时对大多数金属有强腐蚀性，燃烧生成有害的一氧化碳、氯化氢、光气。

（3）灭火注意事项及防护措施　消防人员必须穿全身耐酸碱消防服、佩戴空气呼吸器灭火。尽可能将容器从火场移至空旷处。喷水保持火场容器冷却，直至灭火结束。

6. 泄漏应急处理

（1）作业人员防护措施、防护装备和应急处置程序　隔离泄漏污染区，限制出入。消除所有点火源。建议应急处理人员戴防尘口罩，穿防酸碱服，戴橡胶耐酸碱手套。穿上适当的防护服前严禁接触破裂的容器和泄漏物。尽可能切断泄漏源。用塑料布覆盖泄漏物，减少飞散。勿使水进入包装容器内。

（2）泄漏化学品的收容、清除方法及所使用的处置材料　用洁净的铲子收集泄漏物，置于干净、干燥、盖子较松的容器中，将容器移离泄漏区。

7. 操作处置与储存

（1）操作注意事项　密闭操作，局部排风。操作人员必须经过专门培训，严格遵守操作规程。建议操作人员佩戴导管式防毒面具，穿橡胶耐酸碱服，戴橡胶耐酸碱手套。远离火种、热源。工作场所严禁吸烟。使用防爆型的通风系统和设备。避免产生粉尘。避免与氧化剂、还原剂、碱类接触。搬运时要轻装轻卸，防止包装及容器损坏。配备相应品种和数量的消防器材及泄漏应急处理设备。倒空的容器可能残留有害物。

（2）储存注意事项　储存于阴凉、通风良好的专用库房内。远离火种、热源。库房温度不超过32℃，相对湿度不超过80%。包装密封。应与氧化剂、还原剂、碱类、食用化学品分开存放，切忌混储。配备相应品种和数量的消防器材。储区应备有合适的材料收容泄漏物。

8. 理化特性

（1）外观与性状　无色结晶，有潮解性。

（2）熔点（℃）　50～63。

（3）沸点（℃）　189。

（4）相对密度（水=1）　1.4～1.58。

（5）相对蒸气密度（空气=1）　3.26。

（6）饱和蒸气压（kPa）　0.67（71.5℃）。

（7）临界压力（MPa）　5.78。

（8）辛醇/水分配系数　0.22。

（9）闪点（℃）　126（CC）。

（10）自燃温度（℃）　>500。

（11）爆炸下限（%）　8.0。

（12）黏度（mPa·s）　2.16（70℃）。

（13）溶解性　溶于水、乙醇、乙醚、氯仿、二硫化碳。

9. 稳定性和反应性

（1）稳定性　稳定。

（2）危险反应　与强氧化剂等禁配物发生反应。

（3）避免接触的条件　潮湿空气。

（4）禁配物　强氧化剂、强碱、强还原剂。

（5）危险的分解产物　氯化氢、光气。

10. 废弃处置

（1）废弃化学品　建议用焚烧法处置。与燃料混合后，再焚烧。焚烧炉排出的卤化氢通过酸洗涤器除去。或用安全掩埋法处置。

（2）污染包装物　将容器返还生产商或按照国家和地方法规处置。

（3）废弃注意事项　处置前应参阅国家和地方有关法规。

11. 运输信息

（1）联合国危险货物编号（UN号）　1751（固态）；3250（熔融）。

（2）联合国运输名称　氯乙酸（固态）；熔融氯乙酸（熔融）。

（3）联合国危险性类别　6.1，8。

（4）包装类别　Ⅱ类包装。

（5）运输注意事项　起运时包装要完整，装载应稳妥。运输过程中要确保容器不泄漏、不倒塌、不坠落、不损坏。严禁与氧化剂、还原剂、碱类、食用化学品等混装混运。运输时运输车辆应配备相应品种和数量的消防器材及泄漏应急处理设备。运输途中应防曝晒、雨淋，防高温。

附录

附录 A 不同温度下 1L 水的质量

温度/℃	质量/g	温度/℃	质量/g	温度/℃	质量/g
10	998.39	17	997.66	24	996.38
11	998.32	18	997.51	25	996.17
12	998.23	19	997.34	26	995.93
13	998.14	20	997.18	27	995.69
14	998.04	21	997.00	28	995.44
15	997.93	22	996.80	29	995.18
16	997.80	23	996.60	30	994.91

附录 B 常用酸碱指示剂的 pH 值变色域

序号	指示剂名称	pH 变色域
1	百里香酚蓝（麝香草酚蓝）	1.2 红～2.8 黄；8.0 黄～9.6 蓝
2	间甲酚紫	1.2 粉红～2.8 黄；7.4 棕黄～9.0 紫
3	苯酚红	1.2 橙～3.0 黄；6.5 棕黄～8.0 紫红
4	二苯胺橙（橘黄Ⅳ）	1.3 红～3.0 黄
5	甲基紫	1.5 蓝～3.2 紫
6	2,6-二硝基酚	2.4 无色～4.0 黄
7	2,4-二硝基酚	2.4 无色～4.4 黄
8	对二甲氨基偶氮苯（二甲基黄）	2.9 红～4.0 黄
9	溴酚蓝	3.0 黄～4.6 蓝紫
10	刚果红	3.0 蓝紫～5.2 红
11	甲基橙	3.0 红～4.4 黄
12	溴氯酚蓝	3.2 黄～4.8 紫
13	茜素磺酸钠	3.7 黄～5.2 紫
14	溴甲酚绿	3.8 黄绿～5.4 蓝
15	2,5-二硝基酚	4.0 无色～5.8 黄

续表

序号	指示剂名称	pH 变色域
16	甲基红	4.5 红～6.2 黄
17	氯酚红	5.0 黄～6.6 玫瑰红
18	溴甲酚紫	5.2 黄～6.8 紫
19	溴酚红	5.2 黄～7.0 红
20	对硝基酚	5.6 无色～7.4 黄
21	溴百里香酚蓝（溴麝香草酚蓝）	6.0 黄～7.6 蓝
22	姜黄	6.0 黄～8.0 棕红
23	甲酚红	6.5 黄～8.5 紫
24	中性红	6.8 红～8.0 黄
25	树脂质酸（玫红酸）	6.8 黄～8.2 红
26	1-萘酚酞	7.0 粉色～8.6 蓝绿
27	橘黄Ⅰ	7.6 橙～8.9 粉红
28	酚酞	8.0 无色～10.0 红紫色
29	邻甲酚酞	8.2 无色～9.8 红
30	百里香酚酞（麝香草酚酞）	9.3 无色～10.5 蓝
31	茜素黄 R	10.0 黄～12.0 红
32	茜素黄 GG	10.0 黄～12.0 棕黄
33	硝胺	11.0 黄～13.0 橙棕

附录 C　不同温度下标准滴定溶液体积的补正值

单位：mL/L

标准滴定溶液种类 / 温度/℃	水及 0.05mol/L 以下的各种水溶液	0.1mol/L 及 0.2mol/L 各种水溶液	盐酸溶液 [c(HCl)=0.5mol/L]	盐酸溶液 [c(HCl)=0.1mol/L]	硫酸溶液 [$c(1/2H_2SO_4)$=0.5mol/L]、氢氧化钠溶液 [c(NaOH)=0.5mol/L]	硫酸溶液 [$c(1/2H_2SO_4)$=1mol/L]、氢氧化钠溶液 [c(NaOH)=1mol/L]	碳酸钠溶液 [$c(1/2Na_2CO_3)$=1mol/L]	氢氧化钾-乙醇溶液 [c(KOH)=0.1mol/L]
5	+1.38	+1.7	+1.9	+2.3	+2.4	+3.6	+3.3	—
6	+1.38	+1.7	+1.9	+2.2	+2.3	+3.4	+3.2	—
7	+1.36	+1.6	+1.8	+2.2	+2.2	+3.2	+3.0	—
8	+1.33	+1.6	+1.8	+2.1	+2.2	+3.0	+2.8	—
9	+1.29	+1.5	+1.7	+2.0	+2.1	+2.7	+2.6	—
10	+1.23	+1.5	+1.6	+1.9	+2.0	+2.5	+2.4	+10.8
11	+1.17	+1.4	+1.5	+1.8	+1.8	+2.3	+2.2	+9.6
12	+1.10	+1.3	+1.4	+1.6	+1.7	+2.0	+2.0	+8.5
13	+0.99	+1.1	+1.2	+1.4	+1.5	+1.8	+1.8	+7.4

续表

温度/℃ \ 标准滴定溶液种类	水及0.05mol/L以下的各种水溶液	0.1mol/L及0.2mol/L各种水溶液	盐酸溶液[c(HCl)=0.5mol/L]	盐酸溶液[c(HCl)=0.1mol/L]	硫酸溶液[$c(1/2H_2SO_4)$=0.5mol/L]、氢氧化钠溶液[c(NaOH)=0.5mol/L]	硫酸溶液[$c(1/2H_2SO_4)$=1mol/L]、氢氧化钠溶液[c(NaOH)=1mol/L]	碳酸钠溶液[$c(1/2Na_2CO_3)$=1mol/L]	氢氧化钾-乙醇溶液[c(KOH)=0.1mol/L]
14	+0.88	+1.0	+1.1	+1.2	+1.3	+1.6	+1.5	+6.5
15	+0.77	+0.9	+0.9	+1.0	+1.1	+1.3	+1.3	+5.2
16	+0.64	+0.7	+0.8	+0.8	+0.9	+1.1	+1.1	+4.2
17	+0.50	+0.6	+0.6	+0.6	+0.7	+0.8	+0.8	+3.1
18	+0.34	+0.4	+0.4	+0.4	+0.5	+0.6	+0.6	+2.1
19	+0.18	+0.2	+0.2	+0.2	+0.2	+0.3	+0.3	+1.0
20	0.00	0.00	0.00	0.00	0.00	0.00	0.00	0.00
21	−0.18	−0.2	−0.2	−0.2	−0.2	−0.3	−0.3	−1.1
22	−0.38	−0.4	−0.4	−0.5	−0.5	−0.6	−0.6	−2.2
23	−0.58	−0.6	−0.7	−0.7	−0.8	−0.9	−0.9	−3.3
24	−0.80	−0.9	−0.9	−1.0	−1.0	−1.2	−1.2	−4.2
25	−1.03	−1.1	−1.1	−1.2	−1.3	−1.5	−1.5	−5.3
26	−1.26	−1.4	−1.4	−1.4	−1.5	−1.8	−1.8	−6.4
27	−1.51	−1.7	−1.7	−1.7	−1.8	−2.1	−2.1	−7.5
28	−1.76	−2.0	−2.0	−2.0	−2.1	−2.4	−2.4	−8.5
29	−2.01	−2.3	−2.3	−2.3	−2.4	−2.8	−2.8	−9.6
30	−2.30	−2.5	−2.5	−2.6	−2.8	−3.2	−3.1	−10.6
31	−2.58	−2.7	−2.7	−2.9	−3.1	−3.5	—	−11.6
32	−2.86	−3.0	−3.0	−3.2	−3.4	−3.9	—	−12.6
33	−3.04	−3.2	−3.3	−3.5	−3.7	−4.2	—	−13.7
34	−3.47	−3.7	−3.6	−3.8	−4.1	−4.6	—	−14.8
35	−3.78	−4.0	−4.0	−4.1	−4.4	−5.0	—	−16.0
36	−4.10	−4.3	−4.3	−4.4	−4.7	−5.3	—	−17.0

注：1. 本表数值是以20℃为标准温度以实测法测出。

2. 表中带有"+"或"−"号的数值是以20℃为分界。室温低于20℃的补正值为"+"，高于20℃的补正值为"−"。

3. 本表的用法：如1L硫酸溶液[$c(1/2H_2SO_4)$=1mol/L]由25℃换算为20℃时，其体积修正值为−1.5mL，故40.00mL换算为20℃时的体积为：$V_{20}=40.00-(1.5/1000)\times40.00=39.94$mL。

附录D　水分露点-体积分数对照表

$\times10^{-6}$

露点 t/℃	0.0	0.1	0.2	0.3	0.4	0.5	0.6	0.7	0.8	0.9
0	6092.22	6046.96	5997.01	5947.45	5898.26	5849.44	5800.99	5752.92	5705.20	5657.86

续表

露点 t /℃	0.0	0.1	0.2	0.3	0.4	0.5	0.6	0.7	0.8	0.9
−1	5606.20	5564.24	5517.96	5472.04	5426.47	5381.25	5336.37	5291.84	5247.64	5203.79
−2	5155.95	5117.09	5074.23	5031.71	4989.51	4947.64	4906.09	4864.86	4823.95	4783.35
−3	4739.08	4703.10	4663.44	4624.08	4585.03	4546.28	4507.83	4469.68	4431.83	4394.27
−4	4353.30	4320.02	4283.33	4246.93	4210.81	4174.97	4139.41	4104.13	4069.12	4034.39
−5	3996.52	3965.74	3931.82	3898.17	3864.78	3831.65	3798.78	3766.17	3733.81	3701.72
−6	3666.71	3638.28	3606.93	3575.84	3544.98	3514.38	3484.01	3453.89	3424.00	3394.36
−7	3362.03	3335.77	3306.82	3278.10	3249.62	3221.36	3193.32	3165.51	3137.92	3110.55
−8	3080.71	3056.47	3029.76	3003.25	2976.96	2950.89	2925.02	2899.36	2873.90	2848.65
−9	2821.12	2798.76	2774.12	2749.68	2725.43	2701.38	2677.52	2653.86	2630.39	2607.11
−10	2581.73	2561.11	2538.40	2515.86	2493.52	2471.35	2449.36	2427.56	2405.93	2384.48
−11	2361.09	2342.10	2321.17	2300.41	2279.82	2259.41	2239.16	2219.07	2199.15	2179.40
−12	2157.86	2140.38	2121.11	2102.00	2083.04	2064.25	2045.61	2027.12	2008.79	1990.61
−13	1970.80	1954.70	1936.97	1919.39	1901.95	1884.66	1867.52	1850.51	1833.65	1816.93
−14	1798.71	1783.91	1767.61	1751.44	1735.41	1719.51	1703.75	1688.12	1672.62	1657.25
−15	1640.51	1626.91	1611.93	1597.07	1582.34	1567.74	1553.26	1538.90	1524.66	1510.55
−16	1495.16	1482.68	1468.92	1455.28	1441.75	1428.34	1415.05	1401.87	1388.80	1375.84
−17	1361.73	1350.26	1337.64	1325.12	1312.71	1300.41	1288.21	1276.12	1264.13	1252.25
−18	1239.30	1228.79	1217.21	1205.73	1194.35	1183.07	1171.89	1160.81	1149.82	1138.92
−19	1127.05	1117.42	1106.81	1096.29	1085.87	1075.53	1065.29	1055.13	1045.06	1035.09
−20	1024.22	1015.39	1005.68	996.04	986.50	977.03	967.65	958.36	949.14	940.01
−21	930.06	921.99	913.09	904.28	895.54	886.89	878.31	869.80	861.37	853.02
−22	843.92	836.53	828.40	820.34	812.36	804.44	796.60	788.82	781.12	773.48
−23	765.17	758.42	750.99	743.62	736.32	729.09	721.93	714.83	707.79	700.81
−24	693.22	687.06	680.27	673.55	666.89	660.28	653.74	647.26	640.84	634.47
−25	627.54	621.92	615.73	609.59	603.52	597.49	591.53	585.61	579.76	573.95
−26	567.63	562.51	556.86	551.27	545.73	540.24	534.80	529.41	524.07	518.79
−27	513.03	508.36	503.21	498.12	493.07	488.07	483.12	478.21	473.35	468.54
−28	463.29	459.04	454.36	449.72	445.13	440.58	436.07	431.61	427.19	422.80
−29	418.04	414.17	409.91	405.69	401.51	397.38	393.28	389.22	385.20	381.22
−30	376.88	373.36	369.49	365.66	361.87	358.11	354.38	350.69	347.04	343.42
−31	339.49	336.29	332.78	329.30	325.85	322.44	319.06	315.71	312.40	309.11

续表

露点 t /℃	0.0	0.1	0.2	0.3	0.4	0.5	0.6	0.7	0.8	0.9
−32	305.54	302.64	299.45	296.30	293.17	290.07	287.01	283.97	280.96	277.99
−33	274.75	272.12	269.23	266.37	263.53	260.73	257.95	255.20	252.47	249.78
−34	246.84	244.46	241.84	239.25	236.68	234.14	231.63	229.13	226.67	224.23
−35	221.57	219.41	217.04	214.70	212.38	210.08	207.80	205.55	203.32	201.11
−36	198.70	196.76	194.61	192.49	190.39	188.31	186.26	184.22	182.20	180.21
−37	178.04	176.28	174.34	172.42	170.53	168.65	166.79	164.95	163.13	161.33
−38	159.37	157.78	156.03	154.30	152.59	150.90	149.22	147.56	145.92	144.29
−39	142.52	141.09	139.52	137.96	136.41	134.88	133.37	131.88	130.40	128.93
−40	127.34	126.05	124.63	123.22	121.83	120.46	119.09	117.75	116.41	115.10
−41	113.66	112.50	111.22	109.96	108.70	107.47	106.24	105.03	103.83	102.64
−42	101.35	100.31	99.16	98.02	96.90	95.78	94.68	93.59	92.51	91.45
−43	90.29	89.35	88.32	87.30	86.28	85.29	84.30	83.32	82.35	81.39
−44	80.35	79.51	78.58	77.66	76.76	75.86	74.97	74.10	73.23	72.37
−45	71.44	70.68	69.85	69.03	68.21	67.41	66.61	65.83	65.05	64.28
−46	63.44	62.77	62.02	61.28	60.56	59.84	59.12	58.42	57.72	57.03
−47	56.29	55.68	55.01	54.35	53.70	53.06	52.42	51.79	51.17	50.55
−48	49.88	49.34	48.75	48.16	47.57	47.00	46.43	45.87	45.31	44.76
−49	44.16	43.68	43.15	42.62	42.10	41.59	41.08	40.58	40.08	39.59
−50	39.05	38.62	38.15	37.68	37.22	36.76	36.30	35.86	35.41	34.97
−51	34.50	34.11	33.69	33.27	32.86	32.45	32.05	31.65	31.26	30.87
−52	30.44	30.10	29.72	29.35	28.98	28.62	28.26	27.91	27.55	27.21
−53	26.83	26.53	26.19	25.86	25.53	25.21	24.89	24.58	24.26	23.96
−54	23.62	23.35	23.05	22.76	22.47	22.18	21.90	21.62	21.34	21.07
−55	20.77	20.53	20.27	20.01	19.75	19.50	19.24	19.00	18.75	18.51
−56	18.24	18.03	17.80	17.57	17.34	17.11	16.89	16.67	16.45	16.24
−57	16.01	15.82	15.61	15.41	15.20	15.00	14.81	14.61	14.42	14.23
−58	14.02	13.86	13.67	13.49	13.32	13.14	12.96	12.79	12.62	12.46
−59	12.27	12.13	11.96	11.80	11.65	11.49	11.34	11.19	11.04	10.89
−60	10.73	10.60	10.46	10.31	10.18	10.04	9.903	9.769	9.637	9.506
−61	9.365	9.250	9.125	9.001	8.878	8.758	8.638	8.520	8.404	8.289
−62	8.165	8.064	7.954	7.844	7.737	7.630	7.526	7.422	7.320	7.219

续表

露点 t /℃	0.0	0.1	0.2	0.3	0.4	0.5	0.6	0.7	0.8	0.9
−63	7.109	7.021	6.924	6.828	6.733	6.640	6.548	6.457	6.367	6.278
−64	6.182	6.104	6.019	5.935	5.852	5.770	5.689	5.609	5.531	5.453
−65	5.369	5.301	5.226	5.152	5.079	5.008	4.937	4.867	4.798	4.730
−66	4.656	4.596	4.531	4.466	4.403	4.340	4.278	4.217	4.156	4.097
−67	4.032	3.980	3.923	3.867	3.811	3.756	3.702	3.649	3.596	3.544
−68	3.487	3.442	3.392	3.343	3.294	3.246	3.199	3.152	3.106	3.061
−69	3.012	2.972	2.929	2.886	2.843	2.802	2.761	2.720	2.680	2.640
−70	2.598	2.563	2.525	2.488	2.451	2.415	2.379	2.343	2.309	2.274
−71	2.237	2.207	2.174	2.141	2.109	2.078	2.047	2.016	1.986	1.956
−72	1.924	1.897	1.869	1.841	1.813	1.785	1.758	1.732	1.706	1.680
−73	1.652	1.629	1.604	1.580	1.556	1.532	1.508	1.485	1.463	1.440
−74	1.416	1.396	1.375	1.354	1.333	1.312	1.292	1.272	1.252	1.233
−75	1.212	1.195	1.177	1.158	1.140	1.123	1.105	1.088	1.071	1.054
−76	1.036	1.021	1.005	0.990	0.974	0.959	0.944	0.929	0.914	0.900
−77	0.884	0.871	0.858	0.844	0.831	0.817	0.804	0.792	0.779	0.767
−78	0.753	0.742	0.730	0.719	0.707	0.696	0.685	0.674	0.663	0.652
−79	0.641	0.631	0.621	0.611	0.601	0.591	0.582	0.572	0.563	0.554
−80	0.544	0.536	0.527	0.519	0.510	0.502	0.494	0.485	0.477	0.470
−81	0.461	0.454	0.447	0.439	0.432	0.425	0.418	0.411	0.404	0.398
−82	0.390	0.384	0.378	0.372	0.365	0.359	0.353	0.347	0.342	0.336
−83	0.330	0.325	0.319	0.314	0.309	0.303	0.298	0.293	0.288	0.283
−84	0.278	0.274	0.269	0.265	0.260	0.256	0.251	0.247	0.243	0.239
−85	0.234	0.230	0.226	0.223	0.219	0.215	0.211	0.208	0.204	0.201
−86	0.197	0.194	0.190	0.187	0.184	0.181	0.177	0.174	0.171	0.168
−87	0.165	0.162	0.160	0.157	0.154	0.151	0.149	0.146	0.143	0.141
−88	0.138	0.136	0.134	0.131	0.129	0.127	0.124	0.122	0.120	0.118
−89	0.115	0.114	0.112	0.110	0.108	0.106	0.104	0.102	0.100	0.0982
−90	0.0963	0.0947	0.0930	0.0913	0.0896	0.0880	0.0864	0.0848	0.0833	0.0818
−91	0.0801	0.0788	0.0774	0.0760	0.0746	0.0732	0.0718	0.0705	0.0692	0.0679
−92	0.0666	0.0655	0.0642	0.0631	0.0619	0.0607	0.0596	0.0585	0.0574	0.0563
−93	0.0552	0.0543	0.0532	0.0522	0.0513	0.0503	0.0494	0.0484	0.0475	0.0466

续表

露点 t /℃	0.0	0.1	0.2	0.3	0.4	0.5	0.6	0.7	0.8	0.9
−94	0.0457	0.0449	0.0440	0.0432	0.0424	0.0416	0.0408	0.0400	0.0393	0.0385
−95	0.0377	0.0370	0.0363	0.0356	0.0350	0.0343	0.0336	0.0330	0.0324	0.0317
−96	0.0311	0.0305	0.0299	0.0293	0.0288	0.0282	0.0277	0.0271	0.0266	0.0261
−97	0.0255	0.0251	0.0246	0.0241	0.0236	0.0232	0.0227	0.0223	0.0218	0.0214
−98	0.0209	0.0206	0.0202	0.0198	0.0194	0.0190	0.0186	0.0182	0.0179	0.0175
−99	0.0171	0.0168	0.0165	0.0162	0.0158	0.0155	0.0152	0.0149	0.0146	0.0143
−100	0.0140	0.0137	0.0135	0.0132	0.0129	0.0127	0.0124	0.0122	0.0119	0.0117

索引

（按汉语拼音排序）

H

J

L

P

Q

S

T